数据分析与模拟丛书

陈彦光 编著

Geographical Data Analysis with Matlab

基于 Matlab 的地理数据分析

JIYU MATLAB DE DILI SHUJU FENXI

高等教育出版社·北京

内容简介

本书面向地理问题，基于 Matlab 软件，讲述了大量数学方法的应用思路和过程。内容涉及回归分析、主成分分析、因子分析、聚类分析、判别分析、时(空)间序列分析、Markov 链、R/S 分析、线性规划、层次分析法以及人工神经网络建模等方法。通过模仿本书讲授的计算过程，读者可以加深对有关数学方法的认识和理解，并且掌握很多 Matlab 的应用技巧。本书最初以北京大学本科生计量地理学的辅助教材形式出现，但实际上是作者对 Matlab 计算功能深入应用的经验总结。本书中的讲授体例与一般 Matlab 的教科书不同，计算过程设计为笔者独创，在国内外其他教科书中未曾见到。

本书虽然是以地理数据为分析对象展开论述的，但所涉及的内容绝大多数为通用方法。只要改变数据的来源，书中给出的计算过程完全可以应用到其他领域。本书可供地理学、生态学、环境科学、地质学、经济学、城市规划以及医学、生物学等诸多领域的学生、研究人员和工程技术人员学习或参考。

图书在版编目（CIP）数据

基于 Matlab 的地理数据分析／陈彦光编著.--北京：高等教育出版社，2012.7（2022.3 重印）

ISBN 978-7-04-034172-0

Ⅰ.①基… Ⅱ.①陈… Ⅲ.①Matlab 软件-应用-地理信息系统-数据-分析 Ⅳ.①P208-39

中国版本图书馆 CIP 数据核字（2012）第 116756 号

策划编辑	陈正雄	责任编辑	关 焱	封面设计	张 楠	版式设计	马敬茹
插图绘制	黄建英	责任校对	金 辉	责任印制	赵义民		

出版发行	高等教育出版社	网 址	http://www.hep.edu.cn
社 址	北京市西城区德外大街4号		http://www.hep.com.cn
邮政编码	100120	网上订购	http://www.hepmall.com.cn
印 刷	北京中科印刷有限公司		http://www.hepmall.com
开 本	787 mm×1092 mm 1/16		http://www.hepmall.cn
印 张	26.25		
字 数	590千字	版 次	2012年7月第1版
购书热线	010-58581118	印 次	2022年3月第4次印刷
咨询电话	400-810-0598	定 价	65.00元

本书如有缺页、倒页、脱页等质量问题，请到所购图书销售部门联系调换
版权所有 侵权必究
物 料 号 34172-A0

国家自然科学基金资助项目（编号：41171129）

前　　言

　　数学在任何领域的应用都主要发挥两种功能：一是作为实验或者观察数据的整理手段；二是构造假设、建立模型和发展理论。无论哪种功能的发挥，都会涉及数据的处理和分析。第一种功能自不待言。关于第二种功能，假设与建模最终离不开实证与检验。有人曾将科学研究划分为三个世界：一是现实世界；二是数学世界；三是计算世界。现实世界和数学世界都是非常客观的世界，现实的存在和数学的推理都没有任何随意性可言。可是，计算世界就不一样了，计算世界不可避免人的主观认识。样本的提取、算法的选择和模型的建设等，都要根据研究人员的认识而定。数学方法的第二种功能（假设与建模）可以在数学世界完成，但第一种功能（数据整理）则属于计算世界。理论模型的实证与检测也属于计算世界的问题。要想有效地运用一种数学方法将上述三个世界成功地沟通起来，不仅需要对数学原理的深入认识，而且需要对计算过程的熟练掌握。

　　众所周知，当今科学研究需要三套语言体系：一是交流语言（汉语和英语等）；二是自然语言（数学）；三是计算机语言（算法）。第二套语言体系与第三套语言体系存在一定的内在联系。数学工具是科学研究人员的"显微镜"和"望远镜"，它可以帮助研究者看得更细、望得更远。要想成功地掌握一门数学方法，至少要熟悉如下五个环节：一是基本原理，也就是一种方法的理论基础和逻辑过程；二是应用范围，即一种方法自身的特长及其功能局限——了解其优势和不足，才能真正有效地运用；三是算法或者运算规则系统，就是一种为在有限步骤内解决数学问题而建立的可重复应用的计算流程体系；四是计算过程，即在一种方法的有效适用范围内，给定一组观测数据，借助一定的算法获取所要求的计算结果；五是典型实例，也就是一种数学方法应用于现实问题的具体案例。假如想要进一步加深对某种数学方法的了解，则还有第六个环节，那就是不同方法的融会贯通。

　　科学研究中应用较多的是高等数学知识，掌握必要的高等数学原理可以使得研究工作事半功倍。高等数学有所谓"老三高"（数学分析、线性代数和概率论与统计学）和"新三高"（拓扑学、泛函分析和抽象代数）之分，其中以"老三高"的应用更为广泛。以地理学中常用的数学方法——回归分析为例，学习该方法涉及如下过程：在基本思想方面，回归建模就是用数学语言刻画一组变量与某个变量之间的相关关系或者因果关系。关系的强弱通过回归系数表现出来，回归分析的核心问题就是模型参数值的估计。为此，需要一种有效的算法。目前的回归分析算法主要采用误差平方和最小的方法，即所谓最小二乘法。在这个过程中，首先，要采用线性方程组进行描述，理论上用到线性代数的知识；其次，寻求误差平方和最小时的参数估计结果，理论上用到微积分的条件极值方法；在回归结果检验过程中，涉及误差的正态分布思想，这在理论上又用到大量的概率论与统计学原理。可是，虽然很多读者明白上述道理，但在具体应用过程中依然觉得似是而非。究其原因，主要在于不了解计算过程，没有掌握简明易懂的计算范例。

在多年的地理数学方法教学实践中，笔者逐渐总结了一些引导学生学习数学方法的技巧。借助电子表格 Excel、数学软件 Mathcad 或者 Matlab 和统计软件 SPSS 等，可以循序渐进地掌握一些数学方法的计算过程和简明范例。通过这个过程进一步加深对有关数学原理和方法的理解以及对应用领域的认识，进而将不同的方法有机地联系起来。撰写本书的主要目的，就是借助简明的案例帮助读者应用 Matlab 软件进行地理数据分析。通过地理实例学习 Matlab 的使用方法和技巧，通过 Matlab 的运用解决地理学领域的科学问题。Matlab 可以成为学习数学方法的辅助工具，数学知识的拓展又会使得读者加深对 Matlab 的理解。全书的内容分为四大部分：一是相关分析和回归分析，主要讲述线性回归和逐步回归的计算过程以及简单非线性模型的参数估计方法；二是多元统计分析，主要介绍主成分分析、因子分析、聚类分析和判别分析的计算过程；三是时空过程分析，包括时（空）间序列分析和随机过程分析，主要讲述自相关分析、自回归分析、谱分析、小波分析、Markov 链分析和 R/S 分析；四是系统分析，主要讲述层次分析法（AHP）、线性规划求解以及人工神经网络的建模与预测分析方法。

虽然书中讲到许多 Matlab 函数的应用方法，但这不是一本关于 Matlab 的教科书，而是应用 Matlab 软件的数据处理和数学方法运用的教科书。国内讲述 Matlab 的图书汗牛充栋。但是，考察这些图书可发现如下问题：第一，绝大多数图书是似懂非懂地翻译 Matlab 的帮助文件的结果，不能有效帮助读者掌握 Matlab 的使用技巧；第二，基于 Matlab 讲述完整分析案例的图书非常罕见；第三，基于 Matlab 全面、系统地分析地理数据的图书更是鲜见。因此，笔者决定仿照自己的《基于 Excel 的地理数据分析》和《基于 Mathcad 的地理数据分析》书中的教学体例，撰写本书。相对于前两本书，这本书更难撰写。关于 Excel 等，一般不涉及关于函数应用方法的过多讲述，简单说明如何调用有关函数即可。可是，Matlab 的函数带有太多的参数，如果不详细讲解，则应用方法说不清楚；如果讲解过细，则这本书将会非常冗长。最后，笔者还是追求结构的完整，但不求将函数讲述得过度精细。希望读者在应用过程中"学而时习之"，逐步领会 Matlab 函数的调用方法。较之于前两本书，本书有一个明显的特点，那就是弱化了纯粹技术的细节，更新了一些内容，并且加强了对地理数据分析和模型选择的解释。

不同的软件有不同的优势，也有各自的不足。关键在于扬长避短，懂得针对具体问题选择相应的软件。以主成分分析方法为例，采用大型统计分析软件 SPSS 可以很方便地获得全面的计算结果，但是 SPSS 是一个"傻瓜"型软件，其计算过程对读者而言完全是一个"黑箱"。按照固定程序操作该软件，不需要多少数学知识就可以完成有关的统计运算。但是，如果不了解一种方法的计算过程，不知道这些方法的基本原理，即便 SPSS 输出了结果，读者也没有办法给出准确的结果解读。如果读者首先在 Excel 或者 Mathcad 里完成一个简明例子的计算，通过这个过程熟悉主成分分析的数学运算过程，然后再利用 SPSS 开展有关的数据整理和分析，就会主动和透明多了。至于 Matlab，既可以发挥 Excel 或者 Mathcad 的逐步计算功能，也可以发挥 SPSS 的全程计算功能，非常方便。不过，Matlab 也有一些问题，例如，相关系数平方的校正公式与其他软件采用的公式不同（笔者怀疑是 Matlab 软件制作人员失误）；偏自相关系数的计算也是基于最小二乘法的近似估计，而不是基于 Yule-Walker 方程的递推运算。尽管如此，Matlab 强大的计算功能是目前其他数学计算软件难以替代的，其优越的性能引起了越来越多地理工作者的兴趣。

需要特别强调的是线性回归分析方法。这种方法非常简单，而且是基础的，以致很多读者不重视对该方法的深入学习和潜心练习。实际上，越是简单和基本的数学方法被使用的频率越高，应用范围也越广泛。一些复杂的数学方法，如主成分分析、判别分析、自回归分析、功率谱分析、小波分析、神经网络分析、灰色系统建模和预测分析等，都可以借助线性回归分析来快速入门或者掌握相关的运算技巧。本书讲述了基于回归分析的判别分析建模、自回归建模、R/S 分析建模、神经网络建模和预测等。这样，通过一种简明易懂的数学方法将多种数学方法贯通起来，读者可以通过回归分析了解不同数学方法的理论建设要点。

本书的写作特点是借助简单的例子，从头到尾完整地演示各种数学方法的计算过程和分析思路。读者应从头到尾重复一下书中的计算过程，然后寻找一个类似的例子，自己模仿一遍。在模仿中学习，在思考中消化。通过阅读和操作，可以打开一些数学方法的"黑箱"，了解其内部结构，从而更好地解译运算结果。大致了解之后，就可以借助 Matlab 或者有关统计/数学软件处理自己研究的现实问题了。原则上，本书的每一章都相对独立，如果读者对 Matlab 的基本功能比较熟悉，则从任何一个部分都可以开始学习。

最后，对本书的一些数据处理和模型表现形式给出几点说明。

第一，问题的求解过程是一个连续的计算过程。在一个案例分析过程中，如果下一步用到上一步的计算结果，以函数的形式调用上一步的有关表达式，而不是采用上一步的近似值。Matlab 默认的近似值是小数点后 14 位，因此全书的计算过程是根据 14 位小数完成的。但是，在行文中给出的结果都是根据具体情况截取的近似值。为了与软件中显示的结果相对应，一般保留 4 位小数，而且一概采用等号而非约等号。如果读者利用书中显示的近似值进行验算，前后数值可能不尽一致。顺便说明，Matlab 给出的各种统计量与 Excel 给出的相应统计量数值大体一致，但小数点后 10 位之后可能出现误差。相对而言，Excel 的数据显示更为精确。

第二，在没有特殊说明的情况下，统计检验的显著性水平一律取 0.05，相应的置信度是 95%。采用这个显著性水平有一个好处，那就是在了解样本大小或者自由度的情况下，读者可以方便地估计有关结果的标准误差。

第三，本书涉及两类数学公式：一是说明性的数学公式，采用 Word 的公式编辑器书写；二是演示操作过程的表达式，直接从 Matlab 中复制过来。第一类公式一般分章节编号，形式上符合数学方程的表达规范，允许一个式子中出现多个等号；第二类公式没有编号，往往多个式子排成一行，但每个式子中只有一个等号，这类式子形式上有时不符合数学方程的表达规范（如正、斜体和上、下标的表示）。

本书采用的 Matlab 版本主要是 7.0 和 7.01（参阅本书后记的说明），这两个版本相差无几。掌握这两个版本的应用方法之后，就可以对其他版本触类旁通。附赠光盘中带有各章使用的原始数据（以 Excel 格式给出）以及笔者编写的 Matlab 计算代码，读者可以调用这些程序，重复书中给出的各种计算过程。Matlab 程序或代码已经调试成功，稍作修改就可以应用于读者的具体问题。此外，光盘中还有相关系数检验、F 检验、t 检验、Durbin-Watson 检验、卡方检验以及调和分析的 Fisher 检验临界值表，供读者参考和使用。

作者

2011 年 9 月

目 录

第1章 一元线性回归分析 1
  1.1 线性回归模型的矩阵形式 1
    1.1.1 回归模型的矩阵表示 1
    1.1.2 主要统计量的矩阵表示 2
  1.2 一元线性回归 4
    1.2.1 数据的初步考察 4
    1.2.2 第一种模型求解途径——矩阵运算 5
    1.2.3 第二种模型求解途径——多项式拟合 7
    1.2.4 第三种模型求解途径——调用回归分析程序包 9
  1.3 统计检验 13
    1.3.1 相关知识的说明 13
    1.3.2 主要的统计检验 14
  1.4 总体回归估计和预测分析 16
    1.4.1 总体回归估计 16
    1.4.2 解释和外推预测分析 17
  1.5 小结 19

第2章 多元逐步回归分析 21
  2.1 多元线性回归分析 21
    2.1.1 第一种途径——利用矩阵运算 21
    2.1.2 第二种途径——调用回归分析程序包 24
    2.1.3 统计检验 26
  2.2 多重共线性判断 29
    2.2.1 VIF 值的第一种计算方法 29
    2.2.2 VIF 值的第二种计算方法 32
    2.2.3 多元回归分析的变量选择问题 32
  2.3 逐步回归分析 34
    2.3.1 Matlab 逐步回归功能说明 34
    2.3.2 逐步回归的实现 36
    2.3.3 回归结果的输出和解读 39
  2.4 逐步拟合 42
    2.4.1 快速拟合方法 42

    2.4.2 详细拟合方法 ... 43
    2.4.3 几点说明 ... 45
  2.5 小结 ... 45

第3章 非线性模型参数估计 ... 47

  3.1 常见数学模型表达式 ... 47
  3.2 常见实例——一变量的情形 ... 49
    3.2.1 指数模型（Ⅰ） ... 49
    3.2.2 对数模型 ... 56
    3.2.3 幂指数模型 ... 59
    3.2.4 双曲线模型 ... 63
    3.2.5 Logistic 模型（二参数形式） ... 68
    3.2.6 指数模型（Ⅱ） ... 72
    3.2.7 指数模型与 logistic 模型 ... 75
  3.3 常见实例——一变量化为多变量的情形 ... 79
    3.3.1 多项式模型 ... 79
    3.3.2 二次指数模型 ... 83
    3.3.3 三参数 logistic 模型 ... 85
    3.3.4 Gamma 模型 ... 94
  3.4 常见实例——多变量的情形 ... 97
    3.4.1 Cobb-Douglas 生产函数 ... 97
    3.4.2 带有交叉变量的回归模型 ... 99
  3.5 广义线性拟合 ... 100
    3.5.1 广义线性拟合函数 ... 100
    3.5.2 典型的例子 ... 102
  3.6 方法比较 ... 107
  3.7 小结 ... 109

第4章 主成分分析 ... 110

  4.1 实例和数据 ... 110
    4.1.1 案例数据 ... 110
    4.1.2 数据的保存与调用 ... 112
  4.2 第一套计算方案 ... 113
    4.2.1 详细计算步骤 ... 113
    4.2.2 计算程序的整理和结果的输出 ... 120
    4.2.3 计算结果的整理 ... 123
  4.3 第二套计算方案 ... 124
    4.3.1 程序的修改 ... 124
    4.3.2 两套方案的比较 ... 125

4.4	第三套计算方案		127
	4.4.1	计算程序	127
	4.4.2	T 统计量	130
4.5	配套函数的调用		131
	4.5.1	从协方差矩阵出发	131
	4.5.2	主成分的残差分析	133
	4.5.3	Bartlett 检验	134
4.6	结果分析方法		135
	4.6.1	结果分析	135
	4.6.2	综合评价	136
4.7	小结		138

第 5 章 因子分析 …… 140

5.1	因子分析程序和案例		140
	5.1.1	因子分析子程序	140
	5.1.2	因子旋转子程序	142
	5.1.3	案例与数据	145
5.2	因子模型的主成分解		146
	5.2.1	主因子解	146
	5.2.2	主因子解的正交旋转	148
5.3	因子模型的最大似然解		149
	5.3.1	从原始数据出发	149
	5.3.2	从协方差矩阵出发	154
	5.3.3	载荷得分双重图	156
5.4	小结		157

第 6 章 层次聚类分析 …… 159

6.1	聚类实例的初步结果		159
	6.1.1	实例和数据	159
	6.1.2	初步的聚类结果	160
6.2	程序说明与结果解析		161
	6.2.1	聚类程序说明	161
	6.2.2	聚类结果的解读	168
6.3	效果检验和类别查找		169
	6.3.1	聚类效果检测	169
	6.3.2	聚类结果的查询	170
	6.3.3	聚类结果的比较	171
6.4	距离的选择与处理		174
	6.4.1	欧氏距离平方	174

6.4.2 精度加权距离 ... 175
6.4.3 主成分得分与马氏距离 ... 177
6.5 聚类分析结论 ... 178
6.6 小结 ... 179

第7章 判别分析 ... 181
7.1 案例和判别函数 ... 181
7.1.1 数据及其来源 ... 181
7.1.2 判别函数的调用方法 ... 183
7.2 直接判别 ... 184
7.2.1 二分类判别分析 ... 184
7.2.2 三分类判别分析 ... 186
7.3 详细计算过程 ... 188
7.3.1 构造判别函数 ... 188
7.3.2 数值的规范化处理 ... 192
7.3.3 判别函数检验 ... 194
7.3.4 待判样品归类 ... 197
7.4 借助回归分析建立判别函数 ... 198
7.5 聚类-判别联合分析 ... 200
7.6 小结 ... 201

第8章 自相关分析 ... 202
8.1 数据来源和计算公式 ... 202
8.1.1 案例数据来源 ... 202
8.1.2 计算公式 ... 203
8.2 自相关函数(ACF) ... 204
8.2.1 ACF及语法 ... 204
8.2.2 ACF计算方法 ... 205
8.2.3 ACF检验 ... 207
8.3 偏自相关函数(PACF) ... 209
8.3.1 PACF函数和语法 ... 209
8.3.2 PACF计算方法1——OLS法 ... 209
8.3.3 PACF计算方法2——蛮力计算法 ... 211
8.3.4 PACF计算方法3——程序计算法 ... 212
8.3.5 结果汇总与PACF检验 ... 214
8.4 自相关分析 ... 215
8.4.1 自相关函数的分析判据 ... 215
8.4.2 ACF和PACF分析 ... 218
8.5 小结 ... 220

第9章 自回归分析 221

9.1 样本数据的初步分析 221
9.1.1 案例数据来源和保存 221
9.1.2 数据的初步分析 221

9.2 自回归模型的回归估计 228
9.2.1 一阶自回归模型 AR(1) 228
9.2.2 高阶自回归模型 AR(p) 231
9.2.3 自回归模型的基本检验 234
9.2.4 预测结果及其比较分析 238

9.3 数据的平稳化及其自回归模型 241
9.3.1 数据平稳化 241
9.3.2 差分自回归 244
9.3.3 检验与预测 246

9.4 小结 247

第10章 谱分析 249

10.1 功率谱分析 249
10.1.1 时间序列数据 249
10.1.2 快速 Fourier 变换和频谱分析 250
10.1.3 检验和分析 255
10.1.4 计算程序简化 256

10.2 波谱分析 258
10.2.1 空间序列数据 258
10.2.2 数据准备 259
10.2.3 快速 Fourier 变换和参数估计 260
10.2.4 波谱分析 263

10.3 小结 266

第11章 小波分析 268

11.1 数据集和小波工具箱 268
11.1.1 数据集及其预备处理 268
11.1.2 小波工具箱 271
11.1.3 小波分析的基本函数 275

11.2 一维连续小波分析 278
11.2.1 周期长度估计方法之一 278
11.2.2 周期长度估计方法之二 282
11.2.3 随机信号去噪 285

11.3 一维离散小波分析 288
11.3.1 时间序列的压缩与重构 288

11.4 二维小波分析 ··· 292
11.5 小结 ··· 296

第12章 R/S分析 ··· 298
12.1 R/S分析方法 ··· 298
12.1.1 Hurst指数的定义方式 ··· 298
12.1.2 Hurst指数与自相关系数的关系 ··· 299
12.2 编程计算 ··· 300
12.2.1 计算Hurst指数 ··· 300
12.2.2 图像分析 ··· 303
12.3 自相关系数和R/S分析 ··· 305
12.3.1 序列变化的自相关分析 ··· 305
12.3.2 分维和功率谱指数的估计 ··· 306
12.4 小结 ··· 307

第13章 Markov链分析 ··· 309
13.1 Markov链的转移概率矩阵 ··· 309
13.1.1 一个简单的例子 ··· 309
13.1.2 Markov链的数学表示 ··· 310
13.2 Markov链分析方法 ··· 311
13.2.1 转移概率矩阵的计算 ··· 311
13.2.2 自动计算 ··· 313
13.2.3 历次转移后的稳定分布 ··· 315
13.3 固定向量的计算方法 ··· 316
13.3.1 基于特征值和特征向量计算 ··· 316
13.3.2 基于线性方程求解计算 ··· 317
13.4 小结 ··· 318

第14章 线性规划 ··· 319
14.1 线性规划程序 ··· 319
14.1.1 线性规划函数及其输入选项 ··· 319
14.1.2 线性规划函数的输出选项 ··· 321
14.2 普通规划求解实例 ··· 323
14.2.1 实例1——工业问题 ··· 323
14.2.2 实例2——农业问题 ··· 326
14.2.3 实例3——建筑业问题 ··· 327
14.2.4 实例4——运输业问题 ··· 329
14.3 整数规划问题实例 ··· 332
14.3.1 一般整数规划 ··· 332

		14.3.2 0-1规划	336
14.4	非线性规划及其对偶问题实例		341
	14.4.1	非线性规划原模型	341
	14.4.2	非线性规划对偶模型	343
14.5	小结		343

第15章 层次分析法 … 344

15.1	问题与模型		344
15.2	计算方法		345
	15.2.1	计算目标-准则层单权重	345
	15.2.2	计算准则-方案层单权重	348
	15.2.3	计算组合权重	351
	15.2.4	判断矩阵的调试程序	352
15.3	其他计算途径		354
	15.3.1	方根法	354
	15.3.2	和积法	355
	15.3.3	其他替代方法	356
15.4	结果解释		357
15.5	小结		358

第16章 人工神经网络 … 359

16.1	简单的线性网络		359
	16.1.1	单输入-单输出：对应于一元线性回归	359
	16.1.2	多输入-单输出：对应于多元线性回归	363
16.2	感知器和M-P模型		365
	16.2.1	感知器的判别功能	365
	16.2.2	感知器与自适应网络	369
	16.2.3	基于聚类分析的感知器判别	372
	16.2.4	基于主成分分析的感知器判别	375
	16.2.5	三分类的感知器判别	378
16.3	学习向量量化(LVQ)神经网络		380
	16.3.1	LVQ神经网络的二分类判别	380
	16.3.2	LVQ神经网络的三分类判别	383
16.4	多层神经(BP)网络		384
	16.4.1	BP网络的离散选择	384
	16.4.2	BP网络判别	391
16.5	竞争型网络		394
	16.5.1	有目标的先分类后判别	394
	16.5.2	无目标的统一分类	396

16.6 小结 ……………………………………………………………………… 398
参考文献 ……………………………………………………………………… 399
后记 …………………………………………………………………………… 401

第1章

一元线性回归分析

线性回归是非常基本的但十分重要的数学建模方法。通过线性回归模型类比，我们可以更好地理解表面看来与回归分析无关的数学方法。利用 Matlab 进行线性回归分析相当方便，可以通过多种方式求解回归模型，包括矩阵运算和调用回归分析程序包。不过，要想得到较多的统计参数估计值，则需要对高等数学原理有比较透彻的了解。否则，Matlab 自动给出的统计量相对有限。同时，如果数学原理比较熟悉，可以熟练地编写 Matlab 文件，则 Excel 和 SPSS 可以给出的各种统计量都可以借助 Matlab 计算出来。下面借助一个非常简单的教学实例，分若干部分介绍 Matlab 的线性回归模型的建设过程。在此之前，首先给出一些基本的回归分析矩阵表达式。

1.1 线性回归模型的矩阵形式

1.1.1 回归模型的矩阵表示

Matlab 是矩阵实验室（Matrix Laboratory）的缩写，该软件最初是为基于矩阵的数学实验而设计的。因此，矩阵运算是利用 Matlab 开展回归分析的基本途径。为了使读者更好地理解后面的计算程序，不妨先给出有关回归分析的矩阵表达式。采用矩阵表示和求解，整个分析和计算过程十分简捷。假定有 m 个自变量，n 个样品，则多元线性回归可以表作如下矩阵方程

$$\boldsymbol{Y} = \boldsymbol{X}\boldsymbol{B} + \boldsymbol{E} \tag{1-1-1}$$

其中

$$\boldsymbol{Y} = \begin{bmatrix} y_1 \\ y_2 \\ \vdots \\ y_n \end{bmatrix}, \quad \boldsymbol{X} = \begin{bmatrix} 1 & x_{11} & x_{12} & \cdots & x_{1m} \\ 1 & x_{21} & x_{22} & \cdots & x_{2m} \\ \vdots & \vdots & \vdots & \ddots & \vdots \\ 1 & x_{n1} & x_{n2} & \cdots & x_{nm} \end{bmatrix}, \quad \boldsymbol{B} = \begin{bmatrix} a \\ b_1 \\ \vdots \\ b_m \end{bmatrix}, \quad \boldsymbol{E} = \begin{bmatrix} \varepsilon_1 \\ \varepsilon_2 \\ \vdots \\ \varepsilon_n \end{bmatrix}$$

也就是说，Y 为因变量列向量，即 y 的 n 个数据构成的向量；X 为自变量矩阵，即 m 列、n 行数据，不过为了与模型的常数项即截距对应，加了一个由 1 构成的常数列向量；B 为回归系数向量；E 为随机误差向量。在模型的数学变换过程中，通常不考虑误差项，单纯提取纯粹的理论模型

$$Y = XB \qquad (1-1-2)$$

如果 X 为方阵，即变量数等于样品数（$m+1=n$），则上面的矩阵方程求解非常容易：只需在方程式的两边左乘以 X 的逆矩阵即可。但是，一般情况并非如此。为了求解系数向量 B，需要开展一些过渡性的数学变换。在式（1-1-2）两边同时左乘 X 的转置矩阵 X^T 得到

$$X^T Y = X^T X B \qquad (1-1-3)$$

于是式中出现方阵 $X^T X$，在式（1-1-3）两边同时左乘这个方阵的逆矩阵 $(X^T X)^{-1}$，化为

$$B = (X^T X)^{-1} X^T Y \qquad (1-1-4)$$

这就给出了多元线性回归模型的系数估计公式。当 $m=1$ 时，上面的方程就变成一元线性回归模型的表达。因此，这里的矩阵表达是线性回归模型的一般形式。

1.1.2 主要统计量的矩阵表示

回归分析可以分为如下六个步骤完成：第一步，整理数据；第二步，绘散点图（主要是针对一元回归）；第三步，估计模型参数；第四步，统计检验；第五步，总体回归估计；第六步，解释和预测。其中，第四步非常关键。回归有五种基本检验，即相关系数检验、标准误差检验、F 检验、t 检验和 Durbin-Watson 检验（简称"DW 检验"）。对于多元线性回归，还有解释变量的共线性诊断和分析问题（图 1-1-1）。下面着重给出几个主要统计量的矩阵表达式，这些表达式与后面的有关计算程序的语句相互对应。

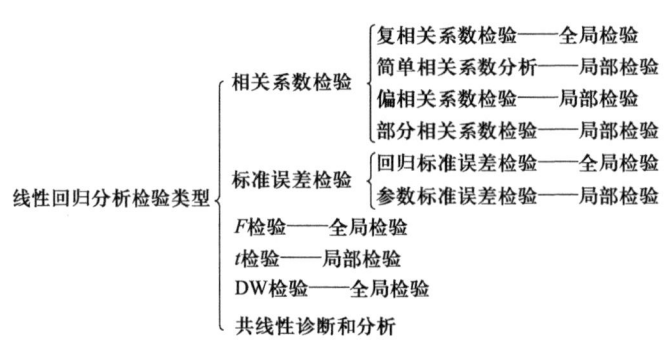

图 1-1-1　线性回归分析的主要统计检验

一是复相关系数，这是最基本的统计量，计算公式的矩阵表达式为

$$R = \sqrt{\frac{|\boldsymbol{B}^{\mathrm{T}}\boldsymbol{X}^{\mathrm{T}}\boldsymbol{Y}| - n\,\overline{y}^2}{|\boldsymbol{Y}^{\mathrm{T}}\boldsymbol{Y}| - n\,\overline{y}^2}} \qquad (1-1-5)$$

式中，R 为复相关系数。

二是因变量的标准误差，即回归标准误差，公式为

$$s = \sqrt{\frac{|\boldsymbol{Y}^{\mathrm{T}}\boldsymbol{Y} - \boldsymbol{B}^{\mathrm{T}}\boldsymbol{X}^{\mathrm{T}}\boldsymbol{Y}|}{n-m-1}} \qquad (1-1-6)$$

式中，s 为因变量标准误差。相应地，回归系数的标准误差公式可以表作

$$s_{b_j} = \sqrt{p_{jj}} \cdot s \qquad (1-1-7)$$

式中，p_{jj} 为 $(\boldsymbol{X}^{\mathrm{T}}\boldsymbol{X})^{-1}$ 矩阵对角线上的第 j 项元素（$j=1, 2, \cdots, m+1$）。

三是 F 统计量计算公式，表示为

$$F = \frac{|\boldsymbol{B}^{\mathrm{T}}\boldsymbol{X}^{\mathrm{T}}\boldsymbol{Y}| - n\,\overline{y}^2}{ms^2} \qquad (1-1-8)$$

四是 t 统计量的数学表达，该表达式是基于式（1-1-7）定义的，用于对回归系数有效性的检验。二元线性回归的 t 值计算公式为

$$t_j = \frac{b_j}{s_{b_j}} \qquad (1-1-9)$$

式中，b_j 为第 j 个回归系数；t_j 为相应的 t 统计量。

五是 DW 的计算公式

$$\mathrm{DW} = \frac{\sum_{i=2}^{n}(e_i - e_{i-1})^2}{\sum_{i=1}^{n} e_i^2} \qquad (1-1-10)$$

式中，DW 为 Durbin-Watson 统计量；e_i 为第 i 个样品的残差（$i=1, 2, \cdots, n$）。

1.2 一元线性回归

1.2.1 数据的初步考察

不妨以某地区最大积雪深度和灌溉面积关系数据为例予以说明。为了估计山上积雪融化后对山下田地灌溉的影响,在山中建立观测站,测得连续10年的雪深数据(表1-2-1)。借助这些观测数据建立线性回归模型,就可以根据提前测定的山上最大积雪深度预测当年山下的灌溉面积大小。

表1-2-1 最大积雪深度与灌溉面积的10年观测数据

年份	最大积雪深度 x/m	灌溉面积 $y/10^3$ 亩①	年份	最大积雪深度 x/m	灌溉面积 $y/10^3$ 亩
1971	15.2	28.6	1976	45.0	23.4
1972	10.4	19.3	1977	29.2	13.5
1973	21.2	40.5	1978	34.1	16.7
1974	18.6	35.6	1979	46.7	24.0
1975	26.4	48.9	1980	37.4	19.1

资料来源:苏宏宇和莫力(2001)。

对于一元线性回归,在 Matlab 中至少有三种基本途径估计模型参数:第一种途径是矩阵运算;第二种途径是多项式拟合;第三种途径是调用 Matlab 的回归分析程序包。首先介绍第一种途径——利用矩阵运算估计回归模型参数值并计算必要的统计量。

不管通过何种途径,都要观察散点图。在 Matlab 的编辑窗口(Editor)录入数据,构成向量 x 和 y,然后利用二维曲线作图函数 plot 绘散点图。将图1-2-1所示的 Matlab 文件(以下简称"M 文件")内容从编辑窗口复制到命令窗口(Command window),立即生成散点图(图1-2-2)。

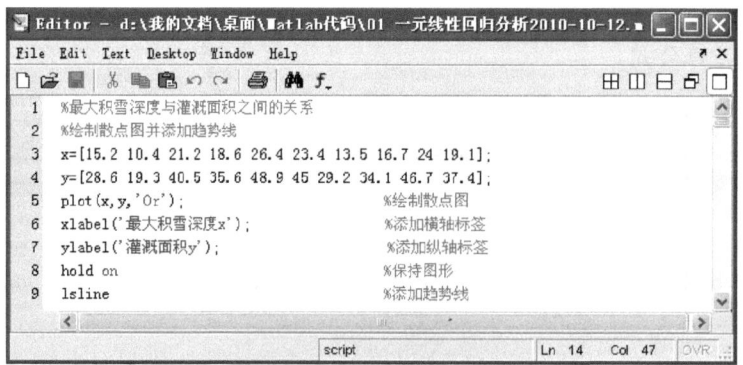

图1-2-1 绘制散点图并添加趋势线的 M 文件

---

① 1 亩 ≈ 666.7 m²。

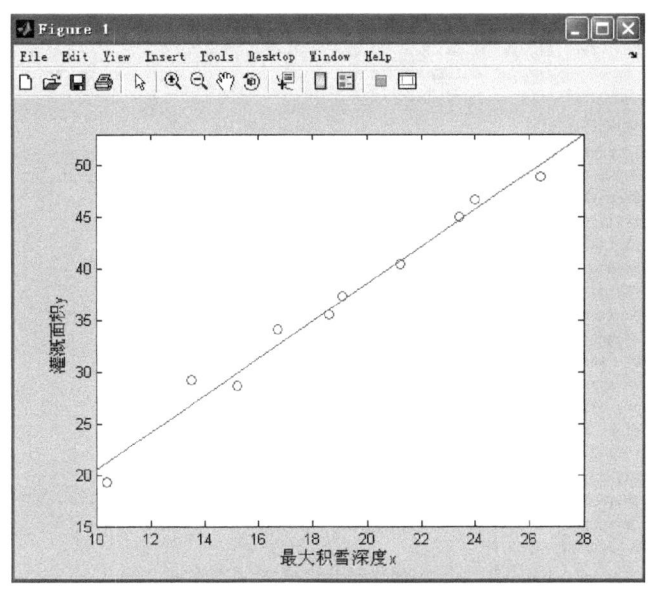

图 1-2-2　积雪深度与灌溉面积的散点图

这里"plot(x,y,'Or')"表示以 x 为横轴、以 y 为纵轴绘制坐标图，数据标志为圆圈"○"，颜色为红色（r）。接下来 xlabel 和 ylabel 分别表示添加坐标轴的标签，hold on 表示"保持图形"以便下一步利用。基于上面的程序，在命令窗口输入 lsline（最小二乘拟合线），回车，就可以添加趋势线（图 1-2-3）。

绘制散点图的目的是观察数据是否适合建立一元线性回归模型。散点图至少可能出现五种情况。一是散点围绕趋势线变动，即具有明显的线性分布特征。在这种情况下，可以开展线性回归分析。二是散点具有线性趋势，但个别数据点明显例外，大大偏离趋势线。在这种

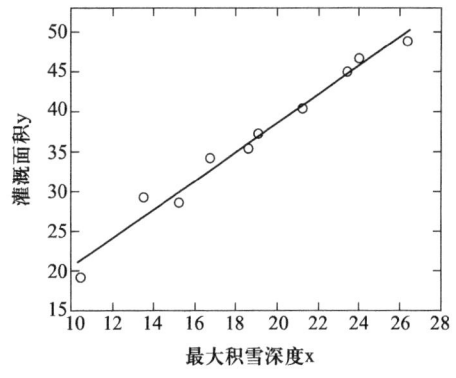

图 1-2-3　添加趋势线之后的散点图

情况下，应该考虑剔除异常值。三是散点有特殊的趋势，但是点、线不匹配。这时数据点列可能表现为某种非线性变动，如指数趋势、对数趋势、抛物线趋势和双曲线趋势等。应该选择适当的非线性模型才能得到较好的模型拟合结果。四是散点非线性变动，而且存在异常值。五是散点随机变动，没有任何趋势。在这种情况下，利用 lsline 函数添加的趋势线近似于水平线。

1.2.2　第一种模型求解途径——矩阵运算

从图 1-2-3 可以看出，散点与趋势线大体匹配，可以拟合一元线性回归函数。不妨借助第 1.1 节给出的矩阵表达式估计模型参数。在编辑窗口中，编写如图 1-2-4 所示的计算程序。

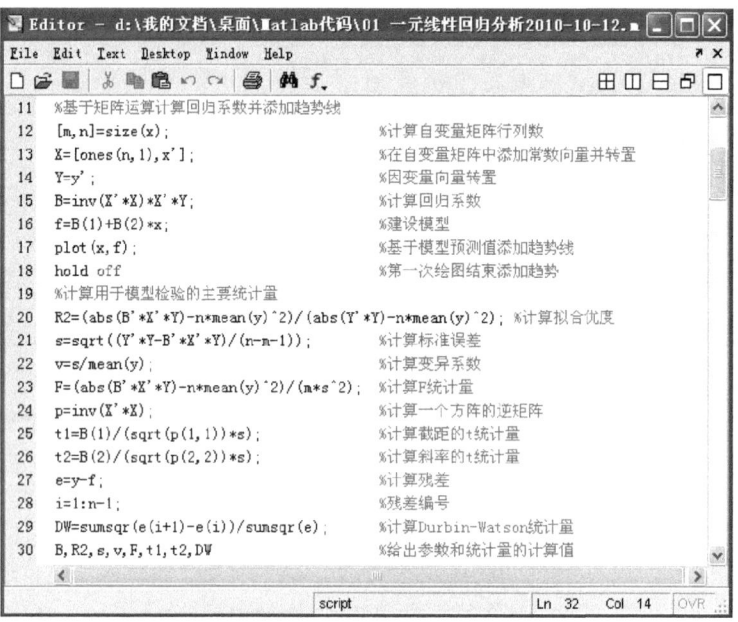

图 1-2-4　基于矩阵运算的线性回归分析程序

在前面绘图程序的基础上，将矩阵运算程序复制到命令窗口，粘贴并回车，立即得到所需要的参数和统计量估计结果。

在这个文件中，主要用到如下常用函数：计算绝对值的函数 abs；计算平均值的函数 mean，计算平方根的函数 sqrt；计算平方和的函数 sumsqr。此外，还有函数需要说明：一是 ones，用于生成数组为 1 的数组，其语法为 ones（数组行数，数组列数）；二是 size，它给出矩阵的行数和列数。上面的程序完全是对应第 1.1 节的数学公式给出的，不难看懂各个语句的含义及关系。

运行之后，得到计算结果如下：模型截距 2.356 4。斜率 1.812 9。相关系数平方 0.978 9。标准误差 1.418 9。变异系数 0.038 8。F 统计量 371.945 3。截距的 t 统计量 1.289 2。斜率的 t 统计量 19.285 9。Durbin-Watson 统计量 0.750 9。对于一元线性回归分析而言，F 检验、t 检验都与相关系数检验等价。故只有相关系数平方、标准误差和 DW 值对我们的统计检验真正有用。根据回归系数建立的回归模型如下

$$f = 2.356\,4 + 1.812\,9x$$

计算程序中有两个语句：f=B(1)+B(2)*x 和 plot(x,f)，目的是将趋势线添加到散点图中。从结果可以看出，再次添加的趋势线与 lsline 给出的趋势线完全重合（图 1-2-5）。

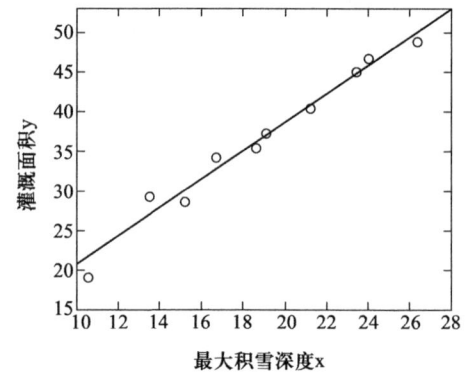

图 1-2-5　第二次添加趋势线之后的散点图

1.2.3　第二种模型求解途径——多项式拟合

利用多项式拟合函数 polyfit 进行一元线性回归分析非常方便。多项式回归方程如下

$$y = a + b_1 x + b_2 x^2 + \cdots + b_p x^p \tag{1-2-1}$$

式中，x、y 为变量；a、b 为参数；p 为多项式的阶次。显然，当 $p=1$ 时，上式变为一元线性回归方程

$$y = a + bx \tag{1-2-2}$$

为简明起见，式中省略了回归系数的下标。多项式拟合函数 polyfit 的语法为 `polyfit(x,y,p)`，这里 p 为多项式的阶数，在本例中取 p=1。回归系数估计的计算程序如图 1-2-6 所示；主要统计量的计算程序在图 1-2-7 中显示出来。

这里用到的函数大体如下：内容清除函数 clear（将前面的各种计算过程清理掉，重新开始计算）和图形标题函数 title 等。这些函数可用可不用。主要函数除了多项式拟合函数之外，就是如下两个与之匹配的函数。一是生成线性等距向量的函数 linspace，在本例中用于限定趋势线的范围，语法为 `linspace（横坐标起点，横坐标终点）`。由于散点分布的范围在 10~30（横轴）和 10~60（纵轴）之内，故大致设为 linspace（10，28）。由于坐标图还可以进一步编辑，故有关设置不是十分重要，不熟悉时可以不必使用这个函数。二是多项式求值函数 polyval，用于计算因变量的预测值，语法为 `polyval（模型参数向量，自变量）`。

此外，还有相关系数函数 corrcoef，语法为 `corrcoef(x,y)`。Matlab 给出的结果多是矩阵或者向量形式，相关系数也不例外，除了 x 与 y 的相关系数 0.989 4 之外，还给出了 x 与 x 以及 y 与 y 的相关系数 1。

其他的函数和计算方式与图 1-2-4 给出的 M 文件内容大体一样。

将图 1-2-6 和图 1-2-7 所示编辑窗口中的运算程序复制到命令窗口，粘贴并回车，立即得到结果如下：模型斜率为 1.812 9；模型截距为 2.356 4；相关系数为 0.989 4；标准误差为 1.418 9；DW 统计量为 0.750 9。如果需要，还可以给出更多。例如，在命令窗口输入"R2"并回车，得到相关系数平方值为 0.978 9；输入"v"并回车，得到变异系数值为 0.038 8；输入"e"并回车，得到模型的残差序列。

运行图 1-2-6 所示的计算程序，就会弹出散点图并添加趋势线。由于函数 linspace 的规定，这条趋势线的横坐标范围为 10~28（图 1-2-8）。除了数据标志不同以外，其他方面与图 1-2-3 一样。

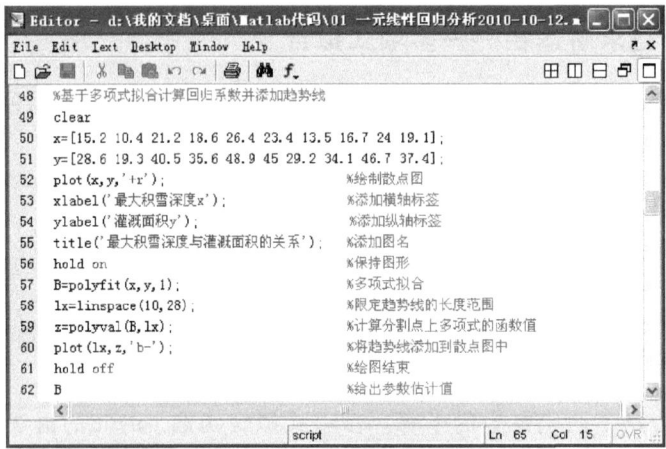

图 1-2-6　基于一阶多项式拟合的参数估计计算程序

图 1-2-7　主要统计量的计算程序

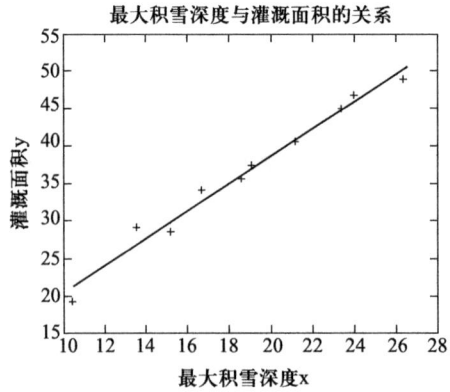

图 1-2-8　稍作修改后的散点图及趋势线

可以删除图 1-2-6 中的语句"lx=linspace(10,28)",并将"z=polyval(B,lx)"和"plot(lx,z,'b-')"分别改为"z=polyval(B,x)"和"plot(x,z,'b-')",结果如图 1-2-9 所示。运行修改之后的程序,则散点图的趋势线范围限于自变量的最小数值和最大数值之间(图 1-2-10)。这个结果与图 1-2-5 二次添加的趋势线一样。

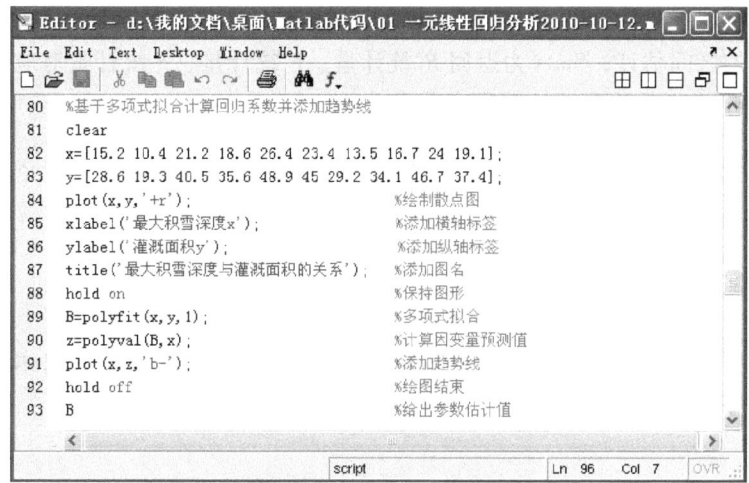

图 1-2-9　稍作修改后的参数估计计算程序

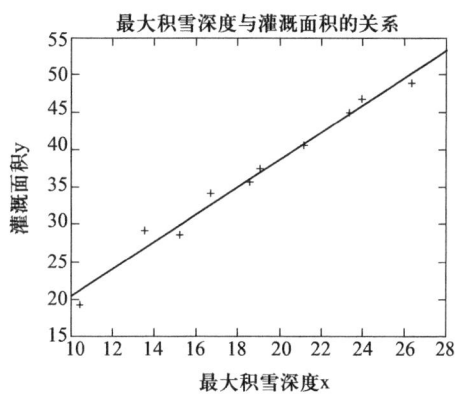

图 1-2-10　稍作修改后的散点图及趋势线

运行图 1-2-9 所示的程序之后,如果在命令窗口输入"z"并回车,则可得到 y 的计算值;输入"y-z"并回车,可以给出模型的残差序列。

1.2.4　第三种模型求解途径——调用回归分析程序包

开展比较全面的线性回归,需要调用线性回归函数 regress。这个函数实际上是一个小型的线性回归分析程序包。利用它既可以开展一元线性回归分析,也可以开展多元线性回归分析。

该函数的语法为

$$[B, Bint, E, Eint, Stats] = regress[Y, X, \alpha]$$

其中，X 表示自变量的观测值；Y 表示因变量的观测值；α 为显著性水平，默认值为 $\alpha = 0.05$；B 为回归系数的最小二乘估计向量；Bint 为回归系数的 (1−α)% 的区间估计；E 为残差向量；Eint 为残差向量的区间估计；Stats 为返回 R^2 统计量、F 统计量、F 统计量对应的概率值和均方差 MSE——误差平方和的均值。计算程序非常简单，即

```
x = [15.2  10.4  21.2  18.6  26.4  23.4  13.5  16.7  24.0  19.1]';
Y = [28.6  19.3  40.5  35.6  48.9  45.0  29.2  34.1  46.7  37.4]';
X = [ones(10,1)  x];
[B,Bint,E,Eint,Stats] = regress(Y,X)
```

需要注意：矩阵要写成转置形式，即以列向量的方式表出；另外，括号不能为宋体。将上述程序复制到命令窗口，立即得到如下回归结果：

```
B =
    2.3564
    1.8129
Bint =
   -1.8587    6.5715
    1.5962    2.0297
E =
   -1.3128
   -1.9108
   -0.2904
   -0.4768
   -1.3176
    0.2212
    2.3691
    1.4678
    0.8335
    0.4168
Eint =
   -4.3107    1.6851
   -4.0094    0.1878
```

```
       -3.5540    2.9733
       -3.7686    2.8151
       -3.8929    1.2578
       -2.9194    3.3618
        0.0863    4.6519
       -1.5534    4.4889
       -2.1766    3.8435
       -2.8812    3.7148
Stats =
    0.9789   371.9453   0.0000   2.0133
```

在向量 **B** 中，对应的数值为 $b_0 = 2.3564$，$b_1 = 1.8129$。在向量 Stats 中，对应的统计量为 $R^2 = 0.9789$，$F = 371.9453$，$F_{sig} = 0.0000$，MSE $= 2.0133$。如果想要知道 sig 的精确值，输入"sig=Stats(3)"，即可得到"sig=5.4203e-008"。对于一元线性回归，sig 值与弃真概率，即 P 值是相等的。均方差 MSE 的平方根即为标准误差，输入"sig=Stats(3)"或者

```
MSE=sum(E.^2)/(10-2);
s=MSE^0.5
```

便可得到标准误差 $s = 1.4189$。

如果想要计算 Durbin-Watson 统计量，则可以加入如下语句

```
DW=sum((E(2:10)-E(1:9)).^2)/sum(E.^2)
```

由此得到 DW $= 0.7509$。向量 Bint 给出了回归系数的上限和下限；Eint 给出了残差的上限和下限。如果想要画出残差的变化范围图，则可以采用 rcoplot 函数，语法为 rcoplot（误差序列，误差范围序列）。比较完整的计算过程在图 1-2-11 中给出。

这个程序中定义了两个图形：一是添加趋势线的散点图，该图与前面的图 1-2-10 没有实质性的分别（图 1-2-12）；二是残差序列的变化范围图，该图直观地显示 E 值和 Eint 值（图 1-2-13）。第一个图由程序语句中的 figure(1) 定义；第二个图由 figure(2) 定义。如果去掉这两个语句，则运行结果只会显示最后的图形。

将图 1-2-11 所示的文件内容复制到命令窗口运行，立即得到所要求的回归结果。可以看到，上面的计算程序基本上给出了常用的统计量值。

12 第1章 一元线性回归分析

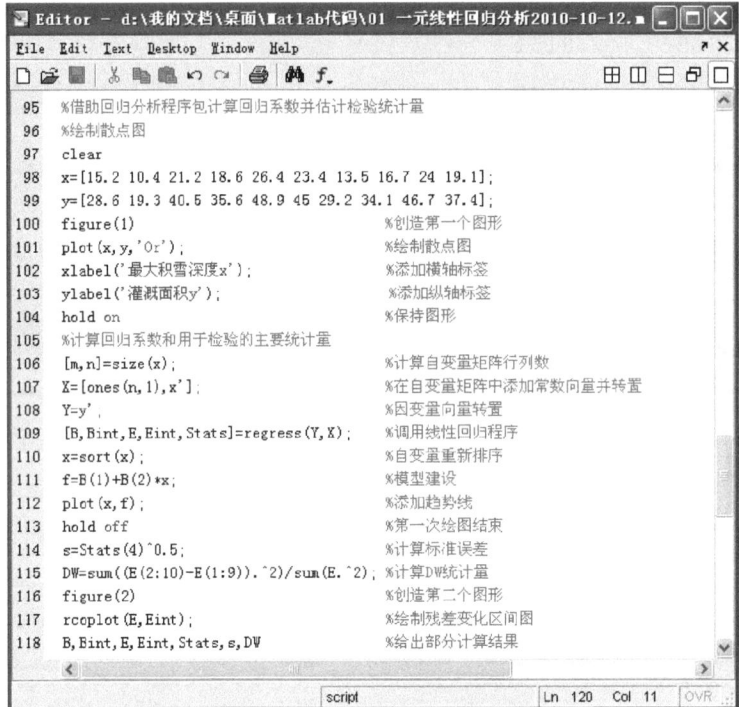

图 1-2-11 基于回归分析函数的计算程序

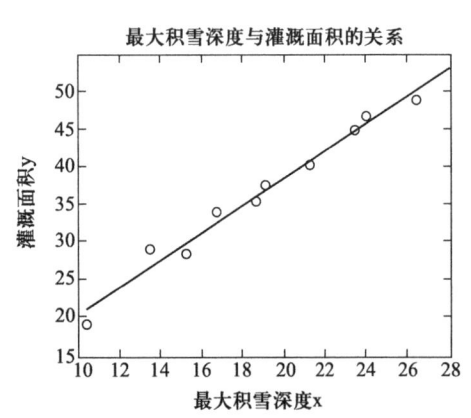

图 1-2-12 添加趋势线后的散点图

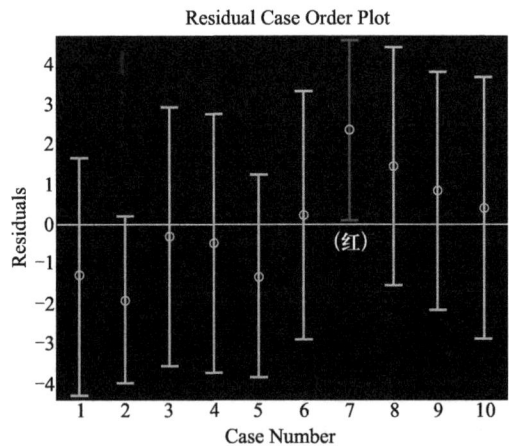

图 1-2-13 残差变化区间图

1.3 统计检验

1.3.1 相关知识的说明

对于一元线性回归分析而言，F 检验、t 检验和相关系数检验完全等价。一般只需要开展相关系数检验和标准误差检验即可。相关系数用于检验模型的拟合优度并表明自变量对因变量的解释程度，标准误差用于检验模型的预测精度。如果样本属于有序的时间序列或者空间序列，还需要开展 DW 检验。DW 检验用于检验残差序列是否为随机序列。只有当残差序列为正态分布的白噪声时，回归模型才会在一定的置信度水平上可靠。本例采用的是有序的时间序列，但样本路径太短，计算的 DW 值可靠性不高。一般来说，相关系数高的回归模型，标准误差相应就低。相关系数中包含有标准误差的部分信息。因此，在很多情况下，一元线性回归模型仅给出相关系数平方，标准误差检验也省略了。

从理论上可以证明，对于只有一个解释变量的线性回归模型，F 统计量、模型斜率的 t 统计量以及相关系数的关系如下

$$F = t^2 = \frac{R^2}{\frac{1}{n-2}(1-R^2)} \qquad (1-3-1)$$

借助公式（1-3-1），很容易验证相关系数检验、F 检验和 t 检验的等价性。首先运行图 1-2-1 和图 1-2-4 所示的计算程序；然后在命令窗口输入如下语句：

```
F1 = t2^2
F2 = ((n-2) * R2)/(1-R2)
```

回车，立即得到 F1 = 371.945 3，F2 = 371.945 3。显然，这正是 F 统计量值。这里没有考虑模型截距，即常数项的 t 统计量。因为从理论上讲，模型截距的重要性及其统计检验的必要性都比较低。对式（1-3-1）进行简单的变换化为如下形式

$$R = \sqrt{\frac{F}{F+n-2}} \qquad (1-3-2)$$

在 Matlab 中可以方便地验证上面的结果。在命令窗口输入"R=sqrt(F/(F+n-2))"并回车，得到 $R=0.989\,4$。

F 统计量和 t 统计量都可以转换为相应的概率值。借助 F 累计分布函数 fcdf，可将 F 统计

量转换为 F 显著性水平即概率值，公式如下

$$F_{\text{sig}} = 1 - \text{fcdf}（F\text{统计量，回归自由度，剩余自由度}）$$

或者简单地表示为

$$\text{sig} = 1 - \text{fcdf}（F, m, n-m-1）$$

利用 t 统计量的累计分布函数 tcdf，可以将 t 值转换为概率值，即 P 值。对应双尾分布，公式如下

$$P = 2 * (1 - \text{tcdf}（t\text{统计量的绝对值，剩余自由度}))$$

也可以简单地表示为

$$P = 2 * (1 - \text{tcdf}(\text{abs}(t), n-m-1))$$

由于 t 统计量可能是负数，故公式中运用了绝对值函数 abs。

在命令窗口运行了如图 1-2-1 和图 1-2-4 所示的程序之后，即可得到 F 统计量和 t 统计量，结果分别是 $F = 371.945\,305\,796\,892\,6$，t1 $= 1.289\,167\,331\,250\,81$，t2 $= 19.285\,883\,588\,699\,78$。然后，在命令窗口输入如下语句

```
Sig=1-fcdf(F,m,n-m-1)
P1=2*(1-tcdf(abs(t1),n-m-1))
P2=2*(1-tcdf(abs(t2),n-m-1))
```

回车，即可得到 F 统计量对应的概率值 sig 和 t 统计量对应的 P 值：sig $= 5.420\,3\text{e-}008$，P1 $= 0.233\,4$，P2 $= 5.420\,3\text{e-}008$。用 1 减去概率值或者 P 值，就可以得到置信度。换言之，当 sig 值或者 P 值小于 0.05 时，置信度大于 95%；当 sig 值或者 P 值小于 0.01 时，置信度大于 99%。因此，不用查表就可以看出某个统计量是否可以通过某个显著性水平的检验了。

1.3.2 主要的统计检验

下面分别进行相关系数检验、标准误差检验和 DW 检验。

（1）相关系数检验

相关系数用于检验模型的拟合优度。前面已经计算相关系数值 $R = 0.989\,4$。利用式（1-3-1）可以在 Matlab 中计算相关系数的临界值。假定显著性水平为 $\alpha = 0.05$，在命令窗口输入如下语句：

```
a=0.05;
```

```
Rc=sqrt(finv(1-a,1,n-2)/(finv(1-a,1,n-2)+n-2))
```

回车，立即得到相关系数的临界值 Rc=0.631 9。由于 $R=0.989\ 4>0.631\ 9$，人们有95%的把握相信，模型的拟合优度达到要求。

如果将显著性水平改为 $\alpha=0.01$，在命令窗口输入如下语句：

```
a=0.01;
Rc=sqrt(finv(1-a,1,n-2)/(finv(1-a,1,n-2)+n-2))
```

此时相关系数的临界值 Rc=0.764 6。既然 $R=0.989\ 4>0.764\ 6$，人们有99%的把握相信，模型的拟合优度检验通过。总之，显著性水平不同，相关系数的临界值也不同。

(2) 回归标准误差检验

回归标准误差用于检验模型的预测精度。前面计算的模型标准误差为 $s=1.418\ 9$。为了排除数据量纲的影响，用 s 值除以因变量的平均值，得到变异系数

$$v=\frac{s}{\bar{y}} \tag{1-3-3}$$

经验上，要求 v 小于0.1，至少 v 要小于0.15。变异系数值前面也曾给出：$v=0.038\ 8$。这个数组小于0.1，故模型的预测精度比较令人满意。

(3) 残差序列相关性检验

如果线性回归的变量是有序的时间序列或者空间序列，则需要开展 DW 检验。本例中的数据是从1971年到1980年连续取样的结果，时间间隔一定，地点不变，故属于有序时间序列。但是，样本太小——样品数目小于15。在这种情况下，DW 统计量不太可靠，一般不主张 DW 检验。查表可知，在 $\alpha=0.05$、$n=10$ 时，DW 值的上、下限分别为 $d_l=0.879$，$d_u=1.320$；相应地，$4-d_l=3.121$，$4-d_u=2.680$。只有当 DW 落入 d_u 到 $4-d_u$ 之间，即1.32~2.68时，人们才有95%的把握相信残差序列不存在自相关。但是，实际估计的 DW=0.750 9，小于 $d_l=0.879$，这意味着残差序列正自相关，DW 检验在 $\alpha=0.05$ 时不能通过。

如果将显著性水平改为 $\alpha=0.01$，则在 $n=10$ 时，DW 值的上、下限分别为 $d_l=0.604$，$d_u=1.001$；相应地，$4-d_l=3.396$，$4-d_u=2.999$。此时只有当 DW 落入1.001到2.999之间，人们才有99%的把握相信，残差序列不存在自相关。但是，实际估计的 DW=0.750 9 落入 $d_l=0.604$ 至 $d_u=1.001$ 之间，这意味着残差序列是否自相关无法得出结论。在这种情况下，不能断定 DW 检验在 $\alpha=0.01$ 时是否可以通过。

残差序列检验的内容较多，不限于 DW 检验。考察残差变化的区间图式，其中上限或者下限超出置信范围的残差为异常值，显示为红色（图1-2-13）。这意味着，在95%的置信范围内，残差分布有一个数值——第七号数值——不符合无趋势性规则要求。在下面的总体回归估计过程中，可以通过因变量预测值的置信区间图看到这个数值的异常。

1.4 总体回归估计和预测分析

1.4.1 总体回归估计

总体回归估计过程是由样本模型推断整体的预测值置信区间。为了计算观测值对应的预测值的置信区间，首先需要计算预测值的变化范围。预测值的变化尺度计算公式为

$$\gamma_i = s \cdot \sqrt{F(\alpha, m, n-m-1) \times \left[\frac{1}{n} + \frac{(x_i - \bar{x})^2}{S_{xx}}\right]} \quad (1-4-1)$$

式中，s 为回归标准差，S_{xx} 为自变量的离差平方和，即

$$S_{xx} = \sum_{i=1}^{n} (x_i - \bar{x})^2 \quad (1-4-2)$$

可见，式（1-4-1）的含义可以表示为

$$\gamma_i = 回归标准误差 \times \sqrt{F 统计量的临界值 \times \left(\frac{1}{样品数} + \frac{x\,的离差平方}{x\,的离差平方和}\right)} \quad (1-4-3)$$

于是预测值的上限和下限为

$$\hat{y}_i^\circ = \hat{y}_i \pm \gamma_i \quad (1-4-4)$$

根据这些公式，可以编写总体回归估计的计算程序如图 1-4-1 所示。这个程序是以图 1-1-11 所示的回归程序为基础的。因此，先运行回归计算程序，然后运行总体回归估计程序。

在运行了回归计算程序和总体回归估计程序之后，就会弹出一个显示因变量预测值及其置信区间的坐标图（图 1-4-2）。改变显著性水平，置信区间的范围也会跟着改变。显著性水平数值越小，置信区间范围越大。取显著性水平 $\alpha = 0.01$ 时，置信区间坐标图如图 1-4-3 所示。可以看出，$\alpha = 0.01$ 时的置信区间要比 $\alpha = 0.05$ 时的置信区间宽阔一些。考察置信区间图还可以看到，当自变量 $x = 13.5$ 时，预测值明显地跳出置信区间之外。这个数值与图 1-2-10 所示的残差异常值对应。可见总体回归估计结果也可以反映出异常数值的位置所在。具体说来，对于 1977 年而言，灌溉面积的观测值显著高于预测结果的置信区间之外。这意味着，这一年的灌溉面积可能受到积雪融水之外的其他因素的显著影响。

1.4 总体回归估计和预测分析

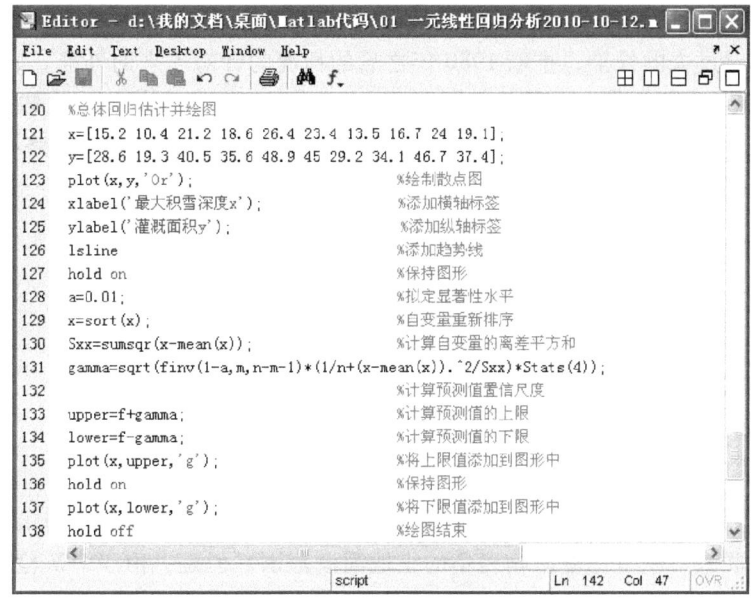

图 1-4-1　总体回归估计的计算程序（$\alpha = 0.05$）

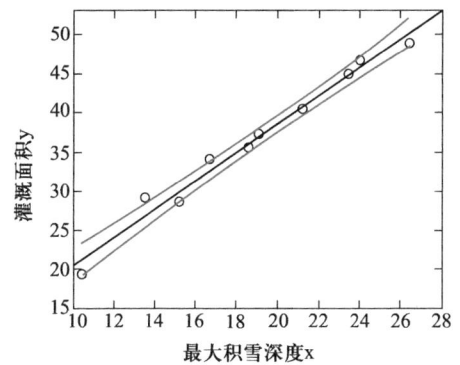 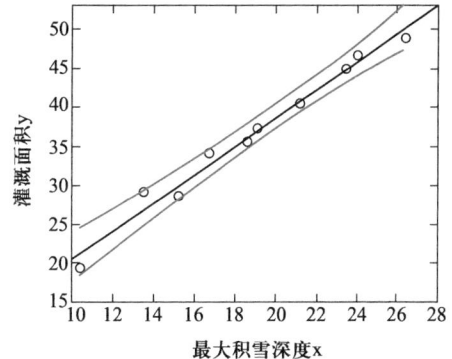

图 1-4-2　灌溉面积预测值的置信区间（$\alpha = 0.05$）　　图 1-4-3　灌溉面积预测值的置信区间（$\alpha = 0.01$）

1.4.2　解释和外推预测分析

　　数学模型的功能主要包括两个方面：一是解释；二是预测。解释主要是分析相关关系或者因果关系；预测则是基于有限知识对未知领域的某种估计或者推断。就数学模型的功能而言，预测包括两种基本情况：一是样本内的预测，可以叫做内插或者估测；二是样本外的预测，可以称为外推或者推测。内插又分为两种情况：一是针对已知点；二是针对未知点。外推也分为两种情况：一是针对过去；二是针对未来（图 1-4-4）。最常用的就是针对已知点的内插预测和针对未来的外推预测。就本例而言，观测时段为 1971 年到 1980 年的 10 组数据，这 10 组数据点构成两个并列的样本：10 年的积雪数据为一个样本；10 年的灌溉面积为另外一个样本。

利用模型预测 1971 年到 1980 年范围内的情况为内插预测；否则，为外推预测。推断 1971 年之前的情况为针对过去的外推；推断 1980 年之后的情况为针对未来的外推。如果 1972 年数据没有缺失，而 1974 年的数据存在缺失，则预测 1972 年的灌溉面积为针对已知点的内插，预测 1974 年的情况为针对未知点的内插——当然这里仅是一种假设，在样本路径之内（1971—1980 年）并不缺失某个年份的数据。

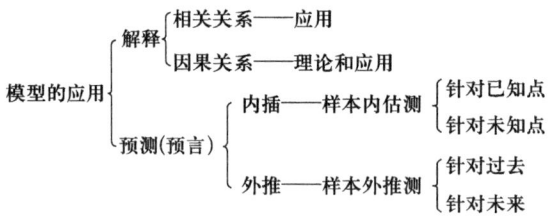

图 1-4-4　数学模型的基本功能

根据前面的数据拟合和统计检验结果可以判断，某地区山上积雪深度与山下灌溉面积之间存在显著的因果联系：积雪深度影响当年的土地灌溉范围。但是，由于 DW 检验在一定置信度下不能通过检验，可能的解释是变量不全，也就是说，影响灌溉面积的不仅仅是山上积雪，可能还有其他因素，如降水或者地下水等。

下面着重说明如何开展预测分析。在模型下面任给一个 x 值，就不难算出一个相应的 y 值。根据 Matlab 的这种功能，可以相当方便地利用积雪深度观测值预测灌溉面积大小，从而确定当年的农业生产规模。例如，假定未来某个年份冬春之际的最大积雪深度为 $x^* = 27.5$ m，预测当年的灌溉面积。基于第一套程序或者第三套程序，Matlab 的预测模型为 y=B(1)+B(2)*2。在命令窗口输入：

```
x=27.5;
y=B(1)+B(2)*x
```

回车，立即得到 $y = 52.2118$。这就是说，如果事先观测出山上最大积雪深度为 27.5 m 左右，就可以判断当年山下灌溉面积 y^* 大约为 5.2118 万亩。改变观测值 x 的输入，可以得到不同的 y 的预测值。

但是，趋势外推的预测值不可能那么准确，应该有一个置信范围。将式（1-4-1）稍做改动，就可以计算外推预测值的置信区间了。外推预测值变化尺度的计算公式为

$$\gamma_i^* = s \cdot \sqrt{F(\alpha, m, n-m-1) \times \left[1 + \frac{1}{n} + \frac{(x_i^* - \bar{x})^2}{S_{xx}}\right]} \tag{1-4-5}$$

式中，x_i^* 为第 i 个需要预测时刻的自变量；γ_i^* 为第 i 个预测值的上下波动幅度。于是，外推预测值的置信区间由式（1-4-6）给出

$$z_i = y_i^* \pm \gamma_i^* \tag{1-4-6}$$

式中，y_i^* 为第 i 个预测值；z_i 为第 i 个预测值的上限或者下限。

根据上面的公式编写计算程序，容易算出预测值的置信区间。当显著性水平取 $\alpha=0.05$ 时，预测值的下限为 4.830 12 万亩，上限为 5.612 24 万亩。也就是说，置信区间为 [4.830 12, 5.612 24]。如果显著性水平采取 $\alpha=0.01$，则预测值的置信区间扩大为 [4.652 16, 5.790 19]。于是结论是，我们有 95% 的把握相信，当山上积雪深度为 27.5 m 时，山下灌溉面积为 4.830 12 万亩到 5.612 24 万亩之间。或者说，我们有 99% 的把握相信，当山上积雪深度为 27.5 m 时，山下灌溉面积为 4.652 16 万亩到 5.790 19 万亩之间。

综合本节前后的内容可知，置信度取值越高，置信区间越大；未来的预测值的置信区间比样本估测值的置信区间要宽一些。

最后需要注意的是，上述计算过程具有一定的顺序：先运行图 1-2-11 所示的回归计算程序；再运行图 1-4-1 所示的总体回归估计程序；最后运行图 1-4-5 所示的预测值及其置信区间计算程序。后一个程序以前一个程序为基础，而前一个程序为后一个程序的有关计算过程做了铺垫。

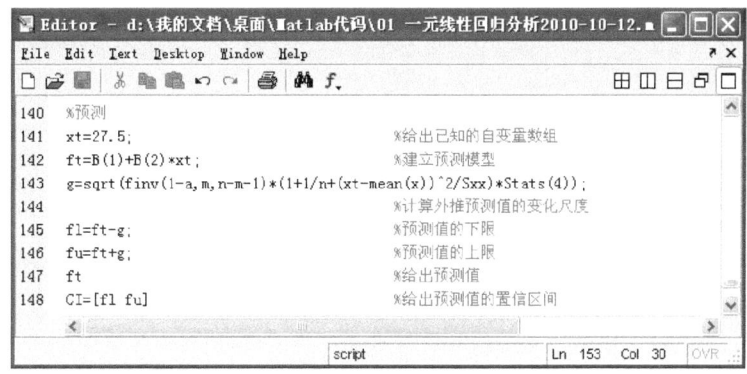

图 1-4-5　趋势外推预测值及其置信区间的计算

1.5　小结

本章讲述利用 Matlab 开展一元线性回归分析的三种途径：一是利用矩阵运算规则，二是利用一次多项式拟合函数，三是利用回归分析程序包。在对 Matlab 比较熟悉的情况下，三种方法都很方便。比较而言，调用回归分析程序包更为便捷，因为这种方法可以同时给出多种统计量。在这三种途径之中，矩阵运算方法和回归分析程序包都可以应用于多元线性回归分析过程。

回归分析通常包括五种基本的统计检验：相关系数检验、标准误差检验、F 检验、t 检验和 DW 检验。对于一元线性回归分析而言，F 检验、t 检验与相关系数检验等价。因此，只需要开展相关系数检验、标准误差检验和 DW 检验即可。F 检验和 t 检验均可以省略。如果数据序列不是有序的时空序列，DW 检验通常也没有意义，只需分析相关系数和标准误差即可。

一元线性回归分析之所以重要，是因为它是数学建模的基本方法。掌握了一元线性回归技术，我们不仅可以建设简单的解释和预测模型，而且可以在其基础上学习和理解更多的数学方法。其一，它是多元回归分析以及基于多元回归的逐步回归分析的基础。其二，它是常规的非线性建模分析的基础。其三，它是理解因子分析、判别分析、自相关分析、自回归分析乃至谱分析的基础或者辅助工具。其四，它是理解灰色系统建模、小波分析、神经网络分析等多种数学建模方法的辅助工具。对初学者而言非常费解的许多数学方法，通过线性回归分析类比，可以找到简捷而有效的理解途径。

第 2 章

多元逐步回归分析

多元线性回归分析是一元线性回归分析的推广,或者说一元线性回归分析是多元线性回归分析的特例。掌握了一元线性回归技术,就不难学习多元线性回归分析方法。一元线性回归分析有三种基本途径,其中有两种可用于多元线性回归:一是矩阵运算方法;二是回归程序包的运用。不过,对于多元线性回归,统计检验的内容相对复杂。不妨借助一个简明的实例说明回归分析的过程。已知某省 1970—1987 年的工业产值、农业产值、固定资产投资以及运输业产值数据(李一智等,1991)。通过上述四种产值的回归分析,探索影响交通运输业的主要因素。具体来说,在工业、农业和固定资产投资等方面,究竟哪些因素直接影响运输业的发展。

2.1 多元线性回归分析

2.1.1 第一种途径——利用矩阵运算

将基于矩阵运算的一元线性回归计算程序稍作修改,就可以用于多元线性回归分析。首先,整理好数据。将自变量向量合并为一个矩阵,并利用函数 ones 添加一个数值为 1 的常数向量。数据整理过程中可以用到一个数组长度函数 length。然后,利用矩阵运算规则编写一个最小二乘法计算程序。利用这个程序可以估计模型回归系数,并计算因变量的预测值(图 2-1-1)。

在第一个程序的基础上,利用几个简单的 Matlab 语句就可以计算复相关系数的平方、校正复相关系数的平方、回归标准误差、变异系数、F 统计量和 Durbin-Watson 统计量(图 2-1-2)。这些统计量的计算与一元线性回归的情况类似,寥寥数语就可以解决问题。

问题之一是偏相关系数。偏相关系数的计算公式为

$$R_{jy} = \frac{-c_{jy}}{\sqrt{c_{jj}c_{yy}}} \qquad (2-1-1)$$

式中,R_{jy} 为第 j 个自变量与因变量 y 的偏相关系数;c 为相关系数矩阵的逆矩阵中对应的元素。计算偏相关系数的过程如下:其一,数据标准化处理。首先合并自变量和因变量向量,形成一

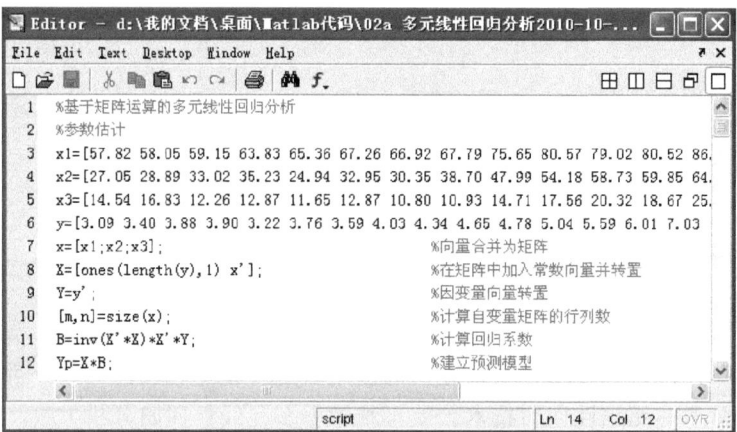

图 2-1-1　基于矩阵运算的多元线性回归模型求解程序

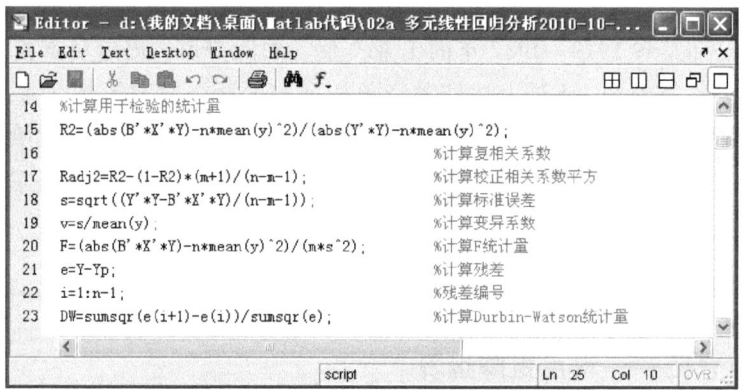

图 2-1-2　部分统计量的计算程序

个矩阵；然后利用函数 mean 计算各个变量的均值，利用 std 计算变量的标准差；利用均值和标准差将数据标准化。其二，计算变量之间的简单相关系数矩阵。标准化数据的协方差就是简单相关系数，因此利用协方差函数 cov 计算变量之间的相关系数。其三，计算偏相关系数。借助矩阵求逆函数 inv 计算相关系数矩阵的逆矩阵，然后就可以根据式（2-1-1）计算偏相关系数了。计算偏相关系数的 M 文件如下图 2-1-3 所示。

问题之二是计算 t 统计量。t 统计量的计算公式为

$$t_j = \frac{b_j}{s_j} \tag{2-1-2}$$

式中，b_j 为自变量 x_j 的回归系数；s_j 的计算公式为

$$s_j = \sqrt{c_{ii}} * s \tag{2-1-3}$$

式中，s 为回归标准差；c_{ii} 为自变量交叉乘积和矩阵 A 的逆矩阵 C 中的 i 行 i 列元素。矩阵 A 中的第 j 行第 k 列元素可表示为

$$a_{jk} = \sum_{i=1}^{n} (x_{ij} - \bar{x}_j)(x_{ik} - \bar{x}_k) \tag{2-1-4}$$

式中，i 为样品的序号（$i=1, 2, \cdots, n$）；j、k 为变量的序号（$j, k=1, 2, \cdots, m$）。根据上述公式，计算 t 值的 M 文件内容如图 2-1-4 所示。

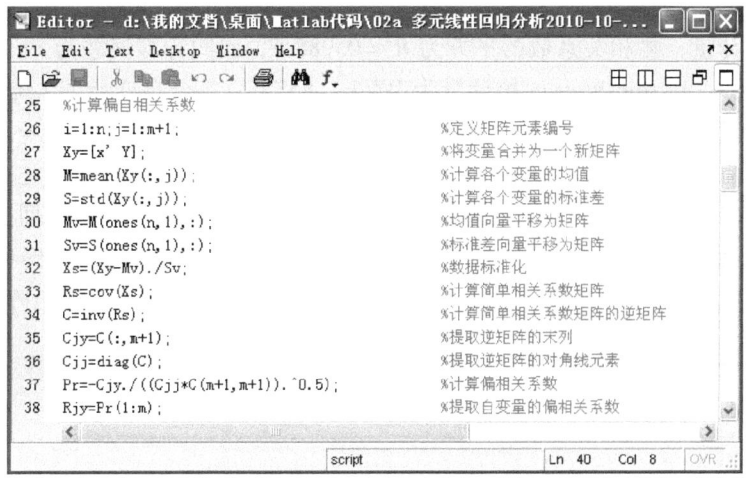

图 2-1-3　偏相关系数的计算程序

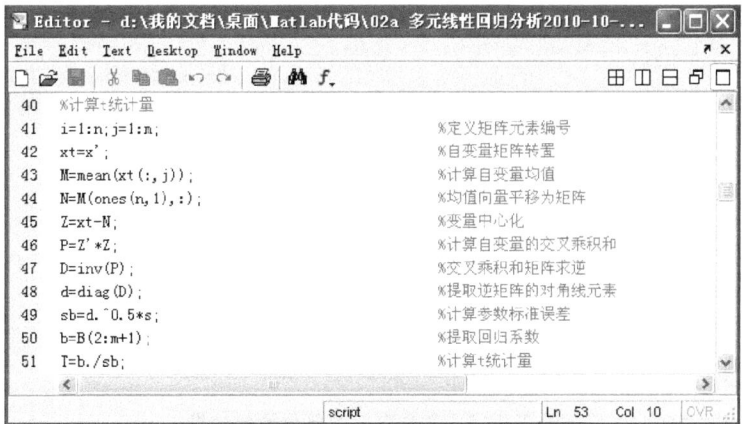

图 2-1-4　t 统计量的计算程序

上面的四个程序依次运行，然后在命令窗口输入

```
B,R2,s,F,DW,T,Rjy
```

回车，得到模型回归系数、相关系数平方、标准误差、F 统计量、Durbin-Watson 统计量、t 统计量以及偏相关系数。回归系数分别为 −1.004 4、0.055 3、−0.004 0、0.090 7，由此可知

$$a = -1.004\ 4,\ b_1 = 0.055\ 3,\ b_2 = -0.004\ 0,\ b_3 = 0.090\ 7$$

据此建立线性回归模型为

$$y = -1.004\ 4 + 0.055\ 3x_1 - 0.004x_2 + 0.090\ 7x_3$$

至于主要统计量，复相关系数的平方为 $R^2 = 0.988\ 6$，回归标准误差为 $s = 0.335\ 4$，F 统计量为 $F = 405.579\ 9$，Durbin-Watson 统计量为 DW = 1.853 0。三个自变量的 t 统计量依次为 $t_1 = 2.940\ 6$，$t_2 = -0.286\ 3$，$t_3 = 3.489\ 7$；偏相关系数分别为 $R_{1y} = 0.617\ 9$，$R_{2y} = -0.076\ 3$，$R_{3y} = 0.682\ 1$。

还可以进一步输出其他统计量，例如，在命令窗口输入"Radj2"并回车，得到校正相关系数的平方值为 0.985 4；输入"v"，得到变异系数；输入"sb"，得到参数标准误差为 0.018 8、0.014 0、0.026 0；输入"Rs"并回车，则可得到简单相关系数矩阵（图 2-1-5）。

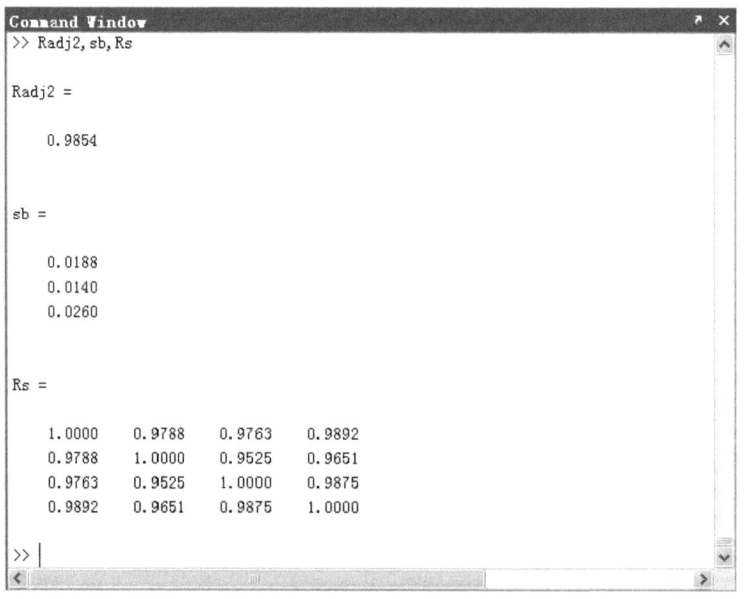

图 2-1-5　命令窗口的部分输出结果

2.1.2　第二种途径——调用回归分析程序包

如果借助函数 regress 调用线性回归分析程序包，则整个运算程序的编写要简单许多（图 2-1-6）。利用回归分析函数可以同时给出回归系数、回归系数置信区间、残差序列、残

差变化区间、复相关系数平方、F 统计量、F 统计量对应的概率值以及均方差。利用均方差，编写几个简单的语句，就可以算出参数标准误差和 t 统计量。运行图 2-1-6 所示的计算程序之后，再运行图 2-1-3 所示的计算程序，就可以算出偏相关系数。

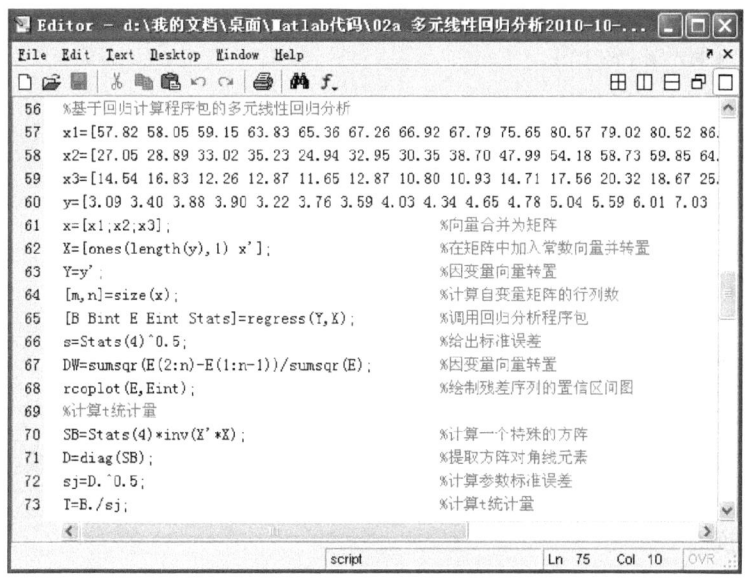

图 2-1-6 基于回归分析程序包的多元线性回归模型求解程序

将上面的文件内容复制到命令窗口，回车，立即得到我们需要的常规统计结果。然后在命令窗口输入"Stats"并回车，得到

```
Stats =
   0.9886   405.5799   0.0000   0.1125
```

由此可以读出 $R^2 = 0.9886$，$F = 405.5799$，sig $= 0.0000$，MSE $= 0.1125$。这里 sig $= 7.7049\mathrm{e}{-014}$，为 F 统计量对应的概率值；MSE 为均方差。

较之于第一种途径，基于 regress 函数可以写出简洁的 t 统计量计算程序——用较少的 Matlab 语句计算出包括截距在内的全部回归系数的 t 值（图 2-1-6）。计算公式为

$$t_j = \frac{b_j}{\sqrt{S_{jj}}} \tag{2-1-5}$$

式中，S_{jj} 为 SB $=$ MSE $*(X'X)^{-1}$ 矩阵对角线上的元素。根据公式，计算 t 值的 M 文件内容编制如下

```
MSE = Stats(4);
SB = MSE * inv(X' * X);
```

```
D=diag(SB);
T=B./D.^0.5
```

或者

```
MSE=E'*E/(n-m-1);
SB=MSE*inv(X'*X);
D=diag(SB);
T=B./sqrt(D)
```

前一个计算程序直接从 Stats 向量中调用均方差；后一个程序利用残差计算均方差。就计算结果而言，两者没有本质区别。

2.1.3 统计检验

有了上面的运算结果，我们就可以对回归模型进行必要的统计检验分析了。对于多元线性回归分析，复相关系数的检验不再是问题。偏相关系数分析、标准误差检验、F 检验、t 检验都是重要的过程。对于有序的时空数据，DW 检验一般不可省略。

（1）拟合优度

对于本例，复相关系数的平方即拟合优度达到 $R^2=0.988\,6$，这个数值很高了。但是，复相关系数有一个问题，那就是它会随着解释变量的增加而不断升高。即便增加的解释变量对模型没有实质性的贡献，拟合优度也随之增高。这种现象叫做"回归自由度导致的拟合优度膨胀"。为了"惩罚"自由度，通常采用校正复相关系数平方代替相关系数。Matlab 采用的校正相关系数的计算公式为

$$R_{\text{adj}}^2 = R^2 - \frac{m+1}{n-m-1}(1-R^2) = 1 - \frac{n}{n-m-1}(1-R^2) \tag{2-1-6}$$

这与通常的统计软件给出的校正公式稍有差别。Excel 和 SPSS 采用的相关系数的平方校正公式为

$$R_{\text{adj}}^2 = R^2 - \frac{m}{n-m-1}(1-R^2) = 1 - \frac{n-1}{n-m-1}(1-R^2) \tag{2-1-7}$$

由此可得 0.986 2。前面给出的校正相关系数平方值根据式（2-1-6）计算，结果为 0.985 4。

（2）标准误差

前面计算的标准误差为 $s=0.335\,4$；相应地，变异系数为 $v=0.060\,3$。数值小于 0.1，模型的预测精度令人满意。

（3）F 检验

在 Matlab 中，查阅 F 统计量临界值的函数为 finv，语法为

$$\mathtt{finv(1-\alpha,m,n-m-1)}$$

用中文表达就是"finv（置信度，自变量数，样品数-自变量数-1）"，或者"finv（置信度，回归自由度，剩余自由度）"，或者"finv（置信度，分子自由度，分母自由度）"。

有些著作中将变量数称为"分子自由度"，实为"回归自由度"；将样品数减去变量数再减 1 称为"分母自由度"，实为"剩余自由度"。这可以从 F 值的计算公式理解。F 值的计算公式为

$$F = \frac{\frac{1}{m}\sum_{i=1}^{n}(\hat{y}_i - \bar{y})^2}{\frac{1}{n-m-1}\sum_{i=1}^{n}(y_i - \hat{y}_i)^2} \tag{2-1-8}$$

分子自由度为 m，即变量数目或者回归自由度；分母自由度为 $n-m-1$，即剩余自由度（简称自由度）。

假定显著性水平取 $\alpha=0.05$，查阅 3 个自变量（$m=3$）、18 个样品（$n=18$）的 F 统计量临界值，输入语句为"$\mathtt{finv(1-0.05,3,18-3-1)}$"，回车后得到结果 ans＝3.343 9。如果将显著性水平改为 $\alpha=0.01$，自由度不变，则输入"$\mathtt{finv(1-0.01,3,18-3-1)}$"，输出的临界值为 5.563 9。前面计算的 F 值为 405.579 9，可见，$F \gg F_{\alpha,m,n-m-1}$，F 统计量检验通过。利用 F 累计分布函数 fcdf，可将 F 统计量转换为概率值即 F 显著性 Sig，公式为

$$F_{\text{sig}} = 1-\text{fcdf}（F\text{统计量，回归自由度，剩余自由度}）$$

只要 sig 值小于某个拟定的显著性水平，如 0.05，F 检验就可以通过。可见，sig 值的好处是不用查表即可做出判断，非常方便。

(4) t 检验

在 Matlab 中，查阅 t 统计量临界值的函数及其语法为

$$\mathtt{tinv(1-\alpha/2,n-m-1)}$$

用中文表达就是"tinv(1-显著性水平/2，剩余自由度)"。拟定显著性水平为 $\alpha=0.05$，查阅 3 个自变量（$m=3$）、18 个样品（$n=18$）时的临界值，命令为"$\mathtt{tinv(1-0.05/2,18-3-1)}$"，回车后得到结果 ans＝2.144 8。如果将显著性水平改为 $\alpha=0.01$，其他情况不变，则输入"$\mathtt{tinv(1-0.01/2,18-3-1)}$"，输出临界值为 2.976 8。

需要说明的是，回归检验主要基于误差概率的 Gauss 分布即正态分布思想。正态分布表现为左右对称的钟形曲线，人们可以考虑两边的正负误差（双尾概率），检验基于双边临界区域（双侧检验）。也可以根据对称性仅考虑一边（单尾概率），检验基于单边临界区域（单侧检验）。Matlab 既可以根据双边临界区域给出 t 临界值，也可以根据单边临界区域给出 t 临界值。

上面的命令结构给出的是双侧检验临界值。如果采用公式"tinv(1-α,n-m-1)",则给出的是单边临界区域的数值。例如,在命令窗口中输入"tinv(1-0.05,18-3-1)",回车后得到结果 ans=1.705 6。这是单边临界区域的数值。常规线性回归分析都是基于双侧检验给出 t 值,因此我们根据双边临界区域计算 t 的临界值。

利用前面第二种回归分析途径,计算出模型参数的 t 统计量为

$$t_0 = -1.561\ 7,\quad t_1 = 2.940\ 6,\quad t_2 = -0.286\ 3,\quad t_3 = 3.489\ 7$$

在 $\alpha=0.01$ 的显著性水平上,t 的临界值为 2.976 8。此时只有第三个自变量,即固定资产投资的 t 检验通过,其余统计量绝对值都小于这个临界值。在 $\alpha=0.05$ 的显著性水平上,t 的临界值为 2.144 8。在这种情况下,第一和第三个自变量,即工业产值和固定资产投资的 t 检验通过。模型截距虽然不能通过检验,但问题不大,因为模型截距反映的统计信息理论上为已知。但是,第二个变量,即农业产值的 t 统计量远小于临界值,这就有问题了。

借助 t 统计量的累计概率分布函数 tcdf 可以将 t 值转换为概率值即 P 值。单尾检验的公式为

$$单尾\ P\ 值 = 1 - \text{tcdf}(t\ 统计量的绝对值,剩余自由度)$$

双尾检验的公式为

$$双尾\ P\ 值 = 2 * (1 - \text{tcdf}(t\ 统计量的绝对值,剩余自由度))$$

习惯上采用双尾检验。只要某个回归系数对应的双尾 P 值小于 0.05,置信度就大于 95%;双尾 P 值小于 0.01,置信度就大于 99%。因此,无需查表即可判断某个统计量的 t 检验在某个显著性水平是否可以通过。

(5)DW 检验

已知 $m=3$,$n=18$。取显著性水平 $\alpha=0.01$,查表可知 $d_l=0.708$,$d_u=1.422$,相应地,$4-d_l=3.292$,$4-d_u=2.578$。前面计算的 DW 为 1.853,落入区间 d_u 与 $4-d_u$ 之间,检验通过。将显著性水平改为 $\alpha=0.05$,则有 $d_l=0.933$,$d_u=1.696$,相应地,$4-d_l=3.067$,$4-d_u=2.304$。DW=1.853 依然落入区间 d_u 与 $4-d_u$ 之间,检验也可以通过。

DW 检验的本质是模型残差序列的自相关分析。残差序列的分析有多种角度。通过残差序列的变化区间图式可以看出异常样品。对于本例,从残差样品顺序图中可以看到,第三个年份的数值变化范围超出了 0 平均线,为非正常值(图 2-1-7)。这表明该年份的系统发展可能受到了其他因素的较强影响。

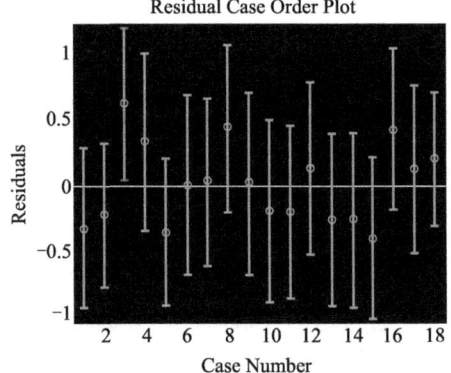

图 2-1-7 残差变化范围图

(6) 偏相关系数分析

对于多元线性回归,偏相关系数分析非常重要。复相关系数反映模型的全局拟合优度,简单相关系数反映变量之间两两的相关强度,偏相关系数则可以在扣除其他变量间接影响的情况下,揭示出各个自变量对因变量的直接影响程度或者解释能力。

根据前面的计算结果,3 个自变量对应的偏相关系数分别为 $R_{1y}=0.6179$,$R_{2y}=-0.0763$,$R_{3y}=0.6821$。可以看到,农业产值 x_2 与运输业产值 y 的偏相关系数暗示两个问题:一是数值太小,这表明直接相关性很低,从而意味着它在 3 个解释变量中的地位不重要;二是数值为负,表明负相关,意味着违背常理——农业发展反而导致运输业滞缓。这暗示,对于这个三元线性回归分析模型而言,农业产值作为解释变量是多余的,因为它与交通运输业发展的直接相关性似乎过于微弱,且对模型的解释能力产生了负面影响。

如果将偏相关系数与模型的回归系数、t 统计量等联系起来,则更能说明问题。其一,第二个解释变量的回归系数太小且为负数($b_2=-0.0040<0$),这表面农业越发展对交通运输业越是不利,这种结论是违背常理的。根据现实情况,工、农业的发展都应该有利于交通运输业的发展。其二,第二个解释变量对应的 t 统计量的绝对值太小,它对应的概率值即 P 值高达 0.7788 左右,即农业变量的回归系数的置信度只有 $(1-0.7788)*100\%=22.12\%$。换言之,可以认为第二个自变量的回归系数与 0 没有显著性的差异,该变量在模型中出现纯属多余,且会影响其他变量回归系数的可靠性。

可见,回归系数的数值、t 检验、偏相关系数分析等的结论是一致的。对应这个案例,第二个解释变量是否可以引入模型,需要重新考虑。

2.2 多重共线性判断

2.2.1 VIF 值的第一种计算方法

根据上面的回归系数、t 统计量和偏相关系数的初步考察可以判定,模型中存在自变量共线性问题。从图 2-1-5 显示的相关系数矩阵可以看到,自变量之间的相关性都很高。在这种情况下,有必要对自变量进行多重共线性分析,然后调整模型的结构。为了分析多重共线性问题,不妨计算出各个自变量对应的容忍度(Tol)和方差膨胀因子(VIF)。

在 Matlab 中,有三种方法计算 Tol 和 VIF 值。一是蛮力计算,即逐步计算;二是编程计算,即利用程序语言写一个简单的计算程序;三是矩阵运算,前提是写一个相关系数的计算程序。

为了说明编程计算原理,首先解释逐步计算过程。

第一步,以工业产值(x_1)为因变量,以农业产值(x_2)和固定资产投资(x_3)为自变量,基于模型

30　第 2 章　多元逐步回归分析

$$x_1 = C + ax_2 + bx_3$$

进行多元线性回归，由此得到一个复相关系数（R_1）的平方值为 $R_1^2 = 0.979\,0$。于是工业产值（x_1）的容忍度

$$\text{Tol}_1 = 1 - R^2 = 1 - 0.979\,0 = 0.021\,0$$

相应地，VIF 值为

$$\text{VIF}_1 = \frac{1}{\text{Tol}_1} = \frac{1}{0.021\,0} = 47.575\,3$$

第二步，以农业产值（x_2）为因变量，以工业产值（x_1）和固定资产投资（x_3）为自变量，基于第二个模型

$$x_2 = C + ax_1 + bx_3$$

进行多元线性回归，于是得到另一个复相关系数的平方值为 $R_2^2 = 0.958\,3$。据此可以计算农业产值（x_2）的容忍度

$$\text{Tol}_2 = 1 - R^2 = 1 - 0.958\,3 = 0.041\,7$$

相应的 VIF 值为

$$\text{VIF}_2 = \frac{1}{\text{Tol}_2} = \frac{1}{0.041\,7} = 23.984\,5$$

第三步，以固定资产投资（x_3）为因变量，以工业产值（x_1）和农业产值（x_2）为自变量，基于第三个模型

$$x_3 = C + ax_1 + bx_2$$

进行多元线性回归，从回归结果中读出复相关系数的平方值为 $R_3^2 = 0.953\,5$。因此，固定资产投资（x_3）的容忍度

$$\text{Tol}_3 = 1 - R^2 = 1 - 0.953\,5 = 0.046\,5$$

相应的 VIF 值便是

$$\text{VIF}_3 = \frac{1}{\text{Tol}_3} = \frac{1}{0.046\,5} = 21.483\,5$$

按照上面的计算过程，利用 Matlab 开展三次二元线性回归，不难计算出全部 Tol 值和 VIF 值。但是，这样计算有些繁琐，不妨编程计算。计算程序如图 2-2-1 所示。将这个程序复制到命令窗口运行，可以得到 3 个自变量对应的 Tol 值和 VIF 值。计算结果分为三行三列：第一列是自变量编号；第二列为对应变量的容忍度 Tol 值；第三列是相应的 VIF 值（图 2-2-2）。

```
%计算共线性容忍度和相应VIF值的程序
x1=[57.82 58.05 59.15 63.83 65.36 67.26 66.92 67.79 75.65 80.57 79.02 80.52 86.
x2=[27.05 28.89 33.02 35.23 24.94 32.95 30.35 38.70 47.99 54.18 58.73 59.85 64.
x3=[14.54 16.83 12.26 12.87 11.65 12.87 10.80 10.93 14.71 17.56 20.32 18.67 25.
x=[x1;x2;x3]';                                  %向量合并为矩阵
[m,n]=size(x');                                 %计算矩阵的行列数
for j=1:m                                       %变量编号
    y=x(:,j);                                   %定义因变量
    for k=1:m                                   %变量再次编号
        x1=x(:,k);                              %提取一个变量
        for l=1:m                               %变量三次编号
            x2=x(:,l);                          %再次提取一个变量
            if x2~=x1&x2~=y&x1~=y               %变量选取条件
                X=[ones(n,1) x1 x2];            %定义自变量矩阵
                [B,Bint,E,Eint,Stats]=regress(y,X); %线性回归
                Tol=1-Stats(1);                 %计算容忍度
                VIF=1/Tol;                      %计算VIF值
            end
        end
    end
   Col=[j Tol VIF]                              %按照变量编号给出计算结果
end
```

图 2-2-1　共线性容忍度和 VIF 值的计算程序

```
   Col=[j Tol VIF]                              %按照变量编号给出计算结果
end

Col =

    1.0000    0.0210   47.5753


Col =

    2.0000    0.0417   23.9845


Col =

    3.0000    0.0465   21.4835

>> 
```

图 2-2-2　共线性容忍度和 VIF 值的计算结果

2.2.2 VIF 值的第二种计算方法

利用矩阵函数，可以非常方便地计算出 VIF 值，进而算出 Tol 值。首先，借助图 2-1-2 所示的程序计算简单相关系数矩阵；然后，借助矩阵求逆函数 inv 计算相关系数矩阵的逆矩阵。这个逆矩阵的对角线上的元素，就是相应的 VIF 值，其倒数便是 Tol 值。计算程序如图 2-2-3 所示。运行这个程序，然后在命令窗口输入"Col"并回车，立即得到如下结果

```
Col=
    1.0000    0.0210    47.5753
    2.0000    0.0417    23.9845
    3.0000    0.0465    21.4835
```

这个矩阵分为三列：第一列是自变量编号；第二列为对应变量的 Tol 值；第三列便是相应的 VIF 值。

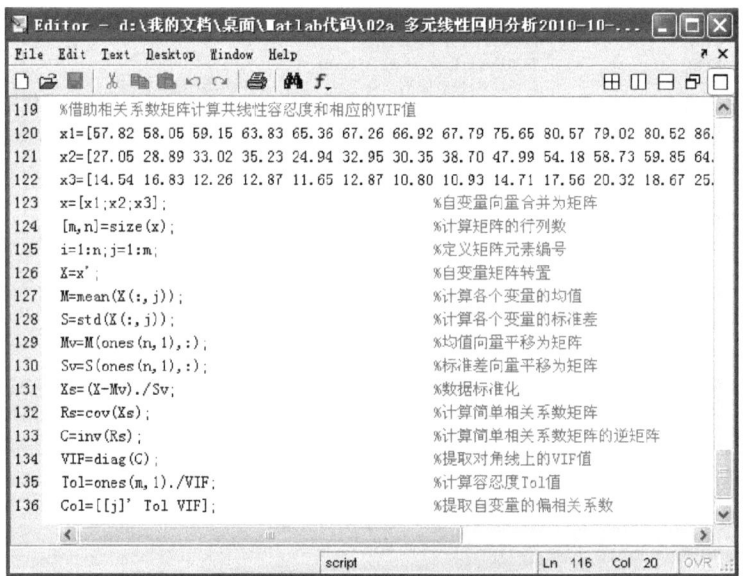

图 2-2-3 利用相关系数矩阵计算容忍度和 VIF 值

2.2.3 多元回归分析的变量选择问题

为了减少多元线性回归分析过程中的共线性问题，经验上要求 VIF 值小于 10，或者 Tol 值大于 0.1。从上面的计算结果可以看到，所有自变量的 VIF 值都大于经验上的检验标准。其中，工业产值（x_1）对应的 VIF 值最大，这意味着它与其他变量的共线性最强；农业产值（x_2）对应的 VIF 值为次大；固定资产投资（x_3）对应的 VIF 值相对最小。如果一个线性回归系统存在多重共线性，就应该剔除一些引发矛盾的自变量，用剩余的变量进行多元线性回归。

既然工业产值的 VIF 值最高,是不是应该剔除工业产值,用农业产值和固定资产投资额作为解释变量呢?未必。究竟排除什么变量,要对整个变量系统开展综合分析。

从图 2-1-5 所示的相关系数矩阵可以看出,在 3 个自变量之间,工业产值与固定资产投资额的相关系数大于农业与固定资产投资额的相关系数。这是工业产值对应的 VIF 值最高的原因。但是,另一方面,如果考察自变量与因变量的相关系数可以发现,工业产值与交通运输业产值的相关性最高,农业产值与交通运输业产值的相关性最低。这意味着,工业解释交通运输业的发展可能是最强的,而农业则可能是最弱的。VIF 统计量的计算有一个缺陷,那就是没有考虑自变量与因变量的因果关系,仅考虑自变量与自变量的相关关系。

偏相关系数可以弥补 VIF 值的缺陷。比较偏相关系数和 VIF 值可以发现,两者具有相似之处,也有明显的不同。共同之处在于,它们都是基于变量相关系数矩阵定义的,都要用到相关系数矩阵的逆矩阵的对角线上的元素进行计算。不同之处在于,计算 VIF 仅考虑自变量之间的相关系数矩阵,而计算偏相关系数则同时考虑自变量和因变量,它基于全部变量相关系数矩阵的逆矩阵的对角线元素(反映自变量之间的关系)和末列元素(反映各个变量与因变量之间的关系)定义的一种统计测度。偏相关系数扣除了间接相关信息,主要反映直接相关信息;VIF 值不仅反映直接相关信息,也反映间接相关信息(表 2-2-1)。

表 2-2-1 偏相关系数与 VIF 值的异同点比较

比较项目	VIF 值	偏相关系数
计算根据	自变量相关系数矩阵(m 阶)	全部变量的相关系数矩阵($m+1$ 阶)
计算关键	相关系数矩阵求逆	相关系数矩阵求逆
定义方法	逆矩阵对角线元素	逆矩阵对角线元素和因变量对应的列元素
统计信息	自变量的全部(直接和间接)相关信息	全部变量的直接相互关系

在多元线性回归分析过程中,如果自变量出现多重共线性征兆,则根据如下两个基本原则决定一些变量的去留。一个自变量与其他自变量的多重相关性越强,越应该从模型中排除出去;一个自变量与因变量的相关性越强,越应该被引入模型。自变量与因变量的关系太弱肯定要剔除,但相关性强未必引入;自变量与其他自变量的关系弱未必引入,关系强则很可能被剔除。有两点是非常明确的:如果一个自变量与其他自变量的关系微弱但与因变量的关系很强,则一定引入;反之,如果一个自变量与其他自变量的关系很强但与因变量的关系太弱,则一定剔除(表 2-2-2)。

表 2-2-2 变量系数强弱与模型变量的取舍

	自变量		因变量	
自变量与其他变量的关系	强	弱	强	弱
自变量取舍	剔除	引入	引入	剔除

在具体操作中，综合考虑模型的回归系数、t 统计量、偏相关系数、部分相关系数以及 VIF 值进行判断。对于本例，综合分析的结果是剔除农业产值，这是因为：其一，它的回归系数数值很小且符号违背事理；其二，它的 t 检验不通过，置信度太低；其三，偏相关系数数值很低，其符号异常；其四，VIF 值明显大于 10。这个例子比较容易判断。但是，如果自变量数目很多，则上述综合判断往往难以执行，可以采用逐步回归分析决定变量的取舍。

2.3 逐步回归分析

2.3.1 Matlab 逐步回归功能说明

逐步回归是从图 2-1-5 所示的相关系数矩阵出发，通过数学变换计算自变量对因变量的贡献系数。根据贡献率的大小决定一个变量是否引入模型或者从回归过程中剔除出去。同时根据该相关系数矩阵计算变量的 F 统计量变化值，以 F 变化值或其对应的概率值为判据，决定一个变量取舍。如果一个自变量的贡献率很高，并且引入模型之后 F 统计量有显著的提高，则其应该被引入模型；如果一个自变量的贡献率很低，引入模型之后 F 统计量变化微小，则可以考虑排除该变量。

上述计算和分析过程在 Matlab 中已经程序化了。Matlab 提供了逐步回归分析的交互式环境，利用它可以方便地实现多元线性系统的逐步回归建模。逐步回归函数为 stepwise，语法为

$$\text{Stepwise}(X,Y,\text{inmodel},\text{Penter},\text{Premove})$$

其中，X 为自变量构成的矩阵；Y 为因变量构成的向量。注意，X 和 Y 的位置不要颠倒了。Inmodel 为包含在初始模型中的逻辑向量或者指示变量（用 0 或 1 表示）。Penter 为变量引入时的临界概率值，默认值为 0.05；Premove 为变量剔除的临界概率值，默认值为 0.1。也就是说，在 Penter 和 Premove 两个参数缺省的情况下，系统默认的标准是：一个变量的概率值小于 0.05（置信度大于 95%）时被引入模型；大于 0.1（置信度小于 90%）时从模型中排除出去。

逐步回归的 M 文件非常容易编写，以前述的某省工农业产值为例，内容如图 2-3-1 所示。

将上面的程序复制到命令窗口，回车之后将会弹出逐步回归对话窗（图 2-3-2）。这个交互式界面包括三个相互关联的图形窗口。

2.3 逐步回归分析 35

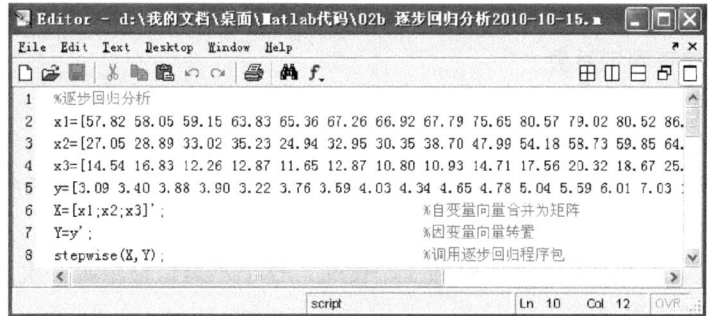

图 2-3-1　逐步回归的 M 文件内容

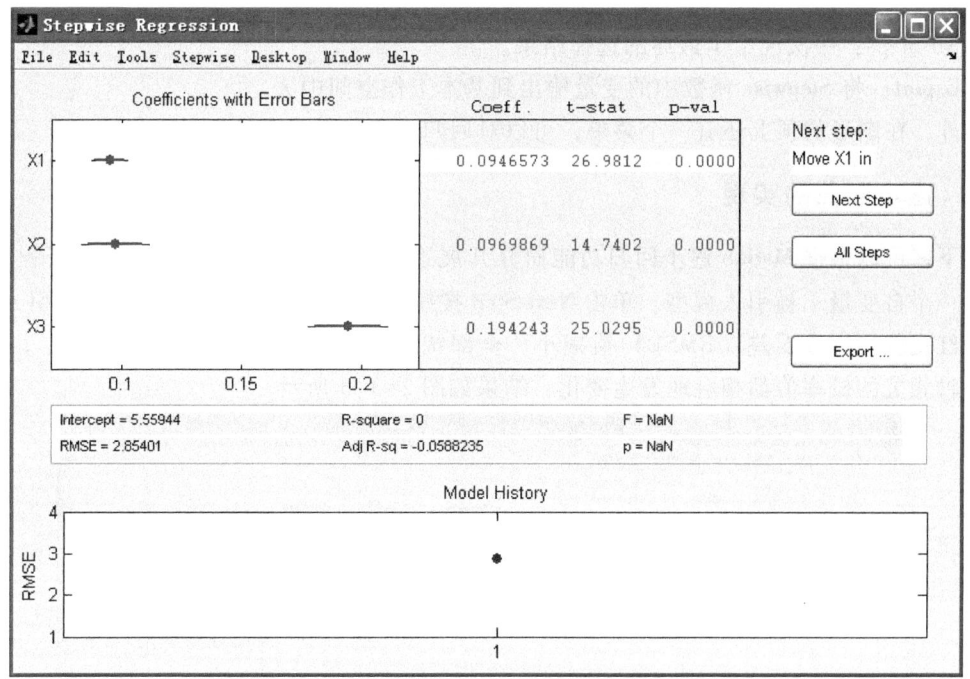

图 2-3-2　逐步回归的对话窗口及其第一步计算结果（第 0 次点击，引入 x_1）

其一是回归系数窗口（上部）。该窗口包括左右两个组成部分：左边为系数的图形显示，圆点（point）表示系数值的大小，线段（bar）表示回归系数值的误差（error）变化范围。回归系数的数值在右边的第一列可以读到（coeff.），但误差范围只能根据左边的图形进行估计。右边的系数值窗口还给出了回归系数对应的 t 统计量（t-stat）和相应的概率值，即 P 值（P-val）。

其二是统计参数窗口（中部），包括如下内容。

· Intercept：模型截距。

· RMSE：当前均方根（root of MSE），即模型拟合的标准误差（均方差 MSE 的平方根）。

- R-square：相关系数平方，即测定系数或者称为拟合优度。
- Adj-R-sq：校正测定系数。
- F：F 统计量。
- P：总体回归效果的 P 值，即对应于 F 统计量的概率值。

其三是模型历史（Model History）窗口（下部），在此可以看到模型选择过程中标准误差（RMSE）的变化情况。

在回归系数窗口的右边有 1 个小窗和 3 个按钮。这个小窗口显示每一次加入或者剔除变量的情况；3 个按钮的作用如下。

- Next Step：逐步选择模型。点击这个按钮可以一步一步显示逐步回归进程中变量的加入与剔除情况。
- All Steps：一次性给出最终的选择结果。
- Export：将 Stepwise 函数中的变量输出到基本工作空间中去。

此外，在图形的顶上还有一个菜单，可以对回归过程进行更多的选择和指令。

2.3.2 逐步回归的实现

接下来可以根据 Matlab 逐步回归功能简介开展逐步回归计算和分析。初步运行程序的时候，第一个自变量 x_1 被引入模型。单击 Next Step 按钮，变量 x_3 加入。此时变量 x_1 的引入确定，颜色由红变蓝。标准误差（RMSE）值减小，全部统计量包括相关系数、F 统计量、t 统计量以及各种相关的概率值都相应地发生变化，结果如图 2-3-3 所示。

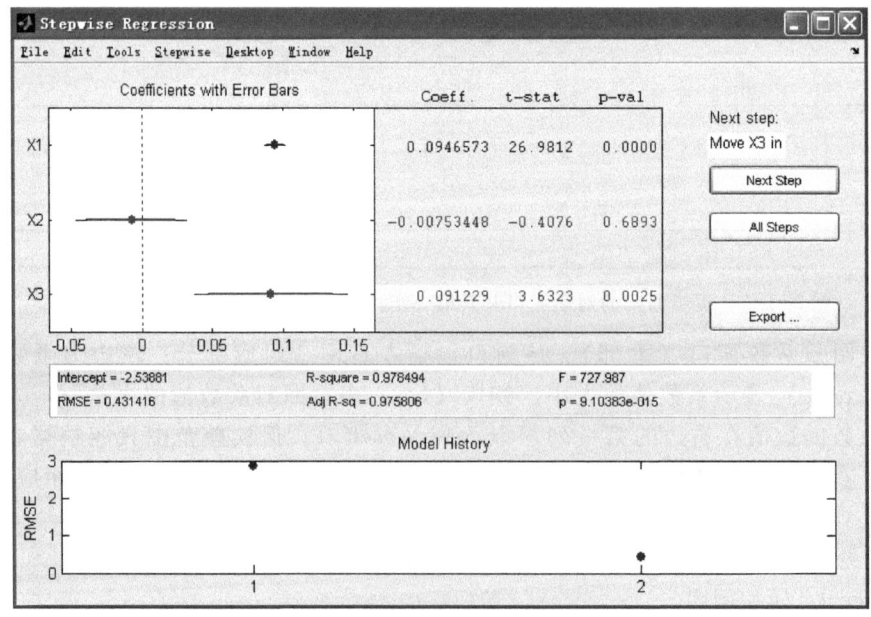

图 2-3-3　逐步回归的第二步运算（第 1 次点击，引入 x_3）

再次单击 Next Step 按钮，得出变量 x_1 和 x_3 全部加入的结果；x_2 被排除在外。于是得到迭代收敛后的参数值和统计量（图 2-3-4），其中红色表示模型中排除的变量；蓝色表示模型中选中的变量。此时 Next Step 和 All Steps 按钮被屏蔽，可以输出最终结果。

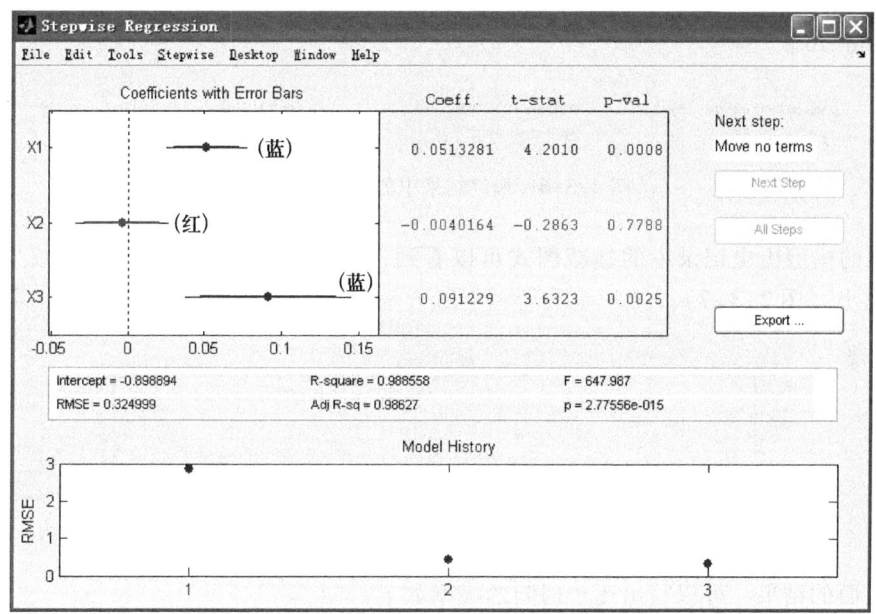

图 2-3-4　逐步回归的第三步运算（第 2 次点击，最终结果）

在第一窗口中显示，回归系数分别为 $b_1 = 0.051\ 328\ 1$，$b_3 = 0.091\ 229$，$t_1 = 4.201\ 0$，$t_3 = 3.632\ 3$，$P_1 = 0.000\ 8$，$P_3 = 0.002\ 5$。可以看到，P 值都小于 0.05（图 2-3-5）。如果想要知道 t 检验是否通过，利用 Matlab 函数 tinv（$1-\alpha/2$，$n-m-1$）可以算出显著性水平为 $\alpha = 0.05$ 时，t 的临界值为 $t_c = 2.131\ 4$。这里 $n = 18$ 为样本个数；$m = 2$ 为被选中的变量个数；α 为显著性水平。

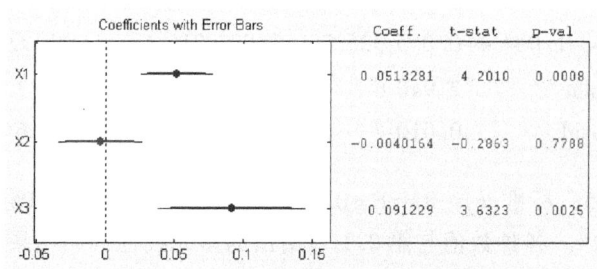

图 2-3-5　最终结果中的回归系数

至于变量 x_2 的系数，是假定将 x_2 加入上述模型之后所得——也就是说，假定采用 3 个自变量的回归结果。在 x_1 和 x_3 被引入模型的基础上，引入 x_2，其回归系数将是 $b_2 = -0.004\ 016\ 4$，对应

的统计量值为 $t_2 = -0.286\,3$，$P_2 = 0.778\,8$。这些数值可以从前面的多元线性回归结果中读出。

中部的窗口给出回归统计量（图 2-3-6），从中可以读到如下数值：模型截距 Intercept = $-0.898\,894$；当前均方根，即回归标准误差 RMSE = $0.324\,999$；测定系数即拟合优度 R-square = $0.988\,558$；校正测定系数 Adj R-sq = $0.986\,27$；F 统计量 $F = 647.987$；总体回归效果的 P 值 $P = 2.775\,56\mathrm{e}{-15}$。

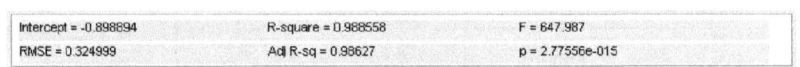

图 2-3-6　最终结果中的统计量数值

从下面的模型历史记录中的递减图式可以看到，标准误差逐步减小，但是减少量（变化率）越来越小（图 2-3-7）。

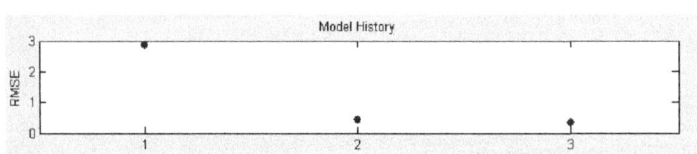

图 2-3-7　最终结果中的标准误差递减图式

根据上面的结果，可以写出逐步回归的模型如下：

$$y = -0.898\,894 + 0.051\,328\,1 x_1 + 0.091\,229 x_3$$

t-stat	4.201 0	3.632 3
P-val	0.000 8	0.002 5

在图 2-3-4 所示的逐步回归结果中，用鼠标单击第二个变量，颜色将会由红变蓝，于是给出全部变量加入的回归结果（图 2-3-8）。

$$y = -1.004\,4 + 0.055\,325\,5 x_1 - 0.004\,016\,4 x_2 + 0.090\,694\,3 x_3$$

t-stat	2.940 6	$-0.286\,3$	3.489 7
P-val	0.010 7	0.778 8	0.003 6

测定系数 $R^2 = 0.988\,625$；标准误差 RMSE = $0.335\,426$；F 统计量 $F = 405.58$；F 统计量对应的概率值 $P = 7.704\,95\mathrm{e}{-14}$。各种数值与第 2.1 节给出的多元线性回归结果完全一样。

在图 2-3-8 所示的多元线性回归结果中，单击 All Steps 按钮或者 Next Step 按钮，又会返回图 2-3-4 所示的逐步回归结果。

在图 2-3-2 所示的最初结果中，单击 All Steps 按钮，就会一步到位地给出图 2-3-4 所示的最终结果。

2.3 逐步回归分析 39

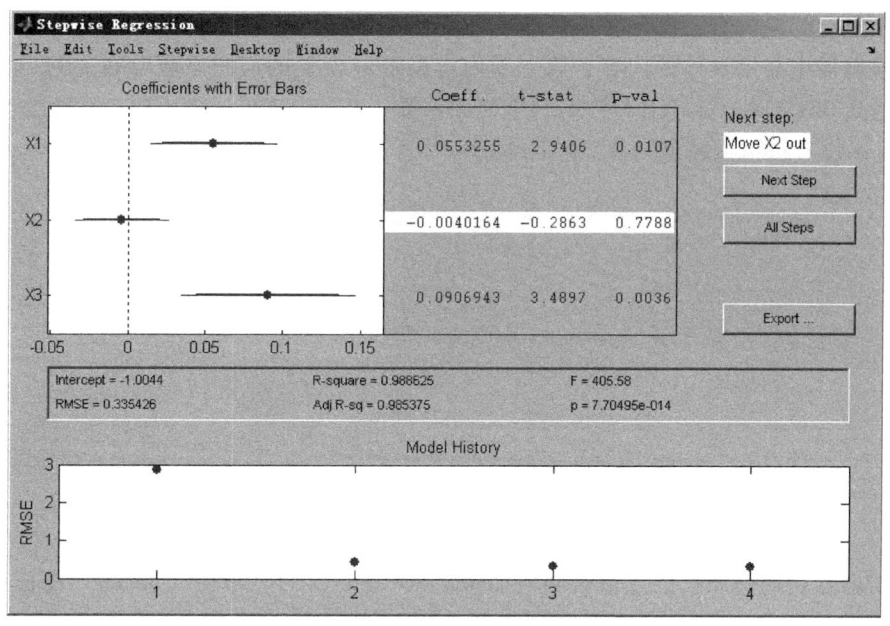

图 2-3-8　引入全部自变量的多元线性回归结果

2.3.3　回归结果的输出和解读

在逐步回归操作过程中，已经得到主要的计算结果。可以将全部结果输出，以便系统分析和检验。在图 2-3-8 所示的对话框中，单击 Export 按钮，弹出一个选项框，可以选择需要输出的项目，包括回归系数（beta）、回归系数的置信区间（betaci）、引入变量（in）、剔除变量（out）、统计量（stats）、系数表（coeftab）以及迭代过程（history）信息（图 2-3-9）。单击 OK 按钮确定，就可以输出选中的项目内容。在 Matlab 的工作空间（Workspace）可以看到输出的各种项目（如 beta、betaci）以及转换前后的变量数组（如 X、Y）（图 2-3-10）。

图 2-3-9　结果输出选项

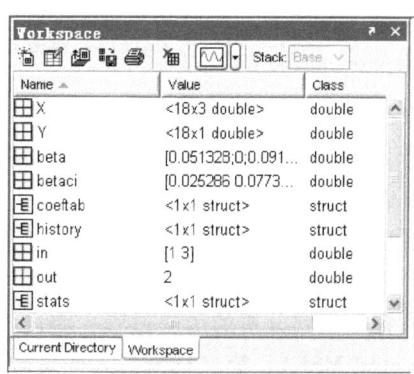

图 2-3-10　Matlab 的工作空间显示的输出项目

双击工作空间中的有关图标，或者单击数组编辑器（Arrray Editor）下面的相应图标，就会在数组编辑器中显示具体的内容：第一项内容是最终模型的回归系数 beta（β）值。第一个回归系数为 0.051 328，对应于 x_1；第三个回归系数为 0.091 229，对应于 x_3；第二个回归系数为 0，表示 x_2 没有被引入模型（图 2-3-11）。

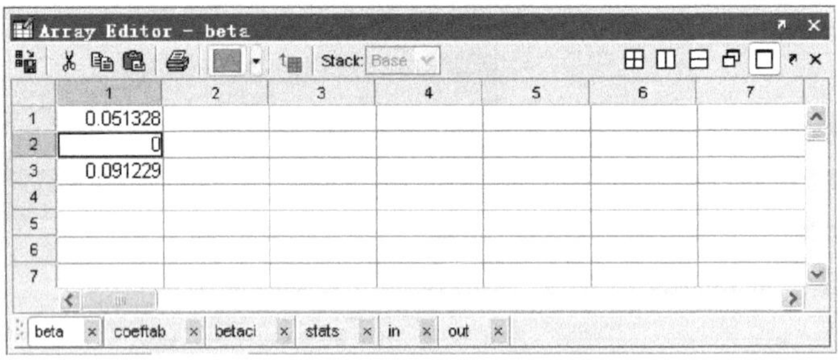

图 2-3-11　模型的回归系数

第二项内容是回归系数的置信区间（Confidence Intervals），单击"betaci"图标可以看到。在显著性水平取 $\alpha=0.05$ 时，x_1 的回归系数变化于 0.025 286 到 0.077 371 之间，x_2 的回归系数为 0.037 695 到 0.144 76 之间（图 2-3-12）。改变显著水平，这些数值也会跟着改变。显著性水平数值越小（如取 0.01），区间范围就会越大。

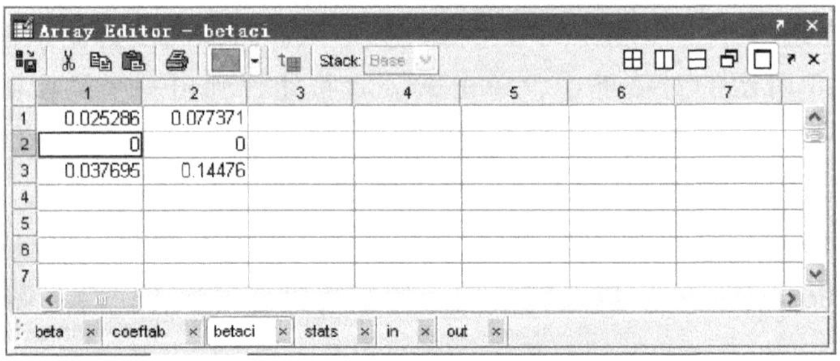

图 2-3-12　模型回归系数的置信区间

第三项内容是回归系数及其相应的统计量，单击"coeftab"图标将会显示出来。第一行为回归系数；第二行为回归系数的标准误差；第三行为回归系数的 t 统计量；第四行为等价于 t 统计量的概率值，即 P 值（图 2-3-13）。这个表的数值是一种混合的表示。第一列和第三列数值是最终模型的回归系数及其相应的统计量；第二列是将 3 个变量都引入时的回归系数和相应的统计量。

第四项内容是回归分析的历史过程，单击"history"图标可以出现。第一行为各个步骤的标准误差（root of MSE）；第二行为引入变量数目（number of variables）（图 2-3-14）。

第五项和第六项非常简单，分别表示入选（in）变量的编号以及淘汰（out）变量的编号。

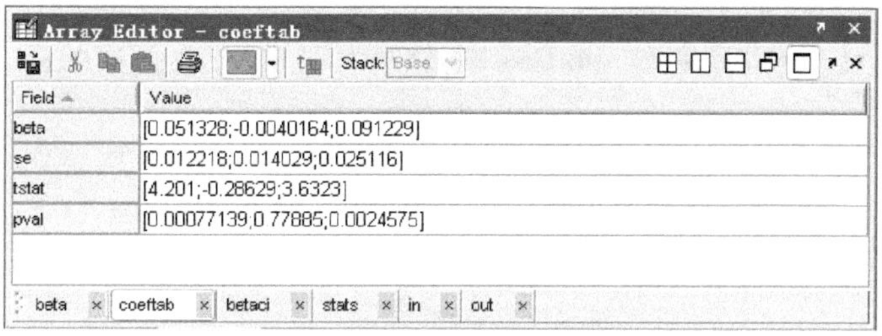

图 2-3-13　模型的回归系数以及有关统计量表

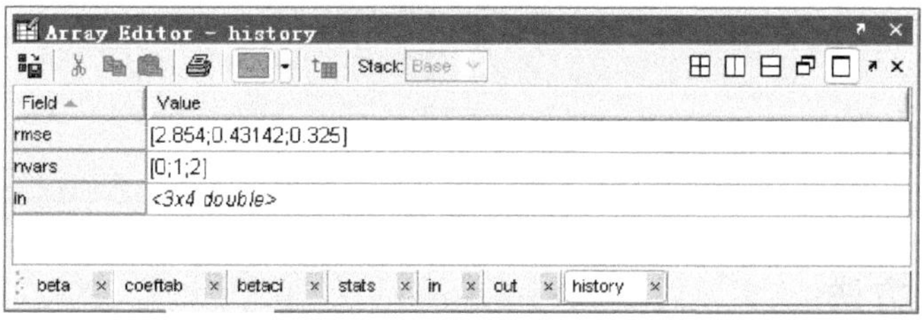

图 2-3-14　回归分析的历史过程

1号和3号自变量被引入模型（图2-3-15）；2号变量未被引入模型（图2-3-16）。

第七项是回归分析的统计量，单击"stats"图标可以显示出来（图2-3-17）。项目包括模型截距（Intercept）、回归标准误差（rmse）、相关系数平方（rsq）、校正相关系数平方（adjrsq）、F 统计量（fstat）以及 F 统计量对应的概率值（pval）。这些内容前面已经说明。

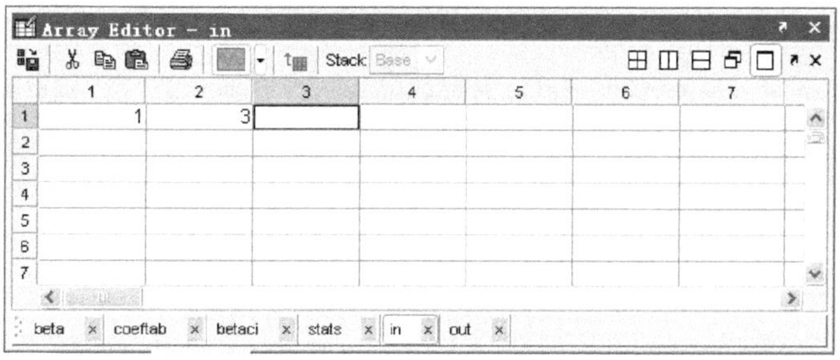

图 2-3-15　引入模型的变量编号

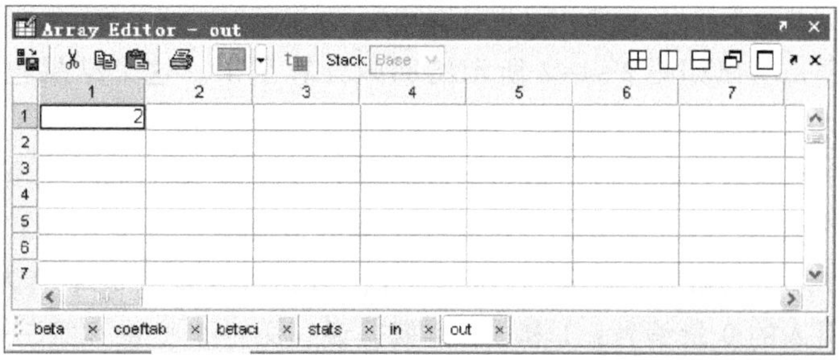

图 2-3-16　未被引入模型的变量编号

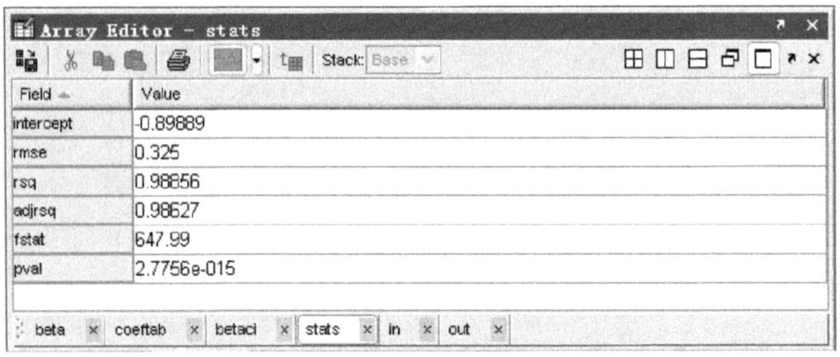

42 第 2 章 多元逐步回归分析

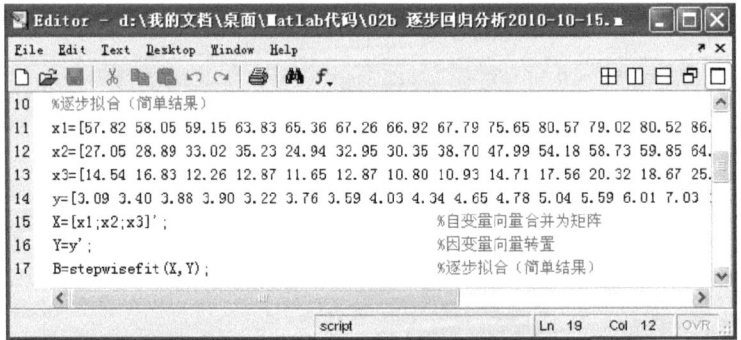

图 2-3-17 引入两个变量的回归统计量

2.4 逐步拟合

2.4.1 快速拟合方法

前述逐步回归过程虽然直观、全面，但也比较繁琐。有时候我们并不希望看到分析过程，只需要快速得到结果。在这种情况下，不妨调用逐步拟合函数 stepwisefit。该函数可以迅速给出简洁的计算结果，也可以给出相对详细的计算结果。将图 2-3-1 所示的计算程序改动一个语句，即可应用逐步拟合函数（图 2-4-1）。

图 2-4-1 逐步拟合的快速计算程序

运行上面的程序，给出如图 2-4-2 所示的回归计算结果。这个结果包括两大内容：一是逐步回归过程说明；二是回归分析的主要系数及其统计量。

第一部分内容分为四行：第一行，初始运算，没有变量引入（none）。第二行，第一步运算（step1），引入第一个变量（column1），引入该变量的概率值为 $P = 9.10383\text{e}{-}015$。第三行，第二步运算（step2），引入第三个变量（column3），引入该变量的概率值为 $P = 0.00245748$。第四行，说明最终引入的变量编号：1 和 3。也就是说，第一个变量和第三个变量被引入模型。

```
Command Window
Initial columns included:  none
Step 1, added column 1, p=9.10383e-015
Step 2, added column 3, p=0.00245748
Final columns included:  1  3

ans =

    'Coeff'      'Std. Err.'   'Status'    'P'
    [ 0.0513]    [  0.0122]    'In'        [7.7139e-004]
    [-0.0040]    [  0.0140]    'Out'       [    0.7788]
    [ 0.0912]    [  0.0251]    'In'        [    0.0025]

>>
```

图 2-4-2　逐步拟合的简单结果

第二部分内容分为四列：第一列，模型回归系数（ceoff）。第二列，模型标准误差（Std. Err）。第三列，变量状况（Status），表明一个变量是被引入（in）还是被排除（out）。可以看到，第一个变量和第三个变量被引入，第二个变量被排除。第四列，变量的概率值，等价于 t 统计量。这个表是一个混合结果。对于第一个变量和第三个变量，系数和统计量都是逐步回归的最后数值。对于第二个变量，则是将全部变量都引入的数值。

2.4.2　详细拟合方法

快速拟合可以迅速地告诉研究人员变量的引入和剔除结果。但是，由于结果过于简单，我们无法利用它建立数学模型。因为如果建模，至少需要知道模型的常数项数值。为此，需要扩展图 2-4-1 所示的逐步拟合语句，改为如下表达

[B,SE,Pval,Inmodel,Stats,Nextstep,History]=stepwisefit(X,Y)

修改后的程序如图 2-4-3 所示。其中，B 表示回归系数。SE 表示参数标准误差。Pval 为回归系数的概率值。Inmodel 为一个逻辑向量，指示哪些变量被引入最终模型。如果没有指示变量，则说明数值变量的引入或者剔除情况。Stats 为统计量，包括回归平方和、剩余平方和、总平方和、F 统计量及其对应的概率值、回归标准误差、模型截距、样本大小等。Nextstep 推荐下一步引入或者剔除的变量。如果无推荐，则数组为 0。History 为迭代计算的历史过程。

运行之后，得出的结果与图 2-4-2 所示结果无异。不过，我们可以逐步调出所需要的统计量。回归系数（B）、标准误差（SE）、P 值（Pval）、迭代过程信息（History）等结果前面已经说明，表达方式大同小异。下面说明 Inmodel、Stats 和 Nextstep。

在命令窗口输入"Inmodel"，回车，得到的结果是 3 个数值 1、0、1。这个结果用指示变量说明自变量的引入和剔除情况：1 表示变量被引入；0 表示变量被剔除。数值 1、0、1 意味着第一和第三两个变量被引入，第二个变量被淘汰。

44 第 2 章 多元逐步回归分析

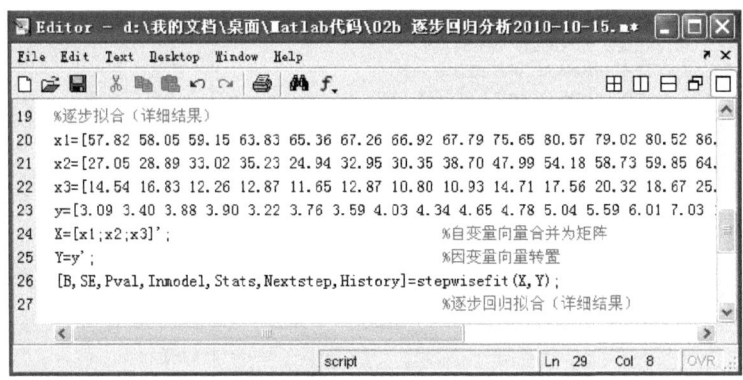

图 2-4-3 逐步拟合的详细计算程序

在命令窗口输入"Nextstep",回车,得到数值 0,表明对下一步的运算没有推荐意见。

在命令窗口输入"Stats",回车,得到的结果如图 2-4-4 所示。简单地解释如下:第一行说明数据来源于逐步拟合;第二行给出剩余自由度(15);第三行给出回归自由度(2);第四行为总平方和(138.470 9);第五行为剩余平方和(1.584 4);第六行为 F 统计量(647.987 3);第七行为 F 统计量对应的概率值(2.775 6e-015);第八行为回归标准误差(0.325 0);第九行反映自变量样品数(18);第十行反映因变量样品数(18);第十一行反映自变量数;第十二行反映 t 统计量数(3);第十三行反映 P 值;第十四行为模型的截距(-0.898 9);第十五行为剔除变量的样品数(18)。

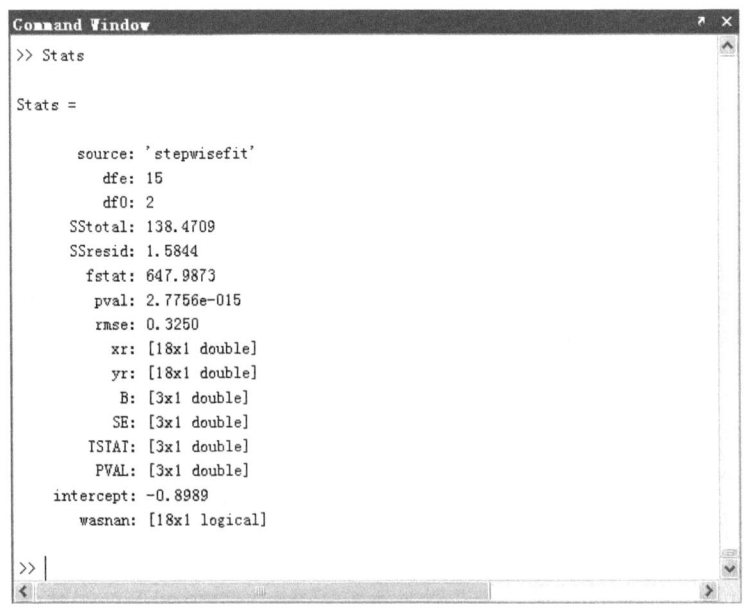

图 2-4-4 逐步拟合的详细结果(部分)

2.4.3 几点说明

下面结合图 2-1-5 所示相关系数矩阵总结一下 Matlab 开展逐步回归的基本过程。为了直观，将相关系数矩阵的下三角列于表 2-4-1 中。

第一步（0 次点击 Next Step 按钮），引入与因变量运输业产值 y 相关系数最高的工业产值变量 x_1。它们的相关系数为 0.989 189。

第二步（1 次点击 Next Step 按钮），引入与因变量运输业产值 y 相关系数次高的固定资产投资额 x_3。它们的相关系数为 0.987 47。

第三步（2 次点击 Next Step 按钮），给出最终回归结果。

表 2-4-1　全部变量的相关系数矩阵

	工业产值 x_1	农业产值 x_2	固定资产投资 x_3	运输业产值 y
工业产值 x_1	1			
农业产值 x_2	0.978 821	1		
固定资产投资 x_3	0.976 325	0.952 465	1	
运输业产值 y	0.989 189	0.965 096	0.987 47	1

如果认为逐步回归仅借助相关系数进行判断那就错了。逐步回归的过程也是非常复杂的变量调配过程，需要综合多种统计参量进行判断。

将上述结果与 Excel 或者 SPSS 给出的结果进行对照，有利于进一步理解回归分析技术。比较可知，Matlab 给出的结果与 Excel 或者 SPSS 的结果基本相同，但某些统计量，如校正测定系数、总体回归效果的 P 值等稍有差异。这可能与有关参数的计算公式的选择有关。不过，Excel 与 SPSS 的有关算法和公式大体一样，但也有少许差别。

2.5 小结

多元线性回归通常有两种用途：一是理论模型的参数估计；二是经验模型的建设和分析。对于理论模型，不涉及变量选择问题，因为变量数量理论上已经给定。以城市研究为例，城市人口密度的 gamma 模型取对数之后变成二元线性回归模型，城市空间相互作用的引力模型取对数后变成三元线性回归模型。对于这类问题，变量无需增减，只需借助多元线性回归技术估计模型参数即可。但是，现实中有相当一类的系统，它们的内部结构不为人知，研究中可以探索它们的内部结构，或者将其当做一种"黑箱"模拟其输入-输出关系。在这种情况下，就会涉及变量的遴选问题，从而需要用到逐步回归分析。

多元逐步回归可以视为多元线性回归的推广，或者说多元线性回归可以看作逐步回归的特例。只有当全部自变量不存在多重共线性（近似正交关系）且对因变量都有贡献的时候，逐步回归过程才会录入所有的自变量；否则，逐步回归过程会对变量做出适当的选择。变量选择的规则是：越是与因变量关系密切的自变量越应该引入，越是与其他自变量关系密切的变量越是应该剔除。当一个自变量与因变量相关性很强且与其他自变量相关很弱的时候，优先引入模型；当一个自变量与因变量相关性很弱但与其他自变量相关很强的时候，首先考虑将其排除。对因变量的贡献（contribution）率以及与其他自变量的共线性（collinearity）是一个变量引入或者剔除的两个基本规则。

对于结构不太明确的系统，可以考虑借助 Matlab 的逐步回归功能建立经验上的多元线性回归模型。这类模型可能是对系统输入-输出关系的模拟，也可能是对结构-功能关系的反推。当逐步回归无法给出令人满意的线性模型的时候，那就表面系统是非线性的，输入-输出之间存在反馈联系，或者多种输入之间存在耦合关系。在这种情况下，线性模型理论就无能为力了，需要借助 Matlab 的强大计算功能开展非线性系统分析。

第 3 章

非线性模型参数估计

现实世界中很少出现严格意义的线性关系。人们日常见到的线性关系模型都是对非线性的近似，或者某种非线性关系线性化的结果。线性回归模型的表达式是比较单一的，非线性回归模型的形式千变万化。因此，非线性模型的选择和建设不像线性模型那样有比较固定的套路。尽管如此，人们常用的非线性模型大多是简单的、可以线性化的方程。有人将这类模型也视为线性模型。借助 Matlab 估计某些非线性模型的参数，既可以采用基于线性化处理的最小二乘计算，也可以直接基于非线性方程运用迭代算法。前者可以看成是直线拟合，后者则可视为曲线拟合。从理论上讲，基于直线拟合估计模型参数全局效果更好，而基于曲线拟合技术得到的模型标准标误差更低。究竟采用何种算法，要根据具体的研究目标和对象来决定。不过，对于那些无法线性化的模型，基于某种迭代运算的曲线拟合是无可替代的选择。

3.1 常见数学模型表达式

为了便于比较和运用，首先列出常见的、可以线性化的非线性模型，这些模型包括指数模型、对数模型、幂指数模型、Guassian 模型、对数正态模型、双曲线模型、二参数 logistic 模型和多项式模型等（表 3-1-1）。

表 3-1-1 常见的可以线性化的非线性模型

模型	数学方程	转化关系	线性表示
指数模型	$y=ae^{bx}$	$y'=\ln y$，$a'=\ln a$	$y'=a'+bx$
对数模型	$y=a+b\ln x$	$x'=\ln x$	$y=a+bx'$
幂指数模型	$y=ax^b$	$x'=\ln x$，$y'=\ln y$，$a'=\ln a$	$y'=a'+bx'$
正态模型	$y=ae^{bx^2}$	$x'=x^2$，$y'=\ln y$，$a'=\ln a$	$y'=a'+bx'$
对数正态模型	$y=ae^{b(\ln x)^2}$	$x'=(\ln x)^2$，$y'=\ln y$，$a'=\ln a$	$y'=a'+bx'$

续表

模型	数学方程	转化关系	线性表示
双曲线模型 1	$\dfrac{1}{y}=a+\dfrac{b}{x}$	$x'=\dfrac{1}{x},\ y'=\dfrac{1}{y}$	$y'=a+bx'$
双曲线模型 2	$\dfrac{1}{y}=a+bx$	$y'=\dfrac{1}{y}$	$y'=a+bx$
Logistic 模型	$y=\dfrac{1}{1+ae^{-bx}}$	$y'=\ln\left(\dfrac{1}{y}-1\right),\ a'=\ln a$	$y'=a'-bx$
抛物线模型	$y=a+bx+cx^2$	$x'=x^2$	$y=a+bx+cx'$
生产函数	$y=ax^b z^c$	$x'=\ln x,\ y'=\ln y,\ z'=\ln z,\ a'=\ln a$	$y'=a'+bx'+cz'$
Gamma 函数	$y=ax^{-b}e^{-cx}$	$x'=\ln x,\ y'=\ln y,\ a'=\ln a$	$y'=a'-bx'-cx$
其他模型	……	……	……

说明：如果模型系数 a 经过取对数变换，建模时需要利用公式 $a=e^{a'}$ 还原。

根据线性化结果的自变量数目，又可以分为三类：①一变量情形（如常规的指数模型、对数模型）；②一变量化为多变量的情形（如抛物线模型、二次指数模和 gamma 函数）；③多变量的情形（如生产函数）。

理论上，常用的非线性模型都可以通过取对数或者取倒数等方法转换为线性形式。以三参数指数函数

$$y=ae^{bx}+c \tag{3-1-1}$$

为例，求导数化为

$$\frac{\mathrm{d}y}{\mathrm{d}x}=bae^{bx}=b(y-c) \tag{3-1-2}$$

离散化得到

$$\frac{\Delta y}{\Delta x}=\frac{y_x-y_{x-1}}{x_x-x_{x-1}}=b(y_{x-1}-c) \tag{3-1-3}$$

取

$$\Delta x=k \tag{3-1-4}$$

便得到线性表达式

$$y_x=(1+kb)y_{x-1}-kbc \tag{3-1-5}$$

对于这类方程，可以采用两种方式估计模型参数：一是曲线拟合，即利用式（3-1-1）形

式对参数求导，然后利用迭代运算估计 a、b 和 c 的值；二是自回归分析，即利用式（3-1-5）形式，借助最小二乘计算，估计 kb 值和 kbc 值，进而得到 c 的估计值。这种方法给出的斜率 b 值更为准确。一般情况下，$k=1$，于是式（3-1-5）可以进一步简化，从而得到

$$c = \frac{截距}{1-斜率} \quad (3\text{-}1\text{-}6)$$

式中，截距为 $-bc$；斜率为 $1+b$。将 c 的估计值代入式（3-1-1），即可通过取对数化为线性形式。

3.2 常见实例——一变量的情形

3.2.1 指数模型（Ⅰ）

3.2.1.1 实例1——美国波士顿人口密度空间分布的负指数分布模型

美国波士顿（Boston）人口密度空间分布的指数衰减模型是一个经典的例子，数据由 C. Clark——城市人口密度分布负指数模型的最早提出者——观测和整理（Clark，1951）。按照等距离的方式将城市分成若干环带（ring），然后借助人口普查区域单元计算各个环带的平均人口密度。这样就得到两组变量：到城市中心（CBD）的距离 x（取环带的外边界）和 x 处的平均人口密度。Clark 用这种方法先后测量了欧美国家的 20 多个城市的人口密度数据，发现了人们常说的 Clark 定律。下面是 Clark 测量的原始数据之一——1940 年美国波士顿的城市人口密度，数据由 Banks（1994）提供（表 3-2-1）。

表 3-2-1 美国波士顿人口密度空间分布数据（1940 年）

距离	密度	距离	密度	距离	密度	距离	密度
0.5	26 300	3.5	11 500	8.5	3 200	12.5	900
1.5	25 100	5.5	9 800	9.5	2 300	13.5	700
2.5	19 900	6.5	5 200	10.5	1 700	13.5	600
3.5	15 500	7.5	4 600	11.5	1 200	15.5	500

注：距离单位为英里；人口密度单位为人/平方英里。
数据来源：Banks（1994）。

常用的指数模型参数估计方法有两种：一是线性回归；二是非线性拟合。线性回归方法是将某个变量取对数，将两个变量相关的趋势线由曲线化为直线，然后借助最小二乘法计算参数估计值。非线性拟合无需对变量进行线性化处理，主要是从某个初始值出发，采用 Jacobi 迭代

技术估计模型参数。下面借助一系列的例子分别说明。

3.2.1.2 指数模型 I 的线性回归

首先,给出基于最小二乘法和线性回归分析的 Matlab 建模步骤。

第一步,作散点图。以到城市中心的距离 x 为横轴,以平均城市人口密度 y 为纵轴,利用二维曲线作图函数 plot 以及坐标轴标签函数 xlabel 和 ylabel 作城市人口密度衰减的散点图。可以看出,散点呈现负指数衰减趋势(图3-2-1)。

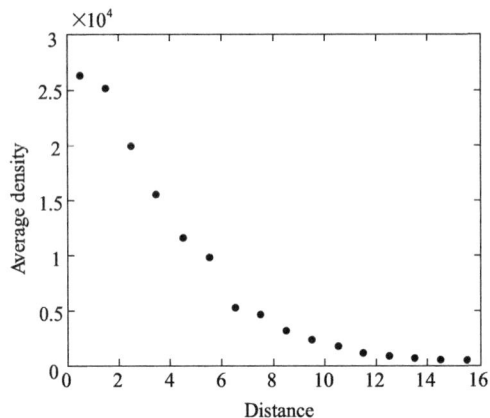

图 3-2-1 美国波士顿人口密度衰减的散点图

第二步,回归建模。假定我们事先并不知道数据服从什么模型,也没有模型遴选的理论根据,选择什么曲线好呢?有两种判断方法:一是根据散点图进行估计;二是逐个模型尝试、比较。通常两种办法都用上。根据散点图,人口密度分布服从线性模型的可能性不大,最可能的是指数模型,其次是对数和幂指数。逐一比较表明,负指数模型最适合刻画波士顿的人口密度分布。这样,不妨采用指数模型

$$y = a e^{-bx} \tag{3-2-1}$$

两边取对数,化为线性形式

$$\ln y = \ln a - bx \tag{3-2-2}$$

可见,指数模型的参数可以通过自变量 x 与因变量的对数 $\ln y$ 的线性回归来确定。

在 Matlab 中,基于最小二乘法和回归分析的指数模型参数估计方法如下。首先,借助向量长度函数 length 和 1 数组函数 ones 生成一个与 x 长度相同的、数值为 1 的数组,将这个数组与自变量合并为一个矩阵 $\boldsymbol{X}$。然后,将 y 取对数,作为线性回归的因变量 Y。根据数据排列方式决定向量和矩阵是否需要转置。然后调用线性回归函数 regress,利用

```
[B,Bint,E,Eint,Stats]=regress(Y,X)
```

即可估计模型参数并给出必要的统计量。这个函数的语法解释参见第1章和第2章的有关内容。其中，B将给出模型的常数和回归系数；Stats将给出模型的拟合优度即相关系数平方。模型参数的估计结果是 $\boldsymbol{B}=[10.557\ 8,\ -0.290\ 9]$。由此可知，$a=\exp(10.557\ 8)=38\ 475.449\ 7$，$b=-0.290\ 9$。于是得到负指数模型

$$\hat{y}=38\ 475.449\ 7\mathrm{e}^{-0.290\ 9x}$$

拟合优度为 $R^2=0.992\ 2$，原始模型的标准误差为 $s=2\ 048.202\ 1$。

第三步，在散点图中添加趋势线。借助上面的模型计算城市人口密度估计值，然后将计算值的连线添加到图 3-2-1 中，结果如图 3-2-2 所示。如果将 y 轴化为对数刻度，可以更清楚地看出模型拟合效果。单对数坐标图表现两方面的特征：其一，数据点呈现直线分布；其二，点与线匹配效果较好（图 3-2-2）。第一个特征说明模型选择得体；第二个特征说明算法选择得当。

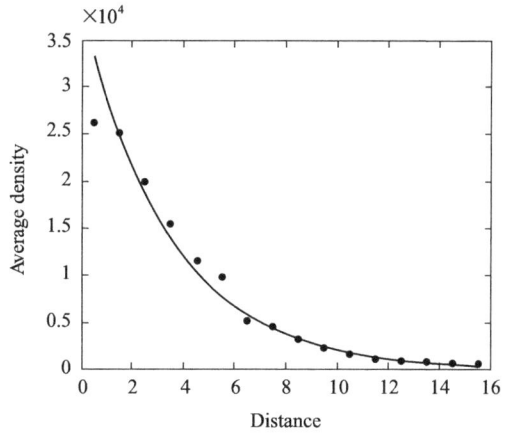

图 3-2-2　在散点图中添加线性回归的负指数趋势线

第四步，模型效果分析。对于波士顿的人口密度而言，指数模型是否是最佳选择之一，需要开展一些对比分析。常用的时空衰减模型包括指数函数、对数函数和乘幂模函。模型评估至少包括两个方面：一是直观地比较坐标图中的点、线匹配效果；二是比较模型的拟合优度（R^2 值）或者标准误差。只要模型的变量数目和参数数量一样，拟合优度一般具有可比性，尽管模型的形式不一样。综合分析表明，在试验的四种模型里，负指数模型的拟合效果最好：拟合优度最高（表 3-2-2）。模型选择可能性的顺序为指数模型>对数模型>线性模型>幂指数模型。

表 3-2-2　四种基本模型拟合优度的比较

模型类型	指数	对数	乘幂	线性
测定系数（R^2）	0.992 2	0.936 3	0.791 8	0.828 8

现在基本上可以判断城市人口服从负指数模型。为了进一步观察模型的拟合效果，需要给出单对数线性坐标图。原因在于：第一，模型的选择是基于可线性化的非线性回归，其实质是对转换后的数据进行的线性回归；第二，拟合负指数模型时，只是对 y 取对数，现不妨将坐标图的 y 轴改为对数刻度，方法为在图形主菜单中，沿着编辑（Edit）—坐标轴属性（Axes Properties）的路径打开坐标轴的属性编辑器（Property Editor），将 y 轴刻度（Y Scale）由线性（Linear）改为对数（Log）（图 3-2-3）。这样，常规的散点图变成了单对数坐标图（图 3-2-4）。

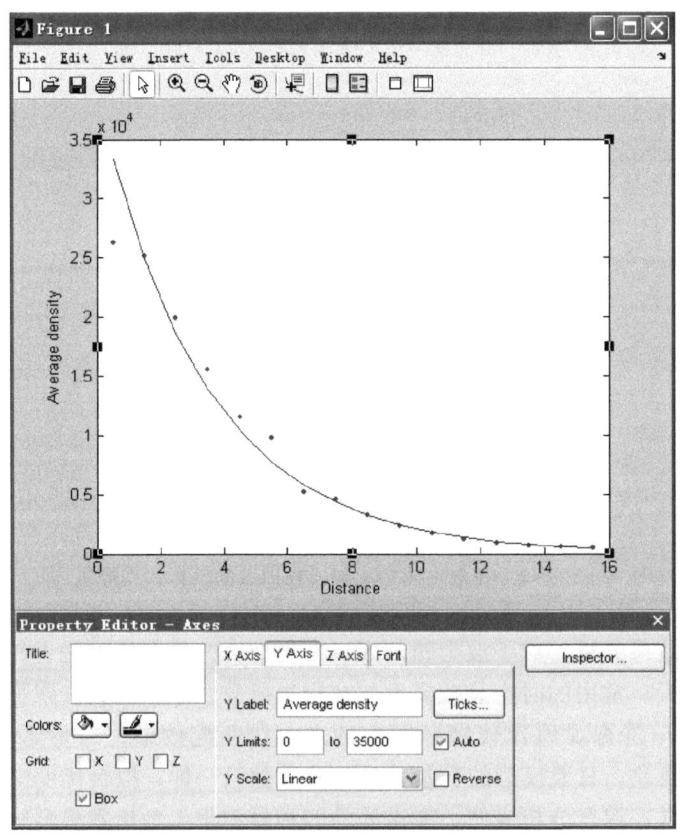

图 3-2-3　当前图形格式编辑窗口

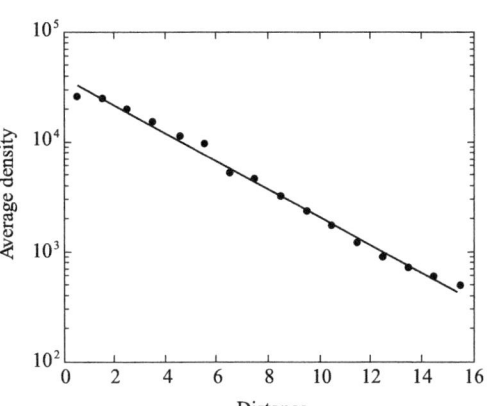

图 3-2-4　基于负指数模型线性回归的单对数点线匹配效果图

观察单对数坐标图，看点、线是否为直线分布且相互匹配。如果是，表明模型选择合适；否则，意味着选择失误或者不够令人满意。从图 3-2-4 中可以看出，散点的直线分布趋势非常明显，并且点、线之间具有良好的吻合关系。

基于指数模型线性化表达式的回归分析过程如图 3-2-5 所示。注意，这里的相关系数平方（R^2）反映了取对数之后的拟合优度，即图 3-2-4 所示直线的拟合优度。不是原始数据的点线拟合优度，即不是图 3-2-2 所示曲线的拟合优度。

图 3-2-5　基于线性回归的指数模型参数估计过程

3.2.1.3 指数模型 I 的非线性拟合

线性回归分析是指数模型参数估计的一种途径，此外还可以采用非线性拟合或者广义线性拟合来估计模型参数。接下来讲述借助非线性拟合技术估计指数模型参数的具体方法。

第一步，构造指数函数。在 Matlab 的编辑窗口定义一个函数 myfun，然后根据指数函数的表达式设计一个函数 yhat（y 帽表示因变量的计算值）。文件内容如下：

```
function    yhat=myfun(beta,x)
            b1=beta(1);
            b2=beta(2);
            yhat=b1*exp(b2*x);
```

通过命令窗口将上面的内容保存到 Matlab 的 work 文件夹中，文件名为"myfun"，然后关闭文件（图 3-2-6）。

图 3-2-6 指数函数的定义

第二步，非线性拟合。借助函数 nlinfit 调用非线性拟合子程序，该函数的语法为

$$[Beta,R,J]=nlinfit(X,Y,Modelfun,Beta0)$$

其中，函数的输入项包括自变量向量 X、因变量向量 Y、第一步定义的模型函数 Modelfun 以及模型参数的初始值 Beta0。初始值向量一般取 [0，0]，或者 [0，1]，或者 [1，1]，或者其他数值；函数的输出项包括参数估计值向量 Beta，预测残差项 R 以及基于 Beta 估值的模型函数（Modelfun）的 Jocobian 矩阵。

与 nlinfit 配套，可以借助统计选项构造函数 statset 定义最大迭代次数。如果迭代次数的定义缺省，系统默认为 100 次。如果希望改变迭代次数（如 200 次），可以利用函数 statset 来决定迭代次数，语句为"Option=statset('MaxIter',200)"，于是非线性拟合函数的表达改为

$$[Beta,R,J]=nlinfit(X,Y,Modelfun,Beta0,Option)$$

在实际运用中，符号可以简化或者根据具体情况更换。

其他函数如绘图、添加趋势线、计算标准差等，前面已经反复用到，不再详细解释。全部计算程序如图 3-2-7 所示。

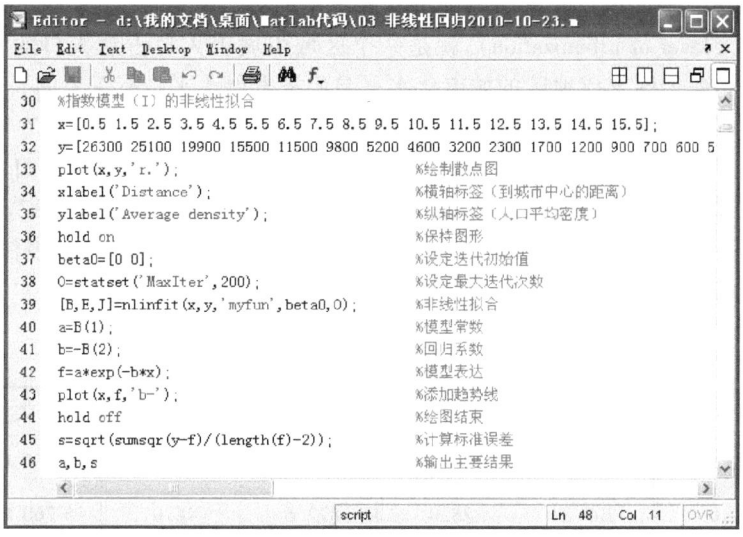

图 3-2-7 指数模型的非线性拟合程序

第三步，拟合结果简评。较之于基于线性回归的结果，非线性拟合的标准误差降低为 1 410.207 2。从散点与曲线的匹配效果看来，似乎也很不错（图 3-2-8）。理论上，对于指数模型，如果因变量数值线性化，应与自变量之间表现为线性关系。但是，如果将坐标图的纵轴改为对数刻度就会发现一个问题：趋势线与散点的较大值匹配很好，但与较小值不能友好匹配（图 3-2-9）。比较而言，基于最小二乘法和线性回归分析的结果虽然标准误差较大，但点、线之间的全局匹配效果较好；基于非线性拟合的标准误差虽然较小，但点、线之间仅在局部有良好的匹配效果。有关问题后面将专门讨论。

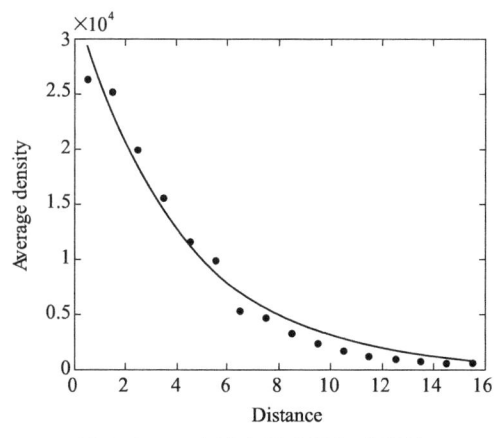

图 3-2-8 在散点图中添加非线性
拟合的负指数趋势线

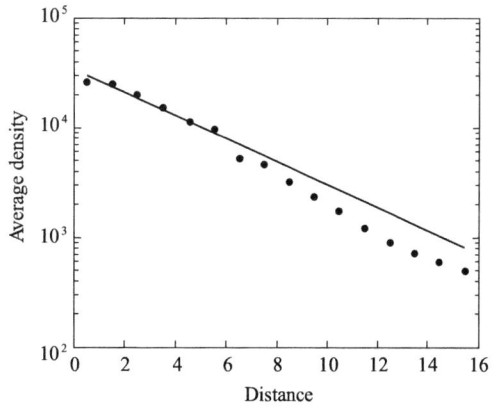

图 3-2-9 基于负指数模型非线性拟合的
单对数点、线线性匹配效果图

3.2.2 对数模型

3.2.2.1 实例2——城市化水平与经济发展水平的对数关系

城市化水平（level of urbanization）就是一个区域中城市人口占总人口的比重，或称为城市化率。定性地，一个国家或地区的城市化水平与经济发展水平是有关系的，问题在于用什么样的函数关系进行精确描述。周一星（1982）对美国情报社编制的《1977年世界人口资料表》提供的世界157个国家和地区的人口和产值数据进行处理，得到各个国家的人均国民生产总值（GNP）和城市人口比重两组数据。剔除20个异常点，对剩余的137个样本点作进一步处理，即分组平均，发现人均GNP与城市化水平之间具有明确的数学规律——对数关系。现在，让我们借助Matlab估计这个对数模型的参数（表3-2-3）。

表3-2-3 世界各个城市化水平与人均GNP的处理数据

人均收入	城市化率	人均收入	城市化率	人均收入	城市化率	人均收入	城市化率
100.6	2.6	207.0	26.1	703.1	46.4	6 050.0	69.0
103.5	4.0	203.3	28.0	872.6	48.0	5 760.0	70.0
231.3	6.7	433.5	31.0	2 196.2	50.0	4 460.0	72.0
120.4	8.9	372.9	32.0	2 422.4	52.7	6 618.2	74.0
230.4	10.2	525.3	34.0	2 230.5	53.3	6 272.8	76.0
233.3	12.6	629.2	36.4	1 117.1	59.0	3 840.0	78.0
162.7	13.6	963.4	38.6	2 558.6	60.1	6 926.3	80.7
236.3	18.0	608.8	40.8	1 190.0	62.0	3 580.0	82.0
158.7	21.0	876.7	43.0	1 750.2	63.4	5 817.2	86.4
145.2	22.0	832.0	43.5	3 710.0	67.0	6 610.0	88.0

注：收入单位为美元/人。
资料来源：周一星（1982）。

3.2.2.2 对数模型的线性回归

对于任何一个一元回归模型的建设，录入数据并定义变量之后，第一步毫无疑问就是作散点图，观察点列的分布趋势，估计可能的拟合曲线。本例以人均收入（x）为自变量、以城市化水平（y）为因变量，散点图上的点列具有对数分布特征（图3-2-10）。

对数模型的数学表达式为

$$y = a + b\ln x \tag{3-2-3}$$

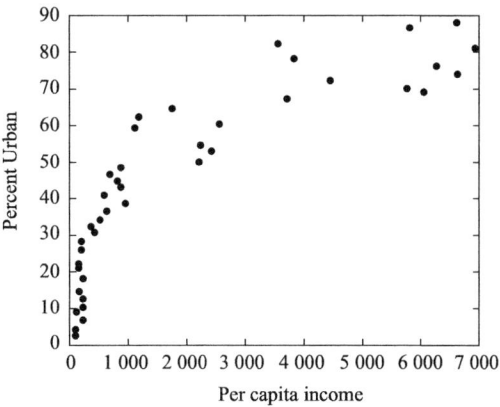

图 3-2-10　城市化水平与人均 GNP 的散点图

显然，我们只需将自变量即人均收入（x）取自然对数，然后用 $\ln x$ 与 y 回归即可（图 3-2-11）。由此得到数学模型

$$y = 17.569\,4\ln x - 74.679\,9$$

拟合优度 $R^2 = 0.922\,7$，标准误差 $s = 7.174\,0$。

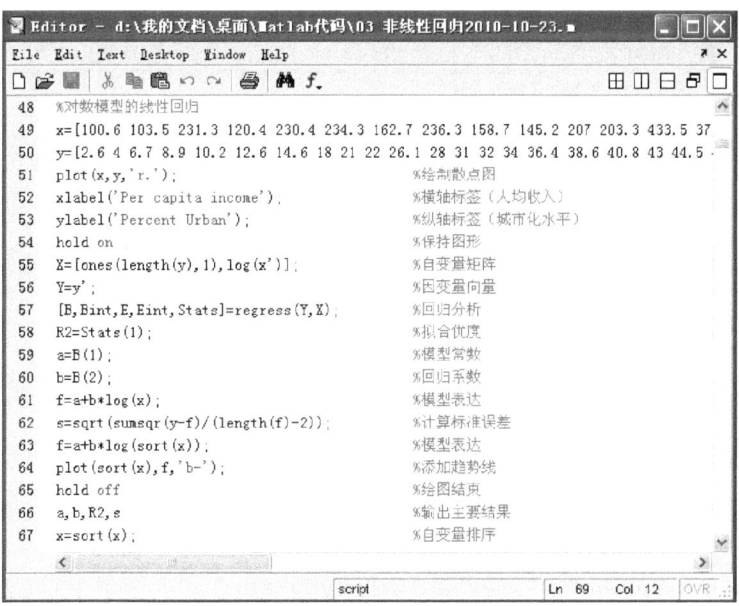

图 3-2-11　基于线性回归的对数模型参数估计过程

将趋势线添加到散点图，点、线匹配较好（图 3-2-12）。将坐标图中的 x 轴变为对数刻度——操作方法与实例 1 中改变 y 轴刻度的过程类似，点列立即呈现直线分布趋势（图 3-2-13），这意味着对数模型是较好的选择。

58　第3章　非线性模型参数估计

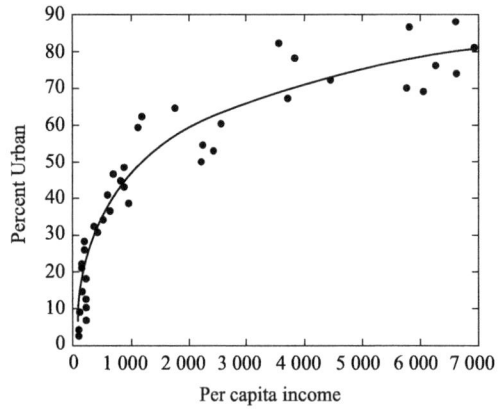

图 3-2-12　基于线性回归的人均收入与
城市化水平对数关系匹配图

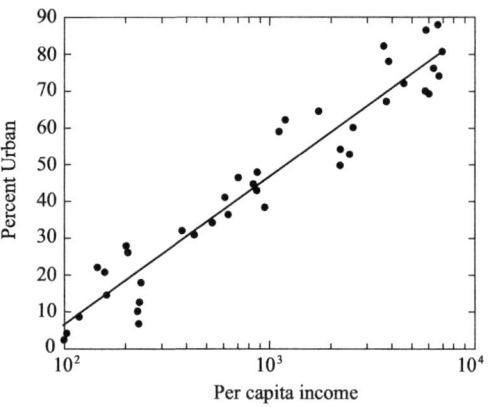

图 3-2-13　基于线性回归的对数
模型点、线拟合效果图

3.2.2.3　对数模型的非线性拟合

如果采用非线性拟合技术估计对数模型的参数，则计算过程与指数模型的非线性拟合大体相似，不过须将指数函数表达改为对数函数表达，相应的程序语句要进行适当的修改（图 3-2-14）。对于对数模型来说，两种方法给出的结果大同小异，在小数点后 8~9 位数没

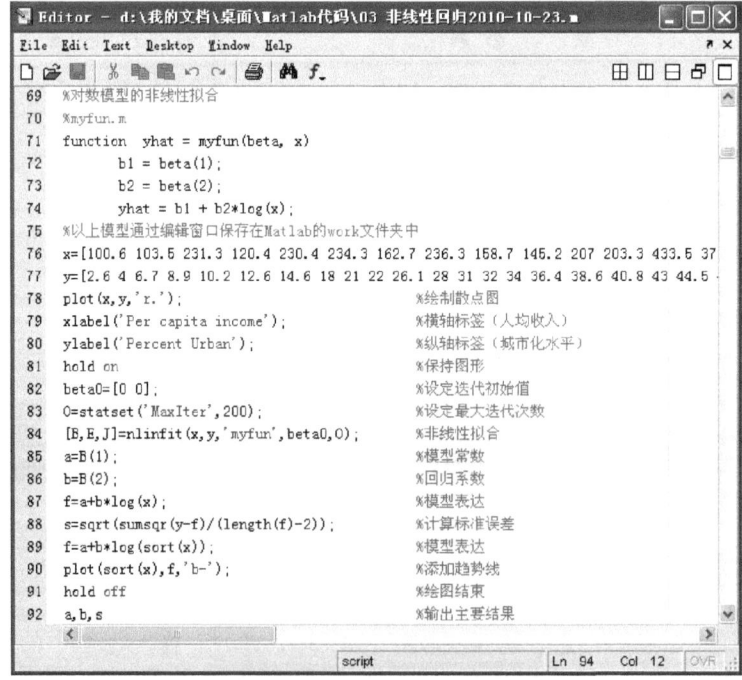

图 3-2-14　基于非线性拟合的对数模型参数估计过程

有区别，微小的差异可能来自两种方法的近似处理过程。由于模型参数基本一样，基于非线性拟合的点、线拟合效果图与基于线性回归的点、线拟合效果图几乎没有分别（图 3-2-15）。

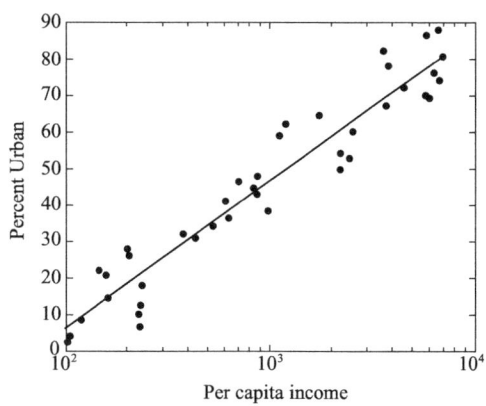

图 3-2-15　基于非线性拟合的对数模型点、线拟合效果图

3.2.3　幂指数模型

3.2.3.1　实例 3——建筑物周长-面积的异速标度关系

城市的建筑物尺度有时无意中遵循了某种规律，认识这种规律有助于人类的城市规划和设计。由于教堂在古代西方是最为严肃的建筑物，考察教堂建设"不经意"中形成的规律具有一定的学术意义和实践价值。Clapham 在 1934 年曾经发表了 1066 年以来英国被威廉征服后的 25 个罗马式教堂的地面布局规划。1973 年，S. J. Gould 从 Clapham 提供的地面布局图划中测得了这些教堂的周长和面积，数据见表 3-2-4。试分析这些数据、建立模型并指出规律所在。

表 3-2-4　英国 25 个教堂的周长与面积数据

周长	面积	周长	面积	周长	面积	周长	面积	周长	面积
3.48	38.83	3.19	38.66	3.78	51.19	1.77	13.37	0.63	1.86
3.69	43.92	2.43	17.74	1.33	6.60	0.59	2.04	0.58	1.69
1.43	9.14	2.40	19.46	1.67	9.04	0.69	2.22	0.86	3.31
2.05	16.66	2.72	23.00	3.14	33.27	0.50	1.46	0.41	1.13
3.05	36.16	2.99	29.75	2.04	17.61	0.69	1.92	1.23	6.74

注：周长单位为 10^2 m；面积单位为 10^2 m^2。
数据来源：Weisberg（1998）。

3.2.3.2 幂指数模型的线性回归

首先,以周长为自变量,以面积为因变量作散点图(图 3-2-16)。数据点列可能服从线性模型,也可能是乘幂模型。通过添加趋势线并比较分析发现,以乘幂模型的拟合效果较好(图 3-2-17)。幂指数模型的数学表达式为

$$y = ax^b \qquad (3\text{-}2\text{-}4)$$

两边取得对数即可化为双对数线性关系

$$\ln y = \ln a + b \ln x \qquad (3\text{-}2\text{-}5)$$

因此,只需对 $z = \ln x$ 与 $w = \ln y$ 开展线性回归分析即可。

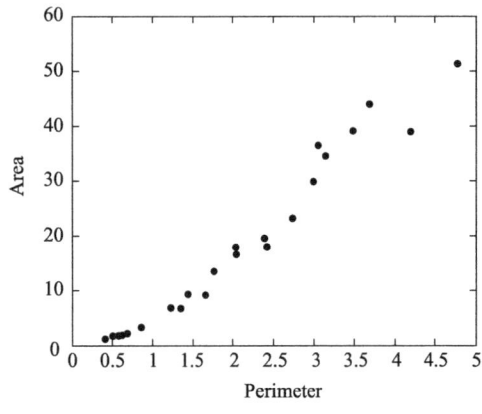

图 3-2-16 教堂周长与面积关系散点图

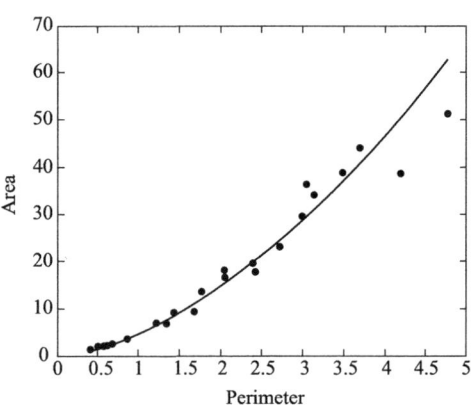

图 3-2-17 基于线性回归的教堂周长
与面积标度关系点、线匹配图

将原始数据(教堂的周长 x 和面积 y)分别取对数,可利用线性回归函数 regress 估计线性化方程的模型参数(图 3-2-18)。计算结果如下:$a = 4.476\ 4$,$b = 1.682\ 8$。代入式(3-2-4),得乘幂模型

$$y = 4.4764 x^{1.682\ 8}$$

测定系数 $R^2 = 0.989\ 7$,模型还原后的标准误差 $s = 3.923\ 0$。

幂指数关系本质上是一种双对数线性关系。将图 3-2-17 中的 x 轴和 y 轴都变为对数刻度,点列立即呈现直线分布趋势(图 3-2-19)。这表明对数线性模型拟合的直观效果良好。

3.2 常见实例——一变量的情形 61

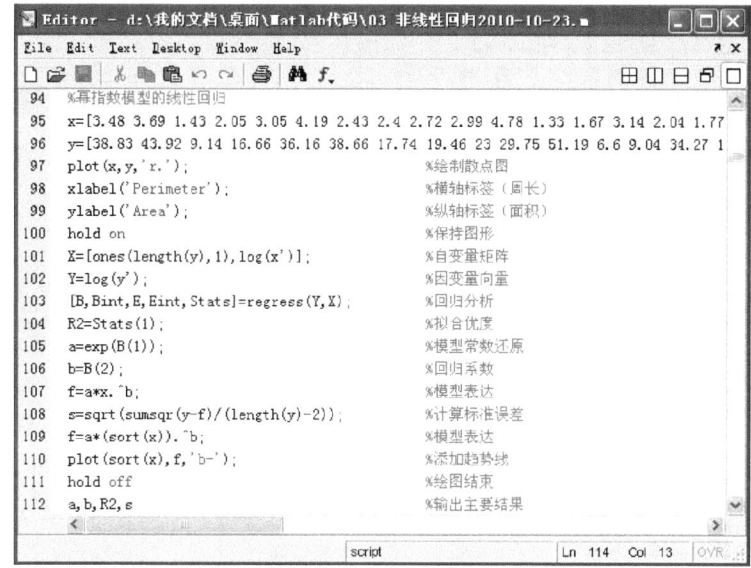

图 3-2-18 基于线性回归的幂指数模型参数估计过程

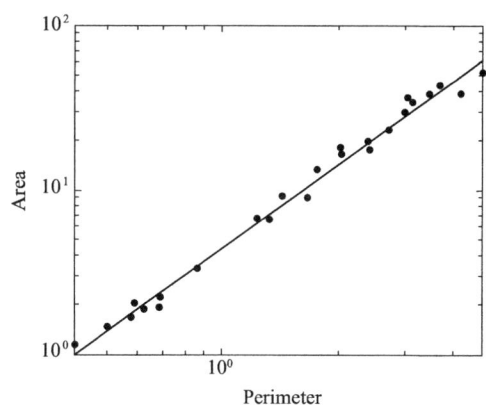

图 3-2-19 基于线性回归的教堂周长与面积的双对数关系拟合效果图

3.2.3.3 幂指数模型的非线性拟合

幂指数模型的参数也可以采用非线性拟合的方法计算，思路和步骤与前面两例相同，只不过要重新建立一个 Matlab 的模型函数，即 myfun，有关程序语句也要作相应的修改（图 3-2-20）。原始数据不取对数，利用函数 nlinfit 估计模型参数值，计算结果如下：$a = 6.002\ 6$，$b = 1.413\ 1$。于是得到乘幂模型

$$y = 6.002\ 6 x^{1.413\ 1}$$

标准误差为 $s = 3.133\ 2$，较之于线性回归的结果略小。

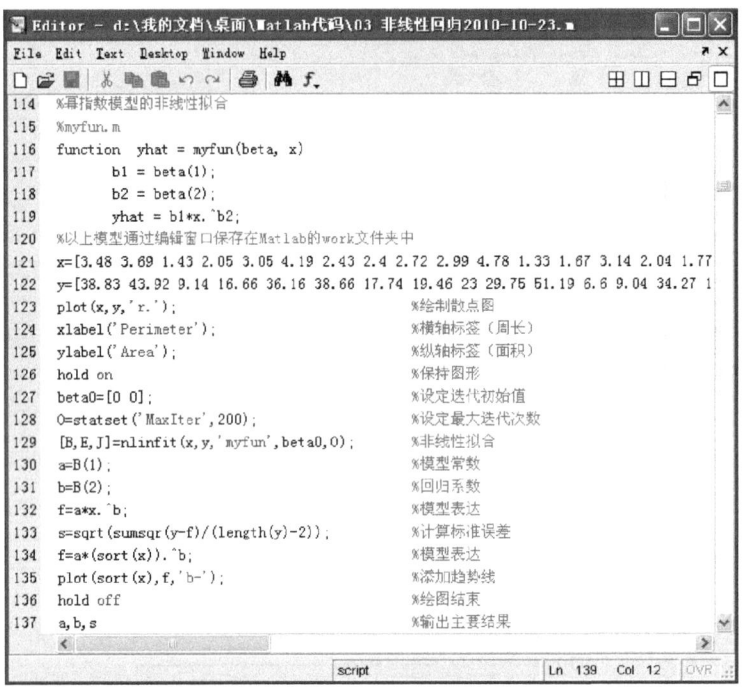

图 3-2-20　基于非线性拟合的幂指数模型参数估计过程

现在不妨比较一下两种方法估计的效果,看哪一种方法更适合本问题的建模。首先看点、线匹配情况。从常规刻度的坐标图看来,点、线拟合情况与前一种方法给出的结果差别不明显(图 3-2-21)。模型预测的标准误差稍有差异。但是,考虑到幂律关系等同于双对数线性关系,将两个坐标轴同时取对数,立即发现非线性拟合主要追求匹配数值较大的点;对于数值较小的数据点,点、线不能较好匹配(图 3-2-22)。

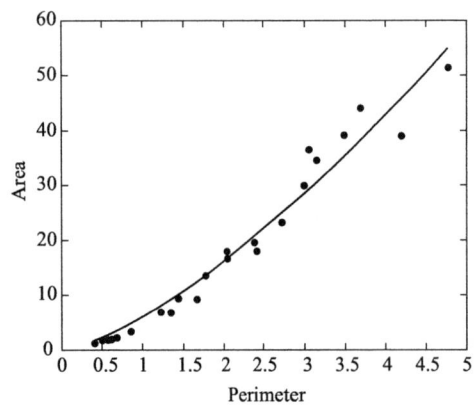

图 3-2-21　基于非线性拟合的教堂周长与
面积标度关系点、线匹配图

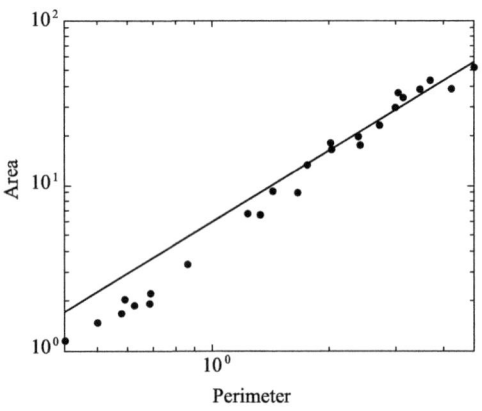

图 3-2-22　基于非线性拟合的教堂周长与
面积的双对数线性关系拟合效果图

实际上，教堂面积与周长的关系是一种几何测度关系，同时也是一种异速标度（allometric scaling）关系，其标度指数 b 与分形维数有关。假定面积对应的维数为 D_y，周长对应的维数为 D_x，周长与面积的几何测度关系就是

$$y \propto x^{\left(\frac{D_y}{D_x}\right)} \qquad (3-2-6)$$

一般而言，面积测度对应的维数取 $D_y = d = 2$，这里 d 为欧式维数。比较式(3-2-4)与式(3-2-6)可知

$$b = \frac{D_y}{D_x} = \frac{2}{D_x} \qquad (3-2-7)$$

从而 $D_x = 2/b$。根据第一种方法给出的结果，$b = 1.6828$，故 $D_x = 1.1885$；根据第二种方法给出的结果，$b = 1.4131$，故 $D_x = 1.4153$。D_x 值越高，表明教堂的周界越是复杂曲折。海岸线的分维、城市边界的分维通常在 1.25 左右。教堂周界的维数无论如何不会比海岸线等更为复杂曲折，故数值不可能达到 1.4153 左右。由此反证，对于标度指数的估计，线性回归法优于非线性拟合法。

3.2.4 双曲线模型

3.2.4.1 实例4——世界人口的双曲线增长趋势

自从罗马俱乐部提出人口危机警告以后，人口暴增（population explosion）一直被视为全球头号问题之一。人们关心的是，全球人口是否以马尔萨斯（Malthus）预言的指数方式增长。如果人口以指数方式增长，问题的确非常严重。下面的世界人口增长数据（1650—2000 年）以 5~50 年为间隔取样。考察一下这组数据服从什么规律（表 3-2-5）。

表 3-2-5 世界人口增长数据（1650—2000 年） （单位：10^9 人）

年份	人口	年份	人口
1650	0.510	1965	3.354
1700	0.625	1970	3.696
1750	0.710	1975	4.066
1800	0.910	1980	3.432
1850	1.130	1985	4.822
1900	1.600	1990	5.318
1950	2.525	1995	5.660
1960	3.307	2000	6.060

数据来源：Banks（1994）、Nations Population Division（2002）。

这个例子与前面几个例子有些不同，为了模型表达的方便，不妨将自变量公元纪年（n）转换成时序t，转换公式为

$$t = n - n_0 = n - 1\ 650 \qquad (3-2-8)$$

式中，t为时序；n为公元纪年（在 Matlab 中用 x 表示）；n_0为初始年份的纪年，在本例中$n_0 = 1\ 650$。数据转换以后，以t为自变量、以人口y为因变量作散点图，发现散点呈现双曲线增长（hyperbolic growth）特征（图3-2-23）。用已知的几种模型进行尝试，结果表明，除了高次多项式方程之外，其他模型的拟合效果都比较差。因此，排除了线性、指数、对数、乘幂四种形式。顺便强调一下，在没有理论或者实证依据的情况下，不要选配多项式方程，否则其参数无法解释——多项式方程用于插值较之于用于解释或预测更为合适。

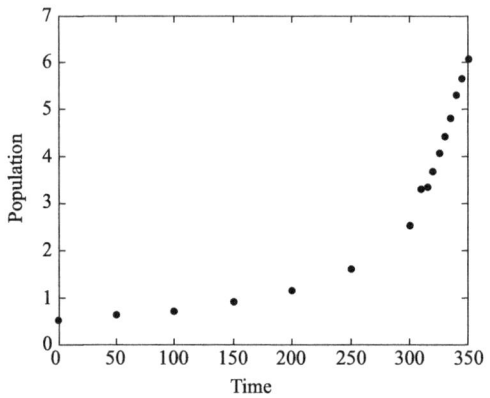

图3-2-23 世界人口增长趋势散点图（1650—2000年）

3.2.4.2 双曲线模型的线性回归

根据散点分布特征，采用线性回归方法选配双曲线族中的反比函数之一

$$\frac{1}{y} = a + bx \propto a + bt \qquad (3-2-9)$$

初步试验表明，拟合效果良好（图3-2-24）。根据式（3-2-9），应对人口数据取倒数化为$1/y$，然后以t为横轴、以$1/y$为纵轴作散点图。点列明确形成直线（图3-2-25）。这意味着，采用t与$1/y$进行线性回归是可行的。回归分析代码如图3-2-26所示，将曲线图直线化的代码则展示在图3-2-27中。

从回归结果中容易读出：$a = 1.9$，$b = -0.005\ 1$，代入式（3-2-9）得反比函数模型

$$\frac{1}{y} = 1.9 - 0.005\ 1t = 1.9 - 0.005\ 1(n - 1\ 650)$$

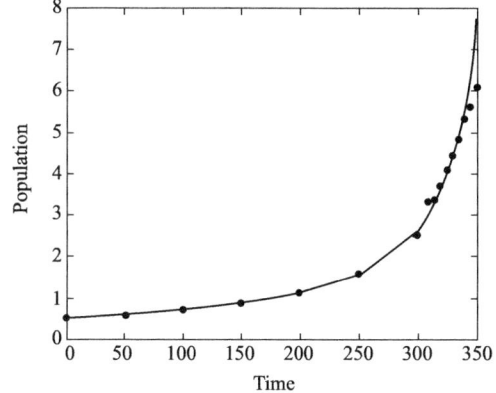
图 3-2-24 基于线性回归的世界人口增长
反比函数点、线匹配图（1650—2000 年）

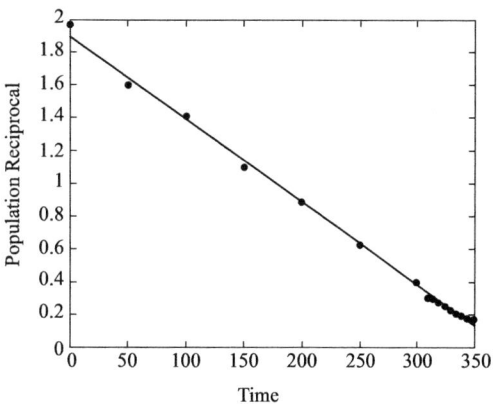
图 3-2-25 基于线性回归的世界人口增长
反比函数拟合效果图（1650—2000 年）

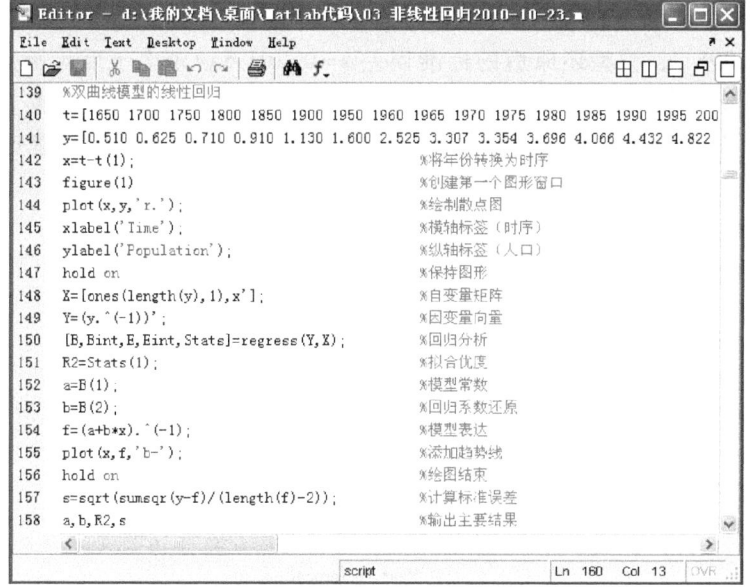
图 3-2-26 基于线性回归的反比函数参数估计过程

拟合优度 $R^2 = 0.9978$，模型还原后的标准误差 $s = 0.5260$。其他各种统计量可以参照第 1 章一元线性回归分析中的处理方式计算出来。

其实，在圆锥曲线族中，双曲线有多种表现形式，前面的反比函数为其中之一。理论上，这个函数可以从 logistic 函数近似而来。标准的双曲线形式为自变量倒数与因变量倒数的线性关系

$$\frac{1}{y} = a + \frac{b}{x} \propto a + \frac{1}{n} \tag{3-2-10}$$

66 第 3 章 非线性模型参数估计

图 3-2-27 基于线性回归的反比函数点、线匹配的直线表示程序

据此，如果将年份 n 也取倒数，然后用 $1/n$ 与 $1/y$ 进行线性回归，可得如下模型

$$\frac{1}{y} = \frac{17\,032.233\,9}{n} - 8.363\,2$$

拟合优度 $R^2 = 0.998\,2$，模型还原后的标准误差 $s = 0.201\,5$。较之于反比函数，拟合优度提高，标准误差降低。直观看来，点、线匹配效果很好（图 3-2-28）。但是，一般并不采用式（3-2-10），而是采用式（3-2-9），因为前者在人口预测中暂时缺乏理论依据。

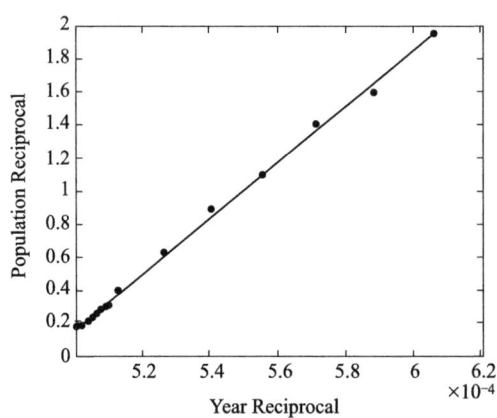

图 3-2-28 基于线性回归的世界人口增长过程标准双曲线匹配效果图（1650—2000 年）

人口的反比函数增长是比指数增长更为可怕的一种正反馈模式。指数增长意味着相对增长率恒定，人口规模定期翻番——每间隔一个固定的时间人口增长一倍。反比函数增长意味着相对增长率逐步提高，人口规模越来越快地翻番——人口增长一倍的时间差越来越小。由此可见，早年的一些人口理论学家低估了世界人口增长的加速度。

3.2.4.3 双曲线模型的非线性拟合

如果采用非线性拟合技术估计反比函数的模型参数，则结果为 $a = 1.553\,7$，$b = -0.004\,0$，由此得到模型

$$\frac{1}{y} = 1.5537 - 0.004t = 1.5537 - 0.004(n-1650)$$

标准误差 $s = 0.1939$。较之于第一种方法的标准误差为低。但是，无论点线匹配的曲线图（图3-2-29），还是点线匹配的直线图（图3-2-30），非线性拟合的全局效果都不理想。反比函数模型非线性拟合过程如图3-2-31所示。至于绘制直线匹配效果图，代码与图3-2-27提供的没有分别。

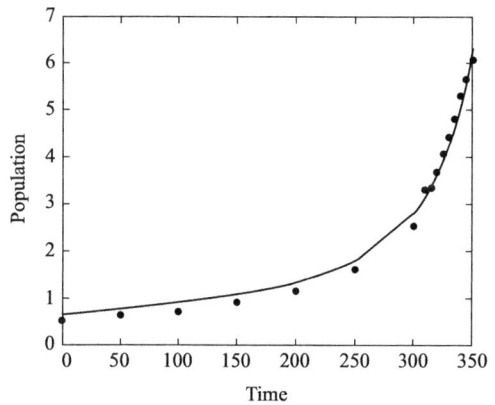
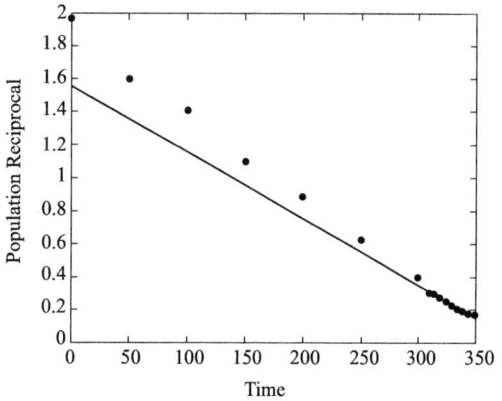

图3-2-29 基于非线性拟合的世界人口增长反比函数点、线匹配图（1650—2000年）

图3-2-30 基于非线性拟合的世界人口增长反比函数拟合效果图（1650—2000年）

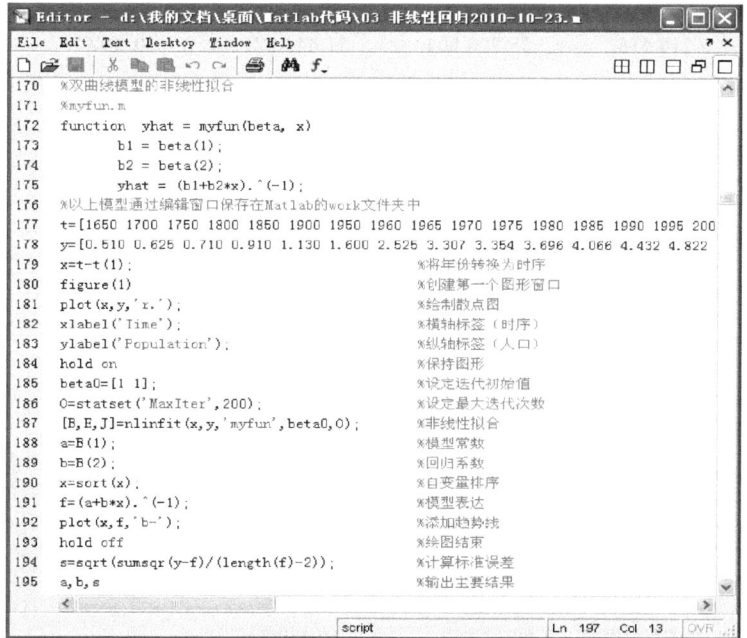

图3-2-31 基于非线性拟合的反比函数参数估计过程

3.2.5 Logistic 模型（二参数形式）

3.2.5.1 实例 5——美国城市化水平的 logistic 增长

美国人口每 10 年普查一次，形成了世界上最为完整和连续的人口普查时间序列，为人们研究人口城市化等问题带来了方便。但也并非尽善尽美：1950 年，美国人对城市赋予了新的定义，并在普查中付诸实践。1970 年以后，采用新的城市定义，此前的城市定义不再应用，从而城市人口比重的口径与以前不尽一致。因此，下面使用的时间序列截止于 1960 年（表 3-2-6）。

表 3-2-6　美国城市化水平的时间序列（1790—1960 年）

年份	城市人口/人	乡村人口/人	总人口/人	城市化水平	城乡人口比
1790 年	201 655	3 727 559	3 929 214	0.051 3	0.054 1
1800 年	322 371	4 986 112	5 308 483	0.060 7	0.064 7
1810 年	525 459	6 714 422	7 239 881	0.072 6	0.078 3
1820 年	693 255	8 945 198	9 638 453	0.071 9	0.077 5
1830 年	1 127 247	11 733 455	12 860 702	0.087 7	0.096 1
1840 年	1 845 055	15 218 298	17 063 353	0.108 1	0.121 2
1850 年	3 574 496	19 617 380	23 191 876	0.154 1	0.182 2
1860 年	6 216 518	25 226 803	31 443 321	0.197 7	0.246 4
1870 年	9 902 361	28 656 010	38 558 371	0.256 8	0.345 6
1880 年	14 129 735	36 059 474	50 189 209	0.281 5	0.391 8
1890 年	22 106 265	40 873 501	62 979 766	0.351 0	0.540 8
1900 年	30 214 832	45 997 336	76 212 168	0.396 5	0.656 9
1910 年	42 064 001	50 164 495	92 228 496	0.456 1	0.838 5
1920 年	54 253 282	51 768 255	106 021 537	0.511 7	1.048 0
1930 年	69 160 599	54 042 025	123 202 624	0.561 4	1.279 8
1940 年	74 705 338	57 459 231	132 164 569	0.565 2	1.300 1
1950 年	90 128 194	61 197 604	151 325 798	0.595 6	1.472 7
1960 年	113 063 593	66 259 582	179 323 175	0.630 5	1.706 4

数据来源：美国人口普查资料网站，见 http://www.census.gov/population。

3.2.5.2 城市化水平 logistic 模型的线性回归

美国城市化水平随时间变动的散点图表现出一定程度的 S 形曲线特征（图 3-2-32）。试验表明，除三次方程外，其他曲线的拟合效果很差。不过，在理论上西方发达国家的城市化水平服从 logistic 曲线，可用 logistic 模型进行回归。标准的 logistic 模型表达式为

$$y = \frac{c}{1 + a e^{-bt}} \tag{3-2-11}$$

式中，y 为城市化水平；t 为时序；b 为初始增长率；c 为饱和值（承载量）；a 为系数。将式（3-2-11）变形为

$$\frac{c}{y} - 1 = a e^{-bt} \tag{3-2-12}$$

两边取自然对数化作线性形式

$$\ln\left(\frac{c}{y} - 1\right) = \ln a - bt \tag{3-2-13}$$

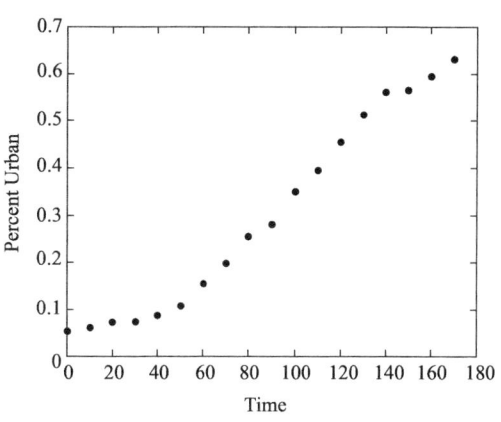

图 3-2-32 美国城市化水平增长散点图（1790—1960 年）

城市化水平，即城市人口比重的最大值是 100%，故不妨取饱和值 $c=1$。这时，三参数 logistic 模型简化为二参数 logistic 模型。为了数学表达的方便，将自变量公元纪年（n）转换成时序（t），转换公式为

$$t = n - n_0 = n - 1\,790 \tag{3-2-14}$$

式中，t 为时序（注意间隔为 10 年）；n 为公元纪年；n_0 为初始年份的纪年，在本例中 $n_0 = 1\,790$。然后将因变量化为 $Y = \ln(1/y - 1)$。以 $t = n - 1\,790$ 为横轴（在 Matlab 中 t 用 x 代替），以 $Y = \ln(1/y - 1)$ 为纵轴，作散点图并添加趋势线，发现拟合效果良好（图 3-2-33）。接着利用 t 与 $\ln(1/y - 1)$ 开展线性回归分析，最小二乘计算代码和估计结果如图 3-2-34 所示。

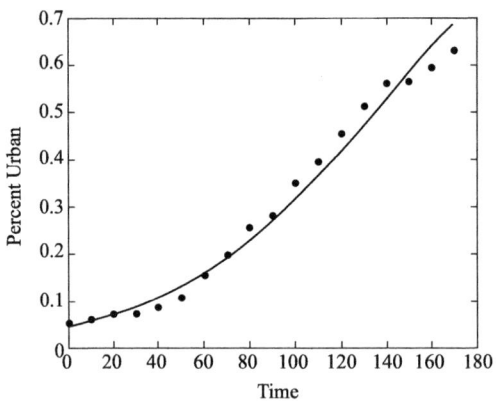

图 3-2-33 基于线性回归的美国城市化水平二参数 logistic 模型点线匹配图（1790—1960 年）

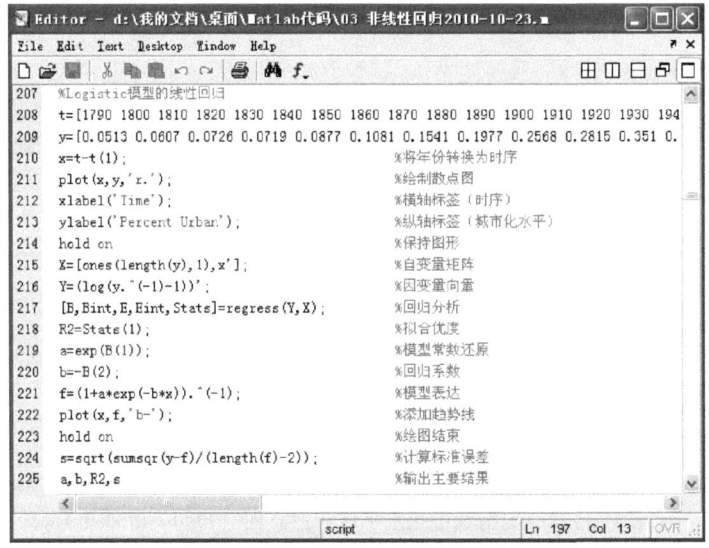

图 3-2-34 基于线性回归的二参数 logistic 模型参数估计过程

现已约定城市化水平的饱和值取 $c=1$。从计算结果中可以读出模型参数估计值 $a=20.4192$，$b=-0.0224$。将这些数值代入式（3-2-11），得到模型

$$y = \frac{1}{1+20.4192e^{-0.0224t}}$$

测定系数 $R^2=0.9839$，模型还原后的标准误差 $s=0.0295$。根据这个模型，美国城市化水平的饱和值将会达到约 100%。

3.2.5.3 城市化水平 logistic 模型的非线性

如果采用非线性拟合技术，则 logistic 模型的参数估计值为 $a=17.3534$，$b=-0.0212$。由此得到另一个模型

$$y = \frac{1}{1+17.3534e^{-0.0212t}}$$

标准误差 $s=0.0276$。点线匹配形势如图 3-2-35 所示，计算代码在图 3-2-36 中给出。

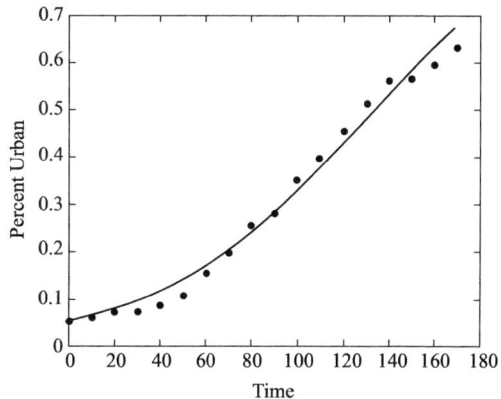

图 3-2-35 基于非线性拟合的美国城市化水平二参数 logistic 模型点、线匹配效果图（1790—1960 年）

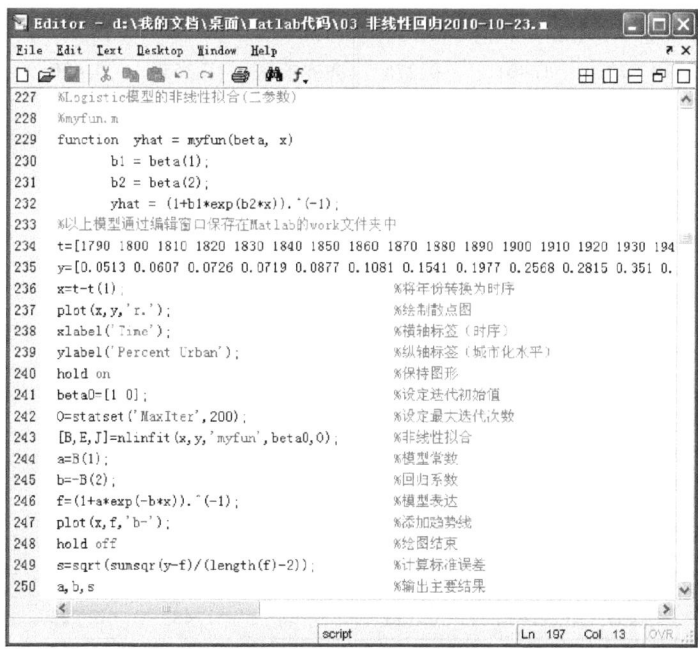

图 3-2-36 基于非线性拟合的二参数 logistic 模型参数估计过程

3.2.6 指数模型（Ⅱ）

3.2.6.1 实例6——中国特大城市的边界维数与紧凑度的关系

王新生等（2005）计算了中国31个特大城市的边界维数和紧凑度（表3-2-7），其数据来源于中国科学院地理科学与资源研究所利用遥感和地理信息系统（GIS）建立的国家资源环境数据库，主要是2000年建立的反映中国2000年土地利用的1∶10万土地利用数据库、2001年建立的反映1990年土地利用的1∶10万土地利用数据库等。边界维数（boundary dimension）是基于盒子法（box-counting method）计算的城市边界的分维，紧凑度（compactness ratio）则是城市形状规则性的一种空间测度。理论上可以证明，城市形态的紧凑度是边界维数倒数的函数，也就是说，分维与紧凑度之间服从如下指数关系

$$y = a e^{\left(\frac{b}{x}\right)} \tag{3-2-15}$$

式中，x 为城市边界维数；y 为紧凑度。表3-2-7中给出了两个年份的数据，下面以2000年的数据为例建立模型，1990年的数据留给读者做练习。

表 3-2-7 中国31个特大城市的边界维数和紧凑度

城市	1990年 分维	1990年 紧凑度	2000年 分维	2000年 紧凑度	城市	1990年 分维	1990年 紧凑度	2000年 分维	2000年 紧凑度
鞍山	1.469	0.275	1.380	0.350	南昌	1.454	0.309	1.502	0.241
北京	1.502	0.122	1.444	0.127	南京	1.569	0.149	1.494	0.152
长春	1.404	0.273	1.401	0.276	齐齐哈尔	1.355	0.420	1.340	0.424
长沙	1.532	0.218	1.526	0.204	青岛	1.377	0.265	1.305	0.318
成都	1.676	0.101	1.674	0.080	上海	1.481	0.159	1.422	0.160
重庆	1.505	0.169	1.446	0.198	沈阳	1.300	0.362	1.278	0.421
大连	1.489	0.175	1.474	0.158	石家庄	1.571	0.215	1.466	0.247
抚顺	1.411	0.315	1.366	0.346	太原	1.554	0.132	1.538	0.131
广州	1.403	0.256	1.544	0.118	唐山	1.500	0.238	1.456	0.234
贵阳	1.748	0.106	1.742	0.111	天津	1.376	0.277	1.356	0.260
哈尔滨	1.369	0.330	1.307	0.450	乌鲁木齐	1.447	0.187	1.441	0.168
杭州	1.599	0.179	1.565	0.172	武汉	1.475	0.146	1.494	0.135
吉林	1.424	0.278	1.432	0.248	西安	1.461	0.225	1.366	0.288
济南	1.433	0.292	1.463	0.239	郑州	1.506	0.217	1.426	0.247
昆明	1.588	0.151	1.472	0.209	淄博	1.525	0.231	1.493	0.249
兰州	1.482	0.197	1.471	0.195	平均	1.483	0.225	1.454	0.231

数据来源：王新生等（2005）。

3.2.6.2 指数模型Ⅱ的线性回归

首先,将第二种类型的指数函数化为线性形式。在式(3-2-15)两边取对数,得到

$$\ln y = \ln a + \frac{b}{x} \tag{3-2-16}$$

由此可见,变量取对数的结果为双曲线函数族中另外一种反比函数。从数据散点图来看,具有指数衰减特征(图3-2-37)。以 $1/x$ 为自变量,以 $\ln y$ 为因变量进行线性回归,即可得到模型参数。从回归结果中可以读取参数估计值为 $a = 0.000\,99$,$b = 7.772\,7$,故模型可以表作

$$y = 0.000\,99 e^{\left(\frac{7.772\,7}{x}\right)}$$

拟合优度 $R^2 = 0.712\,3$,模型还原后的标准误差 $s = 0.049\,0$。基于上面的模型添加趋势线,可以直观地看到,虽然离差较大,但模型的偏差较小(图3-2-38)。计算过程的代码如图3-2-39所示。

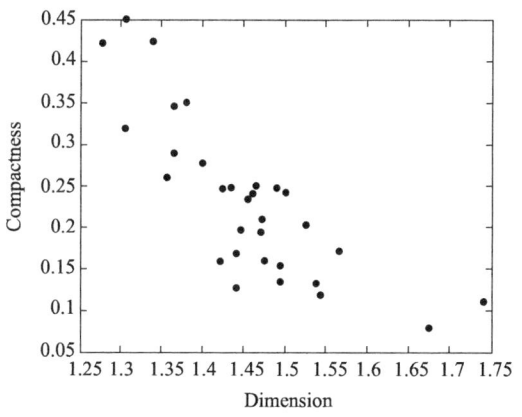

图3-2-37 中国特大城市边界维数
和紧凑度指数衰减关系的
散点图(2000年)

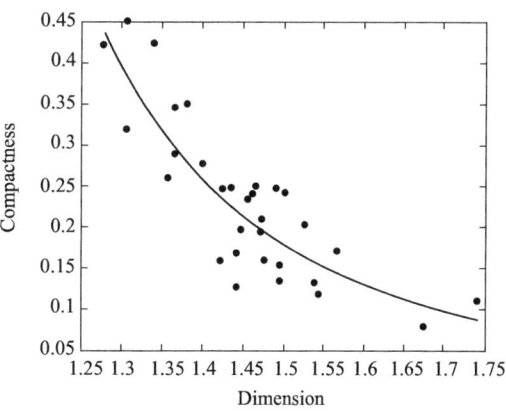

图3-2-38 基于线性回归的中国特大
城市边界维数和紧凑度关系的点、
线匹配图(2000年)

74　第 3 章　非线性模型参数估计

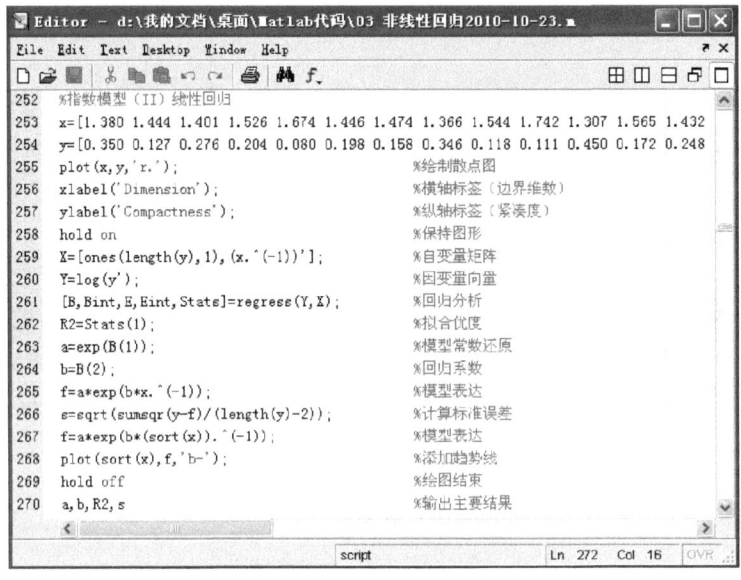

图 3-2-39　基于线性回归的指数模型（Ⅱ）参数估计过程

3.2.6.3　指数模型 Ⅱ 的非线性拟合

采用非线性拟合，模型参数估计值为 $a=0.000\,98$，$b=7.817\,3$，于是得到如下表达式

$$y=0.000\,98\mathrm{e}^{\left(\frac{7.817\,3}{x}\right)}$$

标准误差 $s=0.048\,7$。与第一种方法相比，标准误差略有上升。在这前面六个例子中，这是唯一一个非线性拟合标准误差高于线性回归标准误差的情况，不过差别不明显。点、线匹配效果如图 3-2-40 所示，计算过程的代码如图 3-2-41 所示。

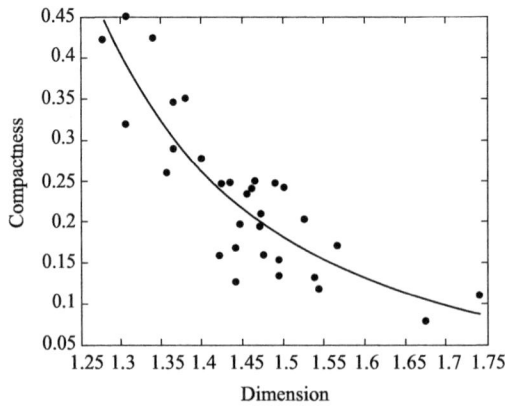

图 3-2-40　基于非线性拟合的中国特大城市边界维数
和紧凑度关系的点、线匹配图（2000 年）

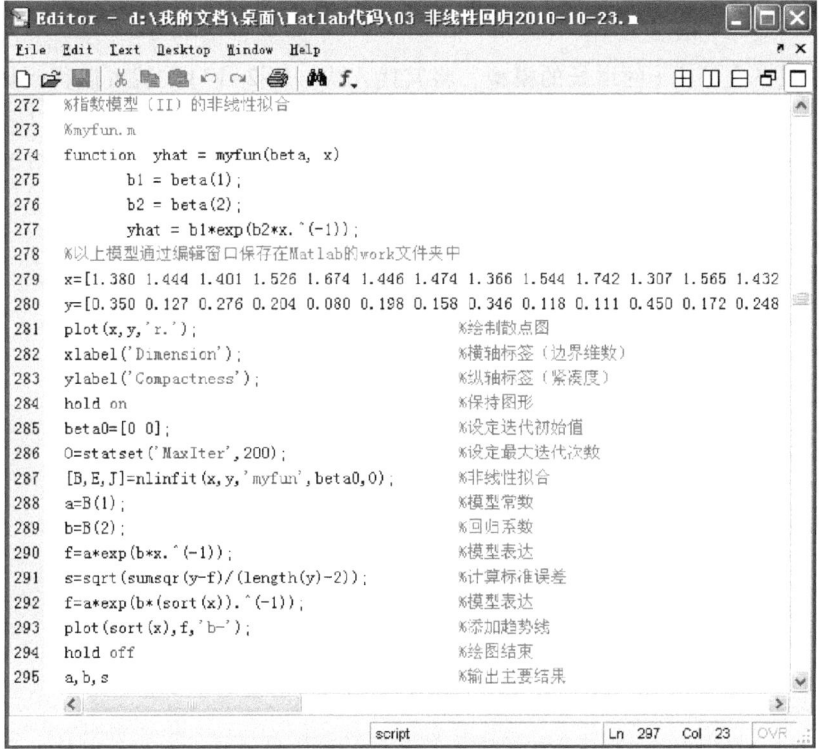

图 3-2-41　基于非线性拟合的指数模型（Ⅱ）参数估计过程

3.2.7　指数模型与 logistic 模型

3.2.7.1　实例 7——美国城乡人口比的指数增长趋势

关于实例 5，可以采用一种更为便捷的等价建模方法。理论分析表明，可以利用城乡人口比的指数增长模型建立城市化水平的 logistic 模型。刻画一个区域的城市化发展程度，通常采用两种彼此等价的测度：一是城市化水平，即城市人口比重，定义为 $y=u/(u+r)$；二是城乡人口比，即城市人口与乡村人口的比值，定义为 $z=u/r$。这里 u 表示城市人口；r 表示乡村人口。容易证明，城乡人口比 z 与城市化水平 y 的转换关系为

$$y=\frac{u}{u+r}=\frac{\dfrac{u}{r}}{\dfrac{u}{r}+1}=\frac{z}{z+1} \tag{3-2-17}$$

或者

76 第 3 章 非线性模型参数估计

$$z = \frac{y}{1-y} \quad (3-2-18)$$

只要能够建立城乡人口比 z 的增长的模型，将其代入式（3-2-17），就可以得到城市化水平的增长模型。关于美国的城市化水平数据，在表 3-2-6 已经给出。借助式（3-2-18），容易将城市化水平 y 转换为城乡人口比 z——城乡人口比散点图具有指数上升特征（图 3-2-42）。

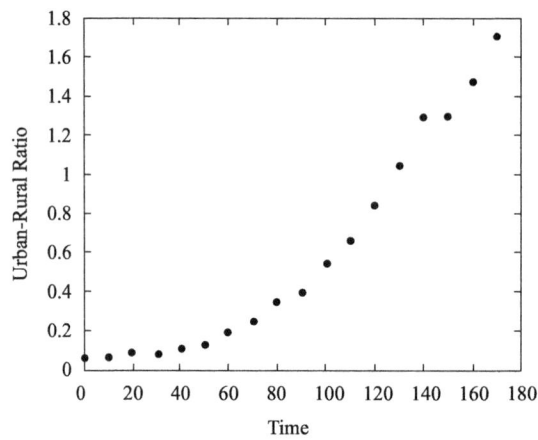

图 3-2-42 美国城乡人口比的指数增长散点图（1790—1960 年）

3.2.7.2 城乡人口比的线性回归

利用数据变换结果和相应的散点图反复尝试，可发现采用指数增长函数拟合美国城乡人口比的数据变化趋势最为合适。以时序 t 为自变量、城乡人口比 z 为因变量进行线性回归，估计参数值为 $a=0.049\,0$，$b=0.022\,4$。据此，城乡人口比的指数增长模型可以表作

$$\hat{z} = 0.049 e^{0.022\,4t}$$

相关系数的平方 $R^2 = 0.983\,9$，模型还原后的标准误差 $s = 0.161\,4$。点、线匹配效果良好（图 3-2-43）。如果将纵坐标转换为对数刻度，则散点呈现直线分布趋势（图 3-2-44）。将上面的数学模型代入式（3-2-17），即可化为 logistic 模型

$$\hat{y} = \frac{0.049 e^{0.022\,4}}{0.049 e^{0.022\,4} + 1} = \frac{1}{1 + 20.419\,2 e^{-0.022\,4t}}$$

这正是在实例 5 分析过程中给出的美国城市化水平增长的 logistic 模型。可见，利用城乡人口比建立 logistic 模型与直接建模的结果完全等价。城乡人口比指数模型参数估计过程的代码如图 3-2-45 所示。注意，在模型变换过程中，如果取 1/0.049，则有 20.408 2，

这个数字不太精确。运行线性回归程序之后,在 Matlab 的命令窗口输入 "$1/a$",得到 20.419 2。

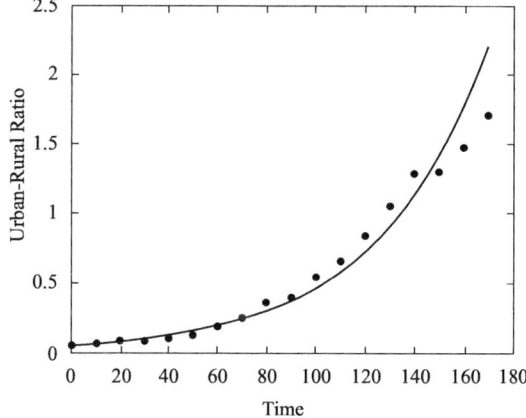

图 3-2-43 基于线性回归的美国城乡人口比指数模型点、线匹配图(1790—1960 年)

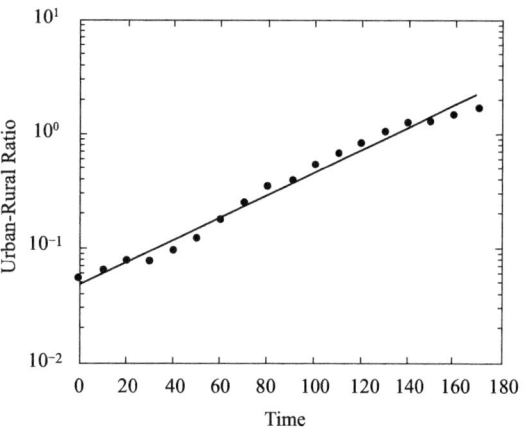

图 3-2-44 基于线性回归的美国城乡人口比指数模型拟合效果图(1790—1960 年)

图 3-2-45 基于线性回归的城乡人口比指数模型的参数估计过程

本例启示如下：其一，在数学建模过程中，掌握基本的数学变换知识非常重要，有关知识可以帮助我们寻找更为便捷的参数估算途径。其二，通过数学变换，可以了解更多的系统信息。其三，数学变换关系有时会受到局限。以城市人口比和城市化水平的变换为例，只能处理饱和参数 $c=1$ 的情形。当饱和值不为 1 的时候，那就只能通过其他途径估计参数了。

3.2.7.3　城乡人口比的非线性拟合

基于实例 5 的数据，套用实例 1 的非线性拟合程序，容易借助函数 nlinfit 估计模型参数（图 3-2-46）。结果为 $a=0.0906$，$b=0.0177$，于是城乡人口比模型为

$$\hat{z}=0.0906e^{0.0177t}$$

标准误差为 $s=0.0910$。点、线匹配形势如图 3-2-47 所示。如果将纵坐标转换为对数刻度，则散点与直线之间表现为局部匹配关系（图 3-2-48）。将上面的数学模型代入式（3-2-17），可化为如下 logistic 模型

$$\hat{y}=\frac{0.0906e^{0.0177t}}{0.0906e^{0.0177t}+1}=\frac{1}{1+11.0371e^{-0.0177t}}$$

图 3-2-46　基于非线性拟合的城乡人口比指数模型的参数估计过程

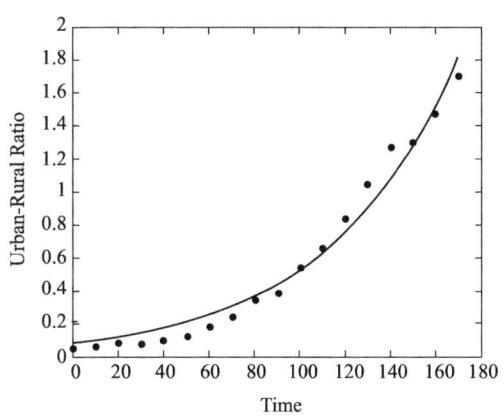 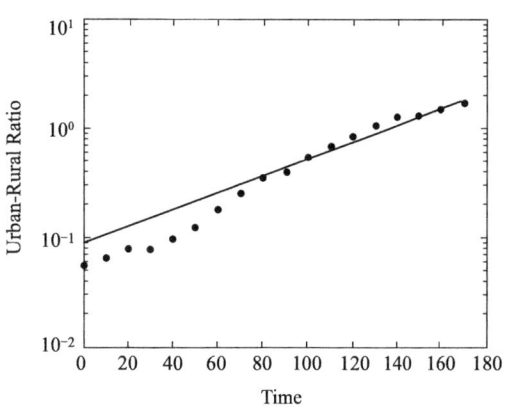

图 3-2-47　基于线性回归的美国城乡人口比指数模型点、线匹配图（1790—1960 年）

图 3-2-48　基于线性回归的美国城乡人口比指数模型拟合效果图（1790—1960 年）

3.3　常见实例——一变量化为多变量的情形

3.3.1　多项式模型

3.3.1.1　实例 8——消防队距离与火灾损失的关系

在一个城市里，居民的火灾损失与居户到消防队的距离有关。一般说来，到消防队的距离越远，消防人员赶来救火的时间差就越大，从而火灾损失也就越大。假定保险公司希望了解居民地理分布与火灾损失的数量关系，从而更加合理地制定火灾保险金额。火灾损失越大，保险公司的赔偿越多，从而客户投保的费用也理当越高。为了揭示火灾损失与消防队分布的地理数学关系，保险公司派人调查了一系列统计数据（表 3-3-1）。试分析这些数据的变化规律，并帮助保险公司解决他们希望解决的问题。

表 3-3-1　消防队的距离与火灾损失数据

距离	3.4	1.8	4.6	2.3	3.1	5.5	0.7	3.0	2.6	4.3	2.1	1.1	6.1	4.8	3.8
损失	26.2	17.8	31.3	23.1	27.5	36.0	14.1	22.3	19.6	31.3	24.0	17.3	43.2	36.4	26.1

注：距离单位为 km；火灾损失单位为 10^3 元。
数据来源：何晓群和刘文卿（2001）。

3.3.1.2　多项式的线性回归

对于 p 阶多项式，函数形式如下

$$y = b_0 + b_1 x + b_2 x^2 + \cdots + b_p x^p = \sum_{j=0}^{p} b_j x^j \qquad (3-3-1)$$

当 $p=1$ 时，得到一元线性函数；当 $p=2$ 时，得到抛物线函数；当 $p=3$ 时，得到三次多项式函数。作为代表之一，不妨考虑 $p=2$ 的情况，即有

$$y = b_0 + b_1 x + b_2 x^2 \tag{3-3-2}$$

从散点图上来看，到消防队的距离与火灾损失之间可能是线性关系。但是，由于样品数量有限（$n=15$），不能完全肯定模型的最佳选择。回归的结果表明，线性关系的拟合效果较之指数、对数、乘幂等模型的效果要好。利用线性回归函数 line，容易给出一元线性模型 $y=10.2779+4.9193x$，相应的拟合优度为 $R^2=0.9235$。

采用线性回归函数 regress 估计二次多项式模型，只需要将二次项视为一个变量即可。也就是说，以 x 和 x^2 为两个自变量、以 y 为因变量进行多元线性回归（图 3-3-1）。结果是 $\boldsymbol{B}' = [13.3395 \quad 2.6400 \quad 0.3376]$，由此得到抛物线模型

$$\hat{y} = 13.3395 + 2.6400x + 0.3376x^2$$

拟合优度 $R^2=0.9347$，标准误差 $s=2.2269$。散点与趋势线的匹配效果良好（图 3-3-2）。

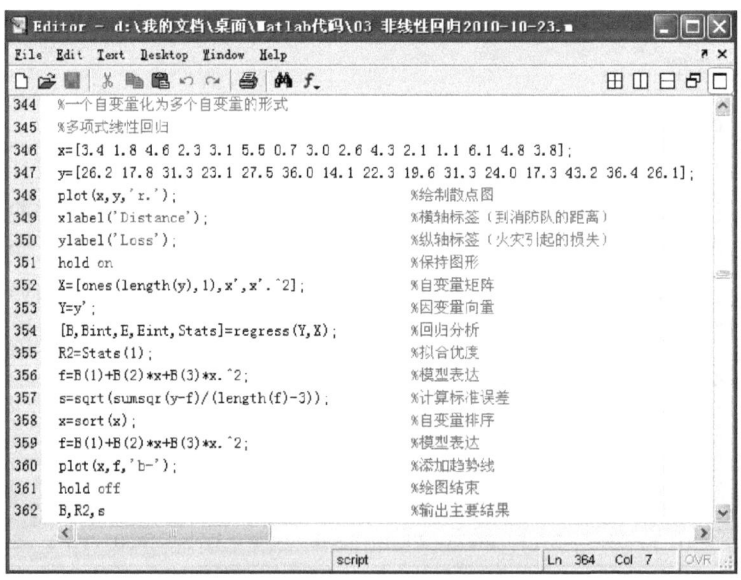

图 3-3-1 基于线性回归的二次多项式模型的参数估计过程

可是，如果进一步计算各个自变量的 t 统计量，可以发现，其中一次项和二次型的 t 检验在 0.1 的显著性水平上不能通过。一次项对应的 P 值为 0.1313，二次项对应的 P 值为 0.1762。如果拟合一次项模型，即一元线性回归模型，就不存在这类问题。因此，对于本例，线性模型是适当的选择。之所以试验多项式模型，主要是为了说明 Matlab 的多项式回归分析技术。

3.3 常见实例——一变量化为多变量的情形 81

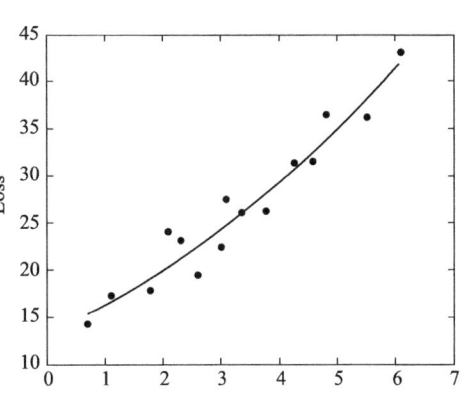

图 3-3-2 基于线性回归的到消防队距离与火灾损失的抛物线拟合结果

3.3.1.3 多项式拟合

如果调用多项式拟合函数 polyfit 进行多项式拟合，则要比使用线性回归函数方便得多。该函数前面已经用到，语法结构为

$$[P,S]=\text{polyfit}(x,y,N)$$

其中，x 为自变量；y 为因变量；N 为多项式的次数；P 返回多项式系数；S 返回多项式预测值误差估计的一种结构——主要与多项式计算值函数 polyval 配合使用。计算程序如图 3-3-3 所示。若取 $N=1$，则可得到一次多项式的拟合结果，实际上是一个一元线性回归模型；若取 $N=2$，则会得到二次多项式的拟合结果，实际上是一个抛物线模型；若取 $N=3$，则得到三次多项式的拟合结果，其余依此类推。

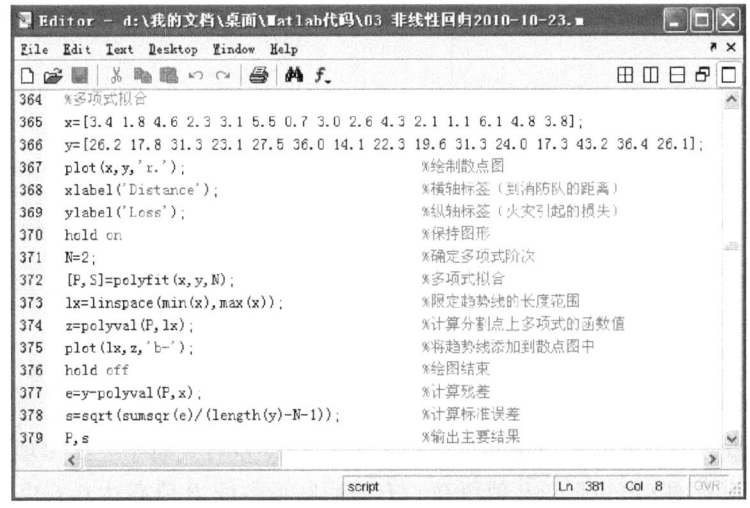

图 3-3-3 多项式拟合的一般计算程序（此处 $N=2$，N 值可根据需要修改）

当取 $N=1$ 时，得到一次多项式模型的参数估计值，结果为 $\boldsymbol{P}=[4.919\ 3\quad 10.277\ 9]$。相应地，数学表达式为

$$\hat{y}=10.277\ 9+4.919\ 3x$$

标准误差 $s=2.316\ 3$。这个结果与一元线性回归模型一样。在散点图中添加由插值函数 polyfit 给出的趋势线，其图像与一元线性回归模型的坐标图也是一样（图 3-3-4）。

将 $N=1$ 改为 $N=2$，即可进行二次多项式拟合。运行计算程序，输出结果为 $\boldsymbol{P}=[0.337\ 6\quad 2.640\ 0\quad 13.339\ 5]$，这个排列顺序与线性回归函数 regress 给出的结果方向相反。多项式拟合结果的顺序是从高阶到低阶，线性回归的结果排列则是从低阶到高阶。从二次多项式回归结果读出参数值 $b_0=13.339\ 5$，$b_1=2.64$，$b_3=0.337\ 6$，于是建立模型

$$\hat{y}=13.339\ 5+2.64x+0.337\ 6x^2$$

标准误差 $s=2.226\ 9$。将抛物线趋势线添加到散点图上，结果如图 3-3-5 所示——该图与图 3-3-2 一模一样。

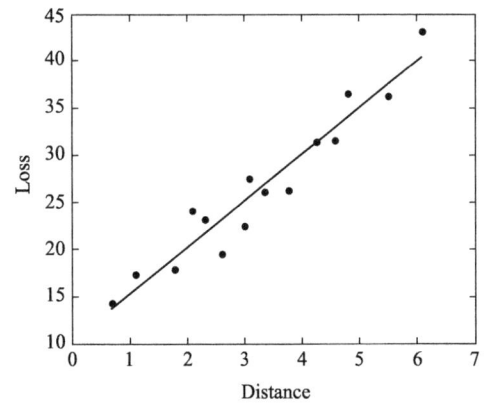

图 3-3-4 基于多项式的消防队距离与火灾损失关系的一次多项式拟合结果

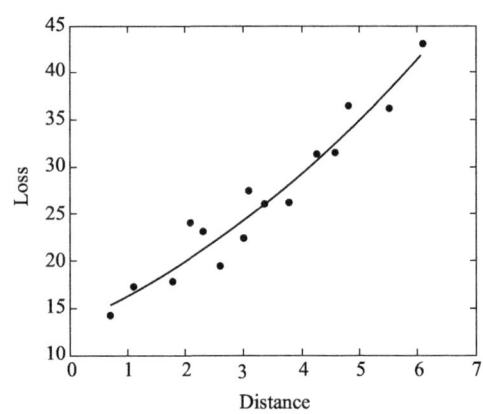

图 3-3-5 基于多项式拟合的到消防队距离与火灾损失关系的抛物线匹配效果

将 $N=2$ 改为 $N=3$，运行计算程序得出三次多项式拟合结果：$\boldsymbol{P}=[0.114\ 1\quad -0.814\ 1\quad 5.955\ 5\quad 10.846\ 6]$，$s=2.274\ 4$。点、线匹配情况如图 3-3-6 所示。

推而广之，可以进行四次、五次乃至更高次的多项式拟合（图 3-3-7）。但是，如果计算更多的回归分析统计量，可以发现，多项式模型存在一些问题。如前所述，对于二次多项式，回归系数的 t 值偏低，或者说 P 值偏高，置信度只有 85% 左右。对于三次多项式，虽然拟合效果较好，但回归系数的 t 值更低，P 值更高，有的回归系数的 P 值高达 0.6 以上，令人感到难以置信。

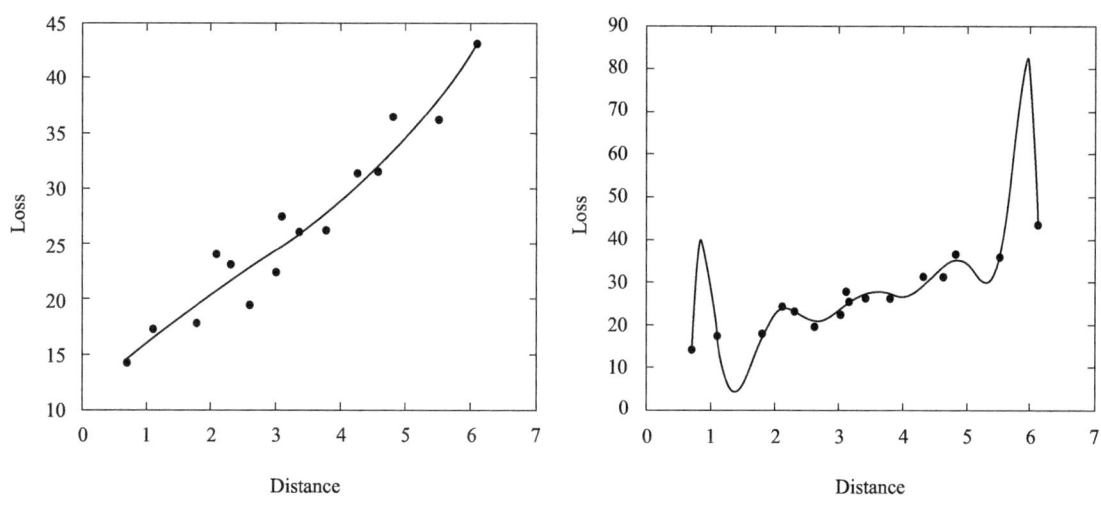

图 3-3-6　基于多项式拟合的消防队距离
与火灾损失的三次曲线匹配效果

图 3-3-7　消防队距离与火灾损失的
高次曲线匹配结果（$N=10$）

综合上述分析可知，对于本例，可取的模型实际上是一元线性回归模型。一元线性回归可以视为多项式回归的特例，相当于一次多项式。至于多项式函数，更多的情况是用于插值，而不是用于解释和预测。

3.3.2　二次指数模型

3.3.2.1　实例9——城市人口密度的二次指数模型

城市人口密度一般采用负指数模型（见实例1），这个规律最早由 Clark（1951）发现。但是，Newling（1969）提出了另外一种模型——二次指数模型（quadratic exponential model），即指数为二次多项式的模型

$$y = a e^{bx + cx^2} \quad (3-3-3)$$

现在考察一下，将实例1的数据拟合到 Newling 模型的效果如何。在式（3-3-3）两边取对数，得到一个抛物线函数，或者说是二次多项式

$$\ln y = \ln a + bx + cx^2 \quad (3-3-4)$$

然后，调用多项式拟合函数 polyfit，可以方便地估计 Newling 模型参数。将上例中的 Matlab 代码稍作修改即可使用（图 3-3-8）。

84 第3章 非线性模型参数估计

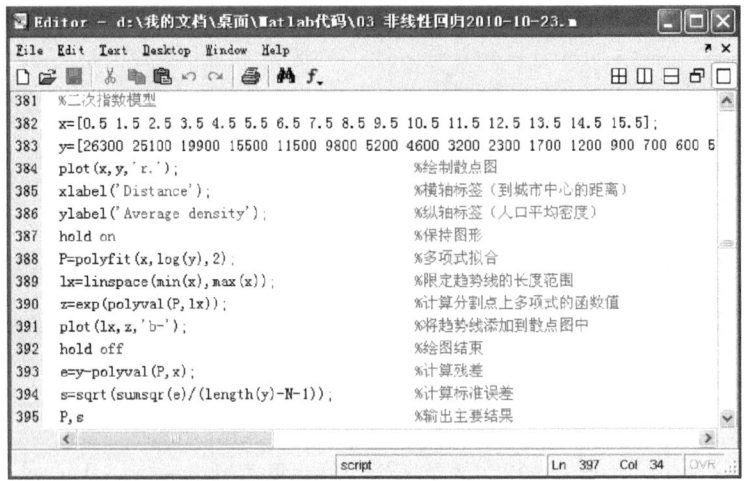

图 3-3-8 二次指数模型的参数估计过程

3.3.2.2 二次指数模型的多项式拟合

二次指数模型的多项式拟合过程相当于以距离 x 及其平方 x^2 为自变量、以人口密度对数 $\ln y$ 为因变量进行二元线性回归分析。至于波士顿人口密度,多项式拟合的结果为 $\boldsymbol{P}=[\,-0.000\,2\quad-0.287\,4\quad10.548\,5\,]$,即有 $\ln a=10.548\,5$,$b_1=-0.287\,4$,$b_2=-0.000\,2$,二次多项式的模型表达式

$$\ln\hat{y}=10.548\,5-0.287\,4x-0.000\,2x^2$$

在命令窗口输入"exp(P(3))",还原截距为模型系数,得到 $a=38\,119.534\,6$。将参数估计值代入式(3-3-3)得到

$$\hat{y}=38\,119.534\,6\mathrm{e}^{-0.287\,4x-0.000\,2x^2}$$

标准误差 $s=21\,230.909$。表面看来,相对于 Clark 模型,Newling 模型的拟合优度似乎更高一些,点、线拟合效果也很好(图 3-3-9)。可是,这个模型的二次项的回归系数的 P 值高达 0.9 以上,置信度不到 10%,其数值难以采信。

在实际的人口密度分析过程中,不提倡采用 Newling 模型形式,问题在于如下几个方面:

第一,Newling 是一个三参数模型,而 Clark 模型是一个二参数模型。参数不同,两者的拟合优度不能直接比较。Newling 模型的拟合优度更高,并不表明这个模型较之于 Clark 模型更为可取。

第二,在现实中,Newling 模型经常导致荒谬的结果:当人口密度下降到一定程度以后,会于远郊区的某个位置转而上升,而且很快上升到与城市中心人口一样的密度。原因非常明显,在 Newling 模型的指数项中,给出的实际是一种抛物线形式。

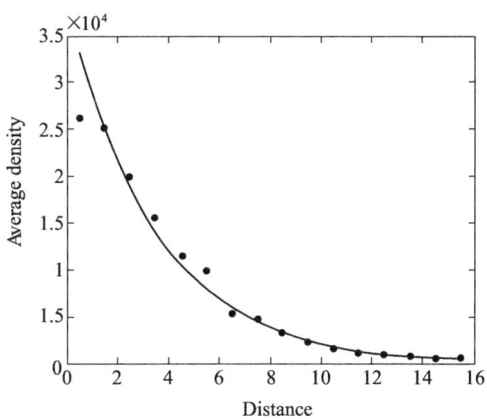

图 3-3-9　波士顿人口密度二次指数模型的多项式拟合曲线

第三，Newling 模型较之于 Clark 模型更复杂，不便于演绎变换和推理。这个模型投入的参数更多，但由此得到的解释功能未必更强。

如同本书的其他一些例子一样，提供本例的主要目的在于演示如何估计这类模型的参数值。虽然 Newling 模型未必可取，但读者在今后各自领域的研究中可能会遇到类似的、但有意义的数学问题。

3.3.3　三参数 logistic 模型

3.3.3.1　实例 10——城市化水平的 logistic 模型

当 logistic 增长的饱和值取 $c=1$ 时，得到的是二参数 logistic 模型。在这种情况下，利用式（3-2-13）很容易通过线性回归估计模型参数 a 和 b，从而建立 logistic 预测方程。但是，当饱和参数 c 的数值预先不知道的时候，参数计算就比较麻烦了，有时需要根据经验预先设定一个参数。人们常常人为地假定一个区域的城市化水平饱和值为 70%、80% 或者 90%。然后，将这些想象的数值代入式（3-2-13）进行线性回归分析。可是，这种方法给出的模型参数具有很大的主观性。能否找到一种相对客观的、基于直线式最小二乘计算或者曲线的多项式拟合的方法，以确定 logistic 模型的三个参数呢？不妨进行一次试验。

首先，对 logistic 增长函数，即式（3-2-11）求导，得到一个二阶 Bernouli 方程

$$\frac{\mathrm{d}y}{\mathrm{d}t} = by\left(1-\frac{y}{c}\right) = by - \frac{b}{c}y^2 \tag{3-3-5}$$

将上面的微分方程离散化，化为差分形式

$$\frac{\Delta y}{\Delta t} = \frac{y_t - y_{t-1}}{\Delta t} = by_{t-1} - \frac{b}{c}y_{t-1}^2 \tag{3-3-6}$$

式（3-3-6）还可以进一步化为

$$y_t = (1+b\Delta t)y_{t-1} - \frac{\Delta t b}{c}y_{t-1}^2 \qquad (3-3-7)$$

对于逐年统计的数据，时间间隔即时差 $\Delta t = 1$；对于 10 年一次的普查数据，时差 $\Delta t = 10$，其余情况依此类推。

可以看出，式（3-3-6）和式（3-3-7）可以视为两个抛物线方程，也可以视为截距为 0 的二次多项式函数。因此，以 y_{t-1} 和 y_{t-1}^2 为自变量，以 $\Delta y/\Delta t$ 或者 y_t 为因变量，可以开展二元线性回归分析或者多项式拟合。经验表明，logistic 过程越是典型，采用这种方法效果越好。下面以美国城市化数据为例，给出完整的回归运算。作为人口开放型的国家，美国的城市化过程不是很典型的 logistic 过程。不过，借助于这些数据说明一种方法的应用思路没有问题。

3.3.3.2　Logistic 模型参数的最小二乘估计

第一种建模途径——以滞后一期的城市化水平 y_t 为因变量。

第一步，整理数据。用 y_{t-1} 代表 1790—1950 年的数据；用 y_t 代表滞后一期的数据，即 1800—1960 年的数据。对于美国人口普查，一期滞后大约为 $\Delta t = 10$ 年。不难计算出城市化水平的平方值 y_{t-1}^2，以及城市化水平的增长率 $\Delta y/\Delta t$。这个增长率实际上是城市化水平的差分与年份差分的比值。以 1790—1950 年的城市化水平 y_{t-1} 为横轴，以 1800—1960 年的城市化水平 y_t 为纵轴，绘制散点图，并借助多项式拟合函数添加趋势线（图 3-3-10）。可以看到，点线匹配效果很好（图 3-3-11）。这意味着可以借助非线性二元自回归估计模型参数。

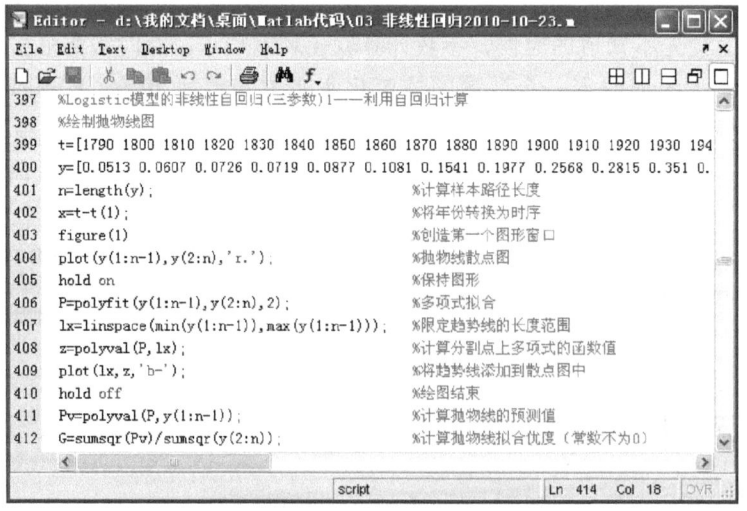

图 3-3-10　三参数 logistic 模型的自回归曲线拟合过程

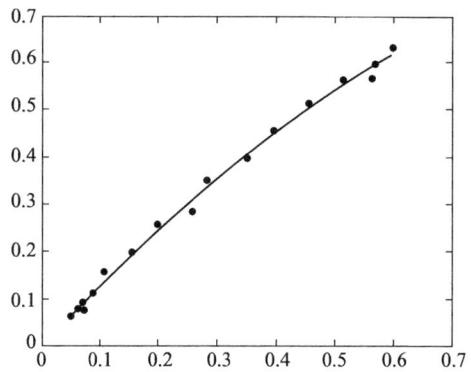

图 3-3-11　美国城市化水平的二次多项式趋势线

第二步，最小二乘计算。借助式（3-3-7）估计 logistic 方程的参数。以 y_{t-1} 和 y_{t-1}^2 为自变量、以 y_t 为因变量进行二元线性回归。注意，方程中截距为 0。因此，回归分析必须排除常数项。在这种情况下，不宜调用 regress 函数，最好直接采用最小二乘算式，或者利用后面讲到的广义线性模型拟合函数 glmfit。这里不妨采用最小二乘方法。参数估计的初步计算过程如图 3-3-12 所示。根据计算结果，得到一个二阶多项式模型

$$\hat{y}_t = 1.323\,2 y_{t-1} - 0.477\,9 y_{t-1}^2$$

相关系数的平方 $R^2 = 0.998\,7$。

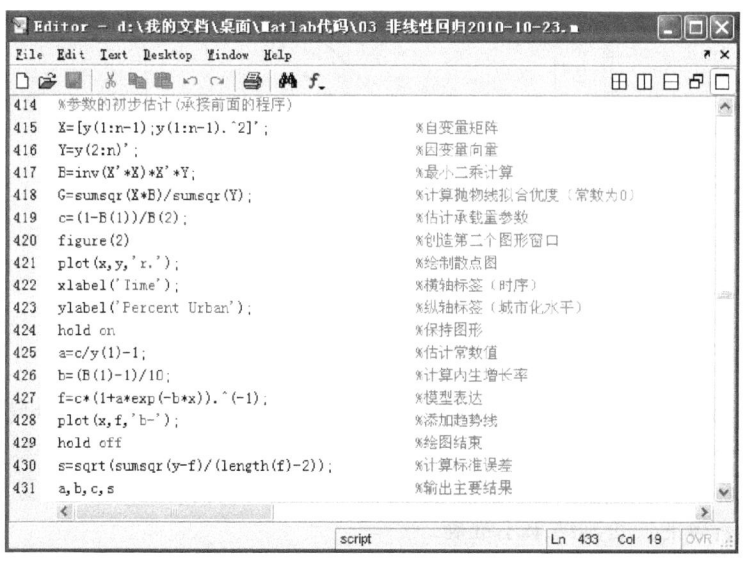

图 3-3-12　三参数 logistic 模型参数的初步估计过程

第三步，参数估计和建模。对于 10 年一次的人口普查数据，时间间隔为 $\Delta t = 10$。根据建模结果可知

$$1 + 10b = 1.3232, \quad \frac{10b}{c} = 0.4779$$

从而得到 $b = 0.03232$，$c = 0.3232/0.4779 = 0.6763$。另一方面，根据式（3-2-11），当 $t = 0$ 时，得到

$$a = \frac{c}{y_0} - 1 \tag{3-3-8}$$

式中，y_0 为初始年份即 1790 年的城市化水平，即 $y_0 = 0.0513$。据此可以估计 $a = 0.6763/0.0513 - 1 = 12.1830$。运行计算程序之后，在命令窗口输入 "a=c/y(1)-1"，回车，立即得到 $a = 12.1830$。至此可以建立一个初步的 logistic 模型

$$\hat{y} = \frac{0.6763}{1 + 12.183 e^{-0.0323t}}$$

该模型的预测标准误差 $s = 0.0779$。将该模型的拟合值形成的曲线添加到散点图中，点、线匹配关系如图 3-3-13 所示。

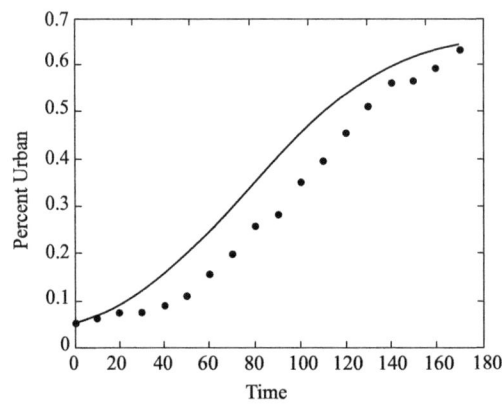

图 3-3-13 美国城市化水平 logistic 曲线的初步拟合结果

第四步，模型检验与校正。可以看到，采用上面的模型进行预测，效果很不理想——计算值与观测值数据不匹配。究其原因，主要在于利用式（3-3-8）估计模型参数 a 在理论上是可行的，但实际工作中却容易出现偏差。只有当第一个数据点 y_0 刚好位于趋势线上的时候，这种参数估计才是有效的，否则结果不准确。

一个解决办法是利用参数 a 的全部估计结果求平均值。将式（3-2-13）更换为

$$a_t = \exp\left[\ln\left(\frac{c}{y_t}-1\right)+bt\right] \tag{3-3-9}$$

式中，t 为时序；y_t 为历次普查的城市化水平。将各个年份的数据代入上式，得到 18 个参数 a 的估计值，求平均

$$\bar{a} = \frac{1}{T}\sum_{t=1}^{T}\exp\left[\ln\left(\frac{c}{y_t}-1\right)+bt\right] \tag{3-3-10}$$

得到 $\bar{a}$=21.543 7，式中 T=18 为年份数。计算过程如图 3-3-14 所示。于是，logistic 模型修正为

$$\hat{y} = \frac{0.676\ 3}{1+21.543\ 7\mathrm{e}^{-0.032\ 3t}}$$

这个模型的预测标准误差为 s=0.016 0。预测值与观测值大体匹配，故可以接受（图 3-3-15）。不足之处是饱和参数值有些偏低。

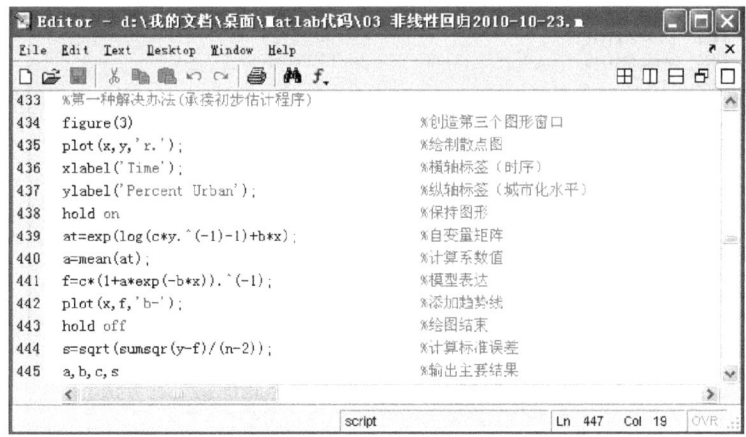

图 3-3-14 三参数 logistic 模型参数修正的第一种方法

第二个解决办法是在第三步的计算结果中，只保留参数估计值 c=0.676 3，其他关于 a 的数值和 b 的数值都放弃不用。将 c=0.676 3 代入式（3-2-13），然后以时序 t 为自变量、以 $\ln(c/y-1)$ 为因变量开展一元线性回归，重新估计 a 值和 b 值（图 3-3-16）。计算结果是 a=18.197 9，b=-0.030 6。于是，logistic 模型修正为

$$\hat{y} = \frac{0.676\ 3}{1+18.197\ 9\mathrm{e}^{-0.030\ 6t}}$$

取对数后的相关系数的平方 R^2=0.985 3，还原后的标准误差 s=0.017 4。较之于第一种解决办法，预测精度稍低一点（图 3-3-17）。

90　第 3 章　非线性模型参数估计

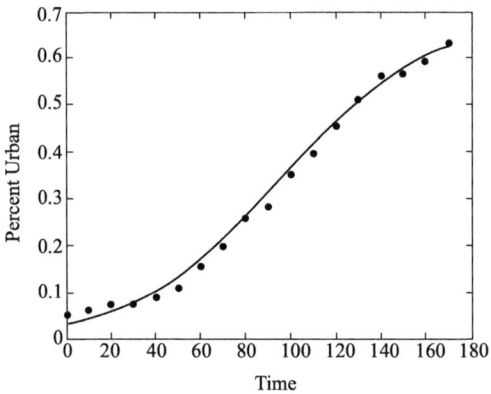

图 3-3-15　美国城市化水平 logistic 曲线的修正拟合结果之一

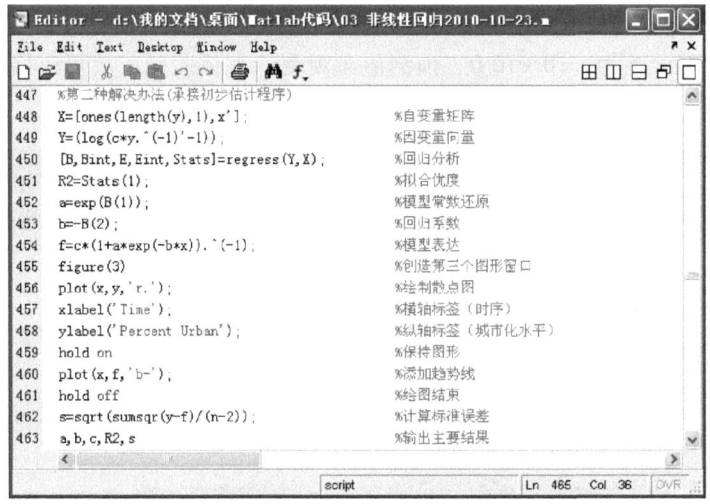

图 3-3-16　三参数 logistic 模型参数修正的第二种方法

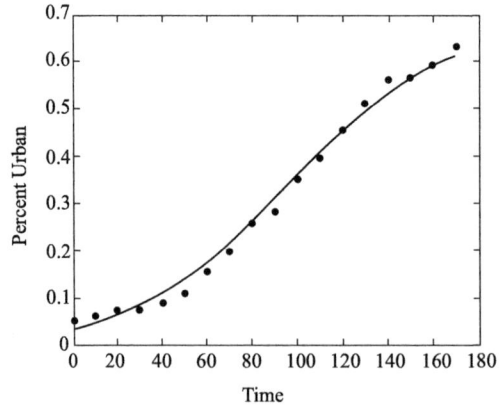

图 3-3-17　美国城市化水平 logistic 曲线的修正拟合结果之二

第二种建模途径——以城市化水平的变化率 $\Delta y/\Delta t$ 为因变量。

整个建模和分析的步骤与上一种途径一样,所不同的是改变了因变量。以 1790—1950 年的城市化水平 y_{t-1} 及其平方 y_{t-1}^2 为自变量,以 1790—1960 年的城市化水平增长率 $\Delta y/\Delta t$ 为因变量,开展二元线性回归,得到一个二阶多项式方程,或者抛物线方程

$$\frac{\Delta \hat{y}}{\Delta t} = 0.032\ 32 y_{t-1} - 0.047\ 79 y_{t-1}^2$$

相关系数的平方 $R^2 = 0.881\ 9$(图 3-3-18)。由此模型可知 $b = 0.032\ 32$,$b/c = 0.047\ 79$。于是 $c = 0.032\ 32/0.047\ 79 = 0.676\ 3$。其他计算过程和结果与第一种途径完全一样,不再赘述。虽然两套模型拟合优度不一样,但参数估计结果完全等价。

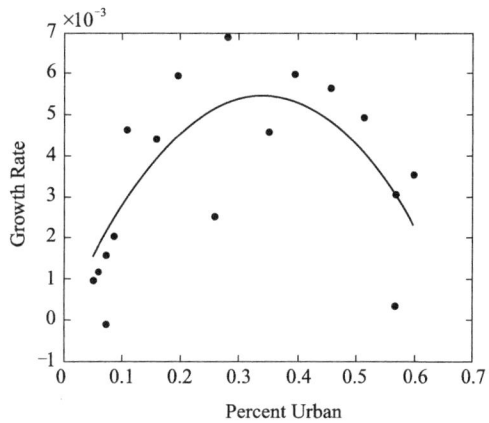

图 3-3-18 美国城市化水平增长率的抛物线拟合图

第二种模型参数估计途径的全套计算程序及其语句说明如下(假定数据以行向量的形式在命令窗口粘贴):

```
n=length(y);                        %计算样本路径长度
x=t-t(1);                           %将年份转换为时序
dt=mean(t(2:n)-t(1:n-1));           %计算时间间隔
X=[y(1:n-1);y(1:n-1).^2]';          %自变量矩阵
Y=[(y(2:n)-y(1:n-1))/dt]';          %因变量向量
A=inv(X'*X)*X'*Y;                   %最小二乘计算
G=sumsqr(X*A)/sumsqr(Y);            %计算抛物线拟合优度(常数为0)
c=-A(1)/A(2);                       %估计承载量参数
figure(1)                           %创建第一个图形窗口
plot(x,y,'r.');                     %绘制散点图
```

```
xlabel('Time');                                      %横轴标签(时序)
ylabel('Percent Urban');                             %纵轴标签(城市化水平)
hold on                                              %保持图形
X=[ones(length(y),1),x'];                            %自变量矩阵
Y=(log(c*y.^(-1)'-1));                               %因变量向量
[B,Bint,E,Eint,Stats]=regress(Y,X);                  %回归分析
R2=Stats(1);                                         %拟合优度
a=exp(B(1));                                         %模型常数还原
b=-B(2);                                             %回归系数
f=c*(1+a*exp(-b*x)).^(-1);                           %模型表达
s=sqrt(sumsqr(y-f)/(length(f)-2));                   %计算标准误差
plot(x,f,'b-');                                      %添加趋势线
hold off                                             %绘图结束
figure(2)                                            %创建第二个图形窗口
x=y(1:n-1);                                          %城市化水平序列去尾
y=(y(2:n)-y(1:n-1))/dt;                              %城市化水平增长率
plot(x,y,'r.');                                      %绘制散点图
xlabel('Percent Urban');                             %横轴标签(城市化水平)
ylabel('Growth Rate');                               %纵轴标签(城市化水平增长率)
hold on                                              %保持图形
f=A(1)*x+A(2)*x.^2;                                  %抛物线模型表达
plot(x,f,'b-');                                      %添加趋势线
hold off                                             %绘图结束
a,b,c,R2,s                                           %输出主要结果
```

3.3.3.3 Logistic 模型的非线性拟合

在编辑窗口定义一个三参数 logistic 函数,将结果保存到 Matlab 的 work 文件夹中,方法前面已经说明。然后编写一个计算程序,借助函数 nlinfit 调用非线性拟合子程序,也可以估计模型参数(图 3-3-19)。在命令窗口运行计算程序,得到结果 $a = 21.2505$,$b = 0.0303$,$c = 0.7073$,由此建立模型

$$\hat{y} = \frac{0.7073}{1 + 21.2505 e^{-0.0303 t}}$$

标准误差 $s = 0.0126$。点、线关系如图 3-3-20 所示。这个模型给出的标准误差较小,点、线匹配效果也很好。不过,迭代初始值要适当设定。对于本例,初始值可以设为 [0 1 0] 或

者 [1 0 0] 或者 [1 1 0]，但不宜设为 [0 0 0]、[0 0 1]、[0 1 1]、[1 0 1] 或者 [1 1 1]；否则，计算过程不能收敛到正确的位置。

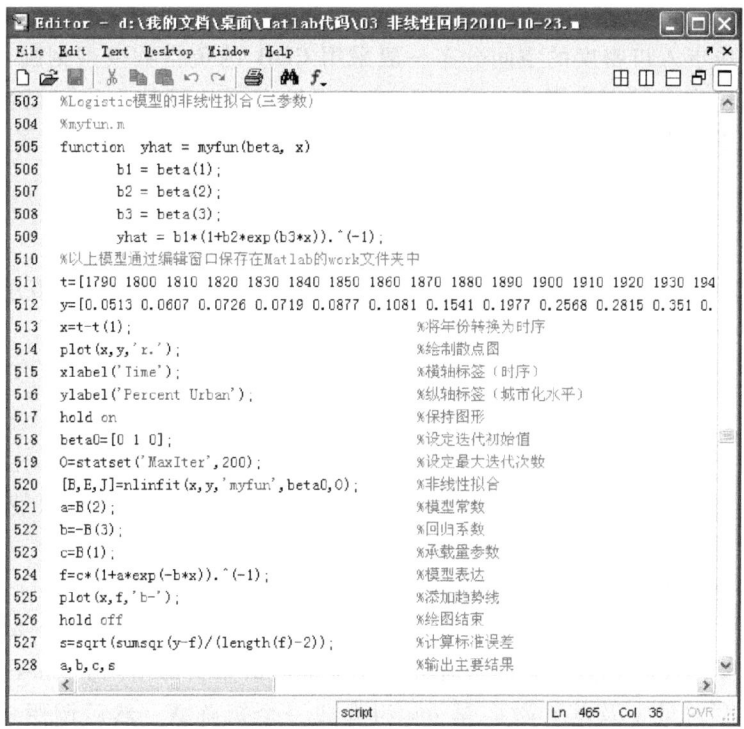

图 3-3-19　三参数 logistic 模型参数的非线性拟合过程

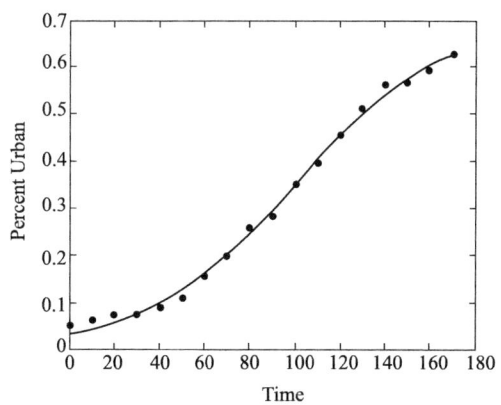

图 3-3-20　基于非线性拟合的美国城市化
水平三参数 logistic 曲线点、线匹配效果

3.3.4 Gamma 模型

3.3.4.1 实例 11——城市人口密度的 gamma 分布

前面讲到，城市人口密度的空间分布一般采用 Clark 的负指数模型刻画。如果城市用地很不均匀，可以考虑在模型中引入一个表示城市用地密度的函数作为权函数。城市用地密度通常服从幂指数分布。因此，引入用地密度权函数之后，整个模型变成了 gamma 模型

$$y = kx^{D-2}e^{\left(-\frac{x}{x_0}\right)} \quad (3-3-11)$$

式中，x 为到城市中心的距离；y 为人口密度；k 为比例系数；D 为刻画城市用地形态的维数；x_0 为反映城市特征半径的参数。在公式两边取对数，得到线性形式

$$\ln y = \ln k + (D-2)\ln x - \frac{x}{x_0} \quad (3-3-12)$$

这样，以距离和距离的对数为两个自变量、以人口密度对数为因变量，可以借助二元线性回归估计模型参数。不妨仍以美国波士顿人口密度数据予以说明。

3.3.4.2 Gamma 模型的最小二乘估计

在计算过程中，需要根据模型的表达形式对数据进行简单的变换。令 $a = \ln k$，$b = D-2$，$c = 1/x_0$。将距离 x 和人口密度 y 取自然对数，并将常数向量，即由函数 ones 生成的数值为 1 的向量、人口密度向量 x 及其对数向量 $\ln x$ 组合成一个矩阵 X，然后调用多项式回归函数 regress 估计参数（图 3-3-21）。回归程序与普通的线性回归过程没有本质区别。运行计算程序之后输出的结果为 $k = 36\,611.081\,5$，$b = -0.138\,8$，$c = 0.315\,8$。由此可知 $D = 2+b = 2.138\,8$，$x_0 = 3.166\,5$。由此判断城市的特征半径约为 3.166 5 英里，或者 5.096 1 km。将参数估计值赋予式（3-3-11）可得 gamma 模型的建设结果

$$\hat{y} = 36\,611.081\,5 x^{0.138\,8} e^{\left(-\frac{x}{3.166\,5}\right)}$$

线性回归的拟合优度为 $R^2 = 0.993\,8$，模型还原后的标准误差为 $s = 907.954\,8$。点、线匹配较之于负指数模型以及二次指数模型效果更好（图 3-3-22）。

进一步的计算表明，回归系数 $b = D-2$ 的 t 值较低，或者 P 值较高，这个数值的置信度约为 90% 左右。理论上，城市用地形态的维数 $D \leqslant 2$；当 $D = 2$ 时，结果返回负指数模型。但是，这里估计的结果却是 $D>2$。这个数值不好解释。实际上，对于波士顿人口密度而言，采用 gamma 函数不太理想。不过，有些城市，如中国的杭州，其人口密度分布采用 gamma 函数描述却可以取得令人满意的结果。

3.3 常见实例——一变量化为多变量的情形   95

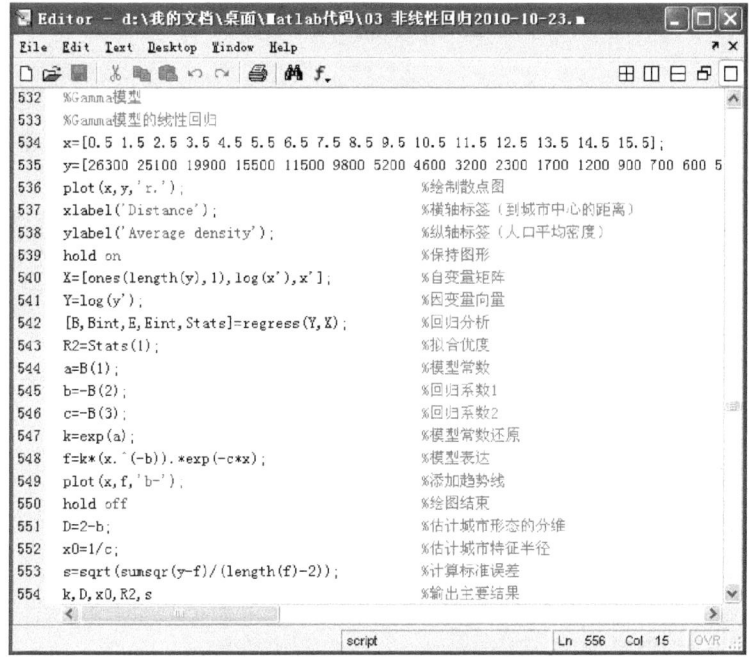

图 3-3-21　基于线性回归的城市人口密度 gamma 模型的参数估计过程

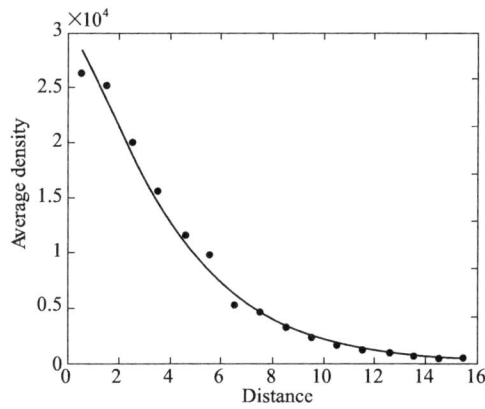

图 3-3-22　基于线性回归的波士顿人口密度 gamma 模型的点、线匹配图

3.3.4.3　Gamma 模型的非线性拟合

对于非线性模型的参数，一般而言都可以调用非线性拟合工具估计其数值。令 $b_1 = \ln k$，$b_2 = D-2$，$b_3 = -1/x_0$，定义一个 gamma 函数，通过编辑窗口保存在 Matlab 的 work 文件夹中。编写一个简明的计算程序，调用函数 nlinfit，即可实现 gamma 模型的参数估计（图 3-3-23），运算结果为 $k=38\,227.377\,8$，$D=2.280\,6$，$x_0=2.786\,8$。根据这一结果，波士顿城市形态的分维值约为 2.280 6，特征半径为 2.786 8 英里左右，约合 4.484 9 km。数学模型为

96 第 3 章 非线性模型参数估计

$$\hat{y} = 38\,227.377\,8 x^{0.280\,6} e^{\left(-\frac{x}{2.786\,8}\right)}$$

标准误差 $s = 449.784\,6$。直观看来,点、线匹配效果很好(图 3-3-24)。但是,如果将模型预测值 f 输出,与原始数据比较,就会发现,非线性拟合对较大数值的拟合非常准确——准确程度超过线性回归的结果。但是,对于较小数值却拟合效果不佳。

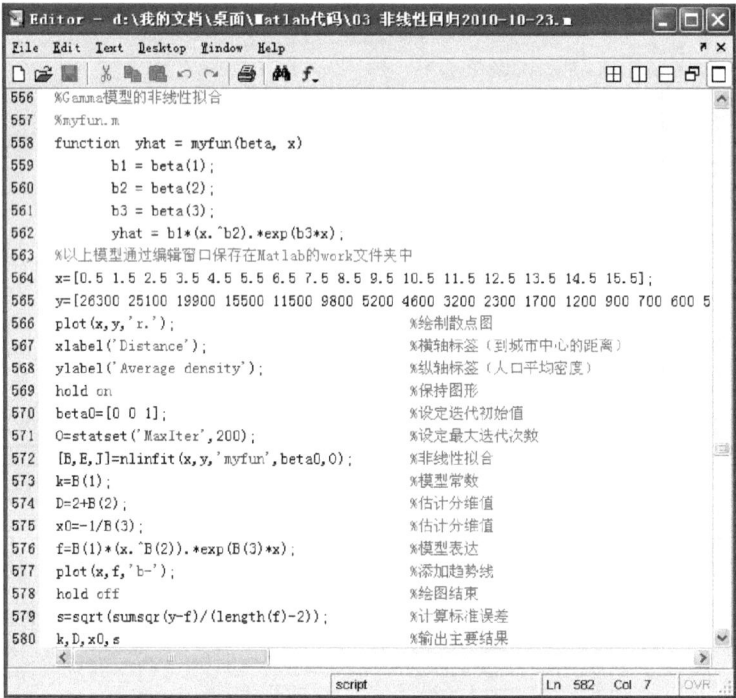

图 3-3-23 基于非线性拟合的城市人口密度 gamma 模型的参数估计过程

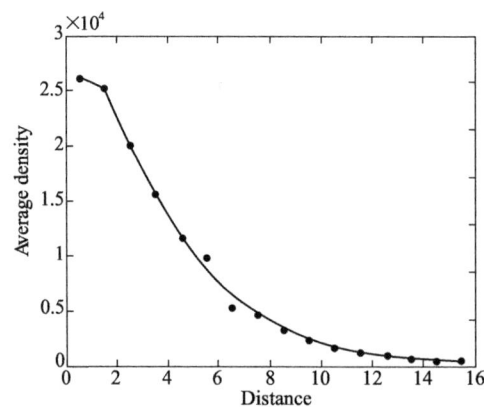

图 3-3-24 基于非线性拟合的波士顿人口
密度 gamma 模型的点、线匹配图

需要再次提醒的是迭代初始值的设定。对于本例，初始值可以设为 [0　0　0]、[0　0　1]、[0　1　0]、[0　1　1] 以及 [1　1　0]，但不宜设为 [1　0　0]、[1　0　1] 以及 [1　1　1]；否则，计算过程不能收敛到正确的位置。上面给出的计算结果，其初始值设为 [0　0　1]。只要计算过程收敛到适当的位置，不管初始值如何，结果都相差不大。

3.4 常见实例——多变量的情形

3.4.1 Cobb-Douglas 生产函数

3.4.1.1 实例 12——城市游客数与旅游总收入的关系

一个城市或者旅游风景区每年接待的游客大致可以分为两大类型：一是国内游客；二是海外游客。他们对地方旅游业发展的贡献可以分别考察、综合分析。表 3-4-1 给出的是中国山东省淄博市旅游业的有关数据，从 1995 年到 2004 年，一共 10 年的时间跨度（$n=10$）。自变量只有两个（$m=2$）。不妨研究国内游客数量和海外游客数量对当地旅游总收入的影响。初步分析表明，可以建立一个二元线性回归分析模型，但两个自变量之间的相关性很高，存在多重共线性问题。如果将变量全部取对数，则共线性有所减弱。因此，不妨考虑建立 Cobb-Douglas 生产函数式的数学模型。

Cobb-Douglas 生产函数可以表示为

$$y = a x_1^{b_1} x_2^{b_2} \tag{3-4-1}$$

式中，x_1 表示国内游客数量；x_2 表示海外游客数量；y 为旅游总收入；a 为比例系数；b_j 为幂指数（$j=1, 2$）。将式（3-4-1）两边取对数，可以转换为对数线性模型

$$\ln y = \ln a + b_1 \ln x_1 + b_2 \ln x_2 \tag{3-4-2}$$

分别以 $\ln x_1$ 和 $\ln x_2$ 为两个自变量、以 $\ln y$ 为因变量开展多元线性回归分析，估计模型参数，即可得到我们需要的模型。

表 3-4-1　淄博市 10 年游客数量及其旅游总收入增长数据（1995—2000 年）

年份	国内游客/万人	海外游客/万人	旅游总收入/亿元
1995	350.97	0.52	9.19
1996	387.43	0.79	12.26
1997	337.00	0.70	10.38
1998	340.00	0.98	11.15

98　第3章　非线性模型参数估计

续表

年份	国内游客/万人	海外游客/万人	旅游总收入/亿元
1999	420.00	1.22	18.31
2000	444.85	1.45	22.00
2001	508.46	2.10	28.20
2002	583.61	2.68	34.06
2003	595.84	2.30	34.05
2004	771.54	3.00	48.08

资料来源：旅游业数据来自淄博市旅游局；其他数据来自《淄博统计年鉴》。

3.4.1.2　Cobb-Douglas 生产函数的线性回归

Cobb-Douglas 生产函数取对数之后就是一个多元线性方程式，可以采用多元线性回归的方法估计模型参数并进行必要的统计学检验。有关多元线性回归分析的技术第 2 章已经详细讲述。不同之处在于两个方面：①原始变量要取对数，利用函数 log 容易实现；②模型常数还原，借助函数 exp 即可达到目的。下面直接给出简单的计算程序（图 3-4-1）。运行这个程序，输出结果为 $a=0.0399$，$b_1=0.9863$，$b_2=0.5223$。于是得到参数赋值的模型表达式

$$\hat{y}=0.0399 x_1^{0.9863} x_2^{0.5223}$$

拟合优度 $R^2=0.9897$，Durbin-Watson 统计量为 DW=1.9903，模型还原后的标准误差 $s=1.4425$。所谓模型还原后的标准误差，是根据式（3-4-1）的预测值计算的标准误差。至于线性化模型的标准误差，可以通过 Stats 给出的第四个统计量值取平方根算出。运行计算程序

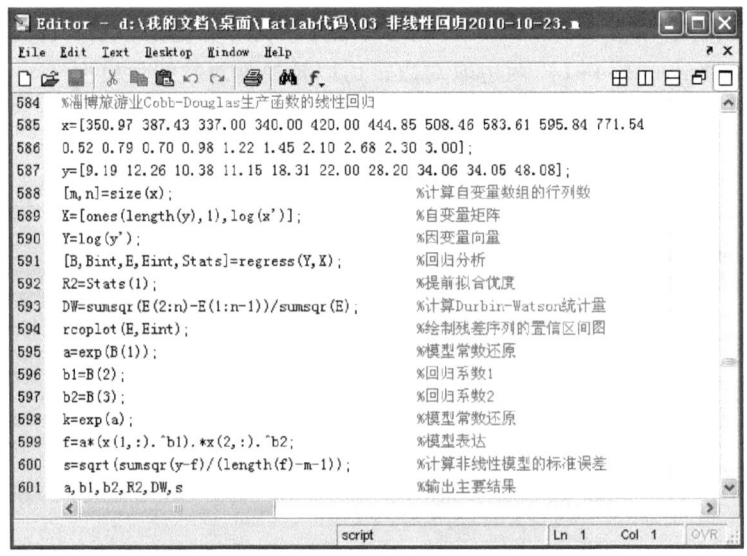

图 3-4-1　基于线性回归的 Cobb-Douglas 模型参数估计方法

之后，在命令窗口输入"Stats(4)^0.5"，回车，立即得到模型还原前的标准误差为 0.067 4，这是 $\ln y$ 的预测值的标准误差值。

本例属于有序时间序列，DW 检验是必要的。虽然样本路径较短，但 DW 非常接近于 2，不查表也能判断出可以通过较高置信度的统计检验。根据模型参数，国内游客数量的幂指数估计值大于海外游客幂指数估计值。由此可知，国内游客对旅游收入的贡献要比海外游客更为重要。

如果直接建立线性回归模型，则结果为

$$\hat{y} = 0.058\ 4x_1 + 5.533\ 1x_2 - 13.631$$

拟合优度 $R^2 = 0.995\ 5$，Durbin-Watson 统计量为 DW = 1.765 5，预测标准误差 $s = 0.990\ 1$。对于线性回归模型，不存在模型还原前后的标准误差之分。

比较统计量可以看出，就淄博旅游人数与产值关系而言，建立多元线性回归模型就可以了，没有必要建立非线性模型。除了 DW 值之外，线性模型的统计量都比 Cobb-Douglas 模型的有关统计量数值更有说服力。比较残差序列变化范围图可以看出，Cobb-Douglas 模型的残差有一个异常，数值的变动范围超出了 0 分界线。但是，线性回归模型的残差序列波动范围都在许可的正常界限之内（图 3-4-2 和图 3-4-3）。由于数值量纲差异，不能直接通过线性模型的回归系数比较解释变量的重要性。为了直接比较不同自变量的贡献，必须计算标准化回归系数。将原始数据标准化，再进行线性回归分析，就可以得到标准化回归系数估计值——x_1 和 x_2 对应的标准化回归系数分别为 0.633 4 和 0.375 6。

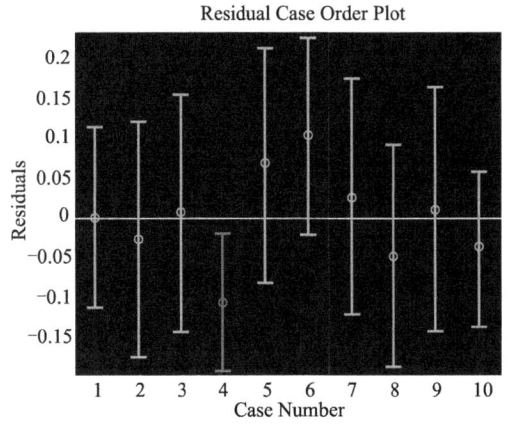
图 3-4-2　淄博旅游业 Cobb-Douglas 模型线性化的残差序列变化范围图

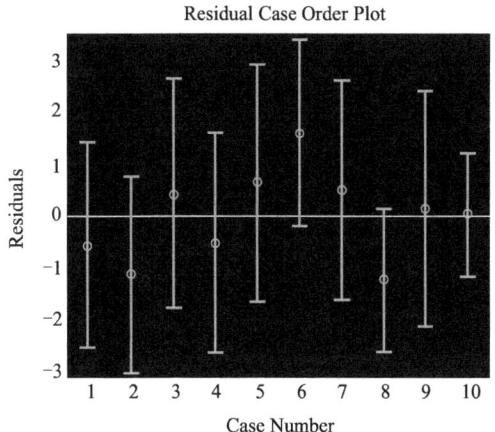
图 3-4-3　淄博旅游业线性回归模型的残差序列变化范围图

3.4.2　带有交叉变量的回归模型

如果一个问题存在两个以上的解释变量，而这些解释变量之间存在相互作用、系统耦合

(coupling) 关系或者逻辑上的交叉关系，那就会出现非线性表达问题。换言之，只要系统中存在不可忽略的非线性，需要解释变量之间反映了某种相互依存关系或者相互作用机制，在线性回归过程中就要考虑变量交叉。变量交叉与回归分析中的非线性是一个问题的两个方面，不妨举例说明。

假定用两个自变量 x_1 和 x_2 解释一个因变量 y，在不存在变量交叉的情况下，有如下线性回归方程

$$y = a + b_1 x_1 + b_2 x_2 \tag{3-4-3}$$

如果考虑变量交叉，方程就包括代表相互作用的非线性项

$$y = a + b_1 x_1 + b_2 x_2 + c x_1 x_2 \tag{3-4-4}$$

式中，a 为截距；b、c 均为常系数；交叉项 $x_1 x_2$ 意味着系统中存在某种耦合和相互作用关系。

如果自变量更多，则会出现更多的交叉项。这类问题在回归分析的技术处理方面很简单，只需要将交叉项视为一个变量即可。问题在于，何时需要引入变量交叉？何时不引入交叉项？这类问题涉及诸多方面的知识，有兴趣者可以参阅相关的教科书。

3.5 广义线性拟合

3.5.1 广义线性拟合函数

Matlab 中提供了一个广义线性模型（generalized linear model，GLM）的拟合函数 glmfit，这个函数可以用于拟合二参数非线性模型和一些三参数非线性模型。在许多情况下，广义线性拟合函数与非线性拟合函数 nlinfit 给出的结果没有本质区别。

广义线性模型拟合函数的一般语法形式为

```
B=glmfit(X,Y,Distr)
```

其中，X 为自变量构成的矩阵；Y 为因变量向量；Distr 为概率分布；B 为回归系数向量。Distr 包括如下类型：normal（正态分布）、binomial（二项式分布）、poisson（Poisson 分布）、gamma（伽马分布）和 inverse gaussian（反 Gauss 分布）。在应用中，需要根据研究对象的数据特征选择一种分布，然后通过典型连接（canonical link）将分布的参数赋予 X 的函数。

如果需要广义线性模型拟合提供更多的控制，则上面的语法结构表达还可细化为

```
B=glmfit(X,Y,Distr,Link,'Estdisp',Offset,PWTS,'Const')
```

其中，Link 代表一种连接函数，用以代替典型连接。Estdisp 有两种选项：on 或者 off。前者用于计算标准差过程中估计二项式分布或者 Poisson 分布的分散度（dispersion）参数（采用 on）；后者则是直接采用理论分散度参数值（采用 off）。Offset 是一个代表附加指标的向量，这个向量所有的数值都是 1。PWTS 是一个优先权重（prior weights）向量，可以用 X 或者 Y 的观测数据频率表示。Const 的选项也是两个：on（可缺省）或者 off。前者意味着模型中包括常数；后者意味着模型中不要常数项。常数项的系数是向量 B 中的第一个元素，注意不要在矩阵 X 中直接通过 1 数组函数 ones 赋值，为常数项赋值是通过 Offset。

假如希望输出更多附加统计量，则可以将上面的语法结构表达式的左边改为如下形式

[B,Dev,Stats]=glmfit(X,Y,Distr,Link,'Estdisp',Offset,PWTS,'Const')

其中，Dev 表示模型求解结果的偏差值即误差平方和。Stats 包括剩余自由度 dfe、理论的或者估计的分散参数 s、估计的分散参数 sfit（对于线性模型而言，s 和 sfit 实际上都是回归标准误差）、模型系数 b 的标准误差 se、关于 b 的相关系数矩阵 coeffcorr、系数 b 的 t 统计量 t、对应于 t 统计量的概率值 p、残差 resid、Pearson 残差 residp、变异残差 residd 以及 Anscombe 残差 resida。

在广义线性拟合中，Link 定义了一个函数 f，这个函数代表分布参数 μ 与自变量线性组合 xb 之间的一种关系 $f(\mu)=xb$。常用的连接函数列于表 3-5-1 中。其中，最后一行的 p 值是定义如下关系：$\mu=xb^p$。如果采用元胞数组形式 {@ FL@ FD@ FI}，则会定义三种连接：常规连接 FL、导数连接 FD 和反连接 FI。也可以采用三个内嵌函数的元胞数组定义上述的常规连接、导数连接和反连接。

与函数 glmfit 配套使用的是广义线性模型的拟合值函数 glmval，该函数的基本语法结构为

yfit=glmval(B,X,'link')

这里，yfit 代表因变量的拟合数值。如果希望计算拟合值的置信范围，则可采用如下语法形式

[yfit,dlo,dhi]=glmval(B,X,'link',stats,clev)

这里右边的 clev 为置信水平（confidence level），缺省是为 95%，一般可以取 0.99 即 99% 的置信度。左边的 dlo 为拟合值的误差下限；dhi 为误差上限。因此，模型拟合值的置信区间为 [yfit-dlo, yfit+dhi]。

广义线性函数，顾名思义，一定可以拟合线性回归模型。同时，也可以用于估计可线性化的非线性模型参数。如果连接参数 Link 选择表 3-5-1 中的 'identity' 或者缺省，给出的就是线性模型参数。在这种情况下，该函数的基本功能等同于 regress。如果调用有关的分布，如 log、reciprocal 等，则其模型参数估计功能等同于非线性拟合函数 nlinfit。下面列举一些典型的例子予以说明。

表 3-5-1 广义线性模型拟合常用的连接方式

连接 ('link')	含义	缺省连接（典型连接）
'identity'	$\mu = xb$	'normal'（正态）
'log'	$\log(\mu) = xb$	'poisson'(Poisson)
'logit'	$\log[\mu/(1-\mu)] = xb$	'binomial'（二项式）
'probit'	$\mathrm{norminv}(\mu) = xb$	
'comploglog'	$\log[-\log(1-\mu)] = xb$	
'logloglink'	$\log[-\log(\mu)] = xb$	
'reciprocal'	$1/\mu = xb$	'gamma'(gamma)
p（一个代表幂次的数字）	$\log(\mu) = xb$	'inverse gaussian'（反 Gauss，取 $p=-2$）

3.5.2 典型的例子

3.5.2.1 实例 13——线性模型拟合

首先，看看山上积雪深度与山下灌溉面积的广义线性拟合（案例和数据参阅第 1 章）。定义了自变量 x 和因变量 y 之后，采用语句"[B,Dev,Stats]=glmfit(x,y)"或者语句"[B,Dev,Stats]=glmfit(x,y,[],'identity')"即可估计模型参数。将图 3-5-1 所示的计算程序复制到命令窗口运行，得到如下结果："B=[2.356 4   1.812 9]"（给出了模型常数和回归系数）；"Dev=16.1068"（给出了剩余平方和）。此外，Stats 则可给出模型标准差 sfit。至于点、线匹配图，与第 1 章线性回归分析的有关图像一样。图 3-5-2 中添加了显著性水平为 0.05 的误

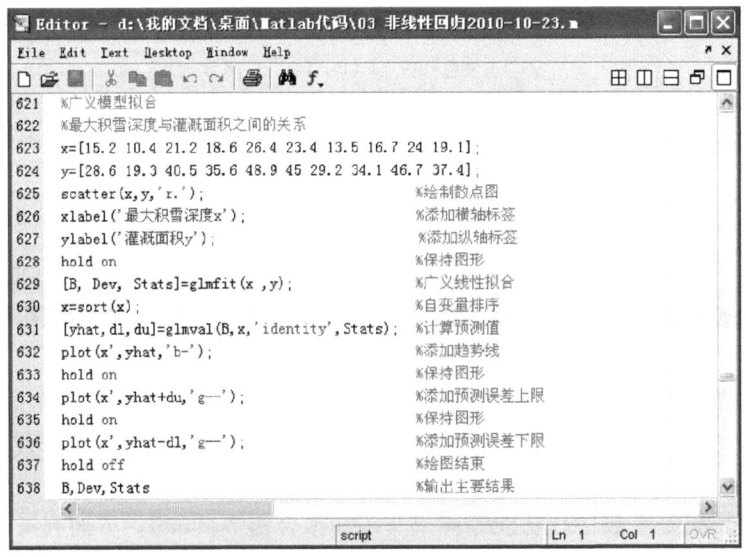

图 3-5-1 积雪深度与灌溉面积关系的广义模型拟合

3.5 广义线性拟合　103

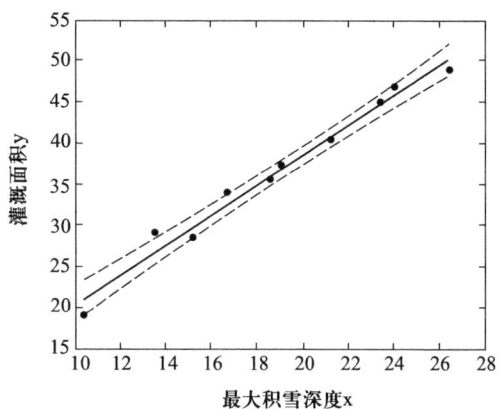

图 3-5-2　积雪深度与灌溉面积关系的点、线匹配
及其预测值的置信范围图（$a=0.05$）

差范围（置信度 95%）。如果将拟合值计算语句改为"[yhat,dl,du]=glmval(B,x, 'identity',Stats,0.99)"，则可以给出置信度为 99% 的拟合值上限和下限曲线。

再看看工业产值、农业产值、固定资产投资对运输业发展的影响（案例和数据参阅第 2 章）。对于多变量，自变量矩阵和因变量向量一定要纵向排列（图 3-5-3）。定义好变量之后，采用语句"[B,Dev,Stats]=glmfit(x,y)"，即可得到运算结果：

　　B=[-1.004 4　0.055 3　-0.004 0　0.090 7]
　　Dev=1.575 1
　　sfit=0.335 4

如果希望回归模型不包括常数项，则采用"[B,Dev,Stats]=glmfit(x,y,[ ], 'identity',[ ],[ ],[ ],'off')"语句代替前面的广义拟合函数表达式。

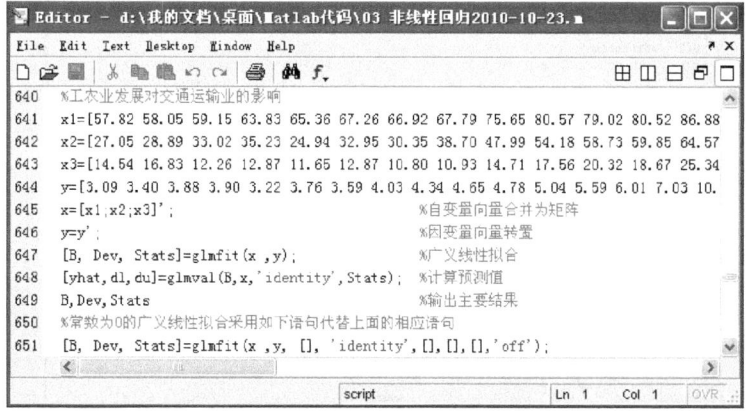

图 3-5-3　工业、农业产值和固定资产投资对运输业影响的广义模型拟合

3.5.2.2 实例14——指数模型的广义线性拟合

以美国波士顿人口密度空间分布为例，说明指数模型的广义线性拟合方法。原始数据参见本章实例1中的表3-2-1。拟合途径有二，分别说明如下。

第一种方法，因变量城市人口密度取对数，然后与自变量距离进行广义线性拟合。运行图3-5-4所示的计算程序，得到参数估计结果：$a = 38\,475.449\,7$，$b = 0.290\,9$。原始模型的预测标准误差 $s = 2\,048.202\,1$。

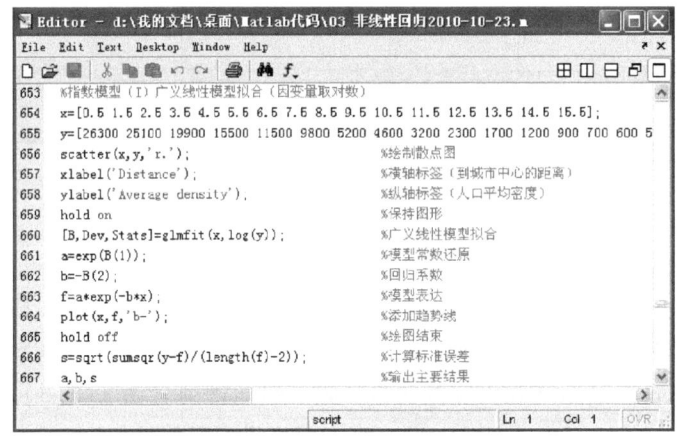

图 3-5-4 波士顿城市人口密度的广义模型拟合（因变量取对数）

第二种方法，因变量不取对数，调用连接'log'（图3-5-5）。计算结果为 $a = 32\,985.790\,5$，$b = 0.241\,7$。原始模型的预测标准误差 $s = 1\,410.207\,2$。画出点、线匹配图，并将预测值的误差范围曲线添加到图中，结果如图3-5-6所示。

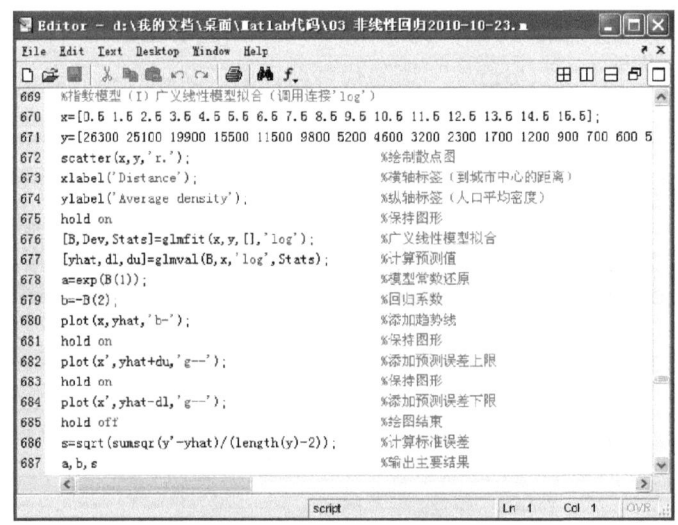

图 3-5-5 波士顿城市人口密度的广义模型拟合（调用连接'log'）

3.5 广义线性拟合　105

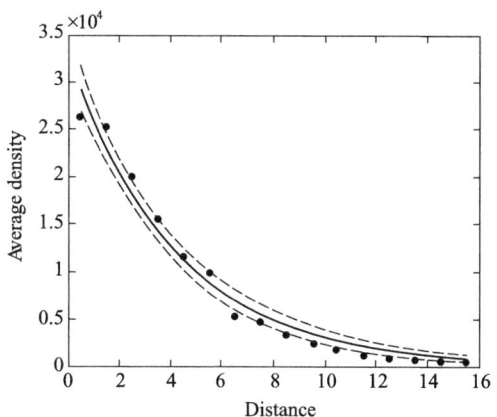

图 3-5-6　波士顿城市人口密度广义模型
拟合的点、线匹配和误差范围图

3.5.2.3　实例15——反比关系的广义线性拟合

以世界人口增长曲线为例，说明双曲线函数的一种——反比关系的广义线性拟合方法。原始数据参见本章实例4中的表3-2-5。广义线性拟合有两种途径：一种方法是因变量人口取倒数，然后采用常规的拟合方法（图3-5-7）。计算结果与基于regress的线性回归结果一样，即 $a = 1.9$，$b = -0.005\ 1$；模型预测标准误差 $s = 0.526\ 0$。另一种方法是因变量不取倒数值，调用连接'reciprocal'（图3-5-8）。采用这种方法的运算结果与非线性拟合函数nlinfit给出的数值相同，即 $a = 1.553\ 7$，$b = -0.004$；模型预测标准误差 $s = 0.193\ 9$。

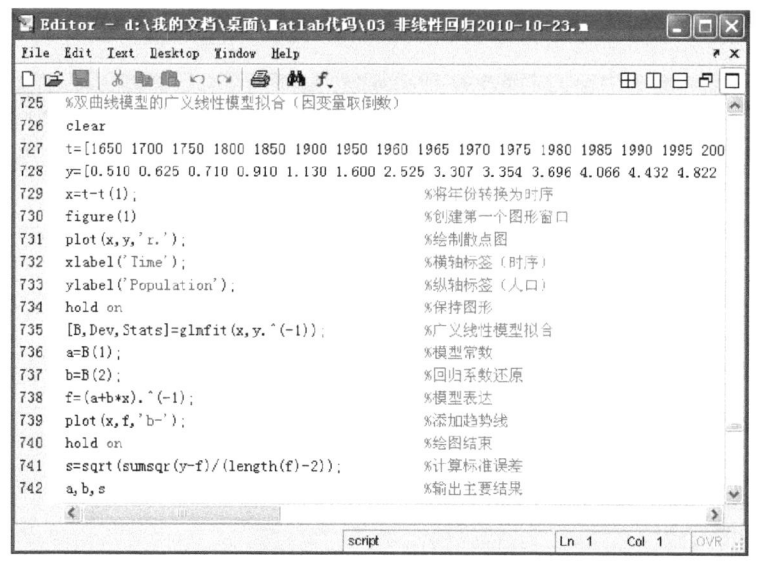

图 3-5-7　世界人口双曲线增长的广义模型拟合（因变量取对数）

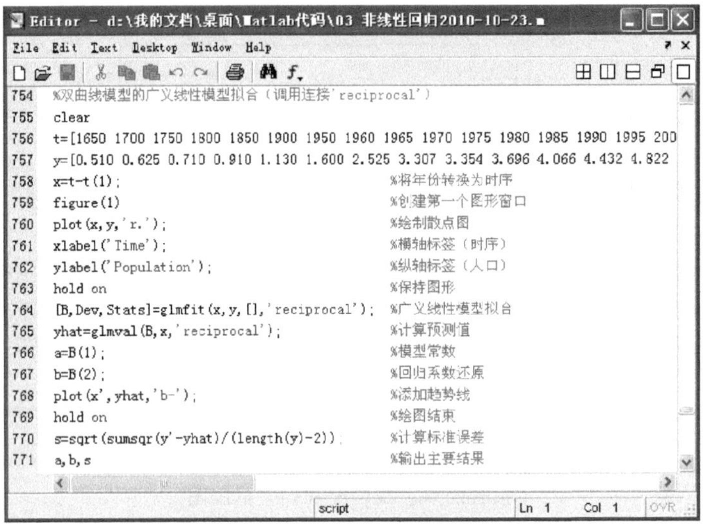

图 3-5-8　世界人口双曲线增长的广义模型拟合（调用连接'reciprocal'）

3.5.2.4　实例 16——二参数 logistic 模型的广义线性拟合

以美国城市化水平增长过程为例，说明二参数 logistic 模型的广义线性拟合方法。原始数据参阅本章实例 5 的表 3-2-6。拟合途径也有两种：一种方法是因变量按照公式 $\log(1/y-1)$ 线性化，然后采用常规的拟合方法（图 3-5-9）。计算结果与基于 regress 的线性回归结果一样，即 $a=20.4192$，$b=0.0224$；模型预测标准误差 $s=0.0276$。第二种方法不作任何线性化处理，调用连接'logit'（图 3-5-10）。采用这种方法的运算结果与非线性拟合函数 nlinfit 给出的数值相同，即 $a=17.3533$，$b=0.0212$；模型预测标准误差 $s=0.0295$。

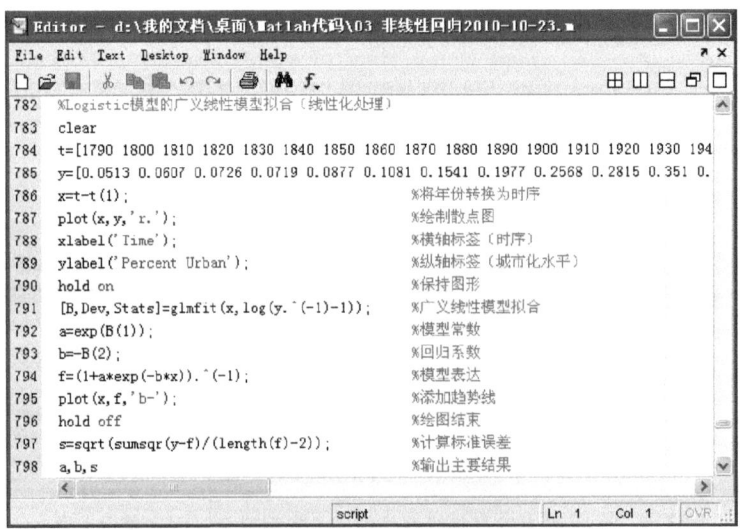

图 3-5-9　美国城市化水平的广义模型拟合（因变量取对数）

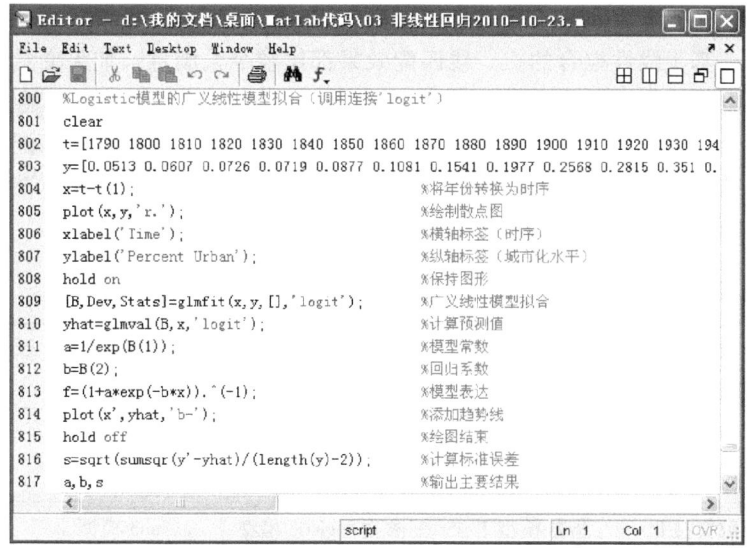

图 3-5-10　美国城市化水平的广义模型拟合（调用连接'logit'）

3.6　方法比较

至此可知，非线性模型的参数估计大体可以分为两类：一是变量经过线性化的参数估计；二是变量未经线性化的参数估计。在 Matlab 中，回归分析函数 regress 主要用于第一种方法；非线性拟合函数 nlinfit 函数主要用于第二种方法；广义线性拟合函数 glmfit 既可用于第一种方法，也可以用于第二种方法（表 3-6-1）。将变量线性化之后采用 glmfit，连接参数采用 'identity' 或者缺省，其结果与 regress 给出的数值一样；如果变量不经线性化采用 glmfit，并且调用适当的连接参数，其结果与 nlinfit 给出的数值相同（不考虑近似处理导致的迭代误差）。

表 3-6-1　非线性模型参数估计的常用函数特色对比

函数类型	表达式	要求	拟合特色	标准误差
回归分析函数	regress	非线性变量线性化	全局拟合	相对较大
非线性拟合函数	nlinfit	定义非线性函数并设初始值	局部最佳拟合	相对较小
广义线性模型拟合函数	glmfit	非线性变量线性化	全局拟合	相对较大
		连接非线性分布函数	局部最佳拟合	相对较小

将变量线性化之后，相当于直线拟合。主要的线性化方式取对数，有时取平方、取方根、取倒数，但以对数变换最为常见。一个变量经过对数变换之后，其不同量级的数值相差减小，

在这种情况下寻求误差平方和最小化，可以得到较好的全局拟合。也就是说，只要模型选择得当，就整体而言，基于线性拟合的点、线匹配效果都比较令人满意。如果变量不经标准化，同样地寻求误差平方和最小，数量级越大的数据对模型参数的估计结果影响越大。在这种情况下，模型趋势线会与较大数据点形成较好的匹配，但与数值较小的数据点匹配很差。数值量级越大，模型预测结果的标准误差也就越大。因此，基于非线性拟合的模型标准误差通常小于基于线性回归模型的标准误差（表3-6-2）。

表3-6-2 基于不同拟合方法的各种非线性模型的标准误差对比

	指数模型 I (实例1)	对数模型 (实例2)	幂指数模型 (实例3)	反比函数模型 (实例4)	二参数 logistic 模型 (实例5)
线性回归	2 048.202 1	7.174 0	3.923 0	0.526 0	0.029 5
非线性拟合	1 410.207 2	7.174 0	3.133 2	0.193 9	0.027 6
	指数模型 II (实例6)	指数模型 I (实例7)	三参数 logistic 模型 (实例10)	gamma 模型 (实例11)	指数模型 I (实例14)
线性回归	0.049 0	0.161 4	0.016 0 ~ 0.017 4	907.954 8	2 048.202 1
非线性拟合	0.048 7	0.091 0	0.012 6	449.784 6	1 410.207 2

但是，基于线性回归的模型具有较好的全局拟合效果，而基于非线性拟合的模型通常只具有良好的局部拟合效果。因为后者主要"致力"于较大数值的拟合，对较小的数值"照顾"不周。如果将非线性变量对应的坐标轴取对数刻度，或者采用适当的方法将点线以直线方式表现处理，可以明确地看到如下差异：基于线性回归的模型点、线匹配效果整体较好，而基于非线性拟合的模型只是在较大数值部分拟合效果出色（比较前面各个例子的线性化点、线匹配图即可得知）。

建立数学模型的目的是为了解释和预言（预测）。解释和预测的效果取决于模型参数的估计结果。不管采用什么方法估计模型参数，只要一个数学模型可以线性化，其最重要的参数无一例外地与斜率有关，而与常数项，即模型截距关系较小。在理论研究和应用分析过程中，无论是解释还是预测，模型的斜率（或者相关参数）都比截距（或者相关参数）重要得多。模型截距往往反映初始值、边界值或者平均值，理论上这些数值都是已知的。如果这些数值估计准确，不过是再现了一个已知的数值；如果估计不准确，则表明系统规律反映在一定尺度范围之内。无论模型截距估计准确与否，都不能为系统分析揭示更多的信息。模型斜率或者有关的参数反映的是事物的变化率，从而反映因果关系的强弱、增长速度的快慢。在动力学分析方面，模型斜率是至关重要的参数。因此，只有斜率才能更好地代表系统的本质特征。从这个意义上讲，在建立非线性数学模型的时候，如果能够开展线性回归分析，就尽可能不要采用曲线拟合。毕竟建模的目的是寻求全局最优，而不是局部拟合效果最好。

3.7 小结

可线性化的非线性模型都比较简单,但却非常重要。大自然和人类社会的各种规律,往往就是以这些简单的数学模式表现出来的。非线性模型参数估计方法无论对于理论研究还是对于现实应用都有不可忽视的意义。本章列举了常见的非线性模型,然后采用两种乃至更多的方法估计这些模型参数。通过本章的学习,读者基本上可以掌握基于 Matlab 的常规非线性模型参数估计的技巧。

非线性模型的建设通常有两种途径——直线拟合和曲线拟合。直线拟合的前提是将变量线性化,通过取对数、取倒数或者取 p 次幂等途径,将非线性方程转换为线性方程,然后借助最小二乘方法估计模型参数。曲线拟合不需要将变量线性化,但通常需要定义相应的非线性函数并提供参数的迭代初始值。直线拟合追求的是线性误差平方和最小,由此可以实现全局点、线匹配效果最优,因此可以给出较为准确的斜率以及与斜率(增长率、变化率等)有关的参数估计值。曲线拟合追求非线性误差平方和最小,由此导致较大数值段点、线匹配效果最优。对于单减式方程,曲线拟合可以给出更为准确的截距或者与截距有关的参数,但模型的斜率或者相关的参数值往往并不准确;对于单增式方程,无论与截距有关的参数抑或与斜率有关的参数,曲线拟合结果都可能不尽如人意。只有当一套数据与相应模型的匹配相当理想的时候,直线拟合结果与曲线拟合结果才会大体接近。一般而言,两种拟合结果不尽相同。

在 Matlab 中,借助广义线性模型拟合函数,可以在不经变量线性化、不定义非线性函数且不提供迭代初始值的前提下估计几个非线性模型的参数值。但是,为此需要提供有关的非线性分布函数的连接,这类分布函数是有限的。如果一个模型的变量可以线性化,则广义线性拟合一定可以用于该模型的参数估计。所有可以采用线性回归分析估计参数的非线性模型,都可以借助广义线性模型拟合函数估计其参数。在实际应用中,究竟采用何种参数值估计方法取决于研究者的个人偏好以及对相关统计量的特定需要。

第4章

主成分分析

在多元线性回归过程中,如果遇到多重共线性问题,可以借助逐步回归遴选解释变量。如果逐步回归依然不能有效地解决问题,在某些情况下可以以有偏估计为代价,提高模型参数的稳定性,降低共线性的消极影响。方法之一就是主成分分析(principal component analysis,PCA)。主成分分析的用途不限于此。利用主成分分析可以实现变量的约减和系统的降维,从而将复杂的分析过程简化;利用主成分分析还可以对系统的发展进行综合评价,或者寻找某种隐含的因果关系,揭示自然规律等。不管意图如何,前提条件都是明白主成分分析的基本原理。主成分是多元统计分析中的协方差逼近技术之一。只要明白线性代数中二次型化为标准形的数学变换过程,就可以借助某种数学软件开展主成分分析。Matlab里带有一些多元统计分析函数,包括主成分分析函数。不过,如果懂得主成分分析的原理,不利用这些函数,也可以方便地计算主成分载荷、得分以及相关的统计量。

4.1 实例和数据

4.1.1 案例数据

作为一个简明的教学案例,下面采用2003年中国部分主要城市空气质量的指标在Matlab中试验主成分分析。样品为中国的31个主要城市,包括首都和部分省会所在地。用作分析变量的4个指标包括:①可吸入颗粒物(PM10);②二氧化硫(SO_2);③二氧化氮(NO_2);④空气质量好于二级的天数。自由度为$df = 4*(4-1)/2 = 6$。此外,用365减去空气质量好于二级的天数得到空气质量低于二级的天数,这个指标暂时不用(表4-1-1)。

表4-1-1 中国部分主要城市空气质量指标(2003年)

城市	可吸入颗粒物(PM10)/(mg/m³)	二氧化硫(SO_2)/(mg/m³)	二氧化氮(NO_2)/(mg/m³)	空气质量好于二级的天数/d	空气质量低于二级的天数/d
北京	0.141	0.061	0.072	224	141
天津	0.133	0.074	0.052	264	101

续表

城市	可吸入颗粒物(PM10)/(mg/m³)	二氧化硫(SO₂)/(mg/m³)	二氧化氮(NO₂)/(mg/m³)	空气质量好于二级的天数/d	空气质量低于二级的天数/d
石家庄	0.175	0.152	0.044	211	154
太原	0.172	0.099	0.031	181	184
呼和浩特	0.116	0.039	0.046	286	79
沈阳	0.135	0.052	0.036	298	67
长春	0.098	0.012	0.022	342	23
哈尔滨	0.121	0.043	0.065	297	68
上海	0.097	0.043	0.057	325	40
南京	0.120	0.030	0.049	297	68
杭州	0.119	0.049	0.056	293	72
合肥	0.100	0.012	0.025	287	78
福州	0.080	0.008	0.034	344	21
南昌	0.100	0.051	0.034	315	50
济南	0.149	0.064	0.046	214	151
郑州	0.107	0.050	0.033	308	57
武汉	0.133	0.049	0.052	246	119
长沙	0.135	0.081	0.038	245	120
广州	0.099	0.059	0.072	314	51
南宁	0.072	0.047	0.032	348	17
海口	0.030	0.009	0.013	365	0
重庆	0.147	0.115	0.046	237	128
成都	0.118	0.052	0.046	312	53
贵阳	0.104	0.089	0.019	351	14
昆明	0.086	0.045	0.033	363	2
拉萨	0.065	0.002	0.029	353	12
西安	0.136	0.057	0.035	252	113
兰州	0.174	0.086	0.050	207	158
西宁	0.139	0.031	0.031	261	104
银川	0.132	0.063	0.037	291	74
乌鲁木齐	0.127	0.097	0.055	282	83

数据来源：《中国统计年鉴——2004》。

4.1.2 数据的保存与调用

对于样本较大的问题，如果事先整理好数据，单独保存起来，运算时再调用，使用 Matlab 就会更为方便。样品集合名称不妨用"casename"表示；变量集合名称用"varname"表示；数据集合用"data"表示。将原始数据按变量从左到右、样品自上而下的格局排列，形式如图 4-1-1 所示的矩阵。需要注意的是：其一，无论样品名称还是变量名称，都要长短相同的字符表示。例如，在样品集合中，用 BJS 表示北京市；用 TJS 表示天津市，其余依此类推。所有城市的代号，其字符序列长度必须相同；变量也是这样。具体来说，对于本例，所有的样品用 3 个字母表示；所有的变量用两个字母表示。其二，样品名称和变量名称都用单引号引上。其三，样品名称和变量名称用分号分开。其四，全部样品、变量名称和数据分别用中括号括住。

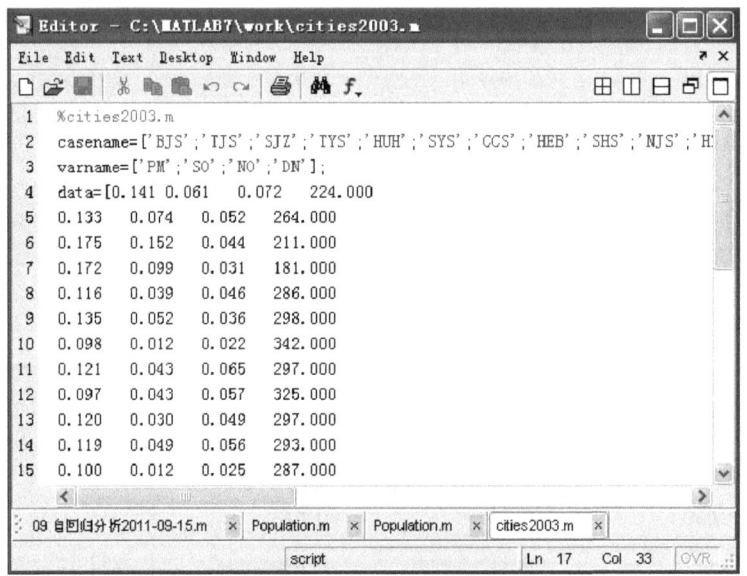

图 4-1-1　在 Matlab 中保存数据的格式之一（局部显示）

有两种方式保存数据。第一种方式，将数据整理成如图 4-1-1 所示格式，然后通过编辑窗口（Editor）以"cities2003.m"为文件名保存在 Matlab 中的 work 文件夹里。运算的时候，在命令窗口的>>提示符后输入文件名"cities2003"，回车，即可调用数据。将主成分分析程序复制到命令窗口，就可以执行全部运算。第二种保存方式，删除上述文件的第一行%cities2003.m，然后复制到 Matlab 的命令窗口中，利用函数 save（保存工作空间的变量到磁盘）将其保存在 Matlab 的 work 文件夹里。保存的方式视各自计算机上 Matlab 的安装路径而定。本例中 Matlab 安装在 C 盘，保存路径为"C:\MATLAB7\work\"，故在命令窗口输入如下存储命令

```
save C:\MATLAB7\work\cities2003
```

运用的时候，采用恢复命令 load（从磁盘文件中恢复变量），在命令窗口输入如下调用命令

```
load C:\MATLAB7\work\cities2003
```

回车，即可调出数据。

4.2　第一套计算方案

4.2.1　详细计算步骤

数据预备工作完成之后，就可以尝试编写 Matlab 计算程序。下面的工作在 Matlab 的编辑窗口（Editor）中完成。

第一步，将原始数据集体标准化。借助平均值函数 mean，计算数据集合的均值；同时，借助标准差函数 std 计算数据集合的标准差。为了方便起见，利用数组行列数目函数 size 计算矩阵 data 的行数 n 和列数 m。采用 mv 表示均值；st 表示标准差；X 表示标准化的数据。考虑到数据标准化的计量公式

$$x^* = \frac{x - \bar{x}}{\sigma} \tag{4-2-1}$$

式中，$\bar{x}$ 为平均值；σ 为标准差。Matlab 数据标准化函数为 zscore，也可以借助平均值函数 mean 和标准差函数 std 计算。标准化的数据构成新的矩阵 X。在 Matlab 中，计算程序如图 4-2-1 所示。

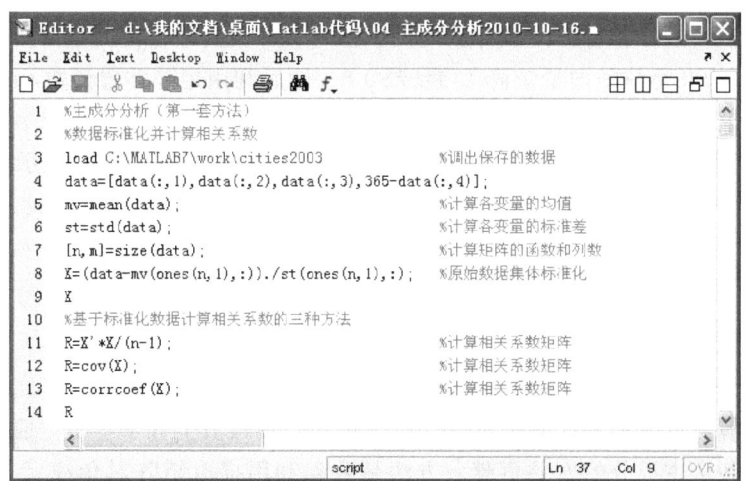

图 4-2-1　数据标准化并计算相关系数

第二步，计算协方差或者相关系数矩阵。在样品自上而下排列的情况下，计算公式为

$$R = \frac{1}{n-1} X^\mathrm{T} X \tag{4-2-2}$$

因此，在 Matlab 中，相关系数矩阵（即标准化数据的协方差矩阵）可以采用 $R = X' * X/(n-1)$ 公式计算，也可以利用协方差函数 cov 或者相关系数函数 corrcoef 来计算。因此，上述计算公式可以用下面的语句替代（图 4-2-1）。替代语句之一

```
R=cov(X)
```

替代语句之二

```
R=corrcoef(X)
```

第三步，计算协方差矩阵的特征值和特征向量。利用关系式

$$Ra = \lambda a \tag{4-2-3}$$

计算相关矩阵 R 的特征值 λ 和特征向量 a。将特征向量单位化，构成正交矩阵 E。不过，在 Matlab 中，可以直接调用计算矩阵特征参量的函数 eig，语法为

```
[U,V]=eig(R)
```

其中，U 表示特征向量矩阵；V 表示相应的特征值构成的对角矩阵；R 为相关系数矩阵。

Matlab 默认的特征值排序方式是从小到大排列，特征向量的排列方式与特征值对应。根据主成分分析的习惯，最好将特征值改为从大到小排列，并且要求特征向量的排列与其对应。利用矩阵旋转函数 rot90 将特征向量矩阵 U 旋转 90°，然后利用矩阵转置函数 transpose 将旋转后的结果再转置，就可以将特征向量更换为主成分分析的通常排列方式，结果表示为 E；将特征值对角阵旋转 90°再旋转 90°，即先后共旋转 180°，即可达到要求，结果表示为 G。于是计算程序可以表示为

```
[U,V]=eig(R);
E=transpose(rot90(U))
G=rot90(rot90(V))
```

第四步，计算主成分的累计方差贡献。由于特征值在数值上等于各个主成分的方差，可以根据特征值计算各个主成分的方差贡献。方法是首先利用提取矩阵对角线元素的函数 diag 提取特征值矩阵 G 的对角线上的元素，表示为 eigv；然后即可根据百分比和累积百分比的计算公

式计算方差贡献。

```
eigv=diag(G);
per=100*eigv/sum(eigv);
Cum=cumsum(per)
```

到了这一步，就可以将前面的计算程序连接起来，复制到 Matlab 的命令窗口（Command Window）里面，计算累计方差贡献（图4-2-2）。运行程序之后，输入"Cum"并回车，得到结果如下：Cum=[68.2556;88.1205;97.9816;100.0000]。由此可见，提取两个主成分，基本可以达到通常的要求。

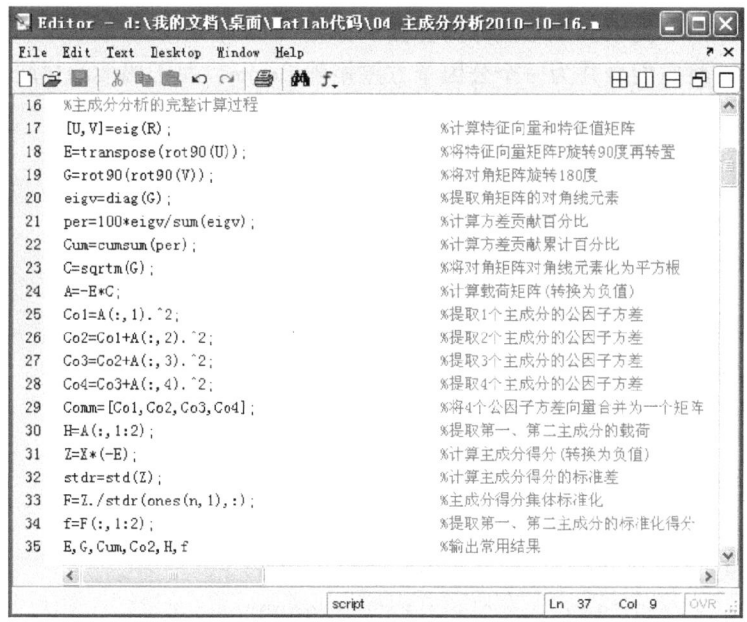

图4-2-2 基于相关系数矩阵求解主成分模型的过程

第五步，计算主成分载荷和公因子方差。计算主成分载荷需要利用特征值的平方根构成对角阵$\sqrt{\Lambda}$，特征值的排序要与正交矩阵中相应的特征向量保持一致。利用特征值平方根对角阵即可计算主成分载荷，即有

$$L = E\sqrt{\Lambda} \tag{4-2-4}$$

将特征值对角阵转换为特征值平方根对角阵很简单，直接对矩阵 G 开平方根，或者借助矩阵开方运算函数 sqrtm，结果表示为 C。用 C 右乘正交矩阵 E，即可得到载荷矩阵 A。由于特征向量的取值在符号上具有主观性，Matlab 给出的载荷值的正负号通常与 SPSS 给出的结果相反。为了与 SPSS 的结果形成对照，我们不妨将其结果全部作正负调换，相应地，后面的主成分得

分的正负号也必须因此而全部改换。这样，计算语句为

```
C = G^0.5
A = -E * C
```

或者

```
C = sqrtm(G)
A = -E * C
```

至于公因子方差，我们分别考虑提取一个主成分的公因子方差（Co1）、提取两个主成分的公因子方差（Co2）、提取三个主成分的公因子方差（Co3）以及提取四个主成分的公因子方差（Co4）。然后，将它们合并为一个公因子方差矩阵 Comm，便于阅读和比较。计算语句为

```
Co1 = A(:,1).^2;
Co2 = Co1+A(:,2).^2;
Co3 = Co2+A(:,3).^2;
Co4 = Co3+A(:,4).^2;
Comm = [Co1,Co2,Co3,Co4]
```

将前述计算程序全部联系起来，公因子方差的计算结果为

```
Comm =
    0.9069    0.9252    0.9538    1.0000
    0.6789    0.7419    0.9982    1.0000
    0.2981    0.9944    1.0000    1.0000
    0.8463    0.8633    0.9673    1.0000
```

可以看到，如果仅提取一个主成分，则第三个变量对应的公因子方差很小，只有 0.2981。如果提取两个主成分，则各个变量的公因子方差相差不再悬殊。

综合上述公因子方差和累积方差贡献提供的信息，在本例中提取两个主成分比较合适。提取的语句为

```
H = A(:,1:2)
```

第六步，计算主成分得分，并将其标准化。 用正交矩阵右乘标准化的原始数据矩阵 X 即可得到，计算公式为

$$Z = XE \tag{4-2-5}$$

如前所述，为了将结果与 SPSS 给出的结果在符号上一致，我们已经将载荷值全部改变符号。与此对应，主成分得分的数值也应改变符号。计算语句为

```
Z = X * (-E);
stdr = std(Z);
F = Z./stdr(ones(n,1),:);
F(:,1:2)
```

运行前面的全部程序之后，在命令窗口输入"E,G,Cum,Co2,H,f"并回车，就可以得到特征向量矩阵 E、特征值矩阵 G、累计方差贡献向量 Cum、提取两个主成分的公因子方差 Co2、前两个主成分对应的主成分载荷矩阵 H 和前两个主成分对应的标准化得分矩阵 f。

第七步，绘图。主成分分析通常借助于三种坐标图：一是特征值的折线图；二是主成分载荷图或者特征向量图；三是主成分得分图（图 4-2-3）。首先，绘制特征值折线图，语句为

```
plot(eigv,'rO');
xlabel('Component number');
ylabel('Eigenvalue');
hold on
plot(eigv,'g-');
```

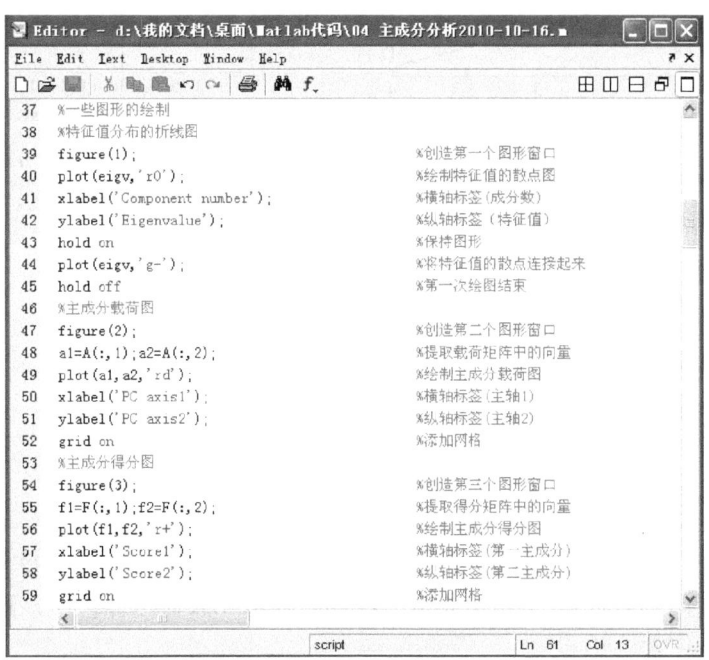

图 4-2-3 主要绘图程序

在完成前面特征值计算的基础上（假定执行清除内存命令 clear），将上述语句复制到 Matlab 的命令窗内运行，即可得到特征值分布的折线图（图 4-2-4），相当于 SPSS 中的"山麓图"（scree plot）。通过山麓图可以直观地判断提取主成分的数量。

然后，绘制主成分载荷图或者特征向量图。以第一主成分的载荷为横轴，以第二主成分的载荷为纵轴，容易绘制载荷分布图（图 4-2-5）。主成分载荷图将变量表示在载荷坐标系中，据此直观地显示变量之间的关系。绘图语句为

```
a1=A(:,1);a2=A(:,2);
plot(a1,a2,'rd');
xlabel('PC axis1');
ylabel('PC axis2');
```

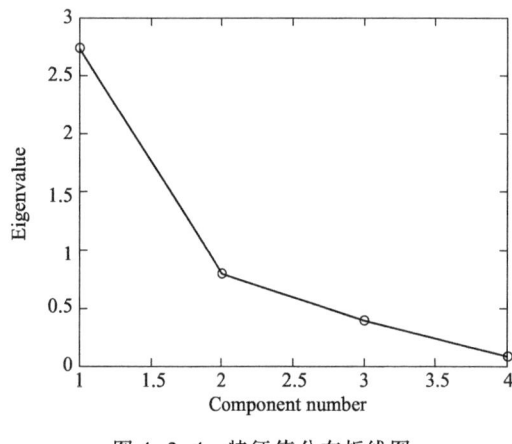
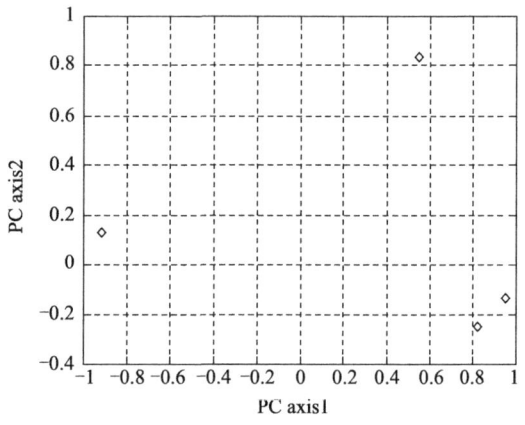

图 4-2-4　特征值分布折线图　　　　　　图 4-2-5　主成分载荷图

主成分载荷图可以由特征向量图代替（图 4-2-6）。绘图语句为

```
e1=-E(:,1);e2=-E(:,2);
plot(e1,e2,'rd');
xlabel('PC axis1');
ylabel('PC axis2');
```

通过对比图 4-2-5 与图 4-2-6 可以看出，虽然两幅图的坐标刻度不同，但变量点的分布图式完全一样。在实际中采用载荷图抑或特征向量图，可以根据个人的偏好而定。

最后，绘制主成分得分图。以第一主成分得分为横轴，以第二主成分得分为纵轴，可以绘制主成分得分图（图 4-2-7）。主成分得分图将样品表示在载荷坐标系中，直观地显示样品之间的关系。绘图语句为

```
f1 = F(:,1);f2 = F(:,2);
plot(f1,f2,'r+');
xlabel('Score1');
ylabel('Score2');
```

将主成分载荷图和主成分得分图结合起来，对比考察，可以建立样品与变量之间的直观关系，由此可以对样品进行分类。

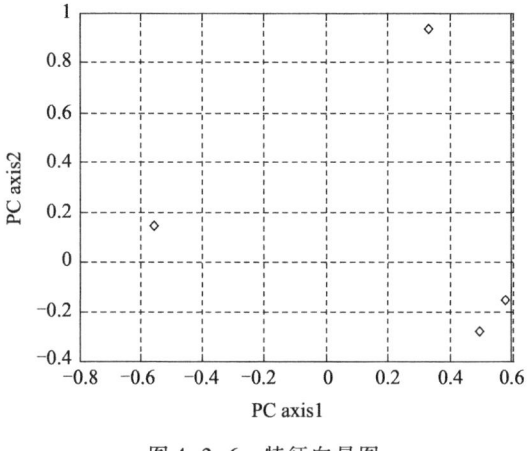

图 4-2-6 特征向量图

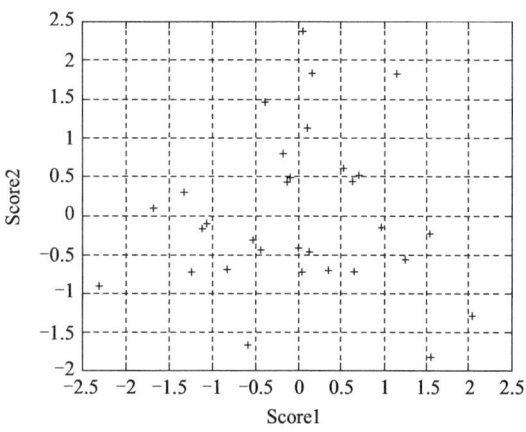

图 4-2-7 主成分得分图

第八步，简单的检验。完成主成分计算和绘图之后，可以写几个简单的语句进行一些演算和分析（图 4-2-8）。不妨计算一下再生相关矩阵（reproduced correlation）及其与相关系数矩阵的残差。提取两个主成分是否合适，可以利用再生相关矩阵开展某些分析。用前述提取的载荷矩阵 **H** 左乘其转置矩阵 **H′**，即可得到再生相关矩阵 **Rp**；用再生相关矩阵减原始相关系数矩阵，便会得到相关系数的残差矩阵 **Re**。残差矩阵中各个元素的绝对值越小，表明提取两个主成分反映的原始数据的信息越多。计算语句为

```
Rp = H * H'
Re = R - Rp
```

相关系数矩阵的残差矩阵为

```
Re =
    0.0748   -0.0948   -0.0139   -0.0157
   -0.0948    0.2581    0.0380    0.1556
   -0.0139    0.0380    0.0056    0.0229
   -0.0157    0.1556    0.0229    0.1367
```

120 第 4 章 主成分分析

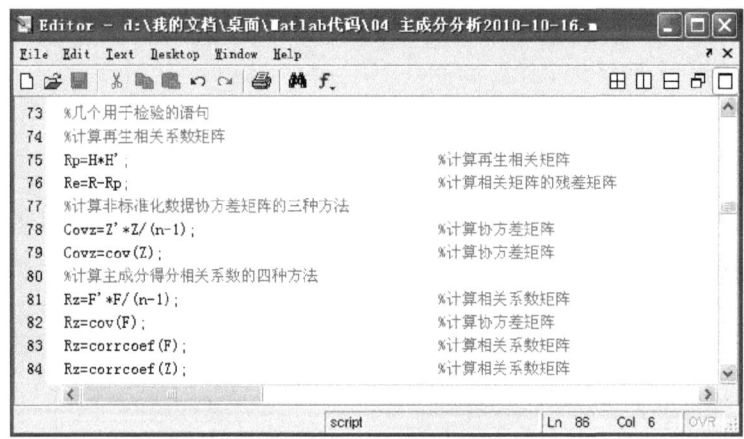

图 4-2-8 用于主成分检验的几个语句

从残差矩阵可以看到，第二行、第二列（对应于第二个变量）的残差数值总体上较大，而第三行、第三列（对应于第三个变量）的残差数值总体上较小。这个结果与前面公因子方差矩阵显示的信息是一致的：当我们提取两个主成分的时候，第二个变量对应的公因子方差最小，这意味着两个主成分包含的第二个变量的信息最少；第三个变量对应的公因子方差最大，这意味着两个主成分包含的第三个变量的信息最多。

采用下面两个语句中的任何一个语句容易计算非标准化主成分的协方差矩阵：

```
Covz = Z' * Z/(n-1);
Covz = cov(Z);
```

可以预期，对角线上的元素为相关系数矩阵的特征值，对角线以外的元素都是 0。可以采用下面四个语句中的任何一个语句计算标准化主成分的相关系数矩阵：

```
Rz = F' * F/(n-1);
Rz = cov(F);
Rz = corrcoef(F);
Rz = corrcoef(Z);
```

不难想到，对角线上的元素都是 1，对角线以外的元素均为 0。

4.2.2 计算程序的整理和结果的输出

至此，可以将主成分分析的主要语句连接成一个完整的计算程序，并用 M 文件保存起来。该文件的内容如下：

```
load C:\MATLAB7\work\cities2003          % 调出保存的数据
mv=mean(data);                            % 计算各变量的均值
st=std(data);                             % 计算各变量的标准差
[n,m]=size(data);                         % 指定矩阵的函数和列数
X=(data-mv(ones(n,1),:))./st(ones(n,1),:); % 原始数据集合集体标准化
R=X'*X/(n-1);                             % 计算并输出相关系数矩阵
[U,V]=eig(R);                             % 计算特征向量和特征值矩阵
E=transpose(rot90(U));                    % 将特征向量矩阵 P 旋转 90 度再转置
G=rot90(rot90(V));                        % 将对角矩阵旋转 180 度
eigv=diag(G);                             % 提取角矩阵的对角线元素
per=100*eigv/sum(eigv);                   % 计算方差贡献百分比
Cum=cumsum(per);                          % 计算方差贡献累计百分比
C=sqrtm(G);                               % 将对角矩阵对角线元素化为平方根
A=-E*C;                                   % 计算载荷矩阵(转换为负值)
Co1=A(:,1).^2;                            % 提取 1 个主成分的公因子方差
Co2=Co1+A(:,2).^2;                        % 提取 2 个主成分的公因子方差
Co3=Co2+A(:,3).^2;                        % 提取 3 个主成分的公因子方差
Co4=Co3+A(:,4).^2;                        % 提取 4 个主成分的公因子方差
Comm=[Co1,Co2,Co3,Co4];                   % 将四个公因子方差向量合并为一个矩阵
H=A(:,1:2);                               % 给出第一、第二主成分的载荷
Z=X*(-E);                                 % 计算主成分得分(转换为负值)
stdr=std(Z);                              % 计算主成分得分的标准差
F=Z./stdr(ones(n,1),:);                   % 主成分得分集体标准化
f=F(:,1:2);                               % 给出第一、第二主成分的得分
Rp=H*H';                                  % 计算再生相关矩阵
Re=R-Rp;                                  % 计算相关矩阵的残差矩阵
figure(1);                                % 创建第一个图形窗口
plot(eigv,'rO');                          % 绘制特征值的散点图
xlabel('Component number');               % 横轴标签(成分数)
ylabel('Eigenvalue');                     % 纵轴标签(特征值)
hold on                                   % 保持图形
plot(eigv,'g-');                          % 将特征值的散点连接起来
```

```
hold off                                    % 第一次绘图结束
figure(2);                                  % 创建第二个图形窗口
a1=A(:,1);a2=A(:,2);                        % 提取载荷矩阵中的向量
plot(a1,a2,'rd');                           % 绘制主成分载荷图
xlabel('PC axis1');                         % 横轴标签（主轴1）
ylabel('PC axis2');                         % 纵轴标签（主轴2）
grid on                                     % 添加网格
figure(3);                                  % 创建第三个图形窗口
f1=F(:,1);f2=F(:,2);                        % 提取得分矩阵中的向量
plot(f1,f2,'r+');                           % 绘制主成分得分图
xlabel('Score1');                           % 横轴标签（第一主成分）
ylabel('Score2');                           % 纵轴标签（第二主成分）
grid on                                     % 添加网格
```

首先，复制前面第一步给出的定义变量和数据矩阵的语句，粘贴到 Matlab 的命令窗口里，回车。如果事先保存有数据，则调出使用即可。然后，将上面给出的完整程序复制到命令窗口运行，可以得到我们所需要的运算结果。当然，也可以将上面两部分按照先（变量、数据）后（计算程序）顺序合并，同时复制到 Matlab 的命令窗口里。结果完全一样。

在命令窗口输入"R"，回车，得到相关系数矩阵

```
R =
    1.0000    0.7239    0.3930   -0.9094
    0.7239    1.0000    0.2784   -0.6351
    0.3930    0.2784    1.0000   -0.3707
   -0.9094   -0.6351   -0.3707    1.0000
```

在命令窗口输入"E"和"G"，回车，得到特征向量组成的正交矩阵以及特征值组成的对角阵

```
E =
   -0.5763    0.1519    0.2693    0.7565
   -0.4987    0.2816   -0.8060   -0.1495
   -0.3304   -0.9361   -0.1186   -0.0216
    0.5568   -0.1461   -0.5135    0.6363
G =
    2.7302         0         0         0
```

```
       0      0.7946        0            0
       0         0        0.3944         0
       0         0           0         0.0807
```

在命令窗口输入"H",回车,得到第一、第二两个主成分的载荷矩阵

```
   H =
       0.9523    -0.1354
       0.8240    -0.2510
       0.5460     0.8344
      -0.9200     0.1303
```

累计方差贡献矩阵和公因子方差矩阵前面已经给出,不再显示。在命令窗口输入"f",回车,可以得第一和第二主成分得分矩阵。该矩阵太长,留待后面给出。

4.2.3 计算结果的整理

主要计算工作完成以后,如果没有其他问题,一般则进入计算结果的最后整理阶段。这个时候,通常将某些重要结果如主成分载荷和得分复制到 Excel 里面,或者以表格的形式复制到 Word 里面保存备用。如果从命令窗口直接复制这些结果,则不便于进一步的运算和列表整理。最好的办法是从 Matlab 的工作间(Workspace)里复制数据,方法如下:

首先,用鼠标单击 Workspace,打开左上区域的工作区间(图 4-2-9)。

然后,找到并单击需要复制的矩阵。例如,假如我们希望将刚才计算的载荷矩阵 **A** 的数值复制到 Excel 里面,则双击图 4-2-9 中的"A"的图标,打开数组编辑器(Array Editor)窗口。在这里,可以得到类似于电子表格形式的数据格式(图 4-2-10)。

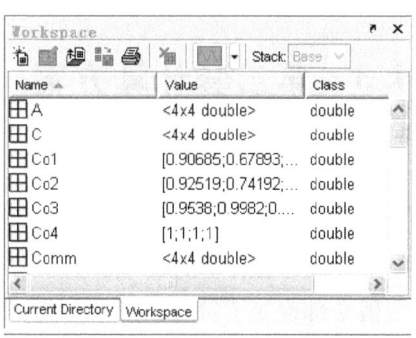

图 4-2-9 Matlab 的 Workspace 窗口

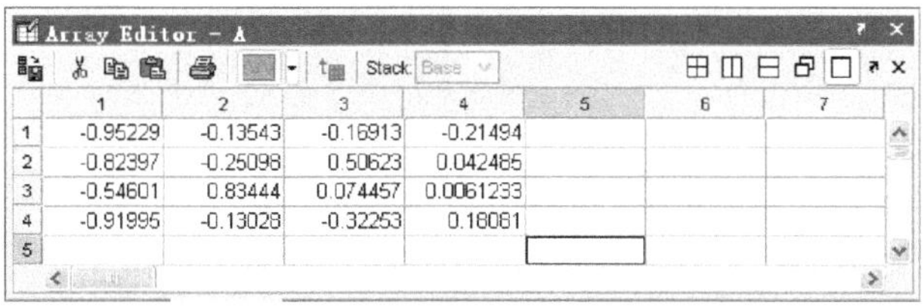

图 4-2-10 Array Editor 窗口中的数据

最后，选中并复制这些数据，粘贴到想要粘贴的文件（Excel 或者 Word 格式）之中。

简单地介绍一下载荷图，这个图相当于 SPSS 中的"Loading plot"（图 4-2-8）。由于没有采用专门化的工具绘制载荷图，Matlab 显示的效果不是很明晰，特别是两个主轴不是交会于 0 坐标点，图形中没有专门显示主轴的标志。为了更为直观，不妨简单编辑一下这个图形。可以去掉网格线，利用 Figure 窗口中的一些工具添加两条轴线，分别对应于第一成分轴（axis1）和第二成分轴（axis2）。添加的轴线的位置虽然不是很精确，但足可以说明问题（图 4-2-11）。可以看到，三个变量与第一主轴接近，一个变量与第二主轴相对靠近。从矩阵 **H** 中可以看出，这个靠近第二主轴的变量乃是第三个变量，对应于表

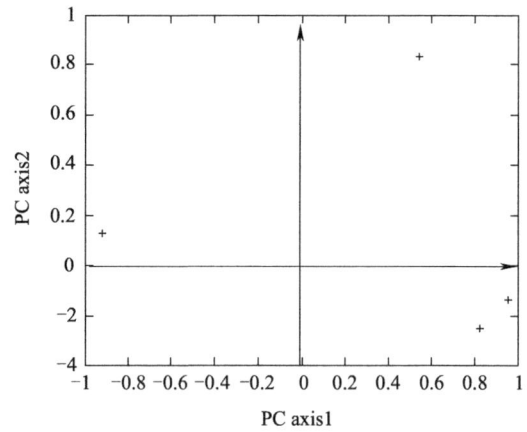

图 4-2-11　主成分载荷图的简单编辑结果（基于第一套计算方案）

4-1-1 中的二氧化氮。由此可以判知，可吸入颗粒物、二氧化硫和空气质量好于二级的天数三个变量与第一主轴靠近，其中空气质量好于二级的天数与其余两个变量——可吸入颗粒物和二氧化硫——的方向相反，分别位于第二主轴的两边。

4.3　第二套计算方案

4.3.1　程序的修改

在第一套计算方案中，为了与 SPSS 给出的结果保持一致，将主成分载荷和主成分得分的数值全部改变了符号：正化为负，负化为正。如果不做这种改变，又会如何呢？也就是说，将上述程序中的两个语句

```
A = -E * C
Z = X * (-E)
```

分别改为

```
A = E * C
Z = X * E
```

其他语句不变，或者用等价的语句替代，然后开展运算。结果表明，载荷的符号与基于第一套

计算方案的载荷在绝对值上是一样的，但符号相反。载荷矩阵如下：

```
H =
    -0.9523     0.1354
    -0.8240     0.2510
    -0.5460    -0.8344
     0.9200    -0.1303
```

与此相应，载荷图也反转了方向（图 4-3-1）。这两种方案，哪一种更为可取呢？

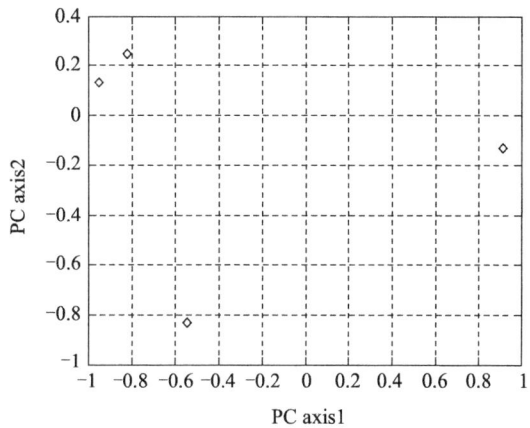

图 4-3-1　主成分载荷图（基于第二套计算方案）

4.3.2　两套方案的比较

如果比较两种不同方案给出的主成分得分，可以发现，在载荷值反转方向的同时，得分值也全部反转了方向（表 4-3-1）。因此，只要将载荷值和得分值同时用上，最后分析的结论是一样的。这个例子说明，如果研究者对主成分分析的原理不是非常熟悉，最好采用 SPSS 软件，不要采用 Matlab 计算，否则容易陷入复杂的分析过程而无法准确地理出一条思路。

表 4-3-1　基于两种不同方案的主成分得分

城市	地区编码	基于第一套计算方案		基于第二套计算方案	
		第一主成分	第二主成分	第一主成分	第二主成分
北京	BJS	1.144 5	1.824 3	−1.144 5	−1.824 3
天津	TJS	0.631 6	0.421 8	−0.631 6	−0.421 8
石家庄	SJZ	2.042 3	−1.297 9	−2.042 3	1.297 9
太原	TYS	1.548 4	−1.818 1	−1.548 4	1.818 1

续表

城市	地区编码	基于第一套计算方案		基于第二套计算方案	
		第一主成分	第二主成分	第一主成分	第二主成分
呼和浩特	HUH	-0.102 1	0.481 9	0.102 1	-0.481 9
沈阳	SYS	0.003 8	-0.429 4	-0.003 8	0.429 4
长春	CCS	-1.250 3	-0.724 5	1.250 3	0.724 5
哈尔滨	HEB	0.177 5	1.832 0	-0.177 5	-1.832 0
上海	SHS	-0.381 1	1.469 9	0.381 1	-1.469 9
南京	NJS	-0.172 9	0.800 1	0.172 9	-0.800 1
杭州	HZS	0.112 9	1.119 2	-0.112 9	-1.119 2
合肥	HFS	-0.818 5	-0.696 7	0.818 5	0.696 7
福州	FZS	-1.329 5	0.286 5	1.329 5	-0.286 5
南昌	NCS	-0.526 5	-0.324 1	0.526 5	0.324 1
济南	JNS	0.966 2	-0.166 2	-0.966 2	0.166 2
郑州	ZZS	-0.426 6	-0.447 0	0.426 6	0.447 0
武汉	WHS	0.524 5	0.601 4	-0.524 5	-0.601 4
长沙	CSS	0.650 9	-0.733 6	-0.650 9	0.733 6
广州	GZS	0.067 4	2.359 5	-0.067 4	-2.359 5
南宁	NNS	-1.115 5	-0.175 1	1.115 5	0.175 1
海口	HKS	-2.293 8	-0.913 6	2.293 8	0.913 6
重庆	CQS	1.255 0	-0.566 8	-1.255 0	0.566 8
成都	CDS	-0.136 2	0.432 1	0.136 2	-0.432 1
贵阳	GYS	-0.585 6	-1.678 8	0.585 6	1.678 8
昆明	KMS	-1.068 6	-0.108 7	1.068 6	0.108 7
拉萨	LSS	-1.676 3	0.089 7	1.676 3	-0.089 7
西安	XAS	0.354 7	-0.705 0	-0.354 7	0.705 0
兰州	LZS	1.540 0	-0.241 0	-1.540 0	0.241 0
西宁	XNS	0.034 8	-0.733 9	-0.034 8	0.733 9
银川	YCS	0.132 2	-0.468 6	-0.132 2	0.468 6
乌鲁木齐	WNM	0.696 8	0.510 7	-0.696 8	-0.510 7

4.4 第三套计算方案

4.4.1 计算程序

在 Matlab 里有一个专门用于主成分分析的程序,通过函数 princomp 可以调用这个程序包,语法为

[Coeff,Score]=princomp(X)
[Coeff,Score,Latent]=princomp(X)
[Coeff,Score,Latent,Tsquared]=princomp(X)

其中,右边的 X 代表标准化的原始数据矩阵;左边的 Coeff 代表特征向量构成的正交矩阵——Matlab 称为"主成分系数";Score 表示主成分得分;Tsquared 表示标准化的主成分得分到平均位置的距离平方,即 Hotelling 的 T 平方统计量(Hotelling's T-squared statistic)。

如果采用第一个语句,则只给出主成分系数和得分;如果采用第二个语句,则进一步给出特征值;如果采用第三个语句,则还会给出 T 平方统计量。如果在上面的语句右边加上经济型标识"econ",则 Matlab 给出"经济实用型"的结果:凡是数值为 0 的特征值,有关数据一律省略。特征值为 0 的主成分几乎没有原始变量的太多信息,省略它们的好处是方便处理。这类语句可以表示为

[Coeff,Score,Latent,Tsquared]=princomp(X,'econ')

利用这个函数,前述计算程序可以简化几个语句,全部计算程序如下:

```
load C:\MATLAB7\work\cities2003       % 调出保存的数据
[n,m]=size(data);                     % 指定矩阵的函数和列数
X=zscore(data);                       % 原始数据集合集体标准化
[E,score,eigv,T]=princomp(X);         % 调用主成分程序
per=100*eigv/sum(eigv);               % 计算方差贡献百分比
Cum=cumsum(per);                      % 计算方差贡献累计百分比
figure(1)                             % 创造第一个图形窗口
pareto(per);                          % 将贡献率绘制成直方图
xlabel('Component number');           % 横轴标签(成分数)
ylabel('Eigenvalue');                 % 纵轴标签(特征值)
G=diag(eigv);                         % 用特征值构成对角阵
```

```
C = sqrtm(G);                          % 将特征值化为平方根
A = -E * C;                            % 计算载荷矩阵(转换为负值)
Co1 = A(:,1).^2;                       % 提取 1 个主成分的公因子方差
Co2 = Co1+A(:,2).^2;                   % 提取 2 个主成分的公因子方差
Co3 = Co2+A(:,3).^2;                   % 提取 3 个主成分的公因子方差
Co4 = Co3+A(:,4).^2;                   % 提取 4 个主成分的公因子方差
Comm = [Co1,Co2,Co3,Co4];              % 将四个公因子方差向量合并为一个矩阵
H = A(:,1:2);                          % 给出第一、第二主成分的载荷
Z = X * (-E);                          % 计算主成分得分(转换为负值)
stdr = std(Z);                         % 计算主成分得分的标准差
F = Z./stdr(ones(n,1),:);              % 主成分得分集体标准化
f = F(:,1:2);                          % 给出第一、第二主成分的得分
R = cov(X)                             % 计算相关系数矩阵
Rp = H * H';                           % 计算再生相关矩阵
Re = R-Rp;                             % 计算相关矩阵的残差矩阵
figure(2);                             % 创建第二个图形窗口
a1 = A(:,1);a2 = A(:,2);               % 提取载荷矩阵中的向量
plot(a1,a2,'rd');                      % 绘制主成分载荷图
xlabel('PC axis1');                    % 横轴标签(主轴1)
ylabel('PC axis2');                    % 纵轴标签(主轴2)
gname(varname);                        % 标识各个变量散点所代表的变量标签
grid on                                % 添加网格
figure(3);                             % 创建第三个图形窗口
f1 = F(:,1);f2 = F(:,2);               % 提取得分矩阵中的向量
plot(f1,f2,'r+');                      % 绘制主成分得分图
xlabel('Score1');                      % 横轴标签(第一主成分)
ylabel('Score2');                      % 纵轴标签(第二主成分)
gname(casename);                       % 标识各个样本散点所代表的城市标签
grid on                                % 添加网格
```

这一次,除了调用了主成分分析程序之外,我们还用到了另外几个函数:一是生成百分比和累加百分比线柱图的函数 pareto;二是表示散点标签的函数 gname。

利用函数 pareto，可以得到特征值的百分比和累计百分比。百分比以柱形图的形式给出；累计百分比以折线图的形式给出。从柱形图可以看出各个主成分的方差贡献量，从折线图可以看出提取几个因子后方差累计贡献（图 4-4-1）。这个图形用以代替前面的山麓图。

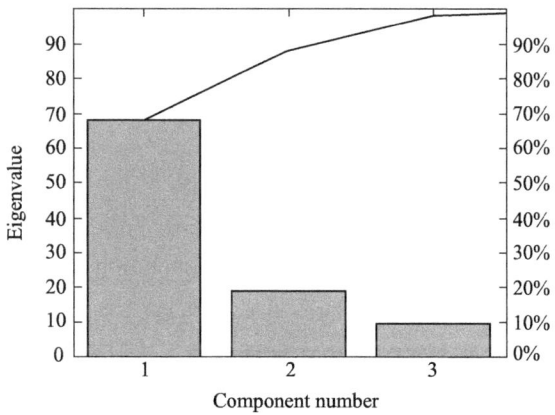

图 4-4-1　方差贡献百分比和累计分布的线柱图

借助函数 gname，可以得到载荷图上的变量标识和主成分得分图上的样品标签（图 4-4-2 和图 4-4-3）。在 Matlab 的命令窗口中执行上面的程序之后，根据前面设计的顺序，首先弹出主成分载荷二维平面图。图上出现两条十字交叉的定位线，移动鼠标，定位线的交叉点也跟着移动。选中需要给出标志的数据点，点击，即可出现变量标签。例如，选择代表二氧化硫的点，就会出现"SO"的符号。点击全部想要标识的散点之后，回车，弹出二维得分图。图上依然出现两条正交的定位线。得到感兴趣的样品点的标签之后，回车，完成图形的标识工作。如果不想标识散点，连续按 Esc 键退出即可。

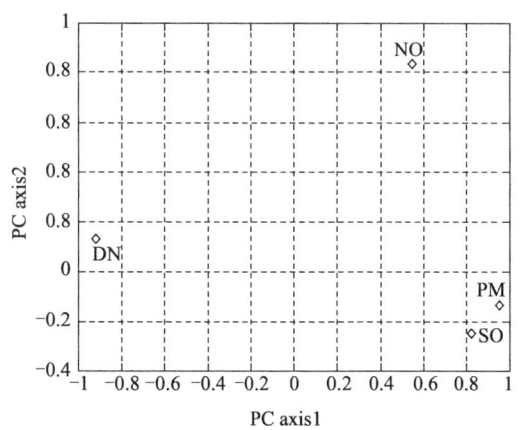

图 4-4-2　带变量标识的主成分载荷图

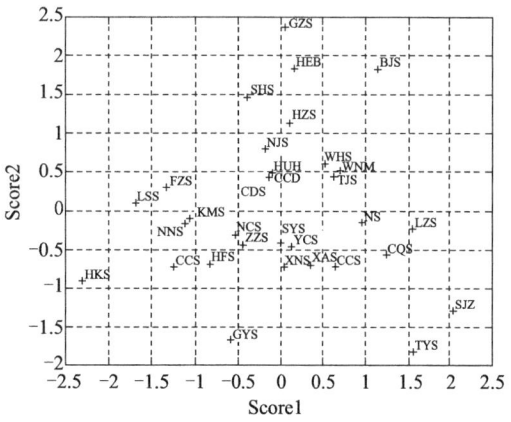

图 4-4-3　带样品标识的主成分得分图

4.4.2 T 统计量

除了上述图形的处理方式有所差别之外，第三套方案给出的计算结果与第一套方案的结果基本相同。不过，这套方案给出了标准化主成分得分到平均值位置（0）的距离的平方，即 T 平方统计量。计算公式为

$$T_i = \sum_{j=1}^{m} (f_{ij} - \bar{f}_j)^2 = \sum_{j=1}^{m} f_{ij}^2 \tag{4-4-1}$$

式中，f_{ij} 代表第 i 样品在第 j 个主成分上的标准化得分；$\bar{f}_j = 0$ 为各个主成分的平均值；$i=1, 2, \cdots, n$，为样品编号；$j=1, 2, \cdots, m$，为变量编号。这个公式的几何含义是标准化主成分得分表示的各个样品点到平均位置（超级坐标系的原点）的距离的平方。

采用下面的语句，容易验证上述公式。在前面任意一套计算方案的程序运行之后，将下面语句粘贴到命令窗口，回车，立即得到 T 值（表 4-4-1）。

```
L=F.^2;
T=L(:,1)+L(:,2)+L(:,3)+L(:,4)
```

距离的平方 T 值越小，表明有关城市的空气污染程度越是接近于平均水平。距离的平方值大的城市，要么是空气质量很差的城市，如石家庄；要么是空气质量相对较好的城市，如海口。

表 4-4-1 各样品全部标准化主成分得分的平方和

城市	地区编码	标准化主成分得分				距离的平方和	
		主成分 1	主成分 2	主成分 3	主成分 4	平方和	T
北京	BJS	1.144 5	1.824 3	0.730 2	-1.177 4	6.557 3	6.557 3
天津	TJS	0.631 6	0.421 8	-0.269 9	-0.159 3	0.674 9	0.674 9
石家庄	SJZ	2.042 3	-1.297 9	-1.765 0	-0.240 4	9.028 7	9.028 7
太原	TYS	1.548 4	-1.818 1	0.905 8	-0.915 4	7.361 3	7.361 3
呼和浩特	HUH	-0.102 1	0.481 9	0.579 7	0.000 9	0.578 7	0.578 7
沈阳	SYS	0.003 8	-0.429 4	0.264 7	1.954 4	4.074 3	4.074 3
长春	CCS	-1.250 3	-0.724 5	0.787 8	1.560 3	5.143 2	5.143 2
哈尔滨	HEB	0.177 5	1.832 0	0.064 6	0.741 8	3.942 2	3.942 2
上海	SHS	-0.381 1	1.469 9	-0.606 5	0.044 2	2.675 7	2.675 7
南京	NJS	-0.172 9	0.800 1	0.763 6	0.949 3	2.154 4	2.154 4

续表

城市	地区编码	标准化主成分得分				距离的平方和	
		主成分1	主成分2	主成分3	主成分4	平方和	T
杭州	HZS	0.1129	1.1192	-0.0120	0.3499	1.3879	1.3879
合肥	HFS	-0.8185	-0.6967	1.6700	-0.7403	4.4922	4.4922
福州	FZS	-1.3295	0.2865	0.5137	0.1598	2.1392	2.1392
南昌	NCS	-0.5265	-0.3241	-0.4137	-0.1594	0.5788	0.5788
济南	JNS	0.9662	-0.1662	1.2225	-0.8720	3.2160	3.2160
郑州	ZZS	-0.4266	-0.4470	-0.1547	0.1294	0.4225	0.4225
武汉	WHS	0.5245	0.6014	0.9914	-0.5641	1.9378	1.9378
长沙	CSS	0.6509	-0.7336	-0.0227	-0.8780	1.7332	1.7332
广州	GZS	0.0674	2.3595	-1.2164	-0.6130	7.4273	7.4273
南宁	NNS	-1.1155	-0.1751	-1.1428	-0.9333	3.4519	3.4519
海口	HKS	-2.2938	-0.9136	-0.2594	-2.9498	14.8650	14.8650
重庆	CQS	1.2550	-0.5668	-1.1540	-0.8229	3.9051	3.9051
成都	CDS	-0.1362	0.4321	-0.3202	1.1183	1.5584	1.5584
贵阳	GYS	-0.5856	-1.6788	-2.2223	1.2507	9.6639	9.6639
昆明	KMS	-1.0686	-0.1087	-1.1357	0.9206	3.2909	3.2909
拉萨	LSS	-1.6763	0.0897	0.4649	-0.5595	3.3474	3.3474
西安	XAS	0.3547	-0.7050	0.8457	-0.0864	1.3454	1.3454
兰州	LZS	1.5400	-0.2410	0.7652	0.5155	3.2810	3.2810
西宁	XNS	0.0348	-0.7339	1.7986	0.9969	4.7688	4.7688
银川	YCS	0.1322	-0.4686	-0.1006	1.2142	1.7216	1.7216
乌鲁木齐	WNM	0.6968	0.5107	-1.5728	-0.2351	3.2753	3.2753

4.5 配套函数的调用

4.5.1 从协方差矩阵出发

在 Matlab 里面,还有一些用于主成分分析的程序,包括卡方检验函数 barttest 和残差分析

函数等。这里特别指出的是从协方差或者相关系数出发开展主成分分析的函数 pcacov，该函数的语法为

$$[E, eigenvalue, explained] = pcacov(V)$$

其中，右边 V 为协方差或者相关系数；左边的 E 为特征向量构成的正交矩阵；eigenvalue 为特征值向量；explained 为方差贡献百分比。利用上面的函数改编主成分分析程序，结果如图 4-5-1 所示。运行该程序，可以得到结果

```
E =
    -0.5763    0.1519   -0.2693    0.7565
    -0.4987    0.2816    0.8060   -0.1495
    -0.3304   -0.9361    0.1186   -0.0216
     0.5568   -0.1461    0.5135    0.6363
eigenvalue =
     2.7302
     0.7946
     0.3944
     0.0807
explained =
    68.2556
    19.8649
     9.8612
     2.0184
```

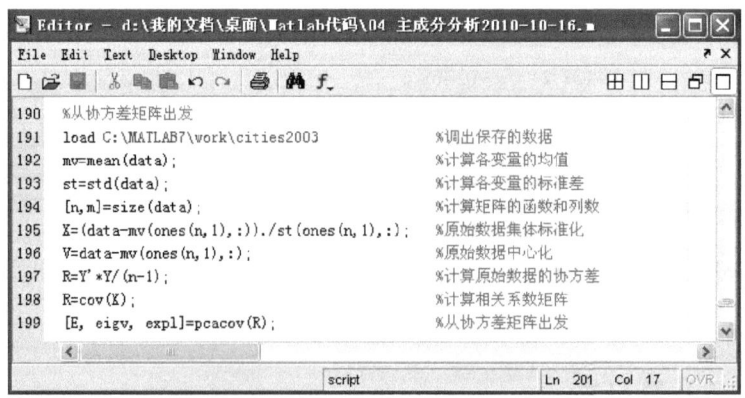

图 4-5-1　从协方差或者相关系数矩阵出发

对照前面第一套方案输出的结果，不难理解这些矩阵和向量的含义。最后需要说明的是，为了与 SPSS 对应，这次又将载荷和得分变换了符号。如果不改变符号，则输出结果与第二套方案给出的计算结果一致。

如果将图 4-5-1 中的最后一句改为"[E,eigv,expl]=pcacov(V)"，即相关系数矩阵 ***R*** 改为原始数据的协方差矩阵，则是基于未经标准化的数据开展主成分分析了。不过，由于变量的量纲问题，从未经标准化的数据的协方差出发，对于本例不合适。本例的恰当出发点是原始数据的相关系数矩阵，或者标准化数据的协方差矩阵。

4.5.2 主成分的残差分析

在主成分分析过程中，究竟提取多少个主成分合适，人们一般难以决定。主成分残差分析函数 pcares 从一个方面暗示主成分的合适数目。该函数的语法结构如下

```
Residuals=pcares(X,Ndim)
[Residuals,Reconstructed]=pcares(X,Ndim)
```

其中，X 为未经标准化的观测数据矩阵；Ndim 是假定提取的主成分数量；Residuals 为大小与 X 一样的残差矩阵；Reconstructed 为重构的观测数据矩阵，它是利用 Ndim 个主成分对观测数据矩阵的一种近似。残差越小越好，重构的矩阵越逼近于观测数据矩阵越好。为了快速评估主成分的残差，可以利用矩阵平方和函数 sumsqr 计算残差矩阵中的数组平方和。

对于上例，首先运行第三套计算求解主成分的程序，然后取 Ndim=1，在命令窗口运行如下语句

```
[Resi,Reco]=pcares(data,1)
Sumsq=sumsqr(Resi)
```

从命令窗口或者数组编辑器中可以看到残差矩阵 Resi 和观测数据的重构矩阵 Reso，残差平方和为 0.030 4。将 Ndim 改为 2，即执行如下命令

```
[Resi,Reco]=pcares(data,2)
Sumsq=sumsqr(Resi)
```

由此得到残差平方和为 0.009 3。逐次将 Ndim 值改为 3 和 4，得到残差平方和分别为 0.003 8 和 3.511 2e-027。当 Ddim=4 时，如果不计计算误差，则可以认为主成分完全恢复了原始数据矩阵。

利用 Matlab 的作图工具，如函数 plot 等不难画出残差平方和（Sumsq）随主成分数量（Ndim）的衰减图（图 4-5-2）。这个图的形状与前面的山麓图非常相似。从曲线变化规律可以看出，提取两个主成分比较合适。进一步增加主成分数量，残差平方和的减少不太显著。

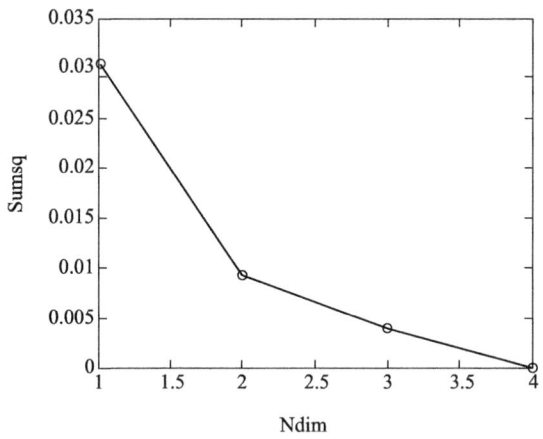

图 4-5-2 主成分残差平方和随主成分提取数量的变化图

4.5.3 Bartlett 检验

数据维数的 Bartlett 检验可以提示人们提取多少个主成分比较合适。该函数为 barttest，语法结构为

[Ndim,Prob,Chisquare]=barttest(X,alpha)

其中，X 为未经标准化的观测数据矩阵；alpha 为拟定的显著性水平；Ndim 为解释观测矩阵中非随机变量必需的主成分数目；Chisquare 为卡方值；Prob 为对应于卡方值的概率值。该函数有一个假设，那就是主成分的数目等于观测数据矩阵的协方差矩阵的最大特征值数目。

首先在 Matlab 中运行第三套主成分分析程序，然后假定显著性水平为 0.05，在命令窗口运行如下语句

[Ndim,Prob,Chisquare]=barttest(data,0.05)

输出结果如下：①Ndim＝2。这暗示本例提取两个主成分比较合适。②概率（Prob）值依次为 0、0.000 1 和 0.563 9。这表明第一主成分入选的置信度为 100%，第二主成分入选的置信度为 99.989 7%，第三主成分入选的置信度只有 43.609%。③卡方值依次为 1 283.7、25.689 和 1.146。前面拟定的显著性水平为 0.05，4 个变量（$m=4$）时自由度为 6，据此查卡方临界值，约为 12.592。可见，如果提取前两个主成分，则卡方值都大于临界值，如果提取第三个主成分，则卡方值小于临界值。

顺便说明主成分分析的自由度概念。主成分的自由度是基于平面直角坐标系定义的。如果有两个原始变量，可以绘制一幅平面直角坐标图（x_1-x_2），自由度为 1；如果有 3 个原始变量，可以绘制 3 幅平面直角坐标图（x_1-x_2；x_1-x_3；x_2-x_3），自由度为 3。一般地，如果有 m

个原始变量,可以绘制 $m(m-1)/2$ 幅平面直角坐标图,故自由度为 $m(m-1)/2$。前面的例子有 4 个变量,因此自由度取 $4*3/2=6$。

将 Bartlett 检验与公因子方差分析结合起来,可以帮助人们快速地决定提取的主成分数量。再看前面的公因子方差矩阵。在命令窗口输入 Comm,回车,即可得到公因子方差值。可以看出,如果只提取一个主成分,则第三个变量的公因子方差太小。这意味着,第一主成分包含第三变量的信息太少。如果提取两个主成分,则 4 个变量的公因子方差相差不太悬殊了。一般情况下,如果提取 p 个主成分($p<m$),其中某个变量的公因子方差数值过低,则有两种解决方案:一是增加主成分数量;二是删除公因子方差太低的变量,重新求解主成分模型,直到各个变量的公因子方差相差不大为止。

4.6 结果分析方法

4.6.1 结果分析

主成分分析需要同时结合载荷图和得分图进行。利用 Matlab 的数据标识函数 gname 可以直观地从载荷图上查寻变量、从得分图中查寻样品。对比两幅图可以通过主成分包含的变量信息对样品进行分类,也可以开展研究对象的系统结构分析。本例中,通过主成分载荷图容易看出,第一主成分主要反映可吸入颗粒物(PM)、二氧化硫(SO)和空气质量好于二级的天数(DN)。不过,PM、SO 与 DN 的方向相反。第二主成分主要反映二氧化氮(NO)的信息。以第一主成分为横坐标、第二主成分为纵坐标,可以分出四个象限。

第一象限:二氧化硫、可吸入颗粒物和二氧化氮较多而空气质量坏的区域。查主成分得分图可以看到,北京市(BJS)、广州市(GZS)、哈尔滨市(HEB)等城市落入这一象限,属于情况最糟糕的一类。

第二象限:二氧化氮含量较高但空气质量总体较好的区域。查主成分得分图可以看到,典型的城市不多,上海市(SHS)、福州市(FZS)、拉萨市(LSS)等落入这一区域。但上海属于二氧化氮含量偏高而空气质量中流的城市;福州市、拉萨市则属于二氧化氮含量中流和空气质量偏好的城市。

第三象限:二氧化氮含量低、空气质量明显偏好的城市。海口市(HKS)、长春市(CCS)、贵阳市(GYS)等属于这一类。

第四象限:二氧化硫、可吸入颗粒物较多、空气质量坏而二氧化氮相对偏少的区域。这类城市有石家庄市(SJZ)、太原市(TYS)、重庆市(CQS)等。

将主成分载荷图和得分图的横轴和纵轴重叠,可以对全部城市分类。

4.6.2 综合评价

利用主成分得分可以对 2003 年 31 个主要城市的空气状况进行综合评价并排序。假定提取两个主成分,综合得分的公式为

$$S = F_1 + F_2 \qquad (4\text{-}6\text{-}1)$$

式中,F_1 和 F_2 分别为未经标准化的第一、第二主成分得分。如果主成分得分标准化了,则综合得分的计算公式为

$$S = \sqrt{\lambda_1} f_1 + \sqrt{\lambda_2} f_2 \qquad (4\text{-}6\text{-}2)$$

式中,f_1 和 f_2 分别为标准化的第一、第二主成分得分;λ_1 和 λ_2 为相应的特征值,即主成分的方差。运行第三套程序,提取两个主成分,计算的综合得分如表 4-6-1 所示。作为参照,将 T 统计量也列入表中。T 统计量与综合得分之间近似为一种抛物线的关系(图 4-6-1)。通过排序可以看出,在 2003 年,空气质量最好的城市为海口、长春、拉萨、贵阳和南宁;空气质量最差的城市依次为北京、兰州、石家庄、广州和哈尔滨。

表 4-6-1 中国部分主要城市空气质量的主成分得分和综合得分

城市	第一主成分	第二主成分	T 统计量	综合得分
北京	-1.891 0	-1.626 2	6.542 6	-3.517 2
天津	-1.043 6	-0.376 0	1.261 2	-1.419 6
石家庄	-3.374 7	1.157 0	13.960 7	-2.217 7
太原	-2.558 5	1.620 6	9.563 5	-0.937 9
呼和浩特	0.168 6	-0.429 5	0.345 5	-0.260 9
沈阳	-0.006 3	0.382 8	0.482 6	0.376 5
长春	2.065 9	0.645 8	5.126 3	2.711 7
哈尔滨	-0.293 3	-1.633 1	2.799 1	-1.926 4
上海	0.629 7	-1.310 3	2.258 6	-0.680 6
南京	0.285 7	-0.713 2	0.893 0	-0.427 4
杭州	-0.186 5	-0.997 7	1.040 0	-1.184 2
合肥	1.352 4	0.621 1	3.358 9	1.973 5
福州	2.196 9	-0.255 4	4.997 7	1.941 5
南昌	0.870 0	0.288 9	0.909 9	1.158 9

续表

城市	第一主成分	第二主成分	T 统计量	综合得分
济南	-1.596 6	0.148 2	3.221 9	-1.448 4
郑州	0.704 9	0.398 5	0.666 5	1.103 4
武汉	-0.866 6	-0.536 1	1.451 8	-1.402 7
长沙	-1.075 5	0.653 9	1.646 8	-0.421 6
广州	-0.111 4	-2.103 3	5.050 2	-2.214 7
南宁	1.843 2	0.156 0	4.007 2	1.999 2
海口	3.790 1	0.814 4	15.757 2	4.604 5
重庆	-2.073 6	0.505 3	5.135 1	-1.568 3
成都	0.225 1	-0.385 2	0.340 4	-0.160 1
贵阳	0.967 6	1.496 4	5.249 7	2.464 0
昆明	1.765 7	0.096 9	3.704 2	1.862 6
拉萨	2.769 9	-0.079 9	7.789 3	2.690 0
西安	-0.586 1	0.628 4	1.021 1	0.042 3
兰州	-2.544 6	0.214 8	6.773 6	-2.329 8
西宁	-0.057 5	0.654 2	1.787 6	0.596 7
银川	-0.218 5	0.417 7	0.345 3	0.199 3
乌鲁木齐	-1.151 4	-0.455 3	2.513 1	-1.606 7

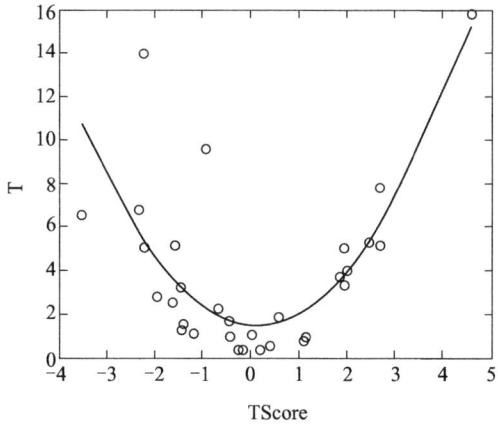

图 4-6-1 主成分综合得分与 T 统计量的关系图

借助主成分分析开展综合评价和得分排序时一定要注意一个问题，那就是原始变量的方向同一性。在表 4-1-1 的变量中，质量好于二级的天数与其余 3 个变量——可吸入颗粒物含量、二氧化硫含量和二氧化氮含量——的方向显然相反。前者反映好的环境；后者反映坏的环境。如果采用第三套计算程序求解主成分，对最后的评估结果没有影响，因为这一套程序主要改变载荷的符号，一般不改动得分的符号。但是，如果采用第一套和第二套程序，那就有问题了，计算结果会出现一些混乱。解决的办法之一是将第四个变量进行如下转换：

$$空气质量低于二级的天数 = 365 - 空气质量好于二级的天数$$

这样，不论采用哪一套计算程序，也不论采用什么软件进行计算，分析结果都不会出现混乱。

4.7 小结

当我们面临大规模变量系统的时候，数据分析难以直观而便捷地展开。尤其麻烦的是，很多变量之间彼此相互关联，很难分清影响系统演化的各个独立的控制变量。在这种情况下，需要根据相互关系对众多变量进行归并，这就是所谓的变量约减和系统降维的过程。主成分分析是系统的数学结构简化的重要方法之一。借助主成分分析，可以根据彼此独立的主成分建立变量和样品的关系，从而更好地分析系统演化规律和特征。如果直接建立变量和样品的关系，则会出现如下问题。其一，有时变量太多，分析过程中眼花缭乱、顾此失彼，不便于理清头绪。其二，变量之间存在信息仿射关系，看不出影响因素孰轻孰重。通过主成分建立联系，各个主成分代表独立的分量，而且数量较少，通常不过三五个变量。分析过程简单、直观，因而准确。通过主成分分析还可以对研究对象进行综合评价和分类。如果只有两个主成分，利用一幅载荷图和一幅得分图就可以建立变量与样品之间的关系；如果有四个变量，利用六幅图可以建立样品与变量的关系……一言以蔽之，主成分可以用于系统降维、因果关系揭示、综合评价和要素分类。

一个系统有多少个变量，就有多少个主成分。如果采用全部主成分，就达不到系统降维的目标。一般按照如下原则决定主成分数量的多少：一是以协方差矩阵特征值（也是主成分得分的方差）大于 1 为标准，或者根据特征值折线图上的明显转折点来判断；二是以累计方差贡献不低于 80% 为标准（有时可以根据具体情况将标准降低到 70%）；三是以公因子方差相差不大为判据；四是借助 Bartlett 检验进行判断。不管采用何种标准，都要以提取主成分的公因子方差相差不大为前提，都可以将主成分残差分析、相关系数残差分析等作为辅助分析判据。一般情况下，可将上面的两种乃至更多的标准结合起来使用。

主成分分析可以分为 R 型和 Q 型两种类型。R 型主成分分析是通过样品建立变量之间的关系，主成分的构成是各个变量；Q 型主成分分析则是通过变量建立样品之间的关系，主成分的构成是各个样品。本章给出的例子是 R 型主成分分析。在前面的各种计算程序中，在调出数据之后添加一个原始变量矩阵的转置语句，即可实现 Q 型主成分分析。不管何种类型的主成分分析，都可以调用 Matlab 的主成分分析程序。主成分分析的数学思路是线性代数中的二次型化为标准形。只要明白这个原理，即便不调用主成分分析语句，也可以借助矩阵运算规则编程计算。最后提醒读者两点：一是主成分解的非唯一性。求解主成分，不同软件、不同程序给出的结果通常不同，但只要计算思路正确，它们的结果彼此等价。二是综合评价的变量方向一致性。如果要借助主成分得分综合评估系统的各个要素，那么变量的方向要统一，都是数值越大越好，或者越大越差，否则，评价结果可能因为逻辑混乱而出现很大的偏差。

第 5 章

因子分析

　　因子分析（factor analysis，FA）与主成分分析（PCA）的起源不同，但殊途同归。从模型结构上看，因子模型与主成分模型最根本的区别在于前者考虑单因子，后者不考虑单因子。其他方面的差别主要是形式上的。可是，因子模型是一个"封闭"方程，无法正常求解。一个解决办法是舍弃单因子，仅考虑公因子。在这种情况下，因子模型与主成分模型没有实质性的区别。如今，主成分分析已经成为因子模型求解的途径之一。主成分分析与因子分析不同之处在于如下方面：一是主成分得分未经标准化，而因子得分必须标准化；二是主成分不一定考虑旋转，而因子分析通常需要进行旋转变换；三是主成分通常代表被解释的变量，而因子则代表解释变量；四是主成分利用线性代数的正交变换求解，而因子分析可以借助最大似然法（maximum likelihood estimate，MLE）等特定算法求解。Matlab 不仅带有主成分分析的子程序，而且拥有因子分析子程序。借助 Matlab 开展因子分析就像进行主成分分析一样方便，关键在于掌握常用的因子分析函数。

5.1　因子分析程序和案例

5.1.1　因子分析子程序

　　在不考虑单因子的情况下，可以借助主成分分析方法求解因子模型，其结果为主因解。主成分的详细过程已经在第 4 章讲述。下面说明基于 MLE 的因子分析方法。用于最大似然公因子分析（common factor analysis，CFA）的函数为 factoran。调用该函数的基本语法结构为

$$\mathtt{Lambda = factoran(X,M)}$$

其中，在输入项中，X 为 $n*m$ 的数据矩阵（m 个变量、n 个样品）；M 为因子数目；输出项 Lambda 给出公因子载荷，它是一个 $m*M$ 的矩阵。在这个矩阵中，第 (i,j) 个元素表示第 j 个因子对于第 i 个变量的载荷或者估计系数（$i=1, 2, \cdots, m$；$j=1, 2, \cdots, M$）。在参数缺省的情况，Lambda 按照方差极大准则（varimax criterion）对因子进行旋转。

如果希望输出详细的分析结果,则语法表达改为

[Lambda,Psi,T,Stats,F]=factoran(X,M)

其中,Psi 为特定的方差向量,实际上是 1 减去公因子方差的数值;T 为 M 维旋转矩阵;Stats 给出有关公因子数目为 M 的零假设(null hypothesis)信息;F 给出因子得分。Stats 包括如下几个方面的信息:

- loglike——最大化对数似然值。
- dfe——误差自由度,公式为 $dfe=((m-M)^2-(m+M))/2$。
- chisq——零假设的近似卡方统计量。
- p——零假设的右尾(right-tail)显著性水平。误差分布分为左拖尾和右拖尾,这里给出右拖尾的数值。

只有当 Stats 中的误差自由度为正数,同时 Psi 中的特别方差估计也是正数的时候,才会给出 chisq 值和 p 值。如果 X 是一个协方差矩阵,则也不会给出 chisq 值和 p 值,除非选中参数 'Nobs'(后面具体说明)。

F 是一个 $n*M$ 的因子得分矩阵,行数对应于样品数,列数对应于因子数。不过,如果 X 不是原始数据矩阵而是协方差矩阵,则不会给出因子得分。factoran 采用旋转载荷相同的准则旋转得分。

在输入项中加入特定的参数或者数值,可以控制模型拟合的数值优化,以及输出信息的细节。语法结构改为

[Lambda,Psi,T,Stats,F]=factoran(X,M,'Param1',val1,'Param2',val2,...)

参数包括如下类别:

- 'Xtype'——定义数据矩阵 X 的类型。如果是从协方差矩阵出发求解,则在 M 后面加上参数 'Xtype' 以及 'cov'。缺省值为 'data',即从原始数据出发。
- 'Start'——为优化 Psi 选择计算起点的方法,包括以下选项。'random':选择 m 个 0~1 均匀分布的随机数作为出发点。{'Rsquared'}:选择起点向量作为尺度因子,该尺度因子与 X 的相关系数矩阵的逆矩阵的对角线元素相乘。positive integer:执行过程的优化数,每一个数都以随机('random')的形式给出。Matrix:一个有明确起点的 $m*r$ 的矩阵。矩阵中的每一列都是一个起始向量,factoran 将执行 r 次优化。
- 'Delta'——在最大似然优化过程中 Psi 值的下限。Delta 的数值大于等于 0,小于 1。缺省值为 0.005。
- 'OptimOpts'——最大似然优化选项,由 Statset 创建。根据 Statset('factoran')输出的结果,可以添加如下参数及其数值。①'Display':显示的层次,包括 off、notify 和 final。②'MaxFunEvals':目标函数估值允许的最大正整数,如 400。③'MaxIter':迭代的最大次数,

如 100。

- 'Nobs'——当 X 为协方差矩阵时，用于估计 X 的观测值数。
- 'Scores'——用于预测得分 F 的方法。包括 'Bartlett' 法、'regression'（回归）法和 'Thomson' 法。缺省值为 'wls'（加权最小平方法）。
- 'Rotate'——因子载荷和得分旋转的方法，包括如下选项：'none'（不旋转）、'varimax'（方差极大正交旋转）、'quartimax'（四次方方差极大正交旋转）、'equamax'、'parsimax'、'orthomax'、'promax'、'procrustes'、'pattern' 以及 function（通过某种函数实现旋转）。缺省值为 'varimax'。

只要是函数 rotatefactors 能够识别的上述字符串，就可以使得因子载荷和得分按照指定的方法进行适当的旋转。也可以借助函数 rotatefun 定义一种旋转方法，定义格式如下：

```
function[B,T]=rotatefun(A,P1,P2,…)
```

在输入项中，A 为未经旋转的 $m*M$ 的因子载荷矩阵；变量 P1 和 P2 等根据具体的问题而定；B 为 $m*M$ 的旋转载荷矩阵；T 则是 $m*m$ 的旋转矩阵。

5.1.2 因子旋转子程序

因子旋转函数 rotatefactors 用于主成分或者因子载荷的旋转。该函数的基本语法结构为

```
B=rotatefactors(A)
```

其中，A 为未经旋转的载荷矩阵；B 为旋转后的载荷矩阵。这些矩阵可能是 pincomp 或者 pcacov 创建的主成分系数，也可能是由 factoran 创造的因子载荷。在矩阵 A 和 B 中，行对应于变量，列对应于主成分或者因子。因此，载荷矩阵中的第 (i,j) 个元素表示第 i 个变量与第 j 个主成分或者因子的相关系数。

如果语法结构改为如下形式

```
B=rotatefactors(A,'Method','orthomax','Coeff',Gamma)
```

则基于给定的系数 gamma 值，按照最大正交标准（orthomax criterion）对 A 执行旋转。具体来说，在保证

```
sum(m * sum(B.^4,1)-Gamma * sum(B.^2,1).^2)
```

最大化的情况下对 A 执行正交旋转。在缺省情况下，gamma 的默认值为 1，此时进行方差极大（varimax）正交旋转。其他可能的 gamma 取值是 0、$M/2$、$m*(M-1)/(m+M-2)$，它们分别对应于四次方最大（quartimax）正交旋转、平均最大（equamax）正交旋转和最大节约（parsimax）正交旋转。这里，M 为提取的主成分或者因子数；m 为变量数目。等价的处理方

式是，省略系数"Coeff"及其参数值，然后将 'varimax'、'quartimax'、'equamax' 或者 'parsimax' 作为 'Method' 的参数（表5-1-1）。具体说来，语句

```
B=rotatefactors(A,'Method','orthomax','Coeff',0)
```

与

```
B=rotatefactors(A,'Method','quartimax')
```

等价。其余依此类推。

表5-1-1　Gamma 及其代表的载荷旋转方式

Gamma	旋转方法	参数表示	备注
0	四次方最大旋转	'quartimax'	$M=1$ 时，parsimax 与之等价
1	方差最大旋转	'varimax'	$M=2$ 时，equamax 和 parsimax 与之等价
$M/2$	平均最大旋转	'equamax'	$M=2$ 时等价于 varimax
$m*(M-1)/(m+M-2)$	最大节约旋转	'parsimax'	$M=1$ 时等价于 quartimax；$M=2$ 时等价于 varimax

如果采用的方法（'Method'）是 'orthomax'（正交最大旋转）、'varimax'（方差最大旋转）、'quartimax'（四次方最大旋转）、'equamax'（平均最大旋转）或者 'parsimax'（最大节约旋转），则可补充如下参数：

· 'Normalize'——标识在旋转之前是否应该将载荷矩阵 A 按行正规化。如果选择 'on'，则载荷矩阵旋转之前正规化，从而矩阵 A 具有单位欧式范数（旋转之后不再正规化）；如果选择 'off'，则载荷矩阵旋转前后不经过正规化。

· 'Reltol'——在寻找 T 的迭代算法过程中相对收敛容忍度。缺省值为 sqrt（eps），这里 eps 为浮点数的间距，sqrt 为求平方根。

· 'Maxit'——寻找 T 的迭代算法的迭代极限，缺省值为 250 次。

如果事先根据 A 的大小定义一个目标矩阵 Target，Target 的行列数与 A 的行列数相同，则可要求矩阵按照既定的目标进行强迫斜交旋转（oblique procrustes rotation）。语法如下

```
B=rotatefactors(A,'Method','procrustes','Target',Target)
```

目标矩阵的设计根据研究者对变量与主成分或者因子关系的理解而定。下面是 10 个变量、3 个因子的目标载荷矩阵一例

```
Target=[1011110101;1000111000;1001001111]'
```

对于未经旋转的载荷或者正交旋转的载荷,载荷值代表因子与变量的相关系数。但是,斜交旋转之后,载荷与相关系数分离。载荷职能由因子图式(factor pattern)承担,相关系数矩阵由因子结构(factor structure)表示。如果事先有一个目标图式(target pattern),则可按照如下语法进行斜交旋转

$$B=\text{rotatefactors}(A,\text{'Method'},\text{'pattern'},\text{'Target'},\text{Target})$$

目标图式定义 B 的"限制性"元素。如果 B 中一个元素对应的 Target 矩阵的元素为 0,则旋转之后的相应数值很小;如果 B 中一个元素对应的 Target 矩阵的元素不为 0,则旋转之后可以任意数值。

如果方法('Method')为 'procrustes'(强迫)或者 'pattern'(指定图式),则可补充类型参数如下:

'Type'——规定旋转的类型。采用参数 'orthogonal' 则执行正交旋转,因子彼此无关;缺省值为 'oblique',执行斜交选择,因子可能相关也可能彼此无关。

当方法为 'pattern' 时,目标矩阵 Target 有一些限制。假定提取了 M 个因子(即 A 为 M 列),则对于正交旋转,Target 矩阵的第 J 列元素至少有 $M-J$ 个零。举例来说,如果提取了 3 个因子,则第 1 列至少有 3-1=2 个 0;第 2 列至少有 3-2=1 个 0;第 3 列可以没有 0。对于斜交旋转,Target 矩阵的每一列至少包括 $M-1$ 个 0 元素。在提取 3 个因子的情况下,每一列至少有 3-1=2 个 0。

如果方法('Method')为 'promax',则执行一种斜交旋转,该旋转等价于根据正交旋转创造的目标矩阵进行强迫斜交旋转。可以采用四种最大正交旋转的参数控制用于这种斜交旋转的正交旋转结果。基本语法结构为

$$B=\text{rotatefactors}(A,\text{'Method'},\text{'promax'})$$

对于 'promax' 的参数,补充的参数如下:

'Power'——创造斜交旋转目标矩阵的指数,必须是大于等于 1 的数值,缺省值为 4。语法结构距离如下

$$B=\text{rotatefactors}(A,\text{'Method'},\text{'promax'},\text{'Power'},\text{Exponent})$$

其中,Exponent 为 1~4 的数值。

如果将输出项改为 [B,T],则在输出旋转后的载荷矩阵的同时,也输出变换矩阵 T。用这个变换矩阵 T 右乘 A 得到 B,即有 $B=A*T$。变换矩阵的转置左乘以变换矩阵得到旋转后因子的相关系数矩阵 C,即有 $C=\text{inv}(T'*T)$。如果执行正交旋转,则 C 为单位矩阵(identity matrix),表明因子彼此无关;如果执行斜交旋转,则 C 不一定是单位矩阵,因为因子之间不一定彼此无关。具体来说,对于斜交旋转,C 的对角线元素为 1,但对角线之外的元素可以为

非 0 数值。一个提取全部因子的斜交旋转的语法例句如下

[B,T]=rotatefactors(A,'Method','promax','Power',2)

下面是一个提取两个因子的正交旋转的载荷及其对应的变换矩阵

[B,T]=rotatefactors(A(:,1:2),'Method','varimax','Power',2)

5.1.3 案例与数据

不妨利用 8 项经济指标对 2004 年中国部分省、区、市进行因子分析（$m=8$，$n=31$）。8 项指标可以分为两大类：一是反映生产情况即投入和产出方面的指标，包括全社会固定资产投资额、GDP 和工业增加值；二是反映居民生活方面的指标，包括职工平均工资、城乡居民消费性支出以及两种价格指数（表 5-1-2）。

表 5-1-2　中国 31 个省、区、市的 8 项经济指标（2004 年）

地区	GDP/亿元	工业增加值/亿元	全社会固定资产投资/亿元	职工平均工资/元	城镇居民消费性支出/元	农村居民消费性支出/元	居民消费价格指数（2003年为100）	商品零售价格指数（2003年为100）
北京	4 283.31	1 259.5	2 528.21	29 674	12 200.40	4 616.94	100.95	99.25
天津	2 931.88	1 395.6	1 245.66	21 754	8 802.44	2 642.11	102.25	100.83
河北	8 768.79	2 459.2	3 218.76	12 925	5 819.18	1 834.92	104.25	103.17
山西	3 042.41	1 242.8	1 443.88	12 943	5 654.15	1 636.46	104.14	103.06
内蒙古	2 712.08	776.8	1 787.95	13 324	6 219.26	2 082.57	102.94	102.70
辽宁	6 872.65	2 255.7	2 979.59	14 921	6 543.28	2 072.95	103.46	101.88
吉林	2 958.21	994.3	1 169.10	12 431	6 068.99	1 971.21	104.09	103.51
黑龙江	5 303.00	1 619.6	1 430.82	12 557	5 567.53	1 837.37	103.84	102.83
上海	7 450.27	3 427.0	3 050.26	30 085	12 631.03	6 328.85	102.15	100.91
江苏	15 403.16	6 447.5	6 557.05	18 202	7 332.26	2 992.55	104.06	102.25
浙江	11 243.00	4 173.4	5 781.35	23 506	10 636.14	4 659.11	103.86	102.68
安徽	4 812.68	1 082.2	1 935.25	12 928	5 711.33	1 813.71	104.50	102.75
福建	6 053.14	1 845.8	1 892.92	15 603	8 161.15	3 015.58	104.05	102.73
江西	3 495.94	617.8	1 713.20	11 860	5 337.84	2 095.48	103.52	102.99
山东	15 490.73	6 498.3	6 970.62	14 332	6 673.75	2 389.27	103.64	102.85

续表

地区	GDP/亿元	工业增加值/亿元	全社会固定资产投资/亿元	职工平均工资/元	城镇居民消费性支出/元	农村居民消费性支出/元	居民消费价格指数（2003年为100）	商品零售价格指数（2003年为100）
河南	8 815.09	2 332.7	3 099.38	12 114	5 294.19	1 664.09	105.40	105.66
湖北	6 309.92	1 664.7	2 264.81	11 855	6 398.52	2 088.98	104.92	104.10
湖南	5 612.26	1 198.1	2 072.56	13 928	6 884.61	2 472.29	105.07	103.93
广东	16 039.46	7 086.4	5 870.02	22 116	10 694.79	3 240.78	102.97	102.92
广西	3 320.10	595.6	1 236.51	13 579	6 445.73	1 928.60	104.39	103.93
海南	769.36	102.7	317.05	12 652	5 802.40	1 745.35	104.41	103.37
重庆	2 665.39	579.7	1 537.05	14 357	7 973.05	1 853.94	103.67	101.37
四川	6 556.01	1 546.5	2 818.42	14 063	6 371.14	2 015.72	104.89	103.75
贵州	1 591.90	438.4	865.23	12 431	5 494.45	1 296.34	103.98	103.19
云南	2 959.48	881.2	1 291.54	14 581	6 837.01	1 571.04	106.02	104.73
西藏	211.54	14.4	162.36	30 873	8 338.21	1 470.70	102.68	100.69
陕西	2 883.51	870.7	1 508.89	13 024	6 233.07	1 618.05	103.05	102.48
甘肃	1 558.93	505.1	733.94	13 623	5 937.30	1 464.34	102.33	102.07
青海	465.73	132.4	289.18	17 229	5 758.95	1 676.44	103.15	102.56
宁夏	460.35	147.0	376.20	14 620	5 821.38	1 926.82	103.69	102.82
新疆	2 200.15	616.9	1 147.15	14 484	5 773.62	1 689.91	102.71	100.75

资料来源：《中国统计年鉴——2005》，见 http://www.stats.gov.cn/tjsj/ndsj/2005/indexch.htm。

5.2 因子模型的主成分解

5.2.1 主因子解

利用主成分分析计算因子模型的近似解，结果叫做"主因子解"，简称"主因解"。首先，通过编辑窗口将数据保存于 Matlab 的 work 文件夹中，以备调用。文件名不妨命为"regions2004"，数据矩阵命名为"data"（图 5-2-1）。

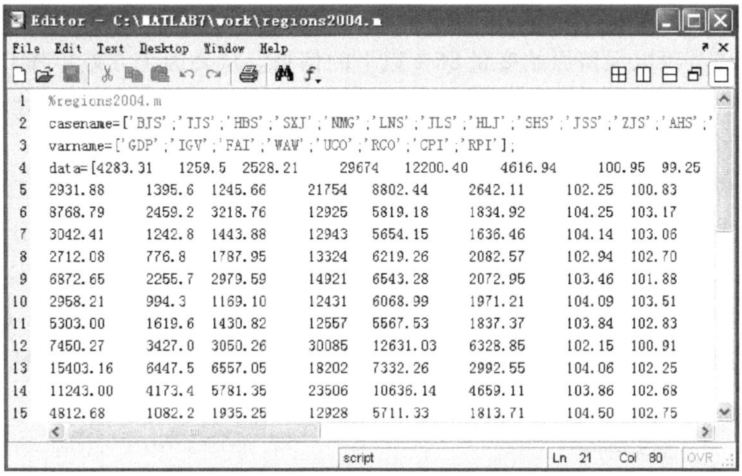

图 5-2-1 保存在 work 文件夹中以备调用的数据（局部显示）

然后，利用函数 princomp，借助主成分分析子程序寻求主因子解。一个相对完整的主成分分析代码如图 5-2-2 所示。运行这个计算程序，可以得到特征向量构成的正交矩阵 **E**、主成分得分矩阵 **score**、特征值向量 **eigv**、主成分载荷矩阵 **A**、标准化主成分得分矩阵 **F**、两个主成分的公因子方差矩阵 **Comm** 等。第一和第二特征值分别为 4.159 7 和 2.737 8，明显大于 1；而第三特征值为 0.653 1，与第二特征值有显著差异。这说明提取两个主成分比较合适。

图 5-2-2 中国 31 个省、区、市的 8 项经济指标主因解代码

从基于特征值的方差贡献 Pareto 图上可以看到，第一、第二主成分的方差明显突出，其余主成分的方差数值较小（图 5-2-3）。如果提取前两个主成分，则累计方差贡献达到 80% 以

上。在命令窗口输入"Cum"可知，提取两个主成分的累计方差贡献达到86.218 3%左右。这意味着，两个主成分可以保留原始变量86%以上的信息。从公因子方差矩阵**Comm**可以看出，提取两个主成分，各个变量的公因子方差相差不甚悬殊。综合各方面的统计信息可以得出结论：对于本例，可以考虑提取两个主成分。

可是，从主成分载荷与得分的双重叠加坐标图中可以看出，职工平均工资（WAW）、城镇居民消费性支出（UCO）、农村居民消费性支出（RCO）主要与第一主成分亲近；居民消费价格指数（CPI）、商品零售价格指数（RPI）主要与第二主成分亲近。至于GDP、工业增加值（IGV）和全社会固定资产投资（FAI），在两个主成分之间的归属比较含糊（图5-2-4）。在这种情况下，利用主成分对中国31个省、区、市进行分类和解释，不太容易说清楚，可以考虑因子旋转。

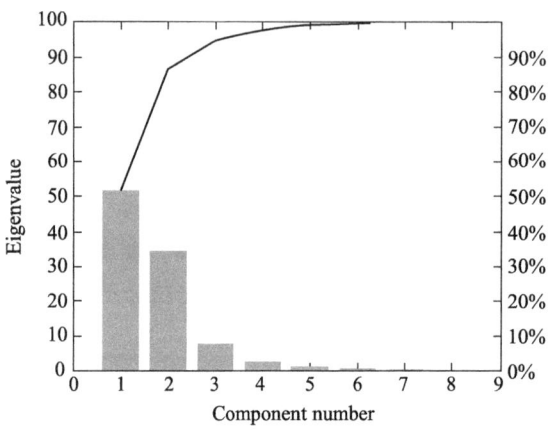

图 5-2-3　方差贡献的 Pareto 分布及其累计分布图　　　图 5-2-4　主成分载荷与得分双重散点图

5.2.2　主因子解的正交旋转

因子分析的一般原则是首先寻求主因子解。如果主因子解的结构不清晰，可以考虑正交因子解。如果正交因子解的结构还不够清晰，可以进一步考虑斜交因子解。由于主成分与变量之间的结构不够清晰，首先考虑正交因子旋转，不妨采用最常用的方差极大正交旋转（图5-2-5）。

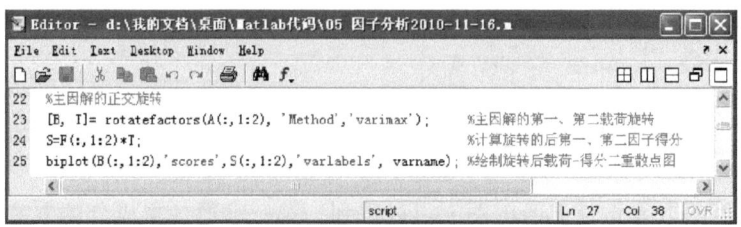

图 5-2-5　主成分载荷与得分的正交旋转代码

主因子正交旋转之后，变量与因子的关系变清晰。从主成分载荷与得分的双重叠加坐标图中可以看出，职工平均工资（WAW）、城镇居民消费性支出（UCO）、农村居民消费性支出（RCO）、居民消费价格指数（CPI）、商品零售价格指数（RPI）主要与第一因子关系密切，GDP、工业增加值（IGV）和全社会固定资产投资（FAI）则与第二主成分亲近（图5-2-6）。因此，第一因子可以命名为居民生活因子，主要包含居民收入、支出以及物价方面的信息；第二因子可以命名为区域生产因子，主要包含投入与产出方面的变量信息。

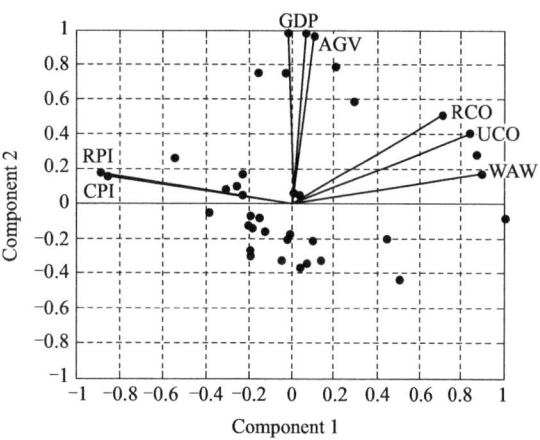

图 5-2-6 旋转后的主成分载荷与得分双重散点图

北京、天津、上海等在第一因子上得分高，表明这些城市在生活方面居于前列；江苏、浙江、山东和广东等在第二因子上得分高，表明这些省份经济发展或者工业增长较快。西藏在第一因子上的得分也很高，原因是西藏的职工平均工资特别高。

对于本例，正交因子旋转就够了，不必进行斜交因子旋转。如果读者有兴趣，可以自己尝试分析斜交因子解。需要特别说明的是，biplot 给出的因子载荷与得分图与矩阵 **A** 给出的载荷值以及 **F** 显示的得分值在符号上存在差异。载荷-得分双重散点图与 SPSS 软件给出的结果一致，但与 Matlab 的计算结果通常存在符号的分歧。虽然这种分歧不影响分析效果，但对于对因子分析理解不够深入的读者而言，容易引起误会。可见，Matlab 在有关计算结果的处理方法上不够完善，初学者最好使用 SPSS 软件，不要采用 Matlab 开展因子分析。

5.3 因子模型的最大似然解

5.3.1 从原始数据出发

如果改变算法，采用最大似然估计法代替正交变换法，则计算结果有所不同，从而分析结论存在差异。首先，基于主因解的判断，提取两个因子，并采用加权最小二乘法估计因子得分，则代码如图5-3-1所示。在命令窗口运行计算程序之后，输入"Lambda"，回车，得到因子载荷矩阵如下：

```
Lambda =
    0.9975    0.0024
    0.9716    0.1060
```

0.9748   0.0693

0.1409   0.9037

0.3358   0.9099

0.4330   0.7752

0.1154   −0.6728

0.1413   −0.7084

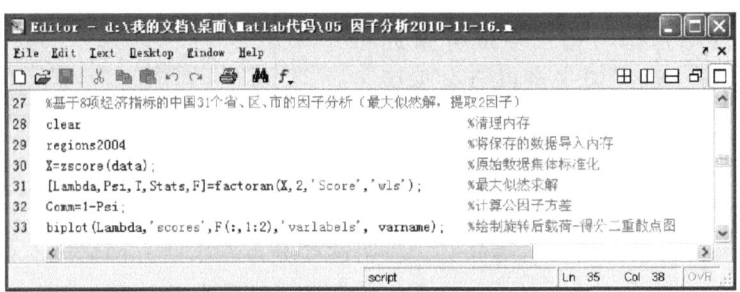

图 5-3-1　基于最大似然法的因子分析代码（提取 2 因子）

根据这个结果，GDP、工业增加值（IGV）和全社会固定资产投资（FAI）与第一因子关系密切，其余变量，包括职工平均工资（WAW）、城镇居民消费性支出（UCO）、农村居民消费性支出（RCO）、居民消费价格指数（CPI）以及商品零售价格指数（RPI）则主要与第二因子关系密切（图 5-3-2）。第一因子与投入-产出有关，属于生产因子；第二因子与民众生活有关，可以叫做生活因子。

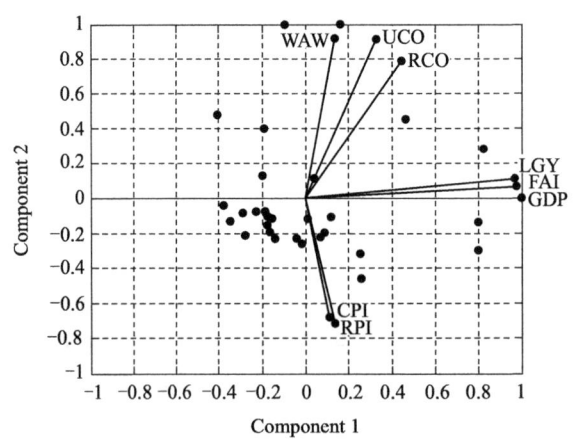

图 5-3-2　因子载荷与得分双重散点图（2 因子）

在命令窗口输入"Comm"，得公因子方差

Comm =

0.9950
0.9553
0.9550
0.8365
0.9408
0.7885
0.4660
0.5218

这是 1 减去 Psi 的差值。可以看到，最后两个变量对应的公因子方差偏小，分别为 0.466 0 和 0.521 8。在这种情况下，可以考虑增加一个因子。

在命令窗口输入"Stats"，回车，得到两个统计量：一是最大似然值的对数 loglike，约为 -1.642 0；二是自由度 dfe，数值等于 dfe = $((m-M)^2-(m+M))/2 = ((8-2)^2-(8+2))/2 = 13$。

在命令窗口输入"F"，可以得到因子得分。结果表明，在第一因子上得分高的有广东、江苏和山东等省；在第二因子上得分高的有上海、北京、天津和西藏等市、区，浙江则在两个因子上的得分都比较高（表 5-3-1）。由此可以判断，广东、江苏和山东在生产发展方面显著；上海、北京、天津生活标准较高；浙江在生产和生活两方面都比较突出；西藏属于生活性质突出的地区；其余省、区、市的分析可以依此类推。

表 5-3-1　中国 31 个省、区、市的因子得分（2004 年）

地区	提取二因子		提取三因子		
	因子 1	因子 2	因子 1	因子 2	因子 3
北京	-0.250	2.924	-0.360	2.198	-2.075
天津	-0.535	1.180	-0.484	0.613	-1.331
河北	0.761	-0.934	0.873	-0.842	0.209
山西	-0.476	-0.567	-0.400	-0.626	0.150
内蒙古	-0.551	-0.209	-0.416	-0.541	-0.518
辽宁	0.366	-0.324	0.562	-0.692	-0.748
吉林	-0.516	-0.431	-0.549	-0.232	0.536
黑龙江	-0.028	-0.741	0.119	-0.895	-0.119
上海	0.489	2.974	0.135	2.838	-0.604
江苏	2.359	-0.417	2.583	-0.702	-0.574
浙江	1.406	1.375	1.075	1.888	0.597
安徽	-0.121	-0.679	-0.056	-0.648	0.243

续表

地区	提取二因子		提取三因子		
	因子1	因子2	因子1	因子2	因子3
福建	0.137	0.331	-0.057	0.797	0.578
江西	-0.404	-0.671	-0.243	-0.952	-0.209
山东	2.406	-0.886	2.708	-1.141	-0.657
河南	0.773	-1.351	0.615	-0.439	2.039
湖北	0.213	-0.660	0.048	0.061	1.337
湖南	0.045	-0.318	-0.202	0.451	1.489
广东	2.459	0.848	2.292	1.371	0.018
广西	-0.463	-0.345	-0.621	0.166	1.058
海南	-1.016	-0.397	-1.078	-0.197	0.666
重庆	-0.591	0.393	-0.650	0.512	-0.328
四川	0.277	-0.585	0.164	-0.065	1.072
贵州	-0.818	-0.591	-0.756	-0.616	0.187
云南	-0.511	-0.308	-0.933	0.907	2.397
西藏	-1.182	1.417	-1.134	0.560	-1.294
陕西	-0.528	-0.291	-0.386	-0.567	-0.562
甘肃	-0.839	-0.232	-0.578	-0.892	-1.198
青海	-1.087	-0.096	-0.937	-0.651	-0.543
宁夏	-1.077	-0.190	-1.017	-0.437	-0.057
新疆	-0.695	-0.219	-0.317	-1.227	-1.759

如果采用加权最小二乘法估计因子得分，并提取三个公因子，则代码如图 5-3-3 所示。运行计算程序之后，在命令窗口输入"Lambda"，得到因子载荷矩阵

```
Lambda =
    0.9778    0.1575    0.1196
    0.9596    0.2034   -0.0068
    0.9608    0.1831    0.0330
    0.0791    0.7716   -0.4696
    0.2359    0.9184   -0.3097
```

5.3 因子模型的最大似然解   153

```
0.3409    0.8045   -0.2099
0.0599   -0.2887    0.8898
0.0938   -0.3304    0.8846
```

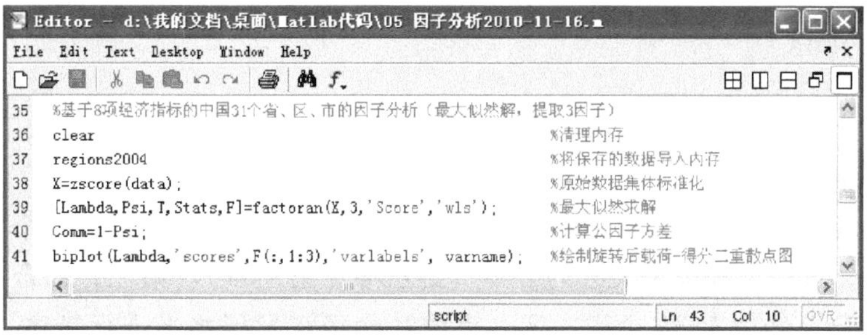

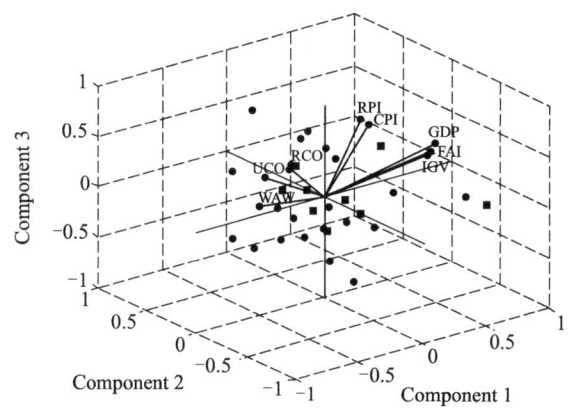

图 5-3-3 基于最大似然法的因子分析代码（提取 3 因子）

根据这一次的结果，GDP、工业增加值（IGV）和全社会固定资产投资（FAI）与第一因子关系密切；职工平均工资（WAW）、城镇居民消费性支出（UCO）以及农村居民消费性支出（RCO）与第二因子关系密切；其余变量，包括居民消费价格指数（CPI）和商品零售价格指数（RPI）则与第三因子关系密切（图 5-3-4）。第一因子与投入-产出有关，属于生产因子；第二因子与民众生活有关，可以叫做生活因子；第三因子与价格指数有关，可以叫做市场因子。

图 5-3-4 因子载荷与得分双重散点图（3 因子）

然后，在命令窗口输入"Comm"，得公因子方差

```
Comm =
    0.9950
    0.9622
    0.9578
```

0.8221
0.9950
0.8075
0.8787
0.9006

可以看出，提取 3 个因子之后，8 个变量之间的公因子方差相差不大。因此，对于本例，提取 3 个因子最为合适。

利用因子载荷和得分，可以开展如下分析：第一，系统分析。分析 31 个省、区、市的社会经济发展状况，进行某种因果关系的解释（方法参见第 4 章）。第二，综合评价。利用因子得分计算综合得分，然后对 31 个省、区、市的社会经济发展水平进行排序（参见第 4 章）。第三，聚类分析。以因子得分为变量，对全国 31 个省、区、市进行聚类分析（方法参见第 6 章）。最后顺便说明，还可以利用因子得分进行回归分析。有时候可以以因子得分为自变量与某个变量（作为因变量）进行回归，从而解析该变量的地理空间信息。

5.3.2 从协方差矩阵出发

如前所述，因子分析既可以从原始数据出发，也可以从协方差矩阵出发。在实际工作中，有时研究者可能从文献中获得某种协方差矩阵，但却不知道原始数据。在这种情况下，如果希望开展因子分析，则本小节的方法就会有用。在图 5-3-1 中，如果将如下语句

   [Lambda,Psi,T,Stats,F]=factoran(X,2,'Score','wls');

改为下面的语句

   [Lambda,Psi,T,Stats]=factoran(cov(X),2,'Xtype','cov')

则因子分析由从原始数据出发变为从协方差矩阵出发。一个简单而完整的、从协方差出发的因子分析代码如图 5-3-5 所示，由此给出的载荷图如图 5-3-6 所示。

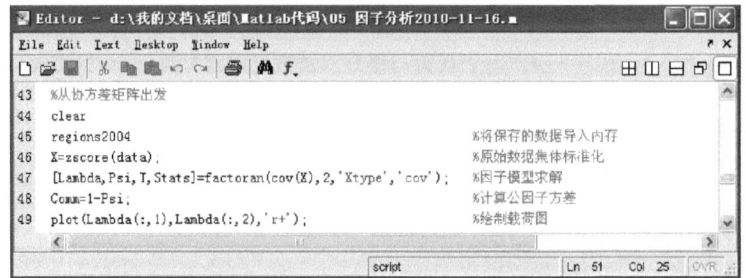

图 5-3-5　基于最大似然法的因子分析代码（从协方差矩阵出发，提取 2 因子）

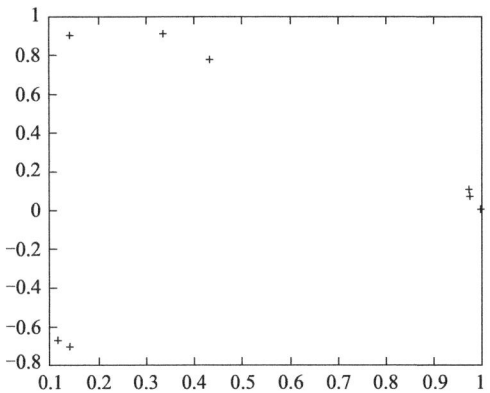

图 5-3-6　因子载荷散点图（从协方差矩阵出发，2 因子）

在图 5-3-5 中，指定提取 2 个公因子。如果在命令窗口输入"Lambda"并回车，立即得到第一和第二公因子载荷向量构成的矩阵

```
Lambda =
   0.9975    0.0024
   0.9716    0.1060
   0.9748    0.0693
   0.1409    0.9037
   0.3358    0.9099
   0.4330    0.7752
   0.1154   -0.6728
   0.1413   -0.7084
```

这个结果与前面从原始数据出发并提取两个公因子所得的结果一样，分析结论当然也没有区别：GDP、工业增加值（IGV）和全社会固定资产投资（FAI）可以划归第一因子；其余变量，包括职工平均工资（WAW）、城镇居民消费性支出（UCO）、农村居民消费性支出（RCO）、居民消费价格指数（CPI）以及商品零售价格指数（RPI）则应该划归第二因子。实际上，图 5-3-6 与前面的图 5-3-2 所示的因子结构本质上是一样的，只是表现形式不同而已。结合因子载荷矩阵，容易读懂因子载荷图。

如果在命令窗口输入"Comm"并回车，可得公因子方差向量 [0.995 0, 0.955 3, 0.955 0, 0.836 5, 0.940 8, 0.788 5, 0.466 0, 0.521 8]。其中，最后两个公因子方差偏小，这意味着，两个公因子不能包含居民消费价格指数（CPI）和商品零售价格指数（RPI）的足够信息，可以考虑提取 3 个公因子，或者去掉最后两个变量重新开展因子分析。

如果指定提取 3 个公因子，即将语句

```
[Lambda,Psi,T,Stats]=factoran(cov(X),2,'Xtype','cov');
```

改为

```
[Lambda,Psi,T,Stats]=factoran(cov(X),3,'Xtype','cov');
```

则将会给出 3 个公因子的载荷值，输出结果与前面从原始数据出发并提取 3 个公因子的结果一样。

5.3.3 载荷得分双重图

在主成分和因子分析过程中，载荷图和得分图非常有用，可以直观地通过主成分或者因子建立变量与样品（观测点）的关系图式。如果分别绘制载荷图和得分图，采用函数 plot 即可。如果希望绘出载荷与得分的双重坐标图，则需要借助双图函数 biplot。双图函数给出变量-主成分（因子）载荷关系图，或者主成分（因子）-样品得分关系图，还可以将这两幅图叠加成一幅图，以便于分析者进行图像分析。这些坐标图通过主成分或者因子将变量与样品的关系反映出来。双图函数的基本语法为

$$\text{biplot(Coefs)}$$

其中，系数矩阵 Coefs 可以由主成分分析函数 pincomp 或者 pcacov 创建，也可以由因子分析函数 factoran 给出。该坐标图以主成分（因子）为轴，将变量的载荷和样品的得分标绘于图中。与 Coefs 列对应的坐标轴为主成分或者潜因子（latent factor）向量，与 Coefs 行对应的坐标图为观察变量的向量。

在默认的情况下，biplot 给出的是主成分或者因子载荷图；如果输出主成分或者因子得分 score，并且采用语句"biplot(Scores)"，则给出主成分得分图；如果希望将载荷图和得分图叠加在一起，则需要在绘制载荷图的语法结构中补充关于主成分或者因子得分的参数。在载荷图中，每一个变量表现为一个点及其与坐标原点的连线；在得分图中，每一个样品表现为一个点及其与原点的连线；在双重叠加图中，变量表现为点线形式，而得分则表现为散点。

如果提取两个主成分（因子），则给出二维坐标图；如果提取 3 个主成分（因子），则给出三维坐标图。当主成分数目超过 3 个时，就不能通过一幅图表现它们的关系，需要多幅图从不同角度显示基于主成分的变量-样品关系。

双图函数支持符号转换，可以在语法结构中添加负号，改变载荷或者得分的方向。例如，可以写成如下形式

$$\text{biplot(-Coefs)}$$

还可以在图中添加变量和样品标签。如果构造好变量标签的特征数值或者元胞数组 varlabels，则可以借助变量标签函数 VarLabels 添加变量标签，语法为 biplot(Coefs,…,

'VarLabels',varlabels);如果构造了观测样品名称的特征数组或者元胞数组 obslabels，则可以借助观测数据标签函数 ObsLabels 显示样品数据光标。

关于双图函数的具体用法，举例说明如下。承接主成分分析之后，分别绘制载荷图和得分图，例句为

```
[E,Score]=princomp(X);
H=biplot(E(:,1:2),'varlabels',varname);
figure
biplot(score(:,1:2),'obslabels',casename);
```

该函数的优势并不在于分别绘图。例如，前面直接借助 plot 也分别给出了载荷图和得分图。双图函数的优势在于绘制载荷-得分二重叠加图。下面是绘制二维图形的语句

```
[E,Score]=princomp(X);
biplot(E(:,1:2),'scores',score(:,1:2),'VarLabels',varname,'ObsLabels',casename);
```

运行上面的语句，得到图 5-3-2。下面是绘制三维坐标图的例句

```
[E,Score]=princomp(X);
biplot(E(:,1:3),'scores',score(:,1:3),'VarLabels',varname,'ObsLabels',casename);
```

运行上面的语句，可得到图 5-3-4 之类的坐标图。

5.4 小结

　　求解因子模型的常用方法有两种：一是借助正交变换求主成分解；二是借助最大似然法求主因子解。不论哪一种求解方法，都不得不放弃单因子，仅计算公因子载荷和得分。有人认为，最大似然法优于正交变换法，这在某种意义上是一种误解。实际上，两种方法各有长短。最大似然法有自己的长处，它在一定条件下可以给出更为令人满意的求解结果。但是，最大似然法的应用有一个前提，那就是随机变量服从正态分布。如果随机变量不满足正态分布，则最大似然估计的效果就会大打折扣。可是，对于社会经济系统而言，随机变量通常不满足正态分布的要求。比较而言，正交变换对随机变量的分布类型没有特定的要求。对于人文地理系统来说，采用正交变换法更为安全。

　　只要熟悉了上一章的主成分分析，就不难进一步学会本章的因子分析。关键在于掌握几个主要的子程序，包括因子分析子程序和因子旋转子程序，还有配套的绘制载荷-得分双重坐标图的函数。利用因子分析子程序可以寻求正交因子解，并对因子施加正交旋转或斜交旋转；利

用因子旋转子程序可以对因子载荷实施各种类型的旋转；利用载荷-得分作图函数可以将因子载荷和得分标绘在同一幅坐标图中，为开展因子分析提供直观图示。因子分析既可以从原始数据矩阵出发，也可以从协方差矩阵出发。一般而言，因子分析从原始数据出发。但是，有时人们只能从文献中得到某些变量的协方差矩阵，没有原始数据表。在这种情况下，不妨从协方差矩阵出发开展因子分析。在因子分析的基础上，不仅可以解释系统的因果关系，而且可以进一步开展回归分析、聚类分析和综合评价等。

第 6 章

层次聚类分析

在多元统计分析中，分类方法有多种类型，包括快速聚类、层次聚类和判别分析。其中，最常用的方法之一是层次聚类。层次聚类又叫系统聚类，可分为两种类型：基于变量对样品分类为 Q 型；基于样品对变量聚类为 R 型。其中，Q 型的应用频率更高一些。Matlab 中带有聚类分析函数，利用该软件开展聚类分析比较方便。本章将借助简单的例子说明基于 Matlab 的层次聚类分析的基本运算。这虽然是一个教学性的例子，但对学习者理解聚类方法的用途很有意义。当然，本章的目标是据此掌握 Matlab 聚类的函数运用以及相关的处理技巧。对于大规模的分析样本，读者可以通过简单的例子举一反三、触类旁通。

6.1 聚类实例的初步结果

6.1.1 实例和数据

实例问题是中国从日本引进福冈甜橘，引种的候选地点为合肥、武汉、长沙、桂林、温州和成都。众所周知，生物的生存是依赖于一定的环境条件的。从一个地方向另一个地方引进一种植物，需要对自然环境条件进行研究。如果环境条件不适宜，引种可能失败，或者产量不高、质量不好，白白地浪费人力、物力和财力。可供分析的变量有 5 个（$m=5$）：年平均气温、年平均降水量、年日照时数、年极端最低温和一月平均气温。共考虑 6 个候选城市，外加福冈一共 7 个样品（$n=7$）。原始数据见表 6-1-1。顺便说明，除了综合条件满足以外，极端条件必须考虑。因为极端条件通常代表木桶的短板——一个木桶装多少水取决于最短的木板。如果某个地方的极端最低温超过了福冈甜橘的耐受能力，则其冬天可能被冻死。

首先，确定解决问题的思路。从福冈引种甜橘，应该要找一些与福冈自然条件最近似的地区，并且在综合条件满足的前提下，兼顾极端气候条件。聚类分析可以从一些视角帮助我们处理这个问题。通过聚类过程，可以看到哪些城市与福冈的气候条件更为接近、哪些相差比较悬殊。气候条件类似的区域是优先考虑的候选区域，气候条件相差较大的区域则是首先回避的区域。

160 第6章 层次聚类分析

表 6-1-1 变量的原始数据

变量	福冈	合肥	武汉	长沙	桂林	温州	成都
	1	2	3	4	5	6	7
年平均气温/℃	16.2	15.7	16.3	17.2	18.8	17.9	16.3
年平均降水量/mm	1 492	970	1 260	1 422	1 874	1 698	976
年日照时数/h	2 000	2 209	2 085	1 726	1 709	1 848	1 239
年极端最低气温/℃	-8.2	-20.6	-17.3	-9.5	-4.9	-4.5	-4.6
一月平均气温/℃	6.2	1.9	2.8	4.6	8.0	7.5	5.6

数据来源：贺仲雄和王伟（1988）。

6.1.2 初步的聚类结果

为了直观地讲述利用 Matlab 聚类的方法，首先基于欧氏距离和最长距离法对上述问题开展聚类分析。假定将原始数据表示为矩阵 X，则聚类程序如图 6-1-1 所示。

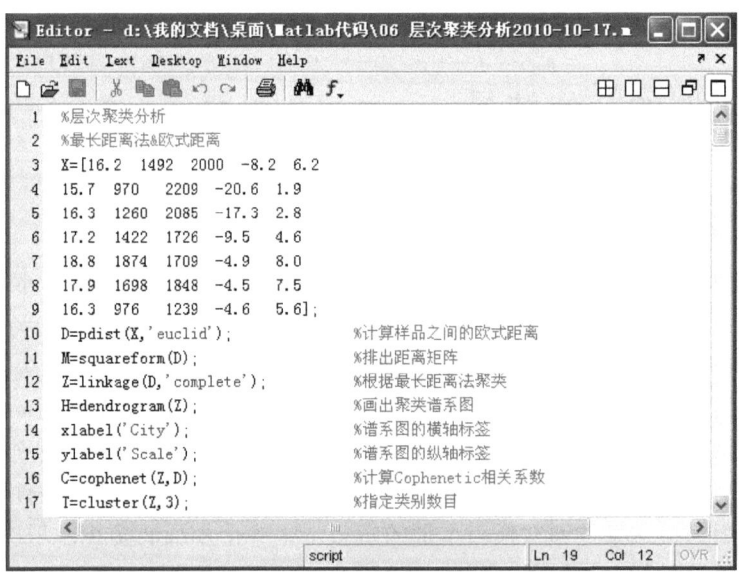

图 6-1-1 基于欧氏距离和最长距离法的聚类程序

将上述程序复制并粘贴到 Matlab 的命令执行窗口（Command Window），回车，即可得到聚类分析结果，其中最直观的是聚类谱系图（图 6-1-2）。这意味着，福冈与武汉归为一类，然后与长沙聚为一类，再后与合肥合为一类，进而与成都并为一类。根据基于欧氏距离的最长距离法，福冈与桂林、温州的类别相差最大。

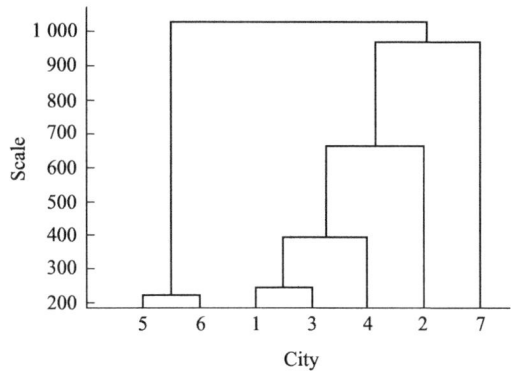

图 6-1-2 基于欧氏距离和最长距离法的聚类谱系图

在上面的聚类程序中，先后用到 5 个聚类函数，或者说调用了有关聚类的 5 个子程序：pdist、squareform、linkage、dendrogram 和 cluster。此外，用于聚类的函数还有 clusterdata、cophenet 和 find 等。利用 Matlab 开展聚类分析，关键在于学会调用上述子程序以及读懂聚类分析的过程和结果。

6.2 程序说明与结果解析

6.2.1 聚类程序说明

首先，说明聚类分析的子程序及其函数表达的语法格式。

第一个子程序是数据聚类函数 clusterdata，这是系统聚类最具有概括性的一个程序，它包含了聚类分析的全部功能，调用一次即可给出聚类结果。不过，如果仅使用这个函数，则其采用默认的欧氏距离，聚类方法也固定使用最短距离法，没有太多的选择余地；输出结果也非常简单，即以数字编号显示的类别，很不直观。因此，要想更好地开展聚类分析，有必要综合利用其他函数。Clusterdata 的语法格式为

$$T=\mathrm{clusterdata}(X,\mathrm{cutoff})$$

其中，X 表示用于聚类的 $n×m$ 原始数据矩阵，这里 n 行表示 n 个样品，m 列表示 m 个变量。Cutoff 表示聚类谱系图上的截断参数，数值范围限定在（0，1］之间，即大于 0、小于等于 1。截断参数取值越接近于 1，则输出的类别越少。当 cutoff 取值为 1 的时候，全部结果只有一类。T 为一个列向量，按前后顺序给出样品的分类编号。具体说来，如果在命令窗口的数据矩阵下面输入语句

$$T=\mathrm{clusterdata}(X,0.8)$$

其效果等价于图 6-2-1 所示的程序（欧氏距离+最短距离法）运行结果。输出类别为 $T=[5, 3, 5, 2, 1, 1, 4]$。也就是说，福冈与武汉归为一类，然后与桂林、温州聚为一类（图 6-2-2）。可见，同样基于欧氏距离，最短距离法与最长距离法给出的分类结果有很大差别。

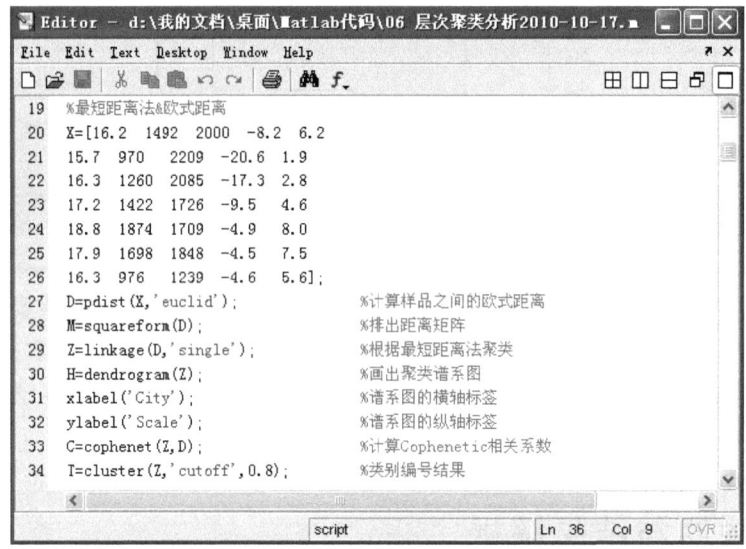

图 6-2-1　基于欧氏距离和最短距离法的聚类程序

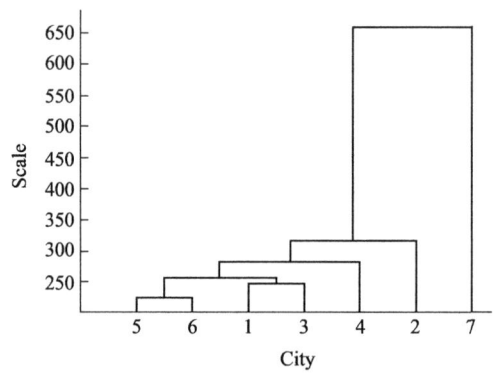

图 6-2-2　基于欧氏距离和最短距离法的聚类谱系图

第二个子程序 pdist 用于计算成对距离。这个程序非常重要，它帮助人们选择自己想要的距离。其语法格式通常表现为三种形式，根据需要选择一个即可。

```
D=pdist(X)
D=pdist(X,'metric')
D=pdist(X,'minkowski',r)
```

其中，X 表示用于聚类的 n×m 原始数据矩阵；metric 表示距离度量方法选择项，可以选择的方法包括欧氏距离、标准欧氏距离、马氏距离、街区距离和闵可夫斯基距离等。标准欧氏距离是基于标准化数据计算的欧氏距离。

对于欧氏距离的调用，可直接采用默认表示 D=pdist(X)，或者采用标明欧氏距离的语法格式 D=pdist(X,'Euclid')。两种形式任选一种即可。

对于闵可夫斯基距离，如果参数 r 缺省，表示为 D=pdist(X,'Minkowski') 的语法格式，则结果给出欧氏距离；如果取 r=1，即输入语法格式为 D=pdist(X,'Minkowski',1)，则结果给出街区距离。原则上，r 可取大于等于 1 的任意数值。

对于相似系数和夹角余弦，输出结果是"1-相似系数"或者"1-夹角余弦"。因为相似系数和夹角余弦不能直接用以代表距离，只有它们与 1 的差值才满足距离公理的要求。

常用的距离及其一般的语法格式列表如下（表 6-2-1）。实际上，如下距离计算语句是等价的

D=pdist(X)↔D=pdist(X,'Euclid')↔D=pdist(X,'Minkowski')↔D=pdist(X,'Minkowski',2);

D=pdist(X,'CityBlock')↔D=pdist(X,'Minkowski',1)

表 6-2-1 不同距离的 Matlab 表示及其对应的语法格式

距离类别	Matlab 表示	语法格式
欧氏距离（Euclidean distance）	euclidean	D=pdist(X); D=pdist(X,'Euclid')
标准欧氏距离（standardized Euclidean distance）	seuclidean	D=pdist(X,'SEuclid')
街区距离（city block distance）	cityblock	D=pdist(X,'City')
马氏距离（Mahalanobis distance）	mahalanobis	D=pdist(X,'Mahal')
闵可夫斯基距离（Minkowski distance）	minkowski	D=pdist(X,'Minkow',r)
夹角余弦（1-cosine）	cosine	D=pdist(X,'cos')
相似系数（1-correlation）	correlation	D=pdist(X,'correl')
汉明距离（Hamming distance）	hamming	D=pdist(X,'ham')
Jaccard 距离（1-Jaccard coefficient）	jaccard	D=pdist(X,'jac')
切比雪夫距离（Chebychev distance）	chebychev	D=pdist(X,'cheby')

需要明确两点：其一，在 Matlab 程序语言中，距离测度的表示对字母大小写没有特别的规定。例如，计算街区距离时，语句可以表示为 D=pdist(X,'CityBlock')，也可以表示为 D=pdist(X,'cityblock')，还可以表示为 D=pdist(X,'Cityblock')。其二，距离的表示可以用全称，可以用缩写。例如，采用街区距离，既可以用全称 CityBlock，也可以用缩写 City。换言之，语句 D=pdist(X,'CityBlock') 与语句 D=pdist(X,'City') 完全等价。其余情况依此类推。而且，缩写后面的字母可以多给出几位。例如，欧氏距离标志的全称是 Euclidean，最简单的缩写是 Eucl，如果在 pdist 函数中写成 Eucli、Euclid 或者 Euclide 等，效果都是一样的。

第三个子程序为距离列阵函数 squareform，其功能是将 pdist 计算的两两距离排列成方阵。如果我们运行"D=pdist(X)"之类的程序语句，D 输出的是距离计算结果。可是，这些结果实际上是按照先后顺序从左到右、自上而下地给出矩阵上/下三角部分数值（不包括对角线上的 0 元素）。对于 n 个样品，D 给出的将是 $1+2+3+\cdots+n-1=(n-1)n/2$ 个数值。利用 squareform 函数，可以将计算结果排列成距离方阵。这个函数的语法格式非常简单

$$\text{squareform}(D)$$

其中，D 表示 pdist 计算出来的距离数值。

对于上面的例子，如果我们在 Matlab 的命令执行窗口的数据矩阵之下运行如下程序

```
D=pdist(X)
M=squareform(D)
```

就会输出计算结果

```
D =
1.0e+003*
Columns 1 through 7
    0.5624    0.2473    0.2828    0.4802    0.2560    0.9195    0.3154
Columns 8 through 14
    0.6616    1.0332    0.8128    0.9702    0.3939    0.7201    0.4982
Columns 15 through 21
    0.8925    0.4524    0.3018    0.6604    0.2243    1.0136    0.9445
M =
1.0e+003*
         0    0.5624    0.2473    0.2828    0.4802    0.2560    0.9195
    0.5624         0    0.3154    0.6616    1.0332    0.8128    0.9702
    0.2473    0.3154         0    0.3939    0.7201    0.4982    0.8925
```

0.2828	0.6616	0.3939	0	0.4524	0.3018	0.6604
0.4802	1.0332	0.7201	0.4524	0	0.2243	1.0136
0.2560	0.8128	0.4982	0.3018	0.2243	0	0.9445
0.9195	0.9702	0.8925	0.6604	1.0136	0.9445	0

对比输出结果中 D 和 M 的上三角部分，立即可以看出数字排列规律。当然，对比 D 和 M 的下三角部分，结论也是一样。

第四个子程序为层次聚类函数 linkage，它的功能是基于距离矩阵 **M** 的结果采用某种方法进行分类。这个子程序非常关键，它帮助人们选择自己所需要的方法。语法格式有两种

```
Z = linkage(M)
Z = linkage(M,'method')
```

其中，M 表示距离矩阵；method 表示方法的选择；Z 将给出一个三列的矩阵，或者说三个列向量，表示聚类进度表。

如果 method 缺省，即采用第一种语法格式，则系统默认最短距离法。常用的方法及其一般的语法格式列表如下（表 6-2-2）。

表 6-2-2 不同方法的 Matlab 表示及其对应的语法格式

距离类别	Matlab 表示	语法格式
最短距离法（nearest distance）（最基本、最常用，系统默认的方法）	single	Z = linkage(M); Z = linkage(M,'single')
最长距离法（furthest distance）	complete	Z = linkage(M,'complete')
平均距离法（group average, unweighted average distance, UPGMA）	average	Z = linkage(M,'average'); Z = linkage(M,'avera')
加权平均法（weighted average distance, WPGMA）	weighted	Z = linkage(M,'weighted')
重心法（unweighted center of mass distance, UPGMC）	centroid	Z = linkage(M,'centroid'); Z = linkage(M,'cent')
中间距离法（weighted center of mass distance, WPGMC）	median	Z = linkage(M,'median'); Z = linkage(M,'med')
离差平方和法 [inner squared distance (minimum variance algorithm)]	ward	Z = linkage(M,'ward'); Z = linkage(M,'wa')

第五个子程序为树形图函数 dendrogram，其作用是将 linkage 的分类结果画成谱系图，或者叫做树状图。前面给出的图 6-1-2 就是一例。语法格式为

```
H=dendrogram(Z);
H=dendrogram(Z,k);
[H,Q,Perm]=dendrogram(Z,k);
```

其中，Z 为 linkage 给出的聚类结果；k≤n 为需要显示的样品数目；H 输出的是聚类谱系图的图柄，说明类别与类别之间在什么距离归并。H 给出的数值主要供计算机内部程序使用，对聚类分析通常没有直接的意义。聚类结果需要的是图形。Q 给出聚类过程的步骤序号，Perm 给出分类结果的顺序号。对于图 6-1-2 中的结果，Perm 给出的序号应是 5、6、1、3、4、2、7。

为了满足图形表示的特殊需要，需要采用特殊的语法格式，以下分别说明：

（1）图形的局部显示。如果有必要显示全部聚类结果，则语法格式为默认的方式为"H=dendrogram(Z)"，或者"H=dendrogram(Z,n)"。如果想要观察庞大聚类谱系图中的某个部分，即仅给出前若干个样品的谱系图，则需要对 k 赋值。图 6-1-2 显示了全部样品。如果想要给出前面 4 个样品，则需要将"H=dendrogram(Z)"改为"H=dendrogram(Z,4)"，于是谱系图如图 6-2-3 所示。

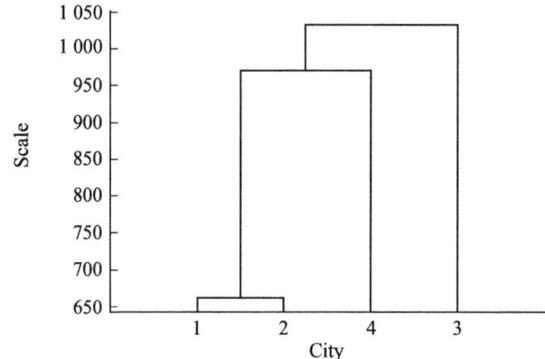

图 6-2-3　基于欧氏距离和最长距离法的聚类谱系图局部显示

（2）图形颜色的局部改变。利用色彩临界值参数 colorthreshold 可以改变谱系图的局部颜色，以便直观地区分不同的类别。语法是

```
H=dendrogram(Z,'colorthreshold',T)
```

其中，T 的数值介于 0 到 Z 的第三列元素的最大值之间，即 $0<T<\max(Z(:,3))$。T 值太小或者太大，谱系显示的都是纯一的颜色。例如，对于图 6-2-1 所示的程序而言，Z(:,3) 的最大值是 660.3869。将程序中的谱系图语句改为"H=dendrogram(Z,'colorthreshold',300)"，则聚类谱系图的局部变成红色。当 T 值超过 660.3869 时，谱系图返回纯粹的蓝色。如果 T 值设为缺省状态即 'default'，则系统默认的 T 值为 $0.7*\max(Z(:,3))$。在程序语句中，colorthreshold 可以缩写为 color，缺省参数的语法格式为

```
H=dendrogram(Z,'color','default')
```

(3) 图形的方向调整。Matlab 默认的图形表示是自上而下的谱系图，可以根据具体需要或者个人偏好将其改为自下而上、自左而右、自右而左四种不同的表示类型。语法格式为

  H=dendrogram(Z,'orientation',orient)

这里，orient（方向）有四种选择：'top' 为自上而下，此为参数缺省时的默认格式；'bottom' 为自下而上；'left' 为自左而右；'right' 为自右而左。例如，将图 6-1-1 所示的程序中的谱系图语句改为 H=dendrogram(Z,'orientation','left')，则图形方向改变为从左到右的聚类谱系（图 6-2-4）。

(4) 样品标签的添加。前面给出的聚类谱系图的样品都是采用序号表示的，不便于考察和分析。可以采用标签参数 labels 将样品标签添加进去。例如，对于图 6-1-1 所示的程序，将谱系图语句改为

  S=['福冈';'合肥';'武汉';'长沙';'桂林';'温州';'成都'];
  H=dendrogram(Z,'Labels',S);

则输出的聚类树形图显示出各个城市的名称（图 6-2-5），这样观察起来就方便多了。

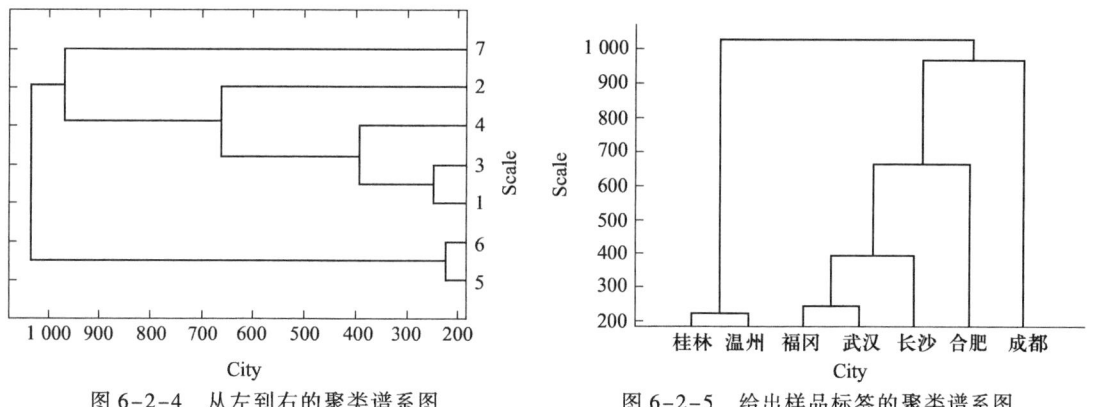

图 6-2-4 从左到右的聚类谱系图 图 6-2-5 给出样品标签的聚类谱系图

第六个子程序为分类定义函数 cluster，它用于指定分类数目和结果。语法格式为

$$T=cluster(Z,p)$$

其中，Z 是由 linkage 给出的分类结果；$p \leqslant n$ 为指定的类别数；T 根据指定类别数输出分类结果的样品编号。例如，对于图 6-1-1 所示的分类结果，如果指定分为两类，即输入

  T=cluster(Z,2)

则运行结果为

$T' =$
       2 2 2 2 1 1 2

这表明，5号样品（桂林）和6号样品（温州）为第1类，其余城市归为第2类。

再如，如果指定分为三类，即输入

```
T=cluster(Z,3)
```

则运行结果为

$T' =$
       2 2 2 2 3 3 1

这表明，5号样品（桂林）和6号样品（温州）为第3类；7号样品（成都）为第1类；其余城市归为第2类。

此外，常用的函数还有 cophenet 和 find，留待后面"聚类结果检验和查阅"部分说明。

6.2.2 聚类结果的解读

对于前面的例子，关键是要读懂聚类结果 T 向量，以及聚类进度表（矩阵）。对于聚类进度表，能否读懂不是关键，因为可以从谱系图直观地看出结果。但是，如果读不懂 T 向量，就会比较麻烦。在聚类谱系图太大的时候，我们需要结合 T 向量的分类编号进行聚类结果解读。

对于上面的例子，输出结果为

$T' =$
       2 3 2 1 5 5 4

这表明，1号样品（福冈）和3号样品（武汉）聚为一类，为第2类；5号样品（桂林）和6号样品（温州）聚为一类，为第5类；其余的2号样品为第3类，4号样品为第1类，7号样品为第4类。

下面解释一下聚类进度表的含义。利用上述聚类程序，基于欧氏距离和最长距离法，给出的聚类进度表如下

$Z =$
  $1.0e+003 *$
       0.0050   0.0060   0.2243
       0.0010   0.0030   0.2473
       0.0040   0.0090   0.3939

```
0.0020    0.0100    0.6616
0.0070    0.0110    0.9702
0.0080    0.0120    1.0332
```

如果对于这种科学计数表看不习惯，可以从 Workspace（工作空间）中调出 Array Editor（数组编辑器）的结果——只要在 Workspace 中找到 Z，并且双击，即可弹出 Array Editor 并且显示聚类进度表（图 6-2-6）。这个结果看起来更为明晰，其数值可以直接复制并粘贴到 Excel 等电子表格中。

	1	2	3
1	5	6	224.27
2	1	3	247.27
3	4	9	393.94
4	2	10	661.61
5	7	11	970.16
6	8	12	1033.2

图 6-2-6　数组编辑器显示的聚类进度表

为了方便说明，不妨从 Array Editor（数组编辑器）中调出欧氏距离矩阵 M（图 6-2-7）。

	1	2	3	4	5	6	7
1	0	562.44	247.27	282.81	480.24	256.04	919.45
2	562.44	0	315.42	661.61	1033.2	812.77	970.16
3	247.27	315.42	0	393.94	720.11	498.2	892.49
4	282.81	661.61	393.94	0	452.36	301.82	660.39
5	480.24	1033.2	720.11	452.36	0	224.27	1013.6
6	256.04	812.77	498.2	301.82	224.27	0	944.55
7	919.45	970.16	892.49	660.39	1013.6	944.55	0

图 6-2-7　用于聚类的欧氏距离矩阵

比较图 6-2-6 和图 6-2-7 可以看出聚类进度如下：

第一步，在距离为 224.27 这个尺度将 5 号样品和 6 号样品聚为一类，编为 8 号；

第二步，在距离为 247.27 这个尺度，将 1 号样品和 3 号样品聚为一类，编为 9 号；

第三步，在距离 393.94 这个尺度，将 4 号样品与 9 号"样品"（由原 1 号和 3 号组成）聚为一类，编为 10 号。

第四步，在距离 661.61 这个尺度，将 2 号样品与 10 号"样品"（由原 4 号和 9 号组成）聚为一类，编为 11 号。

第五步，在距离 970.16 这个尺度，将 7 号样品与 11 号"样品"（由原 2 号和 10 号组成）聚为一类，编为 12 号。

第六步，在距离 1 033.2 这个尺度，将 8 号"样品"（由原 5 号和 6 号组成）与 12 号"样品"（由原 7 号和 11 号组成）聚为一类，完成全部聚类的归并工作。

显然，根据图 6-2-6 描述的聚类进度与根据图 6-1-2 读出的聚类谱系结构完全一致。

6.3　效果检验和类别查找

6.3.1　聚类效果检测

聚类结果的好坏没有一个公认的检测标准，聚类方法的运用效果主要取决于研究人员对分类对象的熟悉程度以及对聚类方法的应用技巧。不过，在这里不妨介绍一下联合表现型分类相关系数，即 cophenetic 相关系数。在前面分析聚类进度表（**Z** 矩阵）的时候，用到一个类别归并的临界尺度（参见图 6-2-6 第三列）。不管采用什么方法分类，都要从样品之间的距离出发。前述 pdist 给出了距离矩阵的对角线以上或者以下的数值，并且用 **D** 表示。可以想见，如果聚类方法得当，聚类的临界尺度与距离矩阵的数值应该有较大的相关性。这种相关性用 cophenetic 相关系数度量

$$C = \frac{\sum_{i<j}(D_{ij}-\bar{d})(Z_{ij}-\bar{z})}{\sqrt{\sum_{i<j}(D_{ij}-\bar{d})\sum_{i<j}(Z_{ij}-\bar{z})}} \tag{6-3-1}$$

这个相关系数的度量公式与简单相关系数公式同构，但具体的计算过程要复杂得多，因为 **D** 矩阵与 **Z** 矩阵第三列的元素数目不一样。在此不解释 cophenetic 相关系数的计算方法，只说明其数值含义以及在 Matlab 里如何调用有关计算程序。

Cophenetic 相关系数的值介于 0~1，数值越是接近于 1，表明 **Z** 与 **D** 的相关性越强。需要明确的是，如果聚类效果好，则 cophenetic 相关系数数值就高；但是，反过来未必成立：cophenetic 相关系数高，并不一定意味着聚类结果最为可取。

在 Matlab 中，计算 cophenetic 相关系数的函数为 cophenet，语法格式为

$$C=\text{cophenet}(Z,D)$$

其中，D 为 pdist 给出的距离数值向量；Z 为 linkage 给出的聚类进度表；C 为相关系数值。在上面函数中，Z 和 D 的先后顺序不能颠倒。

在采用最长距离法完成聚类之后，在命令窗口运行"C=cophenet(Z,D)"，立即输出相关系数值 $C=0.5832$，这个数值是比较偏低的。如果将聚类方法改为最短距离法（图 6-2-1），则输出的相关系数为 $C=0.7271$。相关系数由 0.5832 上升到 0.7271。聚类谱系如图 6-2-2 所示。单纯就统计学意义而言，聚类效果是改善了，但聚类的结果未必符合实际情况。

6.3.2 聚类结果的查询

本章讲述的例子样品很少，只有 7 个（$n=7$），不涉及类别查询问题。但是，如果样品很多，不便于直接从谱系图或者类别向量 **T** 中阅读的时候，便需要类别搜索函数了。Matlab 中提供了一个类别查找函数 find，语法格式为

$$\text{find}(T==q)$$

其中，T 是由 clusterdata 给出的分类结果；q 为类别编号；在 T 与 q 之间是双等号"=="（图 6-3-1）。例如，基于欧氏距离和最短距离法的聚类结果为

图 6-3-1 系统聚类及类别查询程序示例

T' =

  5 3 5 2 1 1 4

如果想知道第 1 类包括那些样品，在命令窗口输入

  find(T==1)

回车，立即得到

  ans =
    5
    6

即第 1 类包含 5 号样品（桂林）和 6 号样品（温州）。进一步地，如果我想要知道第 2 类包括哪些样品，在命令窗口输入

  find(T==2)

回车，立即得到

  ans =
    4

即第 2 类只有 4 号样品长沙。

6.3.3 聚类结果的比较

  前面讨论的问题是，希望搞清楚福冈优先与哪些城市聚为一类，据此判断哪些城市与福冈

的自然条件更为接近,从而优先引入福冈甜橘。在欧氏距离的基础上,无论采用最短距离法(图 6-2-1),还是最长距离法(图 6-1-1),福冈(1 号)都是首先与武汉(3 号)聚为一类。检查原始数据表可以看出,武汉、合肥的年极端最低气温很低,并且一月平均气温也非常低,这可能形成甜橘生长的自然限制条件(木桶的短板)。

如果改用欧氏距离和重心法(centroid)进行聚类,则输出的相关系数达到 $C = 0.8253$。这时仍然是福冈首先与武汉聚为一类,不过有一些进步,在福冈与武汉聚为一类之后,又优先与长沙聚为一类(图 6-3-2)。查原始数据表可以看出,长沙的自然条件总体上与福冈相当接近。就整体效果而言,由于武汉最先参入其中,聚类谱系依然不能令人满意。

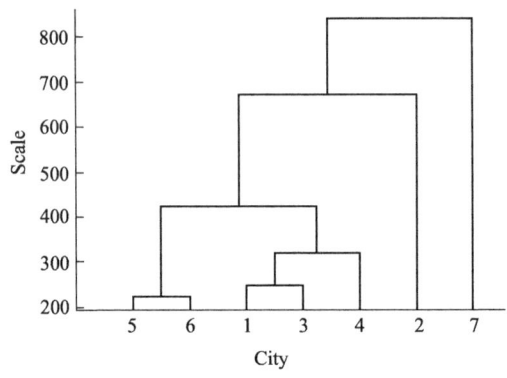

图 6-3-2　基于欧氏距离和重心法的聚类谱系图

如果将距离改为标准欧氏距离,即基于标准化数据的欧氏距离,然后采用重心法,即运行如图 6-3-3 所示的程序,则相关系数为 $C = 0.7395$。分析聚类结果与原始数据可以发现,这时的聚类结果比较理想:福冈首先与长沙(4 号)聚为一类,然后与桂林(5 号)、温州(6 号)聚为一类,接下来与成都(7 号)聚为一类,最后才与存在极端气温限制的合肥(2 号)和武汉(3 号)聚为一类(图 6-3-4)。

在标准欧氏距离不变的情况下,如果改为平均距离法(average)或者中间距离法(median),聚类的结果不变,相关系数相差无几。平均距离法给出 $C = 0.7395$;中间距离法给出 $C = 0.7394$。如果改为离差平方和法(Ward),则相关系数降为 $C = 0.6993$,但聚类的结果不变。

综上所述,可以看出两点:其一,Cophenetic 相关系数的高低不能客观地反映聚类结果的好坏,其数值只是聚类效果有效性的参考统计量之一;其二,数据的标准化非常重要,只有消除量纲的影响,聚类的结果才会更加符合实际。

实际上,在数据没有标准化的情况下,采用相似系数(correlation)或者夹角余弦(cosine)代替欧氏距离,也能取得比较符合实际的聚类结果。原因是,在计算夹角余弦和相似系数的过程中,同时利用标准差对量纲影响进行了消减处理。例如,相似系数(correlation)和平均法给出的结果见图 6-3-5,相关系数 $C = 0.6303$;夹角余弦(cosine)和重心法给出的结果见图 6-3-6,相关系数 $C = 0.6338$。

6.3 效果检验和类别查找   173

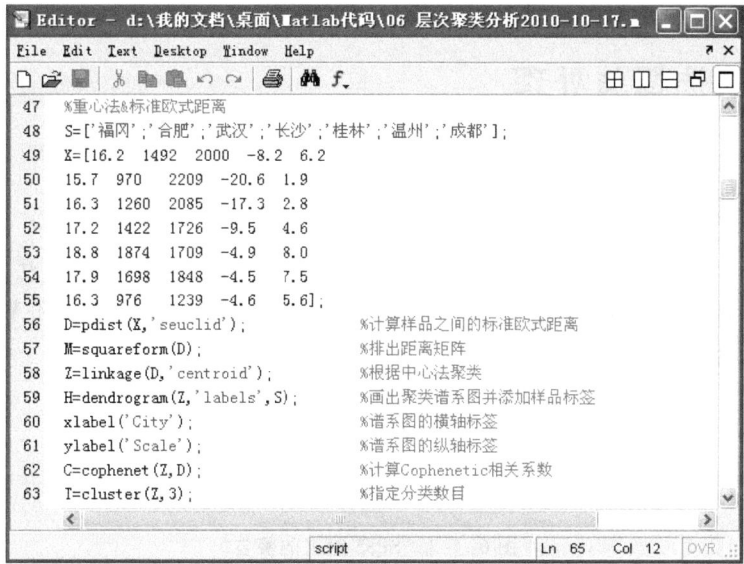

图 6-3-3　基于标准欧氏距离和重心法的聚类程序

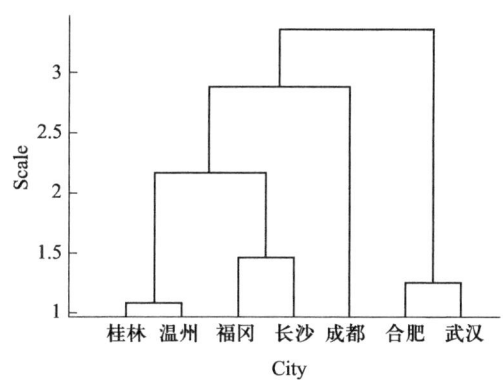

图 6-3-4　基于标准欧氏距离和重心法的聚类谱系图

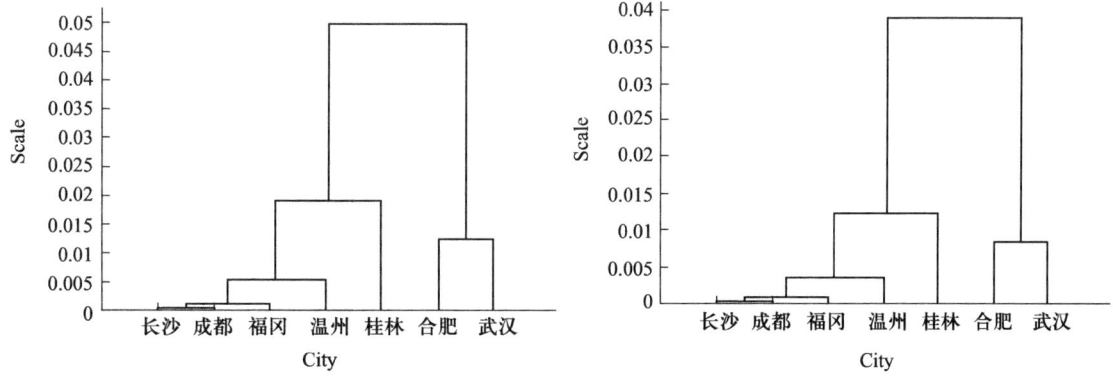

图 6-3-5　基于相似系数和平均法的聚类谱系图　　图 6-3-6　基于夹角余弦和重心法的聚类谱系图

6.4 距离的选择与处理

6.4.1 欧氏距离平方

如果采用统计分析软件 SPSS 进行系统聚类，并且采用欧氏距离和重心法，在原始数据未经标准化的情况下，输出结果会给出如下警告：采用重心法、中间距离法和 Ward 聚类法的时候应该应用欧氏距离平方（图 6-4-1）。

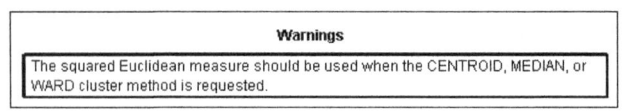

图 6-4-1　SPSS 给出的警告

那么，在 Matlab 里面，应用重心法、中间距离法和 Ward 法时，是否也要基于欧氏距离平方进行聚类呢？不妨试验一下。首先将前面的聚类程序改为基于欧氏距离平方和重心法进行聚类的过程（图 6-4-2）。

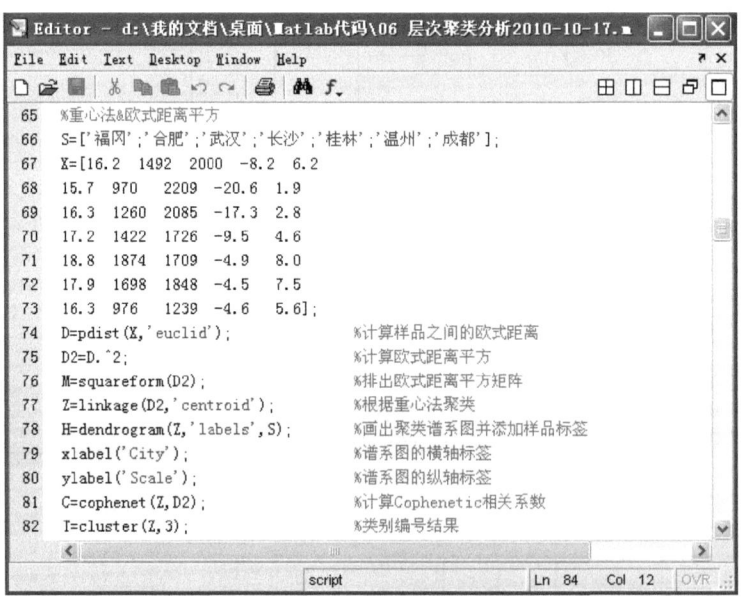

图 6-4-2　基于欧氏距离平方和重心法的聚类程序

聚类谱系图如图 6-4-3 所示，相关系数 $C=0.8021$。这个程序给出的聚类结果与基于欧氏距离

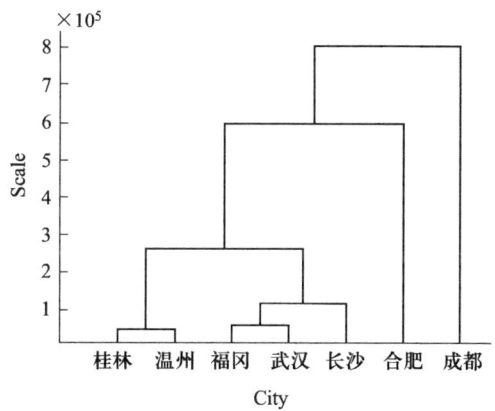

图 6-4-3　基于欧氏距离平方和重心法的聚类谱系图

和重心法给出的结果一致。不过，Matlab 提出如下警告——重心法与非欧距离矩阵联系起来了：

"Warning:Centroid linkage specified with non-Euclidean dissimilarity matrix."

看来，不同软件的内部程序对距离与方法的关系有不同的处理方式。在 Matlab 中进行聚类，重心法等方法并不需要与欧氏距离平方匹配。

6.4.2　精度加权距离

从前面的聚类分析结果对比可以看出，变量的量纲对聚类分析影响很大。为了消除量纲的影响，需要对数据进行标准化处理。一般的标准化方法采用 Z-计分，即先减去平均值然后除以标准差。其实，就聚类分析而言，只需要用一个变量的各个数值除以标准差即可消除量纲的影响，是否减去平均值无关紧要。也就是说，通常的数据标准化公式为

$$x_{ij}^* = \frac{x_{ij}-\bar{x}_j}{\sigma_j} \tag{6-4-1}$$

式中，$\bar{x}$ 为平均值；σ 为标准差。在 Matlab 中，有一个专门用于数据标准化的函数 zscore。数据标准化采用语句

```
Z=score(X)
```

或者

```
x=(X-mv(ones(n,1),:))./st(ones(n,1),:)
```

至于聚类分析，数据的标准化公式可以简化为

$$x_{ij}^* = \frac{x_{ij}}{\sigma_j} \tag{6-4-2}$$

基于式（6-4-2）给出的标准化数据计算欧氏距离，得到的是所谓精度加权距离。实际上，容易证明，基于式（6-4-1）的欧氏距离与基于式（6-4-2）的欧氏距离完全一样。因此，所谓标准欧氏距离与精度加权距离没有区别。

利用精度加权距离和重心法进行聚类的程序如图 6-4-4 所示。聚类的结果如图 6-4-5 所示，相关系数 $C = 0.739\ 5$。精度加权距离矩阵如图 6-4-6 所示，这个矩阵与标准欧氏距离（SEuclid）矩阵结果一样。

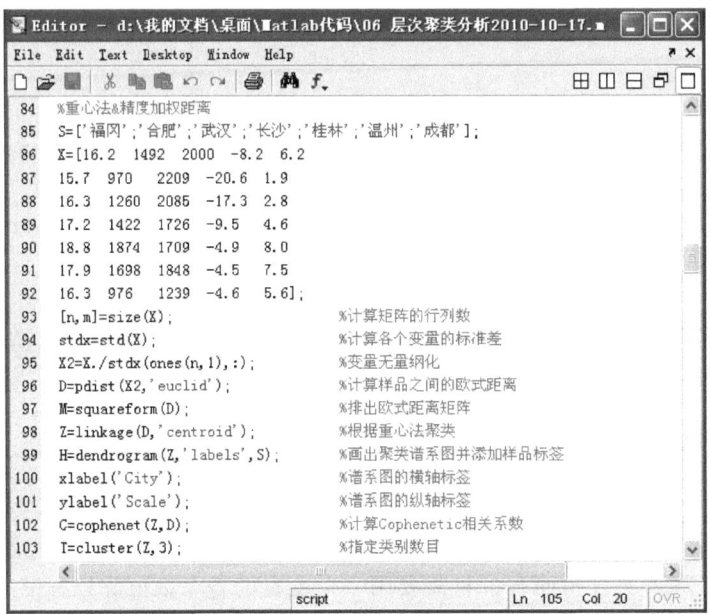

图 6-4-4 基于精度加权距离和重心法的聚类程序

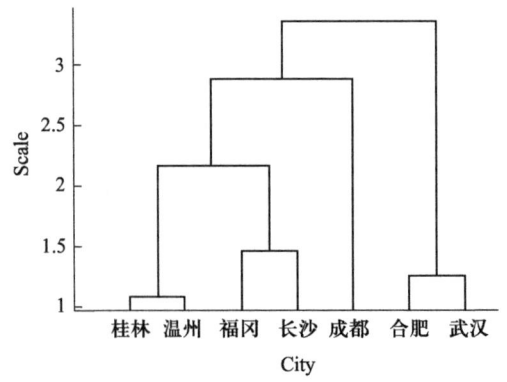

图 6-4-5 基于精度加权距离和重心法的聚类谱系图

6.4 距离的选择与处理　177

	1	2	3	4	5	6	7
1	0	3.1812	2.1692	1.4574	2.9101	1.8957	2.8845
2	3.1812	0	1.2539	3.1879	5.4949	4.6756	4.2625
3	2.1692	1.2539	0	2.0499	4.3017	3.5171	3.6057
4	1.4574	3.1879	2.0499	0	2.5587	1.8428	2.3312
5	2.9101	5.4949	4.3017	2.5587	0	1.0798	3.9033
6	1.8957	4.6756	3.5171	1.8428	1.0798	0	3.2941
7	2.8845	4.2625	3.6057	2.3312	3.9033	3.2941	0

图 6-4-6　精度加权距离矩阵

6.4.3　主成分得分与马氏距离

如果利用主成分得分进行聚类，并且采用标准化欧氏距离，则相当于借助马氏距离（Mahal）进行聚类。下面给出的程序，首先调用了主成分分析子程序 princomp，利用主成分得分 score 计算标准化欧氏距离，然后聚类（图 6-4-7）。

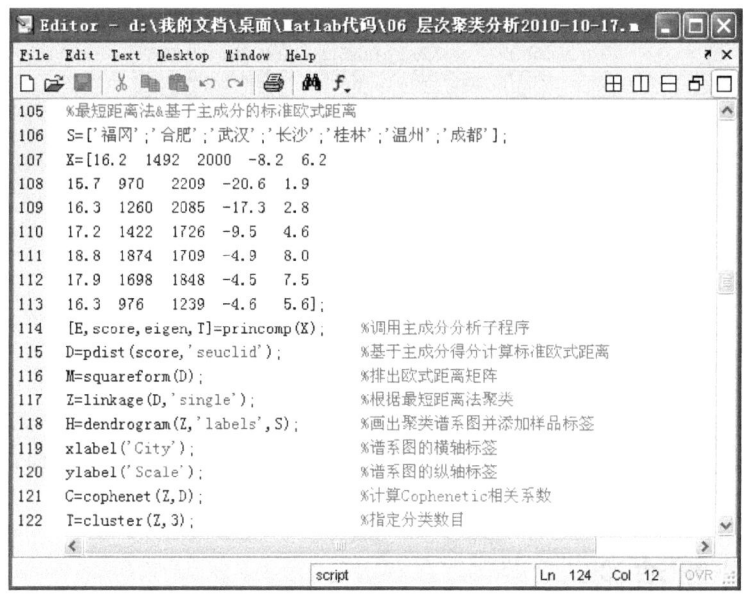

图 6-4-7　基于主成分的标准欧氏距离和最短距离法的聚类程序

上面的程序给出的聚类结果与利用马氏距离和最短距离法基于原始数据进行分类的结果一样（图 6-4-8），相关系数 $C=0.5509$。

基于非标准化数据的主成分得分如图 6-4-9 所示。将其标准化，然后计算欧氏距离，得到的正是马氏距离（图 6-4-10）。

178　第 6 章　层次聚类分析

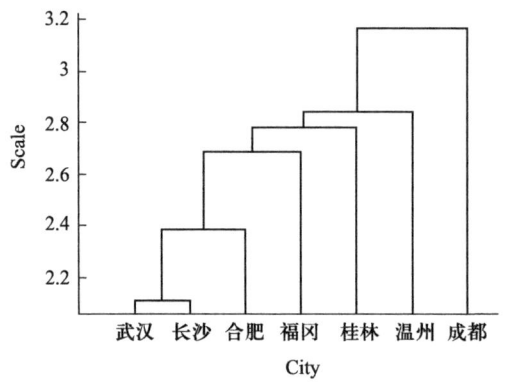

图 6-4-8　基于主成分得分的标准欧氏距离和
最短距离法的聚类谱系图

	1	2	3	4	5
1	129.95	152.5	3.4165	-0.30845	-0.31629
2	-357.96	432.26	-0.20512	0.45766	0.10451
3	-88.035	269.09	-2.204	-0.25043	-0.13188
4	22.461	-109.03	-1.8915	-0.60346	0.23156
5	467.72	-188.82	-2.2058	0.44188	-0.19291
6	312.81	-26.721	2.335	0.14593	0.37569
7	-486.95	-529.28	0.75499	0.11688	-0.070673

图 6-4-9　基于非标准化数据的非标准化主成分得分矩阵

	1	2	3	4	5	6	7
1	0	3.4488	2.6876	3.4189	3.462	3.1587	3.3591
2	3.4488	0	2.3871	3.4563	3.4355	2.9914	3.2601
3	2.6876	2.3871	0	2.1151	2.7807	3.3789	3.1948
4	3.4189	3.4563	2.1151	0	3.3972	2.8425	3.1667
5	3.462	3.4355	2.7807	3.3972	0	3.21	3.387
6	3.1587	2.9914	3.3789	2.8425	3.21	0	3.4159
7	3.3591	3.2601	3.1948	3.1667	3.387	3.4159	0

图 6-4-10　基于标准化主成分得分的欧氏距离矩阵（与马氏距离相同）

6.5　聚类分析结论

聚类分析的关键是采用适当的距离和聚类方法。距离的选择最好要排除量纲的影响，采用标准化欧氏距离或者精度加权距离比较合适。至于聚类方法，最短距离法太收缩，最长距离法太扩张。这两种方法简明易懂，但属于极端性的归类处理方法。比较合适的方法是重心法、平均法和权重法等。当然，对于不同的研究对象，距离和聚类方法的采用不尽相同。对于本章讲到的例子，如果不排除量纲的影响，不论采用何种方法，聚类结果都不尽如人意。考察原始数据可以看出，日照时数和降水量（以千位数为主）与另外三个变量（以个位和十位数为主）在数量尺度上相差太大，故日照时数和降水量的影响会被过分夸大，而气温的影响则相对削弱。可是，对于植物引种问题，年极端气温却是非常重要的门槛性问题。在这种情况下，必须考虑统一变量的量纲。

多方面的试验表明，采用精度加权距离或者标准化欧氏距离是合适的选择。至于聚类方法，可以在重心法、平均法和权重法（即加权平均法）三者中任选一种方法。虽然采用这些方法存在聚类过程的细节差异，但最终结论没有区别。根据基于标准欧氏距离和权重法的聚类结果可知，长沙是福冈甜橘引种的第一候选对象；桂林、温州为第二候选对象；成都为第三候选对象（图6-5-1）。至于合肥和武汉，由于年极端气温太低，可以从候选对象中排除，或者作为最后的选择对象。

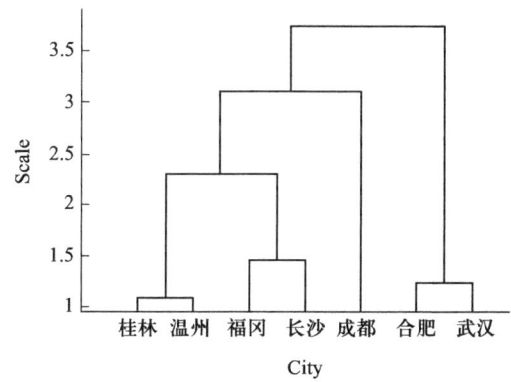

图 6-5-1　基于标准欧氏距离和加权平均法的聚类谱系图

6.6　小结

聚类分析的数学原理并不复杂，Matlab在聚类分析方面的功能已经比较完善。借助Matlab，可开展层次聚类、快速聚类和判别分析。利用Matlab进行层次聚类，关键是要掌握几个常用的聚类分析子程序，包括成对距离计算函数、距离方阵形成函数、层次聚类函数、树形图函数以及聚类结果表示函数。掌握这些函数的使用语法以及常用参数，就可以开展各种各样的系统分类了。聚类方法的理解虽然不难，但具体实现却是非常繁琐的事情。有时为了得到一个令人满意的分类结果，需要研究人员反复试验，不断比较，综合分析，最后才能得出较好的聚类方案。

要想成功地应用聚类，单纯掌握Matlab的有关函数是不够的，还需要了解常用的各种距离以及聚类方法。借助Matlab进行数学试验，有助于读者了解不同距离的特点、联系以及区别。同时，反复尝试Matlab的聚类分析，也有助于熟悉不同聚类方法的优势和不足之处。不管采用何种方法聚类，有两个方面一定要特别注意：一是变量的量纲要统一。从本章的简单案例可以看出，采用同样的距离和聚类方法，基于标准化数据和非标准化数据的结果相差很大。

量纲差异会加重一些变量的作用，使得另外一些变量的作用减轻。只有采用标准欧氏距离或者精度加权距离，才能限制量纲的负面影响。二是变量相关的问题要避免。有时候，不同变量之间彼此关联，有些方面的信息加重，另外一些方面的信息则相对减轻，于是聚类结果与实际情况形成偏差。在这种情况下，采用马氏距离或者基于主成分得分进行聚类，才能得到令人满意的分类方案。

第 7 章

判别分析

判别分析（discriminant analysis）属于广义的聚类分析，主要用于判断样品所属类别。它是在一批样品已经明确分类的前提下，对一些后续得来的、类别归属不详的样品进行归类。判别分析有多种方法，包括距离判别法、Fisher 判别法、Bayes 判别法、逐步判别法等。其中，最为基本的是距离判别法，该方法是基于马氏距离发展起来的一种线性判别技术。Matlab 提供了三种判别方式：线性判别、二次判别和马氏判别。对于现实问题，如果线性判别结果令人满意，采用线性判别分析即可。如果线性判别的准确率较低，可以考虑采用二次判别和马氏判别。虽然二次判别和马氏判别的准确性更高，但应用局限性也更为明显。本章以 1998 年世界各国的发展水平分类为例，说明利用 Matlab 开展判别分析的基本方法，并且演示详细的计算过程，帮助读者了解判别分析的数学原理。

7.1 案例和判别函数

7.1.1 数据及其来源

本章着重将讲述两个例子，数据来源于联合国开发计划署（UNDP）发表的《2000 年人类发展报告》。最后讲述的聚类-判别综合分析也是采用这套数据。UNDP 的人类发展报告借助"出生时预期寿命、成人识字率、人均地区生产总值（GDP）"等指标将全世界的国家分为三类：高水平人类发展、中等水平人类发展和低水平人类发展。对于二分类的例子，只考虑其中两类国家：第一类为高水平人类发展（抽取 6 个国家作为训练样本）；第二类为中等水平人类发展（抽取 8 个国家作为训练样本）。另外，从第一类和第二类国家中抽取 4 个国家作为待判样品。指标选用三个：出生时预期寿命、成人识字率和人均 GDP（表 7-1-1）。对于三分类的例子，按比例分别从高水平人类发展、中等水平人类发展和低水平人类发展国家提取训练样本（比例约为 1/4）和待判样品（比例约为 1/10）。样本提取信息列于表 7-1-2 中。分析指标在出生时预期寿命、成人识字率和人均 GDP 的基础上外加一个城镇人口比重。由于提取的样本较大，连同原始数据存入光盘备用。所有国家的分类结果 UNDP 已经给出，故事先已经知道，便于我们对判别分析的效果进行验证。

表 7-1-1　两类国家的三种变量及其判别得分（1998 年）

类别	序号	国家	出生时预期寿命/岁	成人识字率（占 15 岁以上人口的百分比）/%	人均 GDP/美元
第一类	1	加拿大	79.1	99.0	23 582
第一类	2	美国	76.8	99.0	29 605
第一类	3	日本	80.0	99.0	23 257
第一类	4	瑞士	78.7	99.0	25 512
第一类	5	阿根廷	73.1	96.7	12 013
第一类	6	阿拉伯联合酋长国	75.0	74.6	17 719
第一类平均值			77.117	94.550	21 948
第二类	7	古巴	75.8	96.4	3 967
第二类	8	俄罗斯	66.7	99.5	6 460
第二类	9	保加利亚	71.3	98.2	4 809
第二类	10	哥伦比亚	70.7	91.2	6 006
第二类	11	格鲁吉亚	72.9	99.0	3 353
第二类	12	巴拉圭	69.8	92.8	4 288
第二类	13	南非	69.4	77.8	4 036
第二类	14	埃及	66.7	53.7	3 041
第二类平均值			70.413	88.575	4 495
总计平均值			73.286	91.136	11 975
待判样品	15	瑞典	78.7	99.0	20 659
待判样品	16	希腊	78.2	96.9	13 943
待判样品	17	罗马尼亚	70.2	97.9	5 648
待判样品	18	中国	68.0	82.8	3 105

资料来源：UNDP（2001）。

表 7-1-2　三分类案例的样本提取信息（1998 年）

类别	总数	样本大小（提取比例约 1/4）	待判样品数目（提取比例约 1/10）
第一类	46	12	5
第二类	93	23	9
第三类	35	9	4
总计	174	44	18

7.1.2 判别函数的调用方法

Matlab 的判别分析通过函数 classify 调用判别分析子程序。Classify 函数的语法结构如下

$$\text{Class}=\text{classify}(\text{Sample},\text{Training},\text{Group})$$

其中，Sample 为待判样本矩阵；Training 为训练样本矩阵；Group 为训练样本的类别向量。这个向量的数值可以采用 0、1 之类的名义变量表示，也可以采用 1、2、3 之类的顺序变量表示。必须注意，待判样本矩阵 Sample 和训练样本矩阵 Training 的列数必须相同；训练样本 Training 与类别向量 Group 必须有相同的行数——Group 中的分类数值应与 Training 的有关样品的类别一一对应，不能错乱。如果 Group 中出现"NaN"或者空格，则 classify 在判别过程中会以缺失值的方式忽略相应的样品。Class 给出待判样本中各个样品的类别，其数值表达方式与 Group 一致：如果 Group 采用 0、1 变量表示，则 Class 的输出结果也以 0、1 表示；如果 Group 采用顺序变量表示，则 Class 的输出结果也以顺序变量表示。

以表 7-1-1 为例，高水平人类发展的 6 个国家为一个样本（第一类），中等水平人类发展的 8 个国家为另一个样本（第二类）。这两个样本可以合并成 14 个样品构成的训练样本，用 T 表示其矩阵（14 行）。相应地，分类向量可以用 G 表示，它包含 14 个元素，不妨采用 6 个 0 代表第一类，8 个 1 代表第二类。当然，也可以采用 6 个 1 代表第一类，8 个 2 代表第二类。因此，G 是一个 14 行的列向量，每个元素的数值对应于 T 中相应国家的类别。表中的最后 4 个国家形成待判样本，不妨用 S 表示其矩阵。Class 最后给出的将是 4 个数值形成的列向量，每一个数值代表相应国家的类别判断结果。

更复杂一点，classify 函数可以采用如下语法结构

$$[\text{Class},\text{Err}]=\text{classify}(\text{Sample},\text{Training},\text{Group})$$

其中，Err 表示误判误差率（misclassification error rate），即计算公式为

$$\text{Err}=\frac{\text{训练样本中归类错误的样品数}\times\text{先验概率值}}{\text{训练样本中的样品数}}$$

先验概率值可以由后面讲到的 Prior 选项给出，默认值为 1 除以类别数。

Classify 函数默认的判别方式是线性距离判别。除了线性判别之外，还有二次判别和马氏判别。可以采用如下语法结构调用不同的判别函数

$$[\text{Class},\text{Err}]=\text{classify}(\text{Sample},\text{Training},\text{Group},\text{Type})$$

其中，Type 有三种选项：选择 'linear' 意味着采用线性判别；选择 'quadratic' 表明采用二次判别；选择 'mahalanobis' 意味着采用马氏判别。

如果进一步将语法结构表示为

[Class,Err]=classify(Sample,Training,Group,Type,Prior)

则可以设定判别分析的先验概率（prior probability）。其中，Prior 可以是一个数值向量，每一个数值对应于 Group 中相应类别的发生概率。如果二分类判别，则 Piror 向量有两个数值；如果是三分类，则有三个数值。以表 7-1-1 所示的二分类为例，查原始数据表发现，第一类国家总数为 46 个，第二类国家总数为 93 个，两类之和为 139 个。故概率向量可取 [46/139, 93/139]，或者简单地近似为 [0.3, 0.7]。假如不用数值，而是采用 'empirical'，则意味着根据训练样本中的类别数经验地估计先验概率。对于表 7-1-1 中的二分类，设定 'empirical' 意味着概率向量为 [6/14, 8/14]。如果 Prior 项缺省，那就意味着采用等概率向量，即均匀分布概率 [1/2, 1/2]。

如果考虑三分类，根据表 7-1-2 中的数据，各类样品数的比例分别为 46/174、93/174、35/174，概率向量可以近似设为 [0.3, 0.5, 0.2]；如果取 'empirical'，则意味着概率向量为 [12/44, 23/44, 9/44]，近似为 [0.3, 0.5, 0.2]；如果缺省，则意味着概率向量为 [1/3, 1/3, 1/3]。先验概率值影响 Err 值的计算结果。顺便说明，除非计算误差率，采用马氏判别的时候不需要设定先验概率值。

7.2 直接判别

7.2.1 二分类判别分析

在 Matlab 中，根据前述语法结构，采用判别分析函数 classify，可以非常快速地给出判别结果。判别分析的步骤如下。

第一步，整理并保存数据。表 7-1-1 中列出两类国家作为训练样本：第一类 6 个国家，表示为矩阵 C1；第二类 8 个国家，表示为矩阵 C2。待判样品为 4 个国家，表示为矩阵 S（图 7-2-1）。通过编辑窗口将这三个样本形成的数据表以文件名"UNDP2.m"保存于 Matlab 的 work 文件夹中。

第二步，调用判别分析函数。首先，在 Matlab 的命令窗口输入文件名"UNDP2"，将数据导入内存。然后，将两个样本矩阵上下连接，形成一个 16 行的训练样本矩阵，用 T 表示。假定第一类别用 0 表示，第二类别用 1 表示，则接下来可以借助 0 数组函数 zeros 和 1 数组函数 ones 生成一个与训练样本对应的类别向量，用"G"表示。其中，0 的个数由 C1 的长度决定；1 的个数由 C2 的长度决定。借助矩阵长度函数 length 可以规定 G 中 0 和 1 的数量。最后，按照规定的语法结构调用函数 classify 即可，最简单的语句就是"[Class,E]=classify(S,T,G)"（图 7-2-2）。

7.2 直接判别

图 7-2-1 训练样本和待判样品的数据整理结果

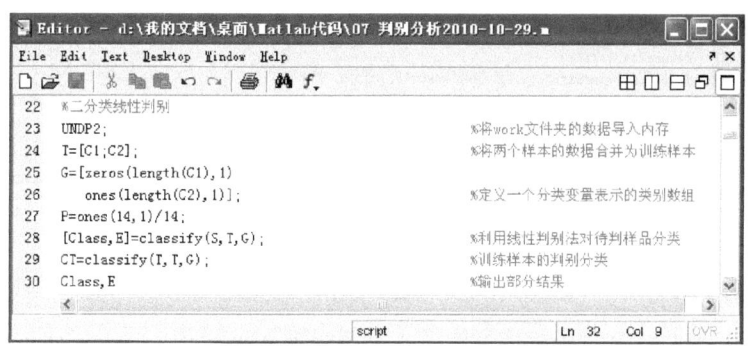

图 7-2-2 二分类线性判别分析的简单计算程序

第三步，运行计算程序并输出结果。在命令窗口运行图 7-2-2 所示的计算程序，立即输出如下结果：Class = [0 0 1 1]'；E = 0.083 3。这表明，待判样品分为两类：瑞典、希腊类别为 0，属于第一类——高水平人类发展国家；罗马尼亚、中国类别为 1，属于第二类——中等水平人类发展国家。误判误差率为 0.083 3。在命令窗口输入如下语句

```
CT=classify(T,T,G)
```

则 CT 给出训练样本自身的判别结果。可以看到，第一类（0）6 个样品有一个误判为第二类（1），第二类 8 个样品全部判断正确。先验概率选择项缺省，视为等概率 0.5，故误判误差率为 $0.5 * 1/6 = 0.083\ 3$。

如果在判别函数中赋予先验概率 [0.3, 0.7]，则有关语句改为"[Class,E] =

classify(S,T,G,[],[0.3,0.7])"，则误差率输出结果为 $E=0.3*1/6=0.05$。假如第一类判别完全正确，第二类有一个错误，则误差为 $E=0.7*1/8=0.0875$。

如果采用二次判别法，则不但待判样品归属无误，而且训练样本各要素的归属也完全正确，故误判误差率为 $E=0$。二次判别分析的计算程序与线性判别几乎一样，差别在于是否采用选项 'quadratic'（图 7-2-3）。只要将二次判别计算程序中的 'quadratic' 替换为 'mahalanobis' 或其缩写 'mahal'，就得到马氏判别计算程序。马氏判别的结论与二次判别的结论完全一样。

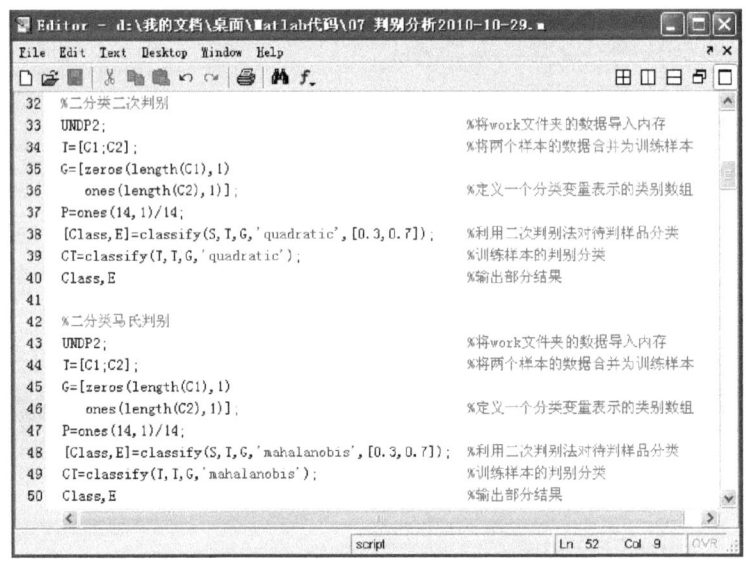

图 7-2-3　二分类判别分析的二次判别和马氏判别程序

7.2.2　三分类判别分析

只要学会了二分类判别，就不难掌握三分类以至多分类判别。UNDP 给出了全球 174 个国家的高、中、低三种发展水平的分类。现在，不妨从高水平人类发展的 46 个国家中提取 12 个国家，从中等人类发展水平的 93 个国家中提取 23 个国家，从低水平人类发展的 35 个国家中提取 9 个国家，这 44 个国家作为三种类别的训练样本。最后，从第一类别的国家中提取 5 个，第二类别中提取 9 个，第三类别中提取 4 个，这些作为待判样品（表 7-1-2）。待判样本的要素与训练样本的要素不存在重复现象。最后，借助出生时预期寿命、成人识字率、人均地区生产总值（GDP）以及城镇人口比重四个指标对待判样品进行判别分析（表 7-2-1）。

分析过程与二分类大同小异。将训练样本的数据分为三组，分别命令为 C1、C2 和 C3；待判样品作为一组，以 S 表示。通过编辑窗口将这些数据以"UNDP3"为文件名保存在 Matlab 的 work 文件夹中。接下来，将二分类计算程序稍加改变，就可以进行三分类判别分析了（图 7-2-4）。

表 7-2-1　三类国家的四种变量及其判别得分 (1998 年)

国家名称	人均 GDP/美元	城镇人口比重/%	成人识字率/%	出生时预期寿命/岁	类别	判别结果
德国	22 169	87.1	99.0	77.3	1	1
丹麦	24 218	85.5	99.0	75.7	1	1
奥地利	23 166	64.5	99.0	77.1	1	1
卢森堡	33 505	90.4	99.0	76.8	1	1
爱尔兰	21 482	58.1	99.0	76.6	1	1
格鲁吉亚	3 353	59.7	99.0	72.9	2	2
毛里求斯	8 312	40.9	83.8	71.6	2	2
利比亚	6 697	86.8	78.1	70.2	2	2
哈萨克斯坦	4 378	60.8	99.0	67.9	2	2
巴西	6 625	80.2	84.5	67.0	2	2
沙特阿拉伯	10 158	84.7	75.2	71.7	2	2
泰国	5 456	20.9	95.0	68.9	2	2
菲律宾	3 555	56.9	94.8	68.6	2	2
乌克兰	3 194	71.6	99.0	69.1	2	2
吉布提	1 266	82.9	62.3	50.8	3	3
海地	1 383	33.6	47.8	54.0	3	3
尼日利亚	795	42.2	61.1	50.1	3	3
刚果民主共和国	822	29.6	58.9	51.2	3	3

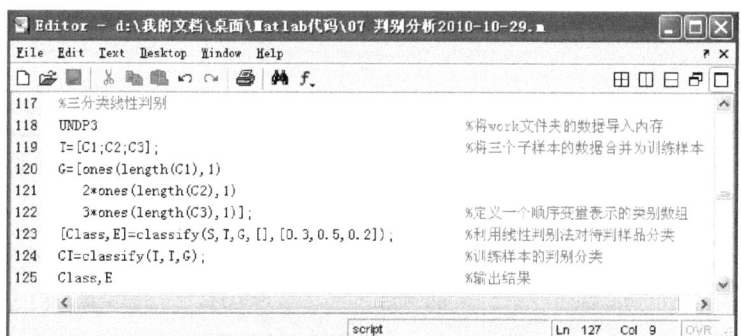

图 7-2-4　三分类线性判别分析的简单计算程序

说明两点：第一，三种类别采用顺序变量 1、2、3 表示；第二，由于训练样本中三组数据的协方差都有负数，二次判别和马氏判别不再适用，只能采用线性判别。因此，类型选择 'linear' 或者缺省。

7.3 详细计算过程

7.3.1 构造判别函数

如果仅需要判别分析的结果,则掌握了 Matlab 的 classify 函数应用方法就够了。但是,如果读者希望了解判别分析的基本原理,那就有必要开展详细的计算了。下面以二分类距离判别为例,基于 Matlab 给出详细的演算程序。

距离判别分析的计算过程可以分为如下几个步骤完成。

第一步,计算样本均值。 完成了如前所述的数据准备工作,就可以逐步进行计算。首先,计算样本均值。Matlab 用于计算均值的函数为 mean。借助这个函数可以计算两个训练样本的均值、两样本合并后的均值、两个样本均值的均值以及第一个训练样本与第二个训练样本的均值之差。采用如下语句即可

```
UNDP2;
T=[C1;C2];
A1=mean(C1);A2=mean(C2);
A=mean(T);
Ad=A1-A2;
Am=mean([A1;A2]);
```

这里,A1、A2 和 A 分别表示第一组的平均值、第二组的平均值和两组的总计平均值;Am 表示两个平均值的平均值;Ad 则为第一个样本和第二个样本的平均值之差。全部计算结果见表 7-3-1。

表 7-3-1 均值的计算结果

变量	第一组的平均值 (A1)	第二组的平均值 (A2)	平均值之差 (Ad)	平均值的平均值 (Am)	总计平均值 (A)
出生时预期寿命	77.116 7	70.412 5	6.704 2	73.764 6	73.285 7
成人识字率	94.55	88.575	5.975	91.562 5	91.135 7
人均 GDP	21 948	4 495	17 453	13 221.5	11 974.857 1

第二步,计算样本协方差。 计算协方差的 Matlab 函数为 cov。首先,定义三个数组的行数

```
n1=length(C1);n2=length(C2);n=length(T);
```

由此得出 $n_1=6$、$n_2=8$ 和 $n=14$。然后，编写两个计算协方差的语句"CV1=cov(C1)"和"CV2=cov(C2)"，分别计算第一个数组和第二个数组的协方差。两个协方差矩阵列表如表7-3-2和表7-3-3所示。

表 7-3-2 第一组协方差的计算结果

	出生时预期寿命	成人识字率	人均GDP
出生时预期寿命	7.093 7	12.177 0	11 818.060 0
成人识字率	12.177 0	96.367 0	25 207.620 0
人均GDP	11 818.060 0	25 207.620 0	38 460 769.600 0

表 7-3-3 第二组协方差的计算结果

	出生时预期寿命	成人识字率	人均GDP
出生时预期寿命	9.292 7	24.946 1	−896.828 6
成人识字率	24.946 1	248.430 7	9 599.814 3
人均GDP	−896.828 6	9 599.814 3	1 456 219.428 6

与 Mathcad 等软件不同，Matlab 计算协方差采用如下公式

$$\mathrm{cov}(x,y)=\frac{1}{n-1}\sum_{i=1}^{n}(x_i-\bar{x})(y_i-\bar{y}) \tag{7-3-1}$$

后面计算马氏距离将利用平均结果，故需要将协方差转换为交叉乘积和（sum of cross products），即

$$S_{xy}=(n-1)\mathrm{cov}(x,y)=\sum_{i=1}^{n}(x_i-\bar{x})(y_i-\bar{y}) \tag{7-3-2}$$

在 Matlab 中，这个计算过程只需要利用常数与矩阵的乘法就可以方便地实现。第一组数据的样品数为 $n_1=6$，用 5 乘以协方差矩阵 $\mathbf{CV}_1$ 得到 S_1。第二组样品数为 $n_2=8$，用 7 乘以协方差矩阵 $\mathbf{CV}_2$ 得到交叉乘积和矩阵 S_2。计算公式为"S1=(n1−1)*CV1, S2=(n2−1)*CV2"。交叉乘积和的计算结果列表如下（表 7-3-4 和表 7-3-5）。

表 7-3-4 第一组交叉乘积和的计算结果

	出生时预期寿命	成人识字率	人均GDP
出生时预期寿命	35.468 3	60.885 0	59 090.300 0
成人识字率	60.885 0	481.835 0	126 038.100 0
人均GDP	59 090.300 0	126 038.100 0	192 303 848.000 0

190 第 7 章 判别分析

表 7-3-5 第二组交叉乘积和的计算结果

	出生时预期寿命	成人识字率	人均 GDP
出生时预期寿命	65.048 7	174.622 5	-6 277.800 0
成人识字率	174.622 5	1 739.015 0	67 198.700 0
人均 GDP	-6 277.800 0	67 198.700 0	10 193 536.000 0

根据上面的结果，借助如下公式估计两个样本数据的共同协方差矩阵（pooled within-group matrix），实际上是第一组抽样协方差矩阵与第二组抽样协方差矩阵的加权平均值

$$\hat{\Sigma} = \frac{1}{n_1+n_2-2}(S_1+S_2) = \frac{1}{n-2}(S_1+S_2) \tag{7-3-3}$$

在 Matlab 的命令窗口中输入公式"sigma=(S1+S2)/(n-2)"，立即得到表 7-3-6 所示的结果，其逆矩阵 *M* 的值列入表 7-3-7 中。至此，完成了估算判别模型参数的全部准备工作，这一部分的计算程序如图 7-3-1 所示。

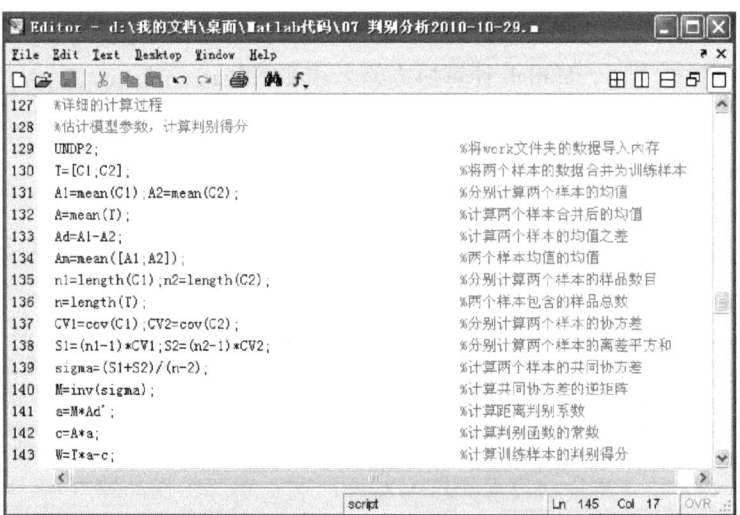

图 7-3-1 判别模型参数和判别得分的估算过程

表 7-3-6 两个样本共同协方差的估计值

	出生时预期寿命	成人识字率	人均 GDP
出生时预期寿命	8.376 4	19.625 6	4 401.041 7
成人识字率	19.625 6	185.070 8	161 03.066 7
人均 GDP	4 401.041 7	16 103.066 7	16 874 782.000 0

表 7-3-7　两组共同协方差矩阵的逆矩阵

	出生时预期寿命	成人识字率	人均 GDP
出生时预期寿命	0.171 631 980 4	−0.015 601 084 4	−0.000 029 875 0
成人识字率	−0.015 601 084 4	0.007 310 721 1	−0.000 002 907 5
人均 GDP	−0.000 029 875 0	−0.000 002 907 5	0.000 000 069 8

第三步，构造线性判别函数并计算得分。首先，计算距离判别系数向量。引用前面的计算结果，判别系数公式为

$$a = \hat{\Sigma}^{-1}(\overline{X}_1 - \overline{X}_2)$$

$$= \begin{bmatrix} 0.171\ 631\ 980\ 4 & -0.015\ 601\ 084\ 4 & -0.000\ 029\ 875\ 0 \\ -0.015\ 601\ 084\ 4 & 0.007\ 310\ 721\ 1 & -0.000\ 002\ 907\ 5 \\ -0.000\ 029\ 875\ 0 & -0.000\ 002\ 907\ 5 & 0.000\ 000\ 069\ 8 \end{bmatrix} \begin{bmatrix} 6.704\ 2 \\ 5.975\ 0 \\ 174\ 53.000\ 0 \end{bmatrix}$$

$$= \begin{bmatrix} 0.536\ 0 \\ -0.111\ 7 \\ 0.001\ 0 \end{bmatrix} \tag{7-3-4}$$

式中，$\overline{X}_1$ 和 $\overline{X}_2$ 分别表示第一、第二两个数组的均值向量。在 Matlab 中，计算语句为 "a = M * Ad'" 或者 "a = M * (A1-A2)'"，由此得到判别系数向量。

线性判别函数可以表作

$$W(X) = (X - \overline{X}^*)a = Xa - \left[\frac{1}{2}(\overline{X}_1 + \overline{X}_2)\right]a \approx Xa - \overline{X}a \tag{7-3-5}$$

式中，$\overline{X}^*$ 表示两个数组均值的均值；$\overline{X}$ 表示联合数组 X 的均值。根据距离判别函数的推导过程可知，判别函数的常数应该为

$$c = \overline{X}^* a = \left[\frac{1}{2}(\overline{X}_1 + \overline{X}_2)\right]a = [73.764\ 6\quad 91.562\ 5\quad 13\ 221.500\ 0] \begin{bmatrix} 0.536\ 0 \\ -0.111\ 7 \\ 0.001\ 0 \end{bmatrix} = 42.551\ 1$$

在 Matlab 中，容易通过语句 "c = Am * a" 得到 $c = 42.551\ 1$。但是，在实际中，常数值取

$$\overline{X}a = [73.285\ 7\quad 91.135\ 7\quad 11\ 974.857\ 1] \begin{bmatrix} 0.536\ 0 \\ -0.111\ 7 \\ 0.001\ 0 \end{bmatrix} = 41.094\ 1$$

也就是说，在估计模型常数的时候，人们采用总计平均值代替了两个样本平均值的均值。在命令窗口输入语句"c=A*a"，立即得到判别函数的常数项估计值 $c=41.0941$。于是，线性判别模型便是

$$W(X) = 0.536\,0x_1 - 0.111\,7x_2 + 0.001\,0x_3 - 41.094\,1$$

式中，x_1 表示出生时预期寿命向量；x_2 表示成人识字率向量；x_3 表示人均 GDP 向量。线性判别函数在形式上就是一个线性回归模型，其中常数项相当于截距，判别系数就是斜率。

有了判别模型，就可以计算各个训练样本中各个样品的得分，进而计算待判样品的得分。承接前面的计算程序，在 Matlab 中，可以采用语句 "W=T*a-c" 计算判别得分值（图 7-3-1）。这个语句也可以分解为如下两个语句

```
Av=A(ones(n,1),:);
W=(T-Av)*a;
```

7.3.2 数值的规范化处理

判别函数和判别值的规范化并非必要步骤。有了上面的计算结果，读者已经可以对待判样品进行归类。规范化处理的目的之一是使得数值更为直观。当然，这里还有一个特殊的目的，就是为了便于读者借助 SPSS 验证计算结果。反过来，可以通过 Matlab 的逐步计算加深理解 SPSS 的判别分析功能。统计分析软件 SPSS 的判别分析得分值都经过规范化处理了。

将第一组的平均值，即样本 1 的均值代入判别模型，得到第一组的重心值

$$w_1 = 0.536 * 77.116\,7 - 0.111\,7 * 94.55 + 0.001 * 21\,948 - 41.094\,1 = 11.655\,5$$

这个数值等于第一组判别值的平均值。将第二组的平均值，即样本 2 的均值代入判别函数给出第二组的重心值

$$w_2 = 0.536 * 70.412\,5 - 0.111\,7 * 88.575 + 0.001 * 4\,495 - 41.094\,1 = -8.741\,7$$

这个数值等于第二组判别值的平均值。

上述计算在 Matlab 中非常简单。承继前面的计算过程，在命令窗口输入语句 "w1=A1*a-c,w2=A2*a-c"，即可计算两个样本得分的重心值为 $w_1=11.655\,5$，$w_2=-8.741\,7$。将两组的总计均值代入判别函数式可得

$$w_0 = 0.536 * 73.285\,7 - 0.111\,7 * 91.135\,7 + 0.001 * 11\,974.857\,1 - 41.094\,1 = 0$$

这个数值等于全体判别值之和。也就是说，将两个样本总和的重心位置（centroid）定义为 0

(表7-1-1)。在命令窗口输入"w0=A*a-c"并回车,立即验证它们共同的重心值为0。

由两组重心值可以计算一个规范化系数

$$co = \sqrt{|w_1| + |w_2|} = (|11.6555| + |-8.7417|)^{\frac{1}{2}} = 4.5163$$

用规范化系数除判别函数的常系数,可以得到规范化判别函数(canonical discriminant function),即

$$W(x_i) = \frac{1}{4.5163}(0.536x_{i1} - 0.1117x_{i2} + 0.001x_{i3} - 41.0941)$$
$$= 0.1187x_{i1} - 0.0247x_{i2} + 0.0002x_{i3} - 9.0990$$

借助规范化判别函数计算各个样品的判别值,得到规范化判别得分。当然,利用规范化系数去除前面计算的、未经规范化处理的判别得分,同样可以得到规范化判别得分。在Matlab中继续前面的计算,输入语句"co=(abs(w1)+abs(w2))^0.5",计算判别得分的规范化系数co。用规范化系数除模型系数和常数,得到规范化模型系数和常数,语句为"ac=a/co,cc=c/co"。然后借助语句"V=W/co",用规范化系数co除判别得分,可将训练样本的得分规范化。

最后,编写一个简单的计算程序,给出以0、1表示的判别结果。可以看到,在第一个训练样本中,只有第五个样品划归为第二类,其余都为第一类;第二个训练样本中,所有样品都划归为第二类。采用类似的程序处理待判样品,结果是瑞典、希腊的预测类别为0;罗尼尼亚和中国的预测类别为1。上述计算过程经整理之后,结果如图7-3-2所示。

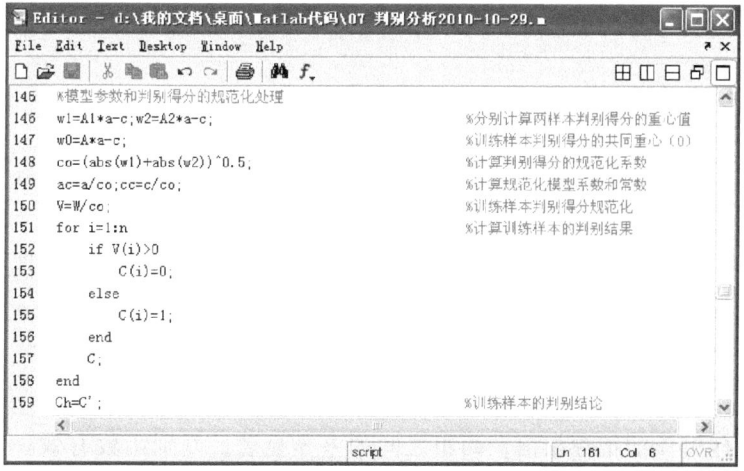

图7-3-2 判别函数的规范化处理和判别结果输出

7.3.3 判别函数检验

7.3.3.1 样本显著性差异的 F 检验

判别检验主要是 F 检验，用以判断两组之间的差异是否显著。如果第一组和第二组之间没有显著性差异，则分类无效，从而判别函数也就没有用途。这其中的道理比较简单。判别分析的前提是聚类分析，聚类分析的前提是不同样本之间存在显著性差异。如果第一个样本（高发展水平）与第二个样本（中等发展水平）之间没有明确的差别，则无法保证分类是有效的。以不明确的分类作为训练样本开展判别分析，结果当然令人难以置信。F 值的计算公式为

$$F = \frac{(n_1 + n_2 - 2) - m + 1}{(n_1 + n_2 - 2)m} T^2 \tag{7-3-6}$$

其中

$$T^2 = (n_1 + n_2 - 2) \left[\sqrt{\frac{n_1 n_2}{n_1 + n_2}} (\overline{X}_1 - \overline{X}_2)' S^{-1} \sqrt{\frac{n_1 n_2}{n_1 + n_2}} (\overline{X}_1 - \overline{X}_2) \right] \tag{7-3-7}$$

式中，$n_1 = 6$，为第一类（组）的样品数；$n_2 = 8$，为第二类（组）的样品数；$m = 3$，为变量数；圆括号中的两个 X 分别代表两组均值向量（在 Matlab 中分别用 A1 和 A2 表示）；S^{-1} 为两个样本的交叉乘积和矩阵的逆矩阵，即有 $M = S^{-1}$。

在 Matlab 中，利用如下程序容易算出 F 值

```
[n,m]=size(T);
Sc=S1+S2;
Si=inv(Sc);
T2=(n-2)*(n1*n2/n*(A1-A2)*Si*(A1-A2)');
F=(n-m-1)/(n-2)/m*T2;
```

结果为 $F = 19.4259$。然后，利用语句 "Fc=finv(1-0.05,m,n-m-1)"，即可查出显著性水平为 0.05 的 F 临界值 $F_c = 3.7083$。可见，F 值大于临界值，即有

$$F = 19.4259 > F_{0.05} = 3.7083$$

这意味着，我们有 95% 的把握相信，两组之间的差异显著，判别函数有效。全部计算过程如图 7-3-3 所示。

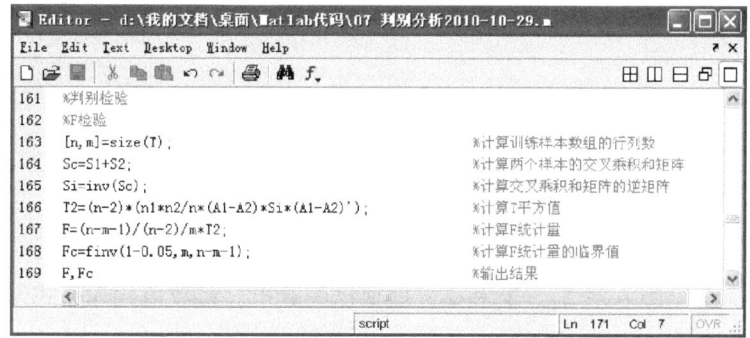

图 7-3-3　判别函数 F 检验的计算过程

7.3.3.2　等方差性检验

判别分析的基本假设之一是不同组的协方差矩阵相等。对于二分类，理论上要求如下关系成立

$$\Sigma_1 = \Sigma_2 \tag{7-3-8}$$

可是，对于实际的研究对象，两个协方差矩阵的估计值一般不相等，即

$$\hat{\Sigma}_1 \neq \hat{\Sigma}_2 \tag{7-3-9}$$

这个不等关系可能是由于抽样的随机误差引起的，也可能是两个协方差矩阵本质上就不相同。如果协方差矩阵的不相等是由抽样的随机误差引起的，则在一定显著性水平下可以视为相等，故可采用线性判别函数。但是，如果协方差矩阵的不相等是由系统内在性质决定的，则误差不可忽略，不能采用线性判别函数，而应该采用二次判别函数之类的非线性判别函数。

借助卡方分布可以检验协方差矩阵的等价性质。原假设是两组协方差矩阵相等，对立假设是不等。如果计算的卡方值大于某个显著性水平下的临界值，则在一定置信度下否定原假设，不宜采用线性判别函数。否则，当卡方值小于临界值时，接受原假设，协方差矩阵在该显著性水平下可以视为相等，因而可以采用线性判别函数。卡方统计量的计算公式为

$$\chi_0^2 = A \cdot B = \left[1 + \left(\frac{1}{n_1-1} + \frac{1}{n_2-1} - \frac{1}{n_1+n_2-2}\right)\frac{2m^2+3m-1}{6(m+1)}\right] \ln\left[\frac{|\hat{\Sigma}|^{(n_1+n_2-2)}}{|\hat{\Sigma}_1|^{(n_1-1)}|\hat{\Sigma}_2|^{(n_2-1)}}\right] \tag{7-3-10}$$

式中，$\hat{\Sigma}_1$、$\hat{\Sigma}_2$ 和 $\hat{\Sigma}$ 分别为第一组、第二组和两组合一后的样本协方差。理论上可以证明，这个函数服从自由度为 $m(m+1)/2$ 的卡方分布。

对于前面二分类的例子，$n_1=6$，为第一类的样品数；$n_2=8$，为第二类的样品数；$m=3$为变量数。代入公式

$$A = 1 + \left(\frac{1}{n_1-1} + \frac{1}{n_2-1} - \frac{1}{n_1+n_2-2}\right)\frac{2m^2+3m-1}{6(m+1)}$$

$$= 1 + \left(\frac{1}{5} + \frac{1}{7} - \frac{1}{12}\right)\frac{2*3^2+3*3-1}{6*4} \qquad (7-3-11)$$

可得 $A = 1.2812$。至于协方差 $\hat{\Sigma}_1$、$\hat{\Sigma}_2$ 和 $\hat{\Sigma}$，前面已经算出。将数值代入公式

$$B = \ln\left[\frac{|\hat{\Sigma}|^{(n_1+n_2-2)}}{|\hat{\Sigma}_1|^{(n_1-1)}|\hat{\Sigma}_2|^{(n_2-1)}}\right] = (n_1+n_2-2)\ln|\hat{\Sigma}| - (n_1-1)\ln|\hat{\Sigma}_1| - (n_2-1)\ln|\hat{\Sigma}_2|$$

$$(7-3-12)$$

得到 $B = 22.5374$。实际上，这里的 B 值在 SPSS 中叫做 Box's M 统计量，用于检测协方差矩阵是否具有相等性。于是卡方值等于

$$\chi_0^2 = 1.2812 * 22.5374 = 28.8738$$

在 Matlab 中，查卡方检验临界值的函数为 chi2inv，语法为 chi2inv(1-α,df)。这里，$α$ 为显著性水平；$df = m(m+1)/2$ 为自由度。取显著性水平 $α = 0.05$，自由度为 $df = 3*(3+1)/2 = 6$。在命令窗口输入"chi2inv(1-0.05,6)"或者"chi2inv(0.95,6)"，回车，立即得到卡方临界值 $\chi_c^2 = 12.5916$。由于 $\chi_0^2 > \chi_c^2$，否定原假设，两个协方差矩阵不相等。因此，对于本例，线性判别函数不够理想。这就可以解释为什么有一个训练样本的样品判别失误。如果采用非线性判别函数进行判别分析，效果更为令人满意。上述全部计算过程如图 7-3-4 所示。

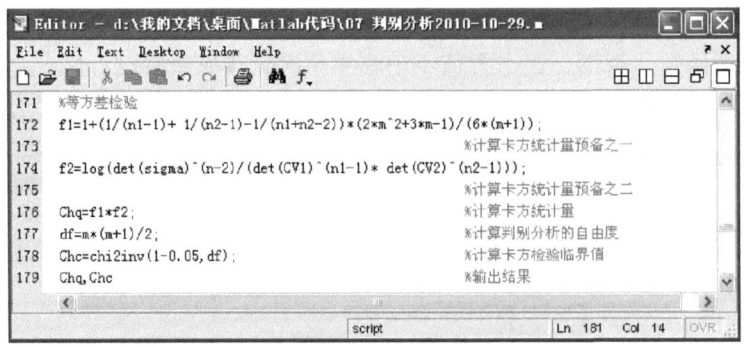

图 7-3-4　判别函数卡方检验的计算过程

7.3.4 待判样品归类

在 Matlab 中，基于前面的计算过程，只需要一个语句，就可以计算待判样品的判别得分。可以计算规范化判别得分，也可以计算非规范化判别得分。两者的区别仅在于是否除以规范化系数。规范化判别得分的语句为"Cf=(S*a-c)/co"，非规范化判别得分的语句为"Cf=(S*a-c)"。结果显示，有两个国家——瑞典和希腊的判别值大于 0，与第一类国家的判别值接近，应该归入高水平人类发展国家一类（0 类）；另外有两个国家——罗马尼亚和中国的判别值小于 0，与第二类国家的判别值接近，归为中等水平人类发展国家一类（1 类）。计算判别得分之后，采用一个非常简单的小程序，就可以得出待判样本的 0、1 分类值（图 7-3-5）。对照 UNDP 的《2000 年人类发展报告》可知，判别结果完全正确。

图 7-3-5 待判样品归类程序

全部结果经整理之后，列入表 7-3-8 中。可以看到，第一类中的阿根廷的判别值小于 0，这种现象如何解释呢？有三种可能，其一是联合国的国家分类不完全准确，UNDP 对阿根廷归类有误；其二是判别分析变量不全，体现阿根廷优势的变量没有选入；其三是判别方法有误，线性距离判别不能有效地反映全部样品的基本特征。如果属于第二种情况，则解决的办法是将UNDP 用于分类的全部变量都采纳进来，然后计算判别值。如果计算结果仍然是小于 0，则可以初步判断，阿根廷的归类有误；否则，属于变量不全，或者方法失当问题。要得出准确的结论，需要开展更多的分析。对于本例，只要将线性判别改为二次判别或者马氏判别，全部分类结果都会正确无误。

表 7-3-8 基于判别得分的样品归类整理结果

类别	序号	国家	判别得分	规范化判别得分	原始类别	预测类别
第一类	1	加拿大	13.857 4	3.068 3	0	0
第一类	2	美国	18.653 7	4.130 3	0	0

续表

类别	序号	国家	判别得分	规范化判别得分	原始类别	预测类别
第一类	3	日本	14.014 5	3.103 1	0	0
第一类	4	瑞士	15.575 0	3.448 6	0	0
第一类	5	阿根廷	−0.682 7	−0.151 2	0	1
第一类	6	阿拉伯联合酋长国	8.515 2	1.885 4	0	0
第二类	7	古巴	−7.256 1	−1.606 6	1	1
第二类	8	俄罗斯	−9.984 5	−2.210 8	1	1
第二类	9	保加利亚	−9.026 3	−1.998 6	1	1
第二类	10	哥伦比亚	−7.368 1	−1.631 4	1	1
第二类	11	格鲁吉亚	−9.715 5	−2.151 2	1	1
第二类	12	巴拉圭	−9.748 9	−2.158 6	1	1
第二类	13	南非	−8.540 8	−1.891 1	1	1
第二类	14	埃及	−8.293 1	−1.836 3	1	1
待判样品	15	瑞典	10.717 1	2.373 0	—	0
待判样品	16	希腊	3.960 7	0.877 0	—	0
待判样品	17	罗马尼亚	−8.742 6	−1.935 8	—	1
待判样品	18	中国	−10.781 4	−2.387 2	—	1

7.4 借助回归分析建立判别函数

判别函数的得分实际上是第一个样本的平均值到两个样本总计平均值的马氏距离（Mahalanobis distance）平方与第二个样本的平均值到总计平均值的马氏距离平方的差值。这个距离可以由各个变量乘以确定的系数再减去一个常数生成。判别函数式在形式上就是一个多元线性回归方程式。自变量都是已知数，因变量可以通过马氏距离平方差值计算。只要算出了马氏距离平方差，就可以基于最小二乘法通过多元线性回归确定判别函数的系数及其常数。

第一步，整理数据，并且计算平均值。 这一步我们在前面已经完成（表 7-3-1）。

第二步，计算共同协方差矩阵 Σ 及其逆矩阵 Σ^{-1}。 这一步我们在前面也已经完成（表 7-3-4、表 7-3-5）。这两步属于准备工作，重新整理计算过程，如图 7-4-1 所示。

第三步，计算马氏距离矩阵。 分为如下几个小的步骤完成：①将两个样本的平均值与样本数据合并为一个新矩阵。②用训练样本数组中的原始数据减去总计平均值，将变量中心化，即减去平均值，结果表示为 y。③计算马氏距离，矩阵表示就是 $Ma = y * \Sigma^{-1} * y^{\mathrm{T}}$。

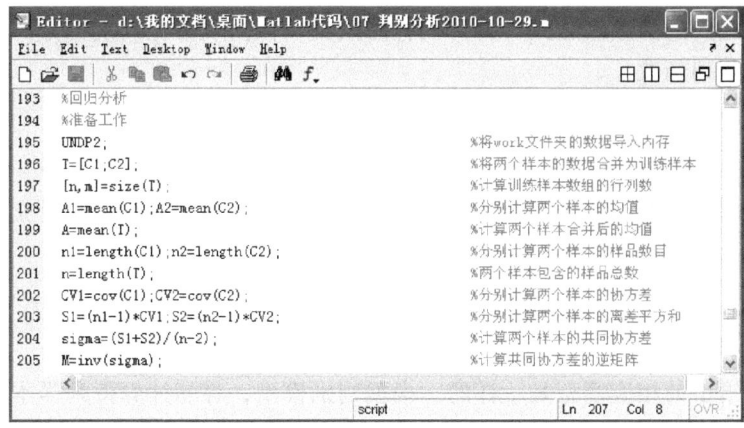

图 7-4-1　线性回归的准备工作

第四步，计算训练样品的判别得分，并将其规范化。一个组中各样品平均值到总计平均值的马氏距离，其实就是该组中各个样品到总计平均值的马氏距离的平均。用第一组的平均值减去第二组对应的平均值，就可以得到各个样品的判别函数得分值。

马氏距离矩阵的最后两行或者最后两列就是两个样本中各个样品到总计平均值的马氏距离。这两个数组的差值就是非正规化的判别得分，其中最末两个数值分别为两组判别得分的平均值。这两个平均值的绝对值之和的平方根为判别得分的规范化系数，数值为 4.516 3。用规范化系数除判别得分，得到规范化判别得分。

第五步，借助回归分析计算判别函数系数。如前所述，马氏距离矩阵的最后两列之差为判别得分。舍弃最末两个平均值，以判别得分为因变量，以训练样本中各个变量为自变量，开展多元线性回归。回归系数就是判别函数的系数，截距就是判别函数的常数。

如果判别得分规范化，则回归系数为规范化判别得分系数；如果判别得分未经规范化，则回归系数为非规范化判别模型系数。对于后一种情况，以规范化系数 4.516 3 除回归系数可将判别模型系数规范化（图 7-4-2）。

图 7-4-2　基于多元线性回归的判别系数计算

第六步，建立判别函数表达式，将待判样品归类。 根据规范化判别得分的回归分析输出结果，建立规范化判别函数

$$y_i = 0.118\ 7x_{i1} - 0.024\ 7x_{i2} + 0.000\ 2x_{i3} - 9.099\ 0$$

如果采用未经规范化的判别得分为因变量进行回归，则利用输出结果可以建立未经规范化的判别函数式

$$y_i = 0.536\ 0x_{i1} - 0.111\ 7x_{i2} + 0.001\ 0x_{i3} - 41.094\ 1$$

这些结果与前面给出的相应模型是一样的。根据判别模型，容易计算待判样本的判别得分。

7.5 聚类-判别联合分析

前面讲的例子是在训练样本类别已知的情况下开展判别分析。如果没有训练样本，就有必要通过聚类分析创造训练样本。可以采用层次聚类法生成训练样本，也可以通过快速聚类生成训练样本。如果基于层次聚类开展判别分析，需要对聚类结果进行适当的整理，形成已知类别的样本，据此分析其他未知类别的研究对象。如果基于快速聚类开展判别分析，在 Matlab 里工作非常方便，只需将快速聚类的结果作为对应于训练样本的分组变量（group）即可。快速聚类函数的语法结构为

$$\text{Idx} = \text{kmeans}(X, K)$$

这里，X 为 n 行、m 列的变量和样品数据构成的矩阵，行对应于样本点，列对应于变量。聚类的结果返回到一个包括样品类别指数的单列的向量 Idx。在没有特别指定的情况下，聚类采用欧氏距离平方。

不妨以前面给出的三分类判别分析为例具体说明。关于前述三分类判别分析，全部样本所含样品的类别均已知道，即 UNDP 的国家分类结果。现在，假定人们对 UNDP 的分类一无所知，仍然基于训练样本的变量和样品对待判样品进行分类。步骤如下：第一步，将保存在 work 文件夹的训练样本以及待判样品的数据导入内存（如果单纯导入数据，在 Matlab 的命令窗口输入保存数据的文件名 UNDP3，回车即可）；第二步，将训练样本的三组数据合并为一个矩阵；第三步，快速聚类；第四步，以快速聚类的结果为分组向量，调用判别分析子程序进行判别。这样，借助四个语句就可以解决问题。如果需要查看训练样本的分类情况，补充一个语句即可实现（图 7-5-1）。

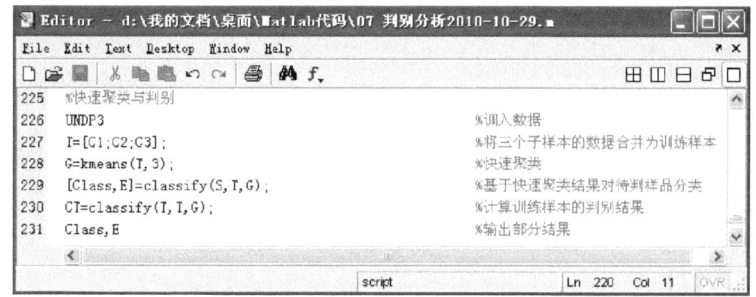

图 7-5-1 基于快速聚类结果的判别分析

7.6 小结

利用 Matlab 开展判别分析非常方便，易学易用。但是，要想理解判别分析，还是要根据判别分析建模的基本原理详细地计算。通过逐步计算和归类，可以对判别分析形成概括的印象，同时形成对判别过程的完整体验。以线性判别为例，如果不调用 Matlab 的判别分析子程序，则可以通过如下两种途径实现判别分析：其一是通过协方差逼近的方式计算判别函数的系数，据此构造判别模型，然后计算判别得分；其二是根据马氏距离计算判别得分，然后借助多元线性回归分析计算判别系数，据此构造判别模型。大型统计分析软件如 SPSS 通常采用第一种途径，第二种途径是本书作者根据判别分析的原理揭示出来的，主要目的是帮助读者通过回归分析理解判别分析的数学思路，同时通过判别分析加深对回归分析原理的理解。

基于 Matlab 的判别分析的优点是简便易行，缺点是结果的显示不够直观。对此有两种解决办法：一是将 Matlab 与 Excel 结合使用。Matlab 给出的计算结果，都可以通过 Matlab 的工作空间复制并粘贴到 Excel 中。在 Excel 里面，读者可以根据需要添加变量和样品标志，从而直观地显示数据处理结果。二是借助有关函数绘图，或者编写一个将判别得分、判别归类与样品标志联系起来的处理程序。对于实际应用而言，采用第一种办法非常方便。

一般归类问题采用线性判别就可以了。如果线性判别结果不尽如人意，可以考虑采用二次判别或者马氏判别。二次判别或者马氏判别可以给出更为准确的计算结果，但它们也并非总是令人满意。如果协方差矩阵存在太多的负数，二次判别和马氏判别都无法顺利进行下去。在实际工作中，判别分析常与系统聚类分析或者快速聚类分析结合使用。将没有太大争议的聚类分析的结果作为训练样本，据此对归类结果存在争议的样品进行判别分析，是一种比较有效的分类方法。在某种程度上，判别分析与回归分析和人工神经网络等方法都可以类比和联系，从而具有相互配合使用的可能。

第 8 章

自相关分析

自相关分析可以看作相关分析方法的一种推广。不言而喻，自相关系数是相关系数的推广。相关分析推广到自相关分析领域之后，发展了一些特定规则。尽管如此，通过与相关分析的类比，读者可以更好地理解时间序列或者空间序列的自相关分析。自相关分析主要借助于自相关函数和偏自相关函数，这两种函数分别是自相关系数和偏自相关系数的集合。自相关系数的计算公式及其检验统计量都非常简单，利用 Matlab 的自相关分析函数和偏自相关分析函数可以非常方便地计算函数值并画出相关函数图。有了计算结果和图像，就可以根据有关知识进行时间和空间序列的自相关分析。

8.1 数据来源和计算公式

8.1.1 案例数据来源

自相关分析是非常实用的一种时间、空间序列分析方法。自相关分析的基本用途可以分为如下几个方面：第一，自相关分析是时间序列性质判断的常规方法之一。时间、空间序列通常分为随机序列、平稳序列、周期序列和趋势序列。只有明确时间序列的性质，才能了解模型建设的方向。通过自相关分析，可以揭示时间序列的属性和特征。第二，自相关分析是自回归分析的基础，而自回归分析是揭示反馈性因果关系和系统发展预测的有效工具。第三，自相关分析可以检测回归分析模型的可靠性。建立线性回归模型，要求其预测残差具有随机性质。如果残差序列具有某种自相关性，则模型的性能不会可靠。一般采用 DW 检验检测残差序列的自相关性。但是，DW 检验是有局限的，只能分析一阶自相关，且存在两个无结论区。在这种情况下，可以开展模型残差序列的自相关分析，据此揭示模型背后的时间或者空间自相关性。此外，自相关分析还可以用于自相关模型建设。地理学中的空间自相关分析就是在自相关分析理论基础上发展起来的，只不过是将一维自相关推广到二维自相关而已。

本章将以 100 年的海平面年均高度变化为例，说明如何借助 Matlab 进行自相关分析。海平面的年均高度变化可能是随机的，也可能具有趋势性。当然，还可能具有某种周期性或者季节性。为了认识海平面平均高度的年际变化规律，不妨考察一个例子。原始数据来源于苏宏宇等（2001）编著的《Mathcad2000 数据处理应用与实例》。

8.1.2 计算公式

自相关函数是理论意义上的，是针对时间序列总体而言的，人们在具体处理时使用的是基于样本路径的样本自相关函数（auto-correlation function，ACF）。时间序列的样本 ACF 的计算公式为

$$r_k = \frac{\sum_{t=1}^{n-k}(x_t - \bar{x})(x_{t+k} - \bar{x})}{\sum_{t=1}^{n}(x_t - \bar{x})^2} \tag{8-1-1}$$

式中，t 为时序；k 为时滞；n 表示样本路径长度；x_t 为第 t 个数值；变量的均值定义为

$$\bar{x} = \frac{1}{n}\sum_{t=1}^{n} x_t \tag{8-1-2}$$

利用这些公式，可以逐个地计算出自相关系数，由它们形成 ACF 图。对于标准化数据，均值为 0，方差为 1，公式 (8-1-1) 简化为

$$r_k = \frac{\sum_{t=1}^{n-k} x_t^* x_{t+k}^*}{\sum_{t=1}^{n}(x_t^*)^2} = \frac{1}{n-1}\sum_{t=1}^{n-k} x_t^* x_{t+k}^* \tag{8-1-3}$$

空间序列样本的自相关系数计算公式与时间序列样本的自相关系数计算方法类似。

在自相关系数的基础上，借助 Yule-Walker 递推方程之一的矩阵形式可以计算出偏自相关系数（partial auto-correlation function，PACF）。Yule-Walker 给出的自相关系数与偏自相关系数的矩阵关系如下

$$\begin{bmatrix} R_1 \\ R_2 \\ \vdots \\ R_m \end{bmatrix} = \begin{bmatrix} 1 & R_1 & \cdots & R_{m-1} \\ R_1 & 1 & \cdots & R_{m-2} \\ \vdots & \vdots & \vdots & \vdots \\ R_{m-1} & R_{m-2} & \cdots & 1 \end{bmatrix} \cdot \begin{bmatrix} P_1 \\ P_2 \\ \vdots \\ P_m \end{bmatrix} \tag{8-1-4}$$

式中，R_k 表示第 k 个自相关系数（$k=1, 2, \cdots, m$）；P_m 表示第 m 个偏自相关系数（$m=1$，2，$\cdots$）。需要注意的是，在 Yule-Walker 方程中，R_1、R_2、$\cdots$、R_m 都是自相关系数；至于 P_k，

则只有最后一个数值 P_m 才是偏自相关系数,其余的 P_1、P_2 等($k=1$, 2, $\cdots$, $m-1$)都不是偏自相关系数。正因为如此,如果采用"蛮力"算法,计算偏自相关系数的过程非常繁琐。

8.2 自相关函数(ACF)

8.2.1 ACF 及语法

Matlab 的自相关分析函数为 autocorr,该函数用于计算一个单变量的样本自相关函数,或者绘制样本自相关函数图。该函数的语法结构为

```
[ACF,Lags,Bounds]=autocorr(Series)
[ACF,Lags,Bounds]=autocorr(Series,nLags,M,nSTDs)
```

其中,输入项 Series 代表单变量时间或空间序列样本路径形成的向量,是用于系统分析的某种信号,或者某种定期、定点采样的时、空观测值。在函数输入中,还有几个可选项,分别说明如下:

(1)nLags 是正整数标量,表示需要计算的 ACF 的时滞(lag)。如果该参数缺省,则系统默认的时间滞后序列为 0,1,2,$\cdots$,T,这里 $T=$ minimum [20, length(Series)−1]。这意味着,如果样本路径长度大于 21,则 T 取 20;如果样本路径长度小于 20,则 T 取样本路径长度减 1。由于自相关函数关于 0 时滞对称,负时滞的计算结果全部省略。

(2)M 为非负整数标量,表示最大有效时滞。M 值不得超过 nLags。理论上,如果时滞超过 M,则 ACF 变得与 0 没有显著性差异。一个假设是,基本的时间序列为 M 阶移动平均过程,即 MA(M)过程。在这种情况下,标准误差(standard error)可以指示 ACF 是否与 0 有显著性差异。ACF 是否与 0 具有显著性差异,可以借助 Bartlett 近似量计算 ACF 对应于各个时滞的标准离差(standard deviation)进行检测。如果参数 M 为空或者缺省,则系统默认 $M=0$。在这种情况下,序列被视为 Gauss 白噪声(Gaussian white noise,GWN)。如果样本路径长度为 N 的序列是 GWN,则当时滞大于 M 时,标准误差可以近似地表示为样本路径长度的平方根的倒数,即 1/sqrt(N)。

(3)nSTDs 为代表标准离差范围的正标量。假定时滞大于 M 时,ACF 理论上为 0,则可以计算样本 ACF 估计误差的标准离差数。当 $M=0$,并且序列为长度等于 N 的 Gauss 白噪声样本路径时,置信区间的上、下限为 ±nSTDs/sqrt(N)。如果缺省,则系统默认 nSTDs = 2,此时置信区间上、下限给出置信度为 95% 的二倍标准误差带。

函数输出项包括三方面的结果:自相关函数(ACF)、时滞(Lags)和置信范围上下限(Bounds)。具体说明如下:

(1)ACF 为时间序列样本路径的自相关函数,这是一个长度为 nLags+1 的向量,对应

于时滞 0，1，2，…，nLags。其中，第一个数据点为对应于 0 时滞的单位数 1，也就是说，ACF(1)=1。当时滞为 0 时，序列与序列完全相关，故 ACF 值一定为 1。在 SPSS 等软件中，0 时滞的 ACF 值不给出，因为它不包含任何有用信息。

（2）Lags 为滞后向量（0，1，2，…，nLags），一个 Lags 值对应于一个 ACF 值。

（3）Bounds 为二元向量，近似给出 ACF 置信范围的上限和下限，前提是序列为 MA(M) 过程。需要注意的是，这个置信范围仅给出 Lags>M 的结果。

8.2.2 ACF 计算方法

在计算 ACF 之前，不妨考察时间序列的变化规律，因此需要绘制散点图或者曲线图，且最好将散点连接成曲线，这样可以更好地体现时间序列的变化特征。然后，调用 ACF 计算函数 autocorr。如果该函数左边指定输出内容，则根据指定项输出计算结果，不绘图；如果省略等号及其左边的输出选项，则 Matlab 会自动绘制 ACF 图，不给出计算数值。如果希望既给出计算结果的数字，又绘制 ACF 图，则不妨同时使用两种调用格式。如果采用最简单的调用方式，不指定太多的输入选项，计算程序如图 8-2-1 所示。

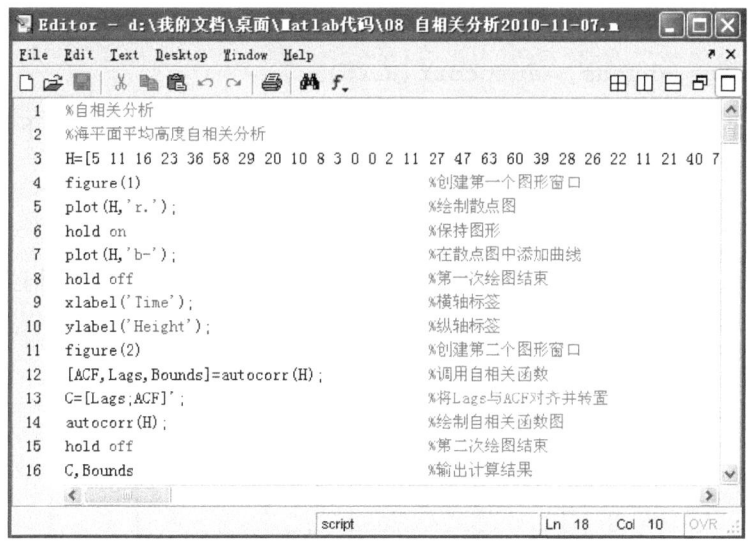

图 8-2-1 某海域海平面平均高度 ACF 分析计算过程

在 Matlab 的命令窗口运行图 8-2-1 所示的计算程序，立即得到 ACF 序列：1，0.805 4，0.435 3，0.032 3，-0.259 7，…。相应的 Lags 序列的数值为 0，1，2，3，4，…。其中，0 滞后对应的 ACF 值 ACF$_0$=1 没有任何信息，因此 SPSS 等统计软件将此数值省略。Bounds 给出了基于 95% 置信度的正负二倍标准差 0.2 和-0.2。时间序列变化曲线如图 8-2-2 所示；ACF 图如图 8-2-3 所示。可以看到，ACF 图以 Lags 为横轴，以 ACF 为纵轴，以离散的点线形式表现出来。

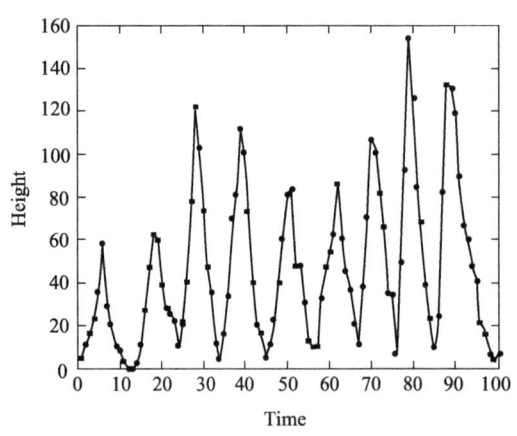 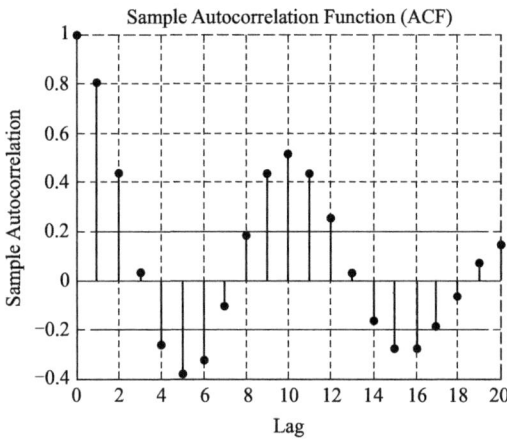

图 8-2-2　某海域海平面平均高度变化曲线图（100 年）　　图 8-2-3　某海域海平面高度 ACF 图（nLags = 20）

前面采用默认时滞序列 0，1，2，…，T。由于样本路径长度 $N = 100 > 21$，故最大时滞 nLags = 20。如果希望给出更长的 ACF 序列，则可以修改参数 nLags 值，例如，取 nLags = 25，相应的计算语句改为

```
[ACF,Lags,Bounds]=autocorr(H,25)
```

如果希望 ACF 图中也表示出滞后为 0 ~ 25 的 ACF 数值，并且标准误差上、下限从时滞为 3 开始，误差范围默认为 2 倍，则绘图语句可以改为

```
autocorr(H,25,3)
```

修改后的绘图结果如图 8-2-4 所示。如果想要将误差线的倍数改为 2.5，则上面语句可以改为"autocorr(H,25,3,2.5)"。不过，习惯上人们采用二倍的标准误差，该误差线大约对应于 95% 的置信度。

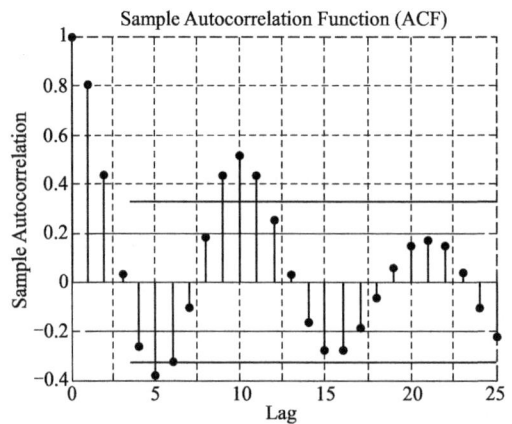

图 8-2-4　调整后的海平面高度 ACF 图（nLags = 25）

Matlab 是以点线图的格式给出 ACF 图的。如果希望以 SPSS 的风格绘制 ACF 柱形图，则需要采用函数 bar 绘制，同时利用函数 plot 添加置信范围的上、下限（图 8-2-5）。绘图结果如图 8-2-6 所示。

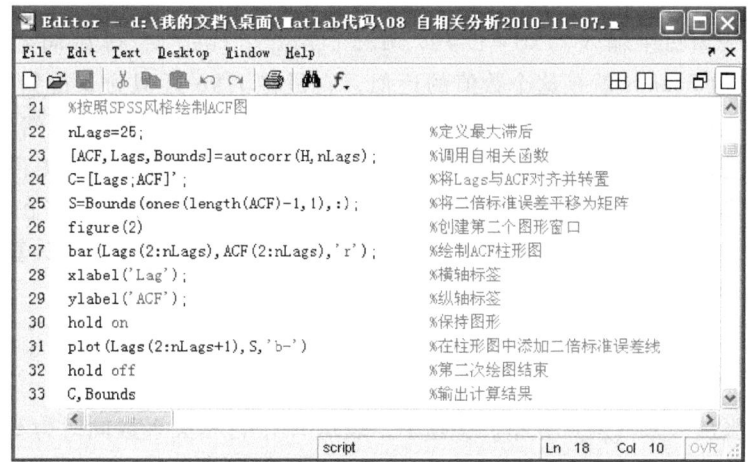

图 8-2-5 计算 ACF 值并绘制 ACF 柱形图

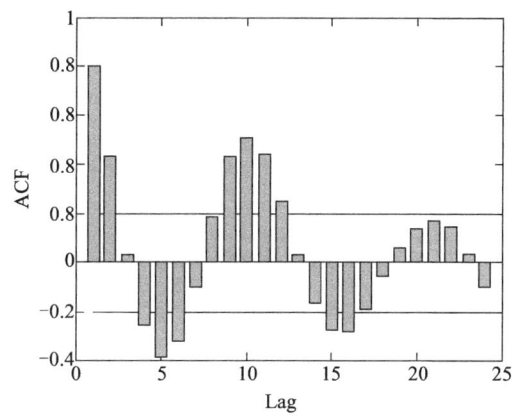

图 8-2-6 海平面高度 ACF 柱形图（nLags=25）

8.2.3 ACF 检验

自相关函数的检验和图形分析也可以分为三步完成。

第一步，计算二倍标准差约略估计值。假定时间序列为一个移动平均过程，则自相关系数的方差近似为 n，标准差约为 $1/\sqrt{n}$。在正态分布条件下，取 ±2 倍的标准误差将得到一个近似 95% 的置信区间。有学者将

$$s = \pm 1.96\sqrt{n} \approx \pm 2/\sqrt{n} \quad (8-2-1)$$

称为二倍标准差的"约略估计值"。在实际工作中，在样本自相关图中标上"2 倍标准误差带"，便于根据图形信息判断自相关系数的变化规律。

在 Matlab 命令窗口中输入"sd=1.96/sqrt(length(H))"，得到 sd = 0.196。实际上，autocorr 函数输出的 Bounds 就是这个数值的近似，它是将 1.96 近似为 2 得到的结果。在命令窗口输入"sd=1.96 * Bounds/2"，立即得到 [0.196 0, -0.196 0]。当然，对于自相关函数，标准误差有更为精确的计算公式。不过，通常情况下，近似判断就可以了。

第二步，计算 Box-Ljung 统计量。自相关系数的性质判断需要利用修正后的 Q 统计量，即 Box-Ljung 统计量。假定计算出 m 个自相关系数，则 Box-Ljung 统计量的计算公式为

$$Q = N(N+2) \sum_{\tau=1}^{m} \frac{R_{\tau}^{2}}{n-\tau} \quad (8-2-2)$$

Q 统计量近似地服从卡方（χ^2）分布。Q 越小，表示 m 个自相关系数同时为 0 的可能性越大；反之越小。Q 的大小需要在一定显著性水平上确定其临界值 $\chi_\alpha^2(m)$。为了检验方便，可将其转换为卡方分布的概率值（P 值或者 sig 值）。只要概率值小于 0.05，置信度就达到 95%。概率值越小，置信度越高。

在 Matlab 中，根据式 (8-2-2)，借助累计分布函数 cumsum，很容易计算 Box-Ljung 的 Q 统计量。然后，借助卡方分布函数 chi2pdf，不难将 Q 统计量转换为概率值（图 8-2-7）。结果表明，所有的概率值都远远小于 $\alpha = 0.01$。这意味着，前 20 个或者 25 个自相关系数同时为 0 的可能性小于 1%。

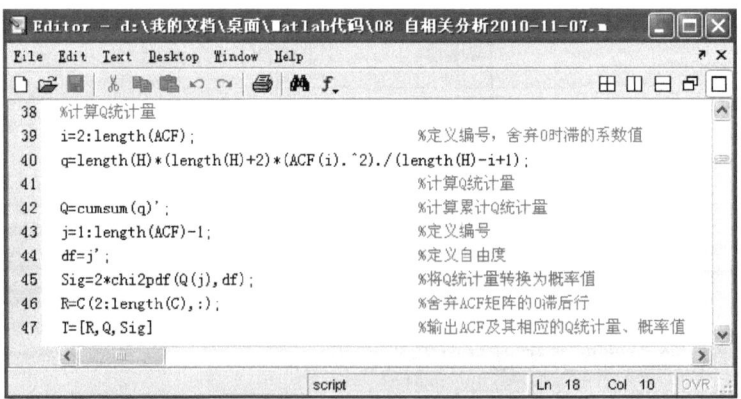

图 8-2-7　Box-Ljung 统计量及其相应概率值的计算程序

8.3 偏自相关函数（PACF）

8.3.1 PACF 函数和语法

Matlab 的偏自相关分析函数为 parcorr，该函数用于计算单变量随机序列的 PACF 值并画出图像。考虑某个阶次的自回归模型（autoregressive models），可以通过普通最小二乘（ordinary least squares，OLS）法拟合自回归系数，其中最后一个自回归系数就是相应阶次的偏自相关系数。也就是说，对于 p 阶自回归过程，其中 p 次滞后项的回归系数为偏自相关系数。函数 parcorr 的语法结构为

```
[PACF,Lags,Bounds]=parcorr(Series)
[PACF,Lags,Bounds]=parcorr(Series,nLags,R,nSTDs)
```

在输入项中，R 之于 parcorr 相当于 M 之于 autocorr；在输出项中，PACF 为偏自相关系数向量，基于 OLS 的自回归系数得出。参数 R 与 autocorr 的参数 M 既相似又有不同。R 为非负整数，并且不得大于 nLags。一个假说是，基本的序列为一个实在的 R 阶自回归过程，即 AR(R) 过程。在 Lags>R 时，估计的 PACF 系数近似为 0 均值、独立分布的 Gauss 变量。在这种情况下，当 Lags>R 时，PACF 系数估计值的标准误差为 $1/\mathrm{sqrt}(N)$。在调用函数 parcorr 时，如果 R 为空或者缺失，则系统默认的缺省值为 $R=0$。

8.3.2 PACF 计算方法 1——OLS 法

根据语法结构调用函数 parcorr 非常简单，方法与使用 autocorr 几乎没有差别。如果在等号左边给出 PACF、Lags 和 Bounds 之类的输出项，则不绘图；如果取消等号及其左边的输出项，则 Matlab 将展示 PACF 的点线图。如果希望既输出计算数值，又绘制图像，则可以两种方式同时使用这个函数（图 8-3-1）。对于前面的例子；点线图如图 8-3-2 所示。

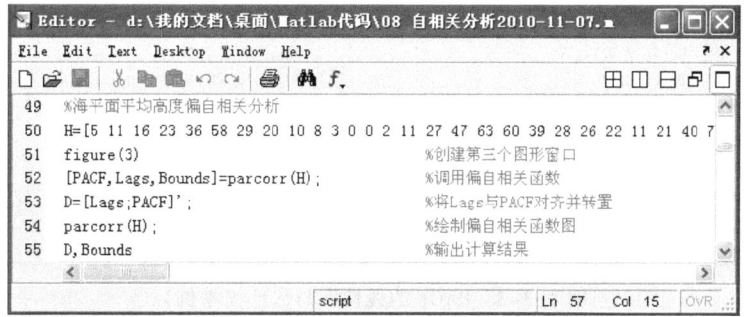

图 8-3-1 某海域海平面平均高度 PACF 分析计算过程（OLS 法）

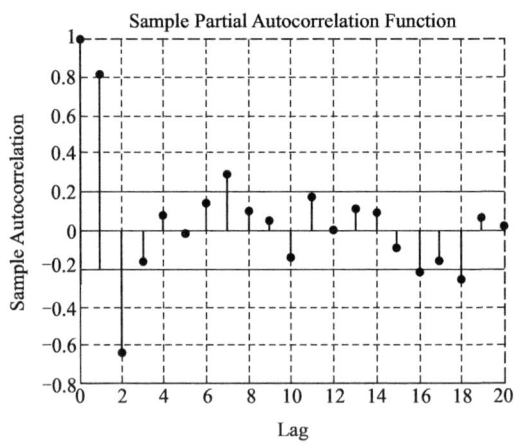

图 8-3-2 某海域海平面高度 PACF 图（nLags=20）

Matlab 的 parcorr 函数给出的偏自相关系数是借助最小二乘法估计的结果，不是利用 Yule-Walker 方程计算出来的数值。因此，Matlab 的 PACF 与 SPSS 等软件给出的 PACF 是不一样的，两者之间大体接近，但存在偏差。不妨利用线性回归分析验证 Matlab 的 PACF 值。以第 1 年到第 99 年的序列为自变量、以第 2 年到第 100 年的序列为因变量，进行一元线性回归。其中，自变量（第 1 年到第 99 年的序列）的回归系数，即斜率 0.815 2，就是时滞为 1 的偏自相关系数。以第 1 年到第 98 年的序列和第 2 年到第 99 年的序列为两个自变量，以第 3 年到第 100 年的序列为因变量，进行二元线性回归。其中，第二自变量（第 2 年到第 99 年的序列）的回归系数-0.637 8 就是对应于时滞 2 的偏自相关系数（图 8-3-3）。进一步整理序列，开展三元线性回归、四元线性回归，其中最后一个回归系数就是相应滞后的偏自相关系数。

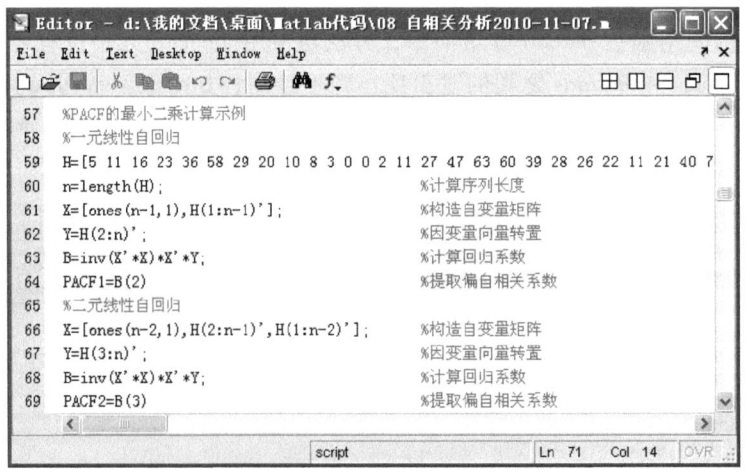

图 8-3-3 PACF 的线性回归估计（举例）

8.3.3 PACF 计算方法 2——蛮力计算法

理论上,1 次滞后的 PACF 值与 1 次滞后的 ACF 值相等。但是,前面给出的 1 次滞后的 ACF 值约为 $ACF_1 = 0.8054$,而相应的 PACF 值却是 $PACF_1 = 0.8152$,两者比较接近,但不相等。如果我们采用 SPSS 等软件计算,则有 $ACF_1 = PACF_1 = 0.8054$。之所以出现这种情况,是因为 Matlab 的 parcorr 函数并未采用常规的 PACF 计算方法,而是借助最小二乘法简单地估算。为了得到更好的 PACF 计算结果,不妨舍弃函数 parcorr,另外寻找一种计算途径。

事实上,当时滞为 0 时,$PACF_0 = ACF_0$。当时滞等于 1 时,在 Yule-Walker 方程,即式(8-1-4)中取 $m=1$,方程变为

$$[R_1] = [1] \cdot [P_1] = [P_1]$$

据此,在命令窗口输入"PACF1 = 1 * ACF(2)",回车,得到 1 次滞后的偏自相关系数 $P_1 = ACF_1 = 0.8054$。这表明,此时偏自相关系数依然等于自相关系数。

当时滞等于 2 时,在 Yule-Walker 方程中取 $m=2$,于是方程变为

$$\begin{bmatrix} R_1 \\ R_2 \end{bmatrix} = \begin{bmatrix} 1 & R_1 \\ R_1 & 1 \end{bmatrix} \cdot \begin{bmatrix} P_1 \\ P_2 \end{bmatrix}$$

在两边同乘以自相关系数矩阵的逆矩阵,得到

$$\begin{bmatrix} P_1 \\ P_2 \end{bmatrix} = \begin{bmatrix} 1 & R_1 \\ R_1 & 1 \end{bmatrix}^{-1} \cdot \begin{bmatrix} R_1 \\ R_2 \end{bmatrix}$$

利用这种关系,不难计算 $m=2$ 时的偏自相关系数。在 Matlab 的命令窗口中定义

```
M = [1  ACF(2);ACF(2)  1];
R = [ACF(2)  ACF(3)]';
```

然后,输入公式"P = inv(M) * R",回车,得到向量 $\boldsymbol{P} = [1.2944 \quad -0.6072]'$。输入"PACF2 = P(2)",回车,得到二次滞后的偏自相关系数 $P_2 = ACF_2 = -0.6072$。

当时滞等于 3 时,在 Yule-Walker 方程中取 $m=3$,方程变为

$$\begin{bmatrix} R_1 \\ R_2 \\ R_3 \end{bmatrix} = \begin{bmatrix} 1 & R_1 & R_2 \\ R_1 & 1 & R_1 \\ R_2 & R_1 & 1 \end{bmatrix} \cdot \begin{bmatrix} P_1 \\ P_2 \\ P_3 \end{bmatrix}$$

在两边同乘以自相关系数矩阵的逆矩阵，化为

$$\begin{bmatrix} P_1 \\ P_2 \\ P_3 \end{bmatrix} = \begin{bmatrix} 1 & R_1 & R_2 \\ R_1 & 1 & R_1 \\ R_2 & R_1 & 1 \end{bmatrix}^{-1} \cdot \begin{bmatrix} R_1 \\ R_2 \\ R_3 \end{bmatrix}$$

利用这种关系，容易算出 $m=3$ 时的偏自相关系数。在 Matlab 中定义

```
M=[1 ACF(2) ACF(3);ACF(2) 1 ACF(2);ACF(3) ACF(2) 1];
R=[ACF(2) ACF(3) ACF(4)]';
```

输入公式"P=inv(M)*R"，回车，得到向量 $P=[1.1793 \ -0.3618 \ -0.1896]'$。然后，输入"PACF3=P(3)"，回车，得到 3 次滞后的偏自相关系数 $P_3 = \text{ACF}_3 = -0.1896$。

其余计算过程以此类推。反复计算下去，就可以得到所想要的偏自相关系数向量。需要再次提醒的是，在每一次得到的结果之中，只有最后一个数值，即对应于 P_m 的数值，才是要寻找的偏自相关系数。对于偏自相关系数，不用再次计算 Q 统计量进行检验，约略估计值也与自相关系数相同，直接采用前面的计算结果即可。

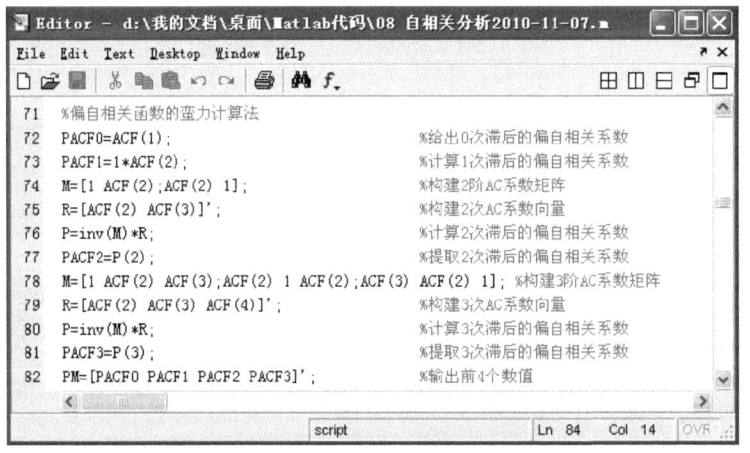

图 8-3-4 PACF 的蛮力计算举例

8.3.4 PACF 计算方法 3——程序计算法

逐步的蛮力计算耗时费事，不妨借助 Yule-Walker 方程编写一个计算程序，在 ACF 的基础上计算给定滞后范围内的 PACF 值。完整的 ACF 和 PACF 计算程序如图 8-3-5 所示，这个程序不包括 Q 统计量检验和相关函数柱形图绘制过程。运行这个程序，得到偏自相关系数序列为 0.80538，-0.60723，-0.18962，0.05805，…。这些数值与 SPSS 等软件给出的结果一样。

如果希望绘制 ACF 和 PACF 柱形图，有必要编写一个统一的绘图程序（图 8-3-6）。至于

ACF 的 Q 统计量检验，方法与 ACF 的有关检验类似，直接调用如图 8-2-7 所示的计算程序即可。以时滞为横坐标，以 ACF 和 PACF 为纵坐标，绘图结果如图 8-3-7 所示。

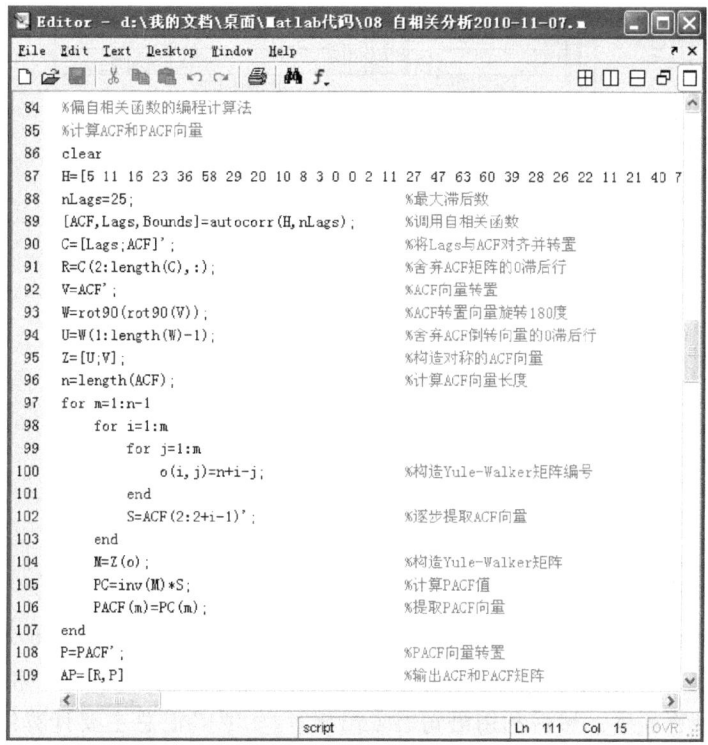

图 8-3-5　ACF 和 PACF 的编程计算

图 8-3-6　ACF 和 PACF 的柱形图绘图程序

a. ACF Histogram

b. PACF Histogram

图 8-3-7　某海域海平面高度变化的 ACF 和 PACF 柱形图

8.3.5　结果汇总与 PACF 检验

到目前为止，完成了 ACF 和 PACF 的程序编写和计算工作。接下来将 ACF、PACF、Box-Ljung 统计量和卡方临界值整理一下，以便进一步分析之用。先运行 ACF 和 PACF 计算程序，再运行 Q 统计量计算程序，然后利用语句"Result=[T,P]"汇总主要计算结果。在输出结果中，第一列为滞后向量 Lag；第二列为 ACF 向量；第三列为 Q 统计量向量；第四列为 Q 统计量对应的概率值向量；第五列为 PACF 向量（图 8-3-8）。进一步地，如果有必要，还可以给出标准误差向量。至于统计检验，方法与 ACF 检验分析大同小异。

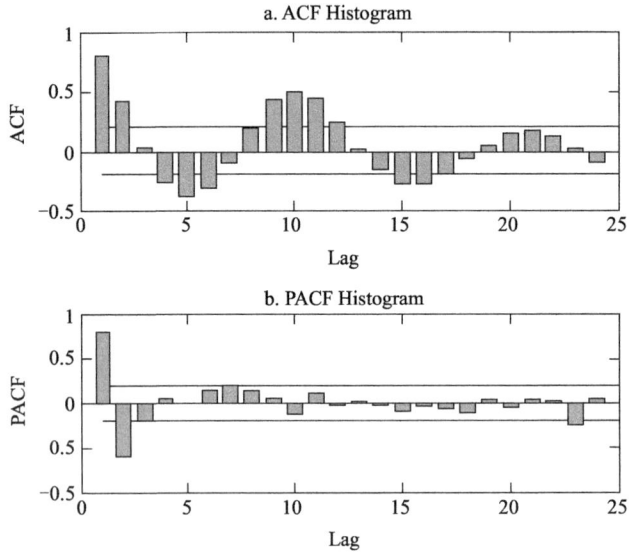

图 8-3-8　主要计算结果汇总（保留 4 位小数）

8.4 自相关分析

8.4.1 自相关函数的分析判据

借助 ACF、PACF 及其变化柱形图以及有关的统计量，可以开展时间序列或者空间序列的自相关分析。一方面，可以通过 ACF 判断时间序列的基本性质。具体来说，就是时间序列是否属于随机序列。如果不是随机序列，是否属于周期序列或者某种特定的趋势序列。另一方面，如果有必要，可以在时间、空间序列性质判断的基础上建立相应的数学模型。

为了说明自相关分析方法在时间序列特征判别方面的作用，不妨在 Matlab 中生成四个代表性的序列：第一个为正态分布的白噪声序列，这是常见的随机序列；第二个为二阶移动平均过程，即 MA(2) 过程，这是一种平稳序列；第三个为余弦波动序列与白噪声序列的叠加，暗含周期性；第四个为指数增长序列与白噪声序列的叠加，暗含趋势性。可是，在坐标图中，除了含有趋势性的序列微微右上倾斜之外，其他几个序列的特征无法直观地区分（图 8-4-1）。

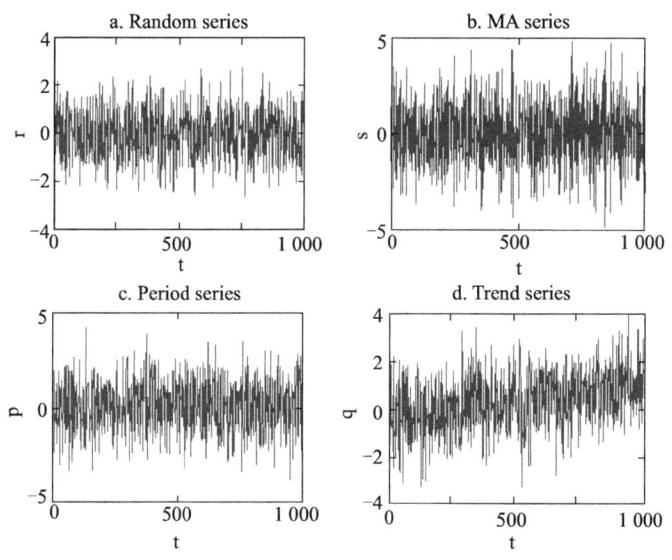

图 8-4-1 四种典型的时间序列样本路径
(a. 随机序列；b. 平稳序列；c. 周期与随机叠加的序列；d. 趋势与随机叠加的序列)

区分不同类型的时间序列最为简便的方法是绘制一阶自相关图。对于样本路径长度为 N 的时间序列 $x(t)$，以 x_{t-1} 为横轴、以 x_t 为纵轴（$t=1, 2, \cdots, N$），绘制散点图，就会得到 1 次滞后的自相关图（图 8-4-2）。可以采用函数 scatter 绘图，也可以采用 plot 绘图。在图中添加直线趋势线，可得一阶自回归的近似估计结果。对于随机序列，散点呈圆球分布，趋势线近似水平，自相关系数近似为 0；对于平稳序列、周期序列和趋势序列，散点不再是明显的球形分布，趋势线也不再保持水平，自相关系数与 0 有显著性差异。

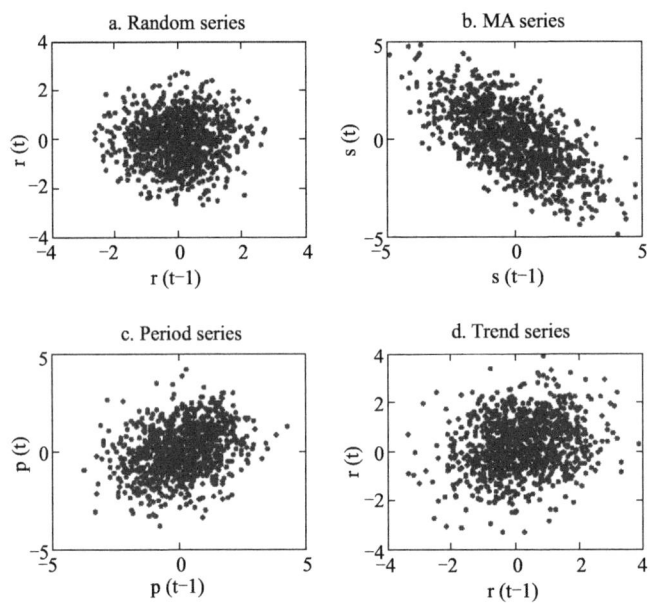

图 8-4-2　四种典型时间序列的一阶自相关散点图
自相关系数分别为（a）随机序列：0.011 1；（b）平稳序列：0.648 8；
（c）周期序列：0.288 4；（d）趋势序列：0.208 9

可是，当序列中的随机噪声干扰较大的时候，一阶自相关散点图也不能将其特征明确表示出来。在这种情形下，如果借助自相关分析画出 ACF 和 PACF 图，则不同序列的特征往往立即变得一目了然。先看图 8-4-1 所示序列的 ACF 图，对于随机序列，除了没有有用信息的 0 滞后点之外，其余 ACF 值基本上变化于正负二倍标准误差带之内；对于平稳序列，ACF 具有明确的截尾特征：除了前面少数几个 ACF 数值明显突破二倍标准误差带之外，其余的 ACF 值基本上也在正负二倍标准误差线内变动；对于暗含周期性的序列，ACF 值周期性突破正负二倍标准误差线；对于包含趋势性的序列，ACF 显著地拖尾：相当多的 ACF 值明确突破二倍标准误差线，并且滞后越小，突破得越是显著（图 8-4-3）。再看 PACF 图，对于随机序列，特征与 ACF 相似：除了 0 滞后点之外，其余 PACF 值大致变化于正负二倍标准误差线之内；对于平稳序列，PACF 阻尼振荡式突破二倍标准误差线，但随着滞后延长，逐渐收敛于正负二倍标准误差带之内；对于暗含周期性的序列，PACF 值也是阻尼振荡式突破正负二倍标准误差线；对于包含趋势性的序列，ACF 具有拖尾特征，多个时滞较小的 PACF 值明确突破二倍标准误差线，但随着时间滞后变长，PACF 很快变得与 0 没有显著差异，即收敛于二倍标准误差线之内（图 8-4-4）。

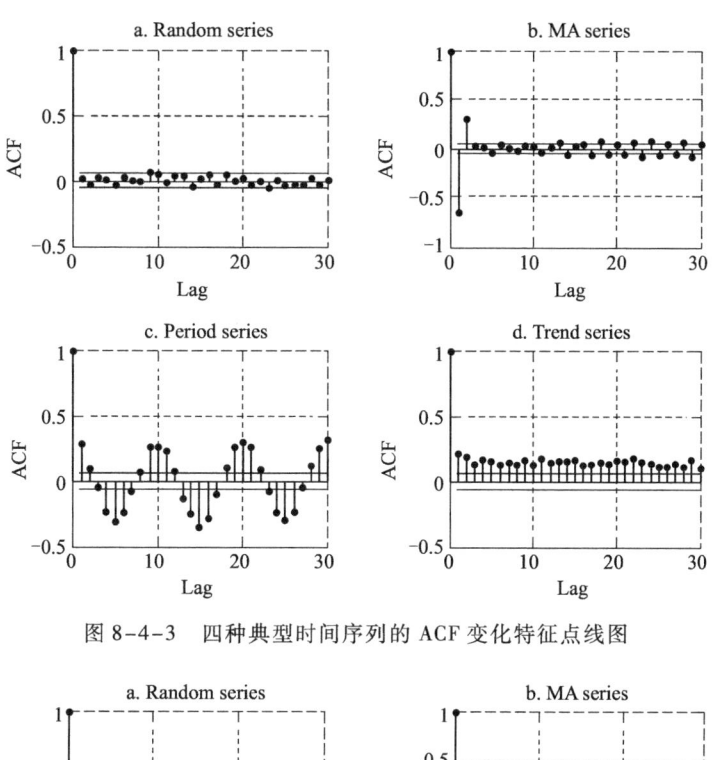

图 8-4-3　四种典型时间序列的 ACF 变化特征点线图

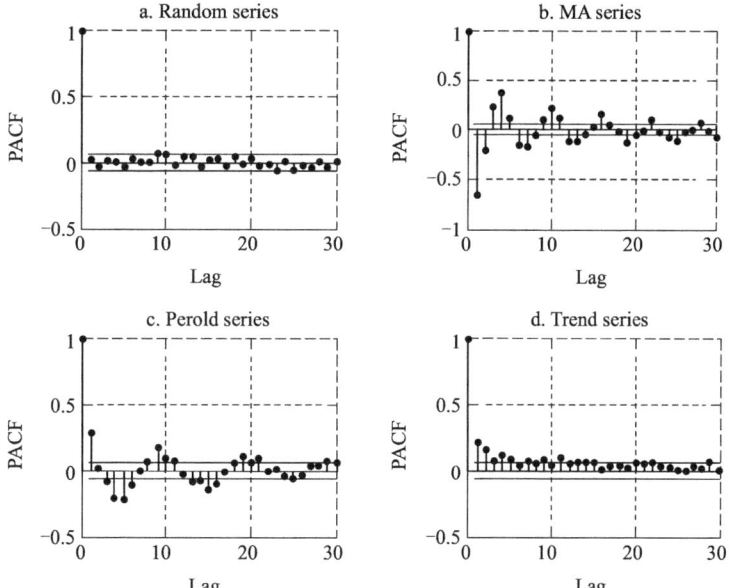

图 8-4-4　四种典型时间序列的 PACF 变化特征点线图

根据上面的典型序列自相关分析，不难总结时间序列基本特征识别的判断依据（表 8-4-1）。但是，仅借助于直观判断是不够的，还需要基于显著性水平设定定量标准。分析的判据通常有两个：一是标准误差；二是 Q 统计量。与 Q 统计量等价的是 P 值。如果序列为白噪声，则所

有的 P 值都会大于 0.05，甚至大于 0.1。可以看到，对于海平面高度变化的时间序列而言，全部自相关系数的 Q 统计量大于卡方临界值，相应的 P 值远远小于 0.05（表 8-4-2）。因此，我们有 95% 以上的把握相信，海平面时间序列不是随机序列，而是具有某种规律的。

表 8-4-1　随机性、平稳性、周期性和趋势性判据的对比

序列属性	统计性质	自相关系数	Q 统计量 （Box-Ljung 统计量）	P 值 （sig 值）	典型例证
随机性	零均值、常方差、序列无关	小于二倍标准误差	小于卡方临界值	大于 0.05	白噪声
平稳性	均值为常数、方差有限，自相关系数仅与时滞有关	除了前面几个数值，大多小于二倍标准误差	大于卡方临界值	小于 0.05	MA 过程
周期性	均值、方差、自相关系数周期变动	周期性突破二倍标准误差线	大于卡方临界值	小于 0.05	正弦波动序列
趋势性	均值、方差随时变动，自相关系数逐渐衰减	大量数值大于二倍标准误差	大于卡方临界值	小于 0.05	指数增长序列

说明：为了与二倍标准误差对应，检测标准一律取 $\alpha=0.05$ 的显著性水平。

8.4.2　ACF 和 PACF 分析

既然海平面高度变化不是随机的，则有可能具有周期性，因为原始序列的散点图是波动变化的（图 8-2-1）。通过与典型时间序列的 ACF 图和 PACF 图对比可知，海平面百年变化信号不是白噪声，也没有趋势性，而是与周期性序列非常相像。更具体地，从前面的自相关系数图，即 ACF 随时滞变化的柱形图以及统计量表格可以看出如下问题（图 8-2-3、图 8-2-6、图 8-3-7a；表 8-4-2）：

第一，自相关系数在坐标图上呈波动衰减趋势，每隔 $T=11$ 年左右出现一个峰值和谷值，这些峰值或者谷值周期性地突破二倍标准误差带。

第二，有相当多处的 ACF 值在 $\pm 1.96/100^{1/2}=0.196$ 之间。近似地，在 Bounds 给出的正负二倍标准差之间。

第三，第一个谷值对应的时滞为 5，第二个谷值对应的时滞为 16，两者之差约为 11；第一个峰值对应的时滞为 10，第二个峰值对应的时滞为 21，两者之差也为 11。

至此，可以初步判断，海平面高度变化的时间序列存在一个 11 年左右的波动周期。

如果时间序列是单周期的，则自相关函数应该每隔一段距离尖峰突起，而不是波动衰减变化。自相关函数图的波动衰减特征暗示时间序列具有双重周期。另外一个周期不是十分明确，

可能与第一个周期重叠，故 22 年的周期可能性很大。进一步研究发现，海平面高度可能与太阳黑子活动有关，而太阳黑子具有 11 年和 22 年两个周期。因此，海平面高度的双周期可能是叠加在一起的。借助功率谱分析可以进一步证明 11 年周期的判断。

表 8-4-2　某海域海平面高度变化的 ACF、PACF 值及其相应的统计量

Lag	ACF	Q	P 值（sig 值）	PACF	PACF*
1	0.805 4	66.83	3.00E−16	0.805 4	0.815 2
2	0.435 3	86.55	1.61E−19	−0.607 2	−0.637 8
3	0.032 3	86.66	1.13E−18	−0.189 6	−0.165 6
4	−0.259 7	93.82	1.99E−19	0.058 1	0.078 3
5	−0.386 6	109.87	4.25E−22	−0.004 4	−0.015 6
6	−0.323 3	121.21	8.78E−24	0.152 8	0.138 9
7	−0.102 2	122.36	2.38E−23	0.212 5	0.297 4
8	0.188 7	126.30	1.57E−23	0.150 7	0.098 5
9	0.431 6	147.18	3.23E−27	0.066 1	0.052 1
10	0.510 6	176.73	1.07E−32	−0.115 1	−0.139 6
11	0.439 4	198.86	1.23E−36	0.115 8	0.168 9
12	0.249 1	206.05	1.75E−37	−0.019 4	0.006 5
13	0.027 1	206.13	7.10E−37	0.024 8	0.107 5
14	−0.165 1	209.37	6.29E−37	−0.028 0	0.092 3
15	−0.278 1	218.65	3.17E−38	−0.096 4	−0.086 4
16	−0.281 7	228.29	1.34E−39	−0.029 9	−0.217 0
17	−0.191 8	232.81	6.22E−40	−0.071 0	−0.153 2
18	−0.064 1	233.32	1.84E−39	−0.104 3	−0.250 2
19	0.061 3	233.79	5.40E−39	0.048 1	0.060 0
20	0.143 1	236.40	5.75E−39	−0.037 5	0.020 2

注：表中给出了两种 PACF 值，第一种是编程计算的结果，数值与 SPSS 等软件给出的结果一样；第二种（PACF*）为 Matlab 的 parcorr 函数的计算结果——基于最小二乘法近似处理得来的数值。

从偏自相关系数图，即 PACF 随时滞变化的柱形图可以看出如下问题（图 8-3-7b）：

第一，偏自相关系数在坐标图上突然衰减，当 Lag≥3 时，PACF 值在 $\pm 1.96/100^{1/2} = 0.196$ 之间。这意味着，存在 95% 以上的可能性，当时滞超过 3 时，PACF 值与 0 没有显著性差异。

第二，第一个偏自相关系数是正值，第二个为负值。只有这两个偏自相关系数突破二倍标准误差带，其余数值基本上都在二倍标准误差带之内。

在这种情况下，可以判定海面高度自相关程度不是很高，某一年的数值对第三年的影响不显著，对第三年以后的影响更微弱。上一年的数值对后两年的影响是正负交变的，交变影响容易导致周期变动。如果利用海平面时间序列开展自回归分析，则建立二阶自回归模型比较合适。进一步研究表明，海平面高度变化是一种二阶自回归过程。而且，一开始有正负两个偏自相关系数突破二倍标准误差带，这通常是周期行为的一种暗示。

8.5 小结

自相关分析主要借助于自相关函数（ACF）和偏自相关函数（PACF）。ACF 不仅包括过去对未来的直接影响，也包括过去对未来的间接作用。PACF 是假定扣除过去对未来间接影响的情况下，度量过去对未来的直接作用程度。Matlab 提供了两个函数，分别用于计算 ACF 序列和 PACF 序列。在 Matlab 中调用 ACF 和 PACF 分析的子程序开展自相关分析十分方便。Matlab 既可以给出函数计算结果，也可以提供自相关函数图像。在图形和相应统计指标的辅助下开展自相关和偏自相关分析，可以揭示时间序列背后的很多隐含信息。时间领域的自相关分析很容易推广到空间领域，开展空间序列的自相关分析。

但是，Matlab 的 PACF 计算函数是基于最小二乘法的，或者说是利用序列的线性自回归估计偏自相关系数的。这样处理比较简便，但与理论预期存在一定的误差。为了得到更好的 PACF 估计结果，可以借助 Yule-Walker 方程计算 PACF 序列。如果有耐心，可以采用蛮力方法逐步计算；如果希望快速、方便地得出计算结果，可以编写一个 PACF 的计算程序。利用这种程序得到的 PACF 序列与 SPSS 等软件给出的结果一致。

一个时间序列可能是随机的（没有任何规律），或者有趋势的，或者周期（季节）变化的，或者存在某种节律的。利用 ACF 值及其相应的 Q 统计量，辅之以 PACF 值，可以对序列的内在属性进行判断。如果 Q 统计量对应的概率值明显偏高，如大于 0.1，则序列可能是随机的，可以视为某种白噪声；相反，如果概率值远远小于 0.01，则可能是周期性序列，或者某种趋势性序列。利用 ACF 图和 PACF 图还可以区分自回归过程和移动平均过程，有关问题将在下一章具体论述。

第 9 章

自回归分析

自回归分析是线性回归分析的一种推广,主要是研究一个序列反映的自我因果关系。普通线性回归基于互相关分析,涉及两个以上的变量,一个作为因变量(响应变量代表"果"),其余作为自变量(解释变量代表"因")。自回归则基于自相关分析,涉及唯一的变量,主要是用过去解释未来(对于时间序列),用上游解释下游(对于空间序列)。虽然自回归分析有一些自身的数学规则,但掌握了线性回归分析技术和自相关分析技巧之后,就不难学会自回归分析方法。求解自回归模型的算法有多种,包括精确最大似然(exact maximum-likelihood)法、Cochrane-Orcutt 法和 Prais-Winsten 法,而常规的最小二乘技术却是自回归模型参数估计的经典框架。借助 Matlab 的回归分析函数和自相关分析函数等,容易编写自回归分析的计算代码,据此开展地理系统的自回归分析和预测。

9.1 样本数据的初步分析

9.1.1 案例数据来源和保存

以中国大陆人口的增长预测为例,说明基于 Matlab 的自回归模型建设方法。样本路径为中国大陆 1949—2000 年的人口增长序列,原始数据来源于国家统计局的《中国统计年鉴》网站。不同年份的数据口径有所调整,这里采用的是 2004 年公布的数据。

为了后面应用方便,首先通过编辑窗口将原始数据以"Population. m"文件名保存在 Matlab 的 work 文件夹里,以备调用。打开一个编辑窗口,以"%"开头输入文件名,然后以"X"为向量名称录入样本数据,或者从 Excel 中将样本数据复制过来并粘贴其中(图 9-1-1)。稍作整理之后,按照 Matlab 的安装位置找到 work 文件夹的路径,并保存数据。调用时只需要在命令窗口输入文件名"Population"并回车即可。

9.1.2 数据的初步分析

首先,对中国大陆人口的时间序列数据进行线性拟合和自相关考察。可以按照如下三个步

222　第9章　自回归分析

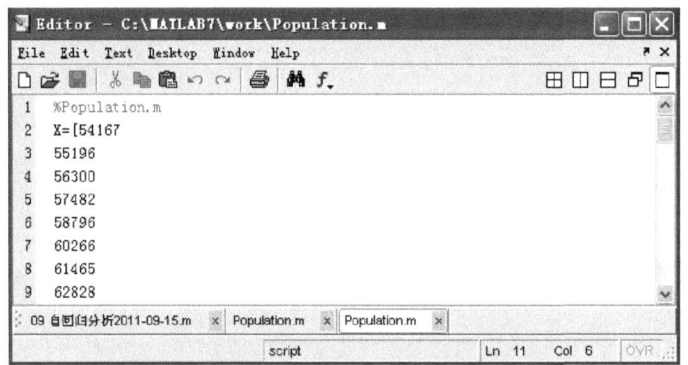

图 9-1-1　在编辑窗口录入样本数据（局部显示）

骤进行：

第一步，绘制散点图并添加趋势线。以时序 t 为横轴，以人口 X 为纵轴，借助原始数据绘制反映人口数量变化特征的散点图（图 9-1-2）。从图中可以看到，近似地，中国大陆人口的变化具有线性上升趋势。然后，以时序 t 为自变量、以人口 X 为因变量，调用线性回归函数 regress 进行回归分析，得到如下结果：截距 a = 50 064.359 7，斜率 b = 1 507.530 0。于是线性回归模型可以表作

$$x(t) = 50\ 064.359\ 7 + 1\ 507.53t + e_t \tag{9-1-1}$$

式中，e_t 代表残差；测定系数为 R^2 = 0.995 1。利用回归系数，不难在散点图中添加趋势线，具体方法参阅第 1 章。

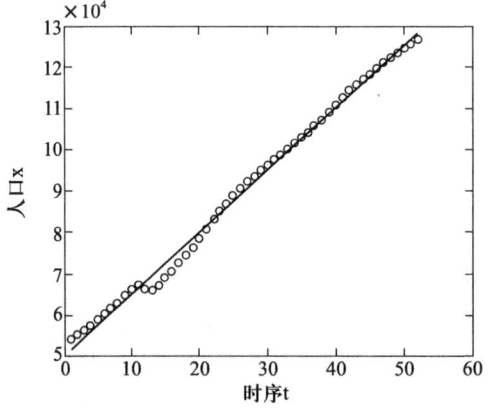

图 9-1-2　中国大陆人口序列及其线性趋势（1949—2000 年）

第二步，残差序列分析。回归分析输出结果中的"E"给出了线性模型预测的残差向量。根据 E 计算 Durbin-Watson 检验值，得到 DW = 0.118 2，数值非常低，远小于 2（DW = 2 表示残差序列无自相关），这意味着残差序列存在正自相关。在命令窗口输入

```
plot(t,E,'r*')
```

即可得到残差散点图。不过，对于回归分析，不妨利用残差序列图函数 rcoplot 给出残差序列散点分布及其误差变化范围（图9-1-3）。通过此图可以看出两方面信息：其一，基于这个线性模型的残差序列不像是随机的，其变化具有某种持续性。其二，由于"大跃进"及"三年困难时期"（1959—1961年），1960—1965年的人口残差变化不正常，这几个年份的数据不符合无趋势性规则的要求。上述计算过程的代码总结如图9-1-4所示。

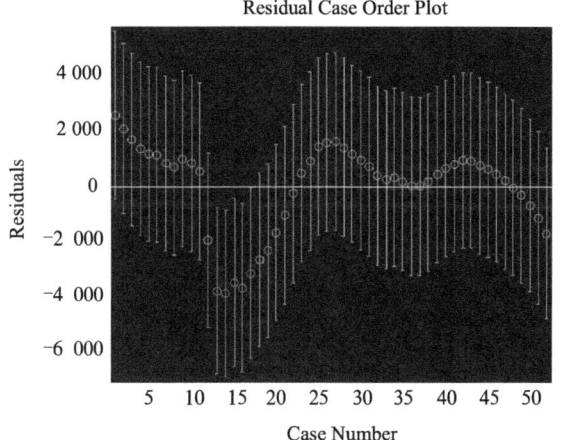

图 9-1-3　中国大陆人口序列线性模型的残差变化特征（1949—2000 年）

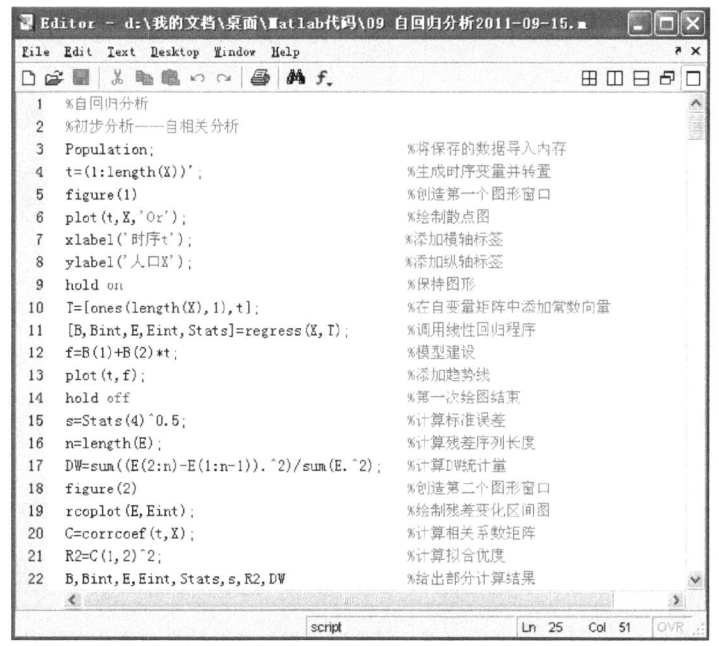

图 9-1-4　中国大陆人口增长的线性回归分析代码

第三步，残差序列的自相关分析。借助自相关分析过程，计算残差序列自相关函数和偏自相关函数系列，发现残差的确存在自相关。前四阶自相关系数和前二阶偏自相关系数与 0 有显著性差异（图 9-1-5）。进一步的计算表明，Box-Ljung 统计量全部大于卡方临界值，相应的概率值（sig 值）全部小于 0.05，这暗示残差序列不是随机序列，从而原始的时间序列可能存在自相关。如果一个序列是随机序列，则 Box-Ljung 统计量应该小于卡方临界值，而相应的概率值则应该全部大于 0.05（参阅第 8 章）。残差自相关分析的代码如图 9-1-6 所示；Box-Ljung 统计量及其相应概率值的计算代码如图 9-1-7 所示。

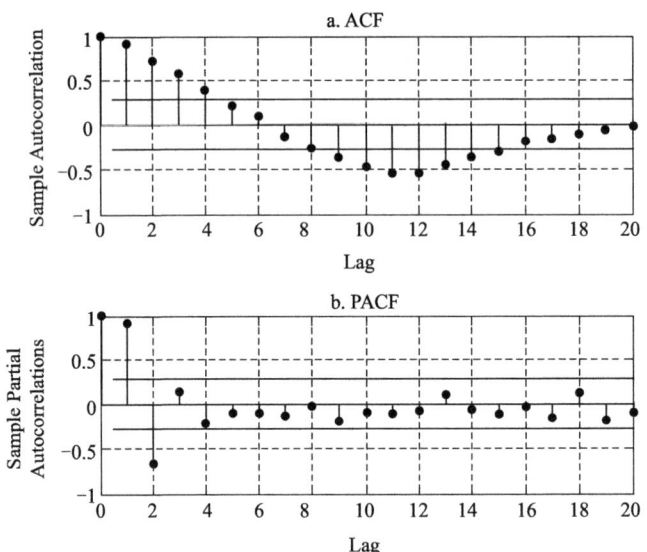

图 9-1-5　中国大陆人口序列线性模型残差的自相关和偏自相关函数图

图 9-1-6　中国大陆人口增长线性回归模型残差的自相关分析代码

9.1 样本数据的初步分析 225

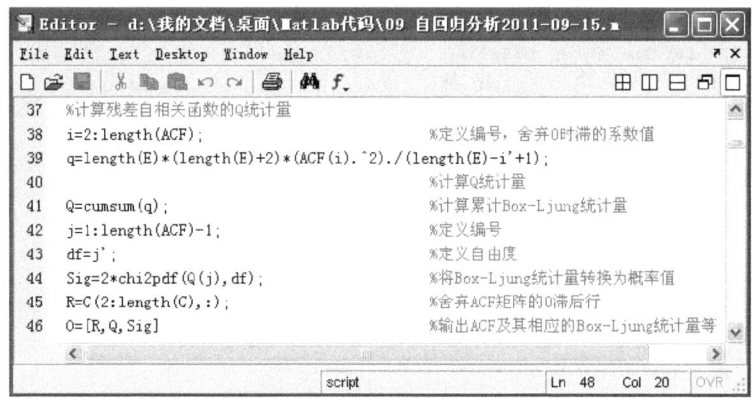

图9-1-7 中国大陆人口线性增长模型残差自相关的Q统计量计算代码

但是，仅根据时间序列样本数据的残差自相关分析无法准确判定时间序列自身的自相关阶数。有必要对时间序列的样本路径本身进行进一步检测。

第四步，时间序列样本数据的相关分析。计算时间序列的自相关函数和偏自相关函数，并利用系数值画出图谱，可以发现中国大陆人口增长存在明显的自相关，但PACF在2次滞后处截尾（图9-1-8）。近似估计的计算代码如图9-1-9所示。

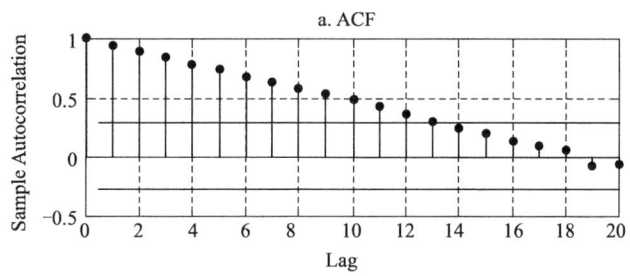

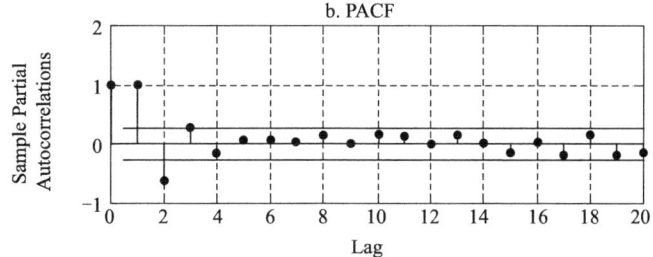

图9-1-8 中国大陆人口序列的自相关和偏自相关函数图（近似估计结果）

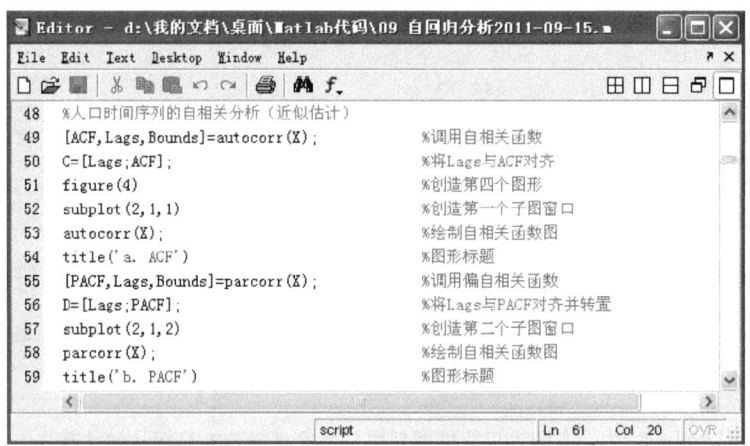

图 9-1-9　中国大陆人口时间序列的自相关分析代码（近似估计）

如果借助 Yule-Walker 方程递推计算，则可得到更为准确的结果。递推计算代码如图 9-1-10 所示，相应的绘图程序如图 9-1-11 所示。根据更为准确的自相关图，PACF 在 1 次滞后处截尾（图 9-1-12）。这表明人口增长的自相关阶次不是很高，两年以前的人口规模主要是通过一年前的规模发生影响。换言之，有些作用是间接的：第 $t-2$ 年的人口规模主要是通过 $t-1$ 年的规模影响第 t 年的情况，而第 $t-2$ 年的人口规模对第 t 年的人口直接影响较弱或者没有直接影响。这个判断涉及自相关阶次 p 的确定，因此十分重要。仅根据 PACF 图无法断言。将序列偏自相关图和残差偏自相关图结合起来，可以判断本例的自相关阶次大约为 $p=2$。究竟如何，还需要进一步分析与评价。

总之，如果一个事物的发展对自身存在一定的影响，如过去的产值影响未来的产值、上游的人口分布影响下游的人口分布等（如城市中心人口密度影响城市周边人口密度），则这个过程可以抽象为一个自回归过程。在学习自回归分析之前，通常是以时间或者空间距离为虚拟自变量，以描述对象（如人口、产值和人口密度等）为因变量，建立某种回归分析模型。前面给出的常规人口线性预测模型即式（9-1-1）就属于此类。对这类一元线性模型求导数，然后离散化，就可得到一阶自回归模型。如果人口的绝对增长率即差分序列为线性增长或者衰减，则经过求导—离散—转换之后，得到二阶自回归模型。对人口预测而言，以时间为虚拟自变量的模型有一个缺陷，那就是没有考虑过去对未来影响的信息衰减效应，因此预测的准确性往往较差。自回归模型不仅可以考虑过去对未来的影响，而且将过去影响的衰减效应计算进来了。在实际工作中，高阶自回归有时是非线性增长过程的较好近似。借助自回归开展增长或者发展预测，较之于采用常规增长模型可以取得更好的效果。下面以中国大陆人口预测为例，基于经典的最小二乘框架，分别建设一阶自回归模型和高阶自回归模型。

9.1 样本数据的初步分析 **227**

图 9-1-10 中国大陆人口时间序列的自相关分析程序（递推计算）

图 9-1-11 中国大陆人口时间序列的自相关和偏自相关绘图代码（递推计算）

228　第 9 章　自回归分析

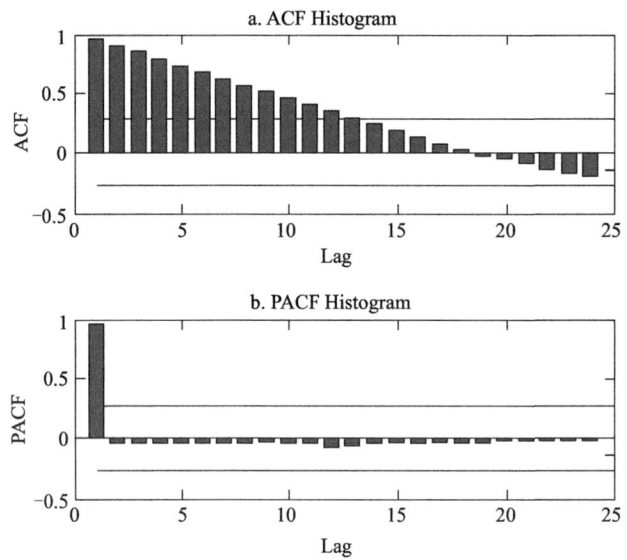

图 9-1-12　中国大陆人口序列的自相关和偏自相关函数柱形图（递推计算结果）

9.2　自回归模型的回归估计

9.2.1　一阶自回归模型 AR（1）

根据前面的初步估计，中国大陆人口时间序列的自回归过程大约为二阶。但是，这个判断不是太确定。不妨借助线性回归技术估计 AR 过程的模型参数。为了准确判断，可从 AR(1) 开始，到 AR(4) 结束，从中遴选可取的模型。首先，考察一阶自回归模型，计算程序如图 9-2-1 所示。由此得到 AR(1) 过程，即一阶自回归模型

$$x_t = 1\,334.756\,8 + 1.001\,0 x_{t-1} + e_t \tag{9-2-1}$$

拟合优度 $R^2 = 0.999\,4$。对于一元线性回归，包括自回归，F 检验和 t 检验都与相关系数平方等价。有了拟合优度，F 检验和 t 检验可以省略。回归结果给出 DW = 0.726 5。各种统计量的含义与一般线性回归分析没有实质性的分别。

进一步地，绘制自回归散点图和模型残差散点图，代码如图 9-2-2 所示。以 X_{t-1} 为横轴，以 X_t 为纵轴，绘制自相关的散点图并添加趋势线，结果表明，点、线匹配效果很好（图 9-2-3）。以 t 为横轴，以 e 为纵轴，利用绘图函数 plot 容易绘制残差序列的变化曲线图，或者借助残差序列图函数 rcoplot 得出残差散点分布及其误差变化范围（图 9-2-4）。从残差序列图可以看出一些问题的迹象，但不是很明确，可以利用另外一种形式的残差相关图说明问题所在。

9.2 自回归模型的回归估计

```
107    %一阶自回归分析
108    clear
109    Population;                        %将保存的数据导入内存
110    m=2;                               %定义变量数目
111    n=length(X);                       %计算向量长度
112    for i=1:m                          %时间序列重组
113        for j=1:n-m+1
114            r(i,j)=i+j-1;
115        end
116    end
117    r;                                 %计算矩阵元素编号
118    Z=X(r)';                           %时间序列重组结果
119    L=length(Z);                       %计算矩阵长度
120    for i=m
121        X=[ones(L,1),Z(:,1:m-1)];
122        Y=Z(:,m);
123    end
124    [B,Bint,E,Eint,Stats]=regress(Y,X); %调用线性回归程序
125    s=Stats(4)^0.5;                    %计算标准误差
126    DW=sum((E(2:L)-E(1:L-1)).^2)/sum(E.^2); %计算DW统计量
127    x=Z(:,1:m-1);                      %提取自变量
128    C=corrcoef(x,Y);                   %计算相关系数矩阵
129    R2=C(1,2)^2;                       %计算拟合优度
130    [n,m]=size(x);                     %计算x矩阵的行列数
131    Radj2=R2-(1-R2)*(m/(n-m-1));       %计算校正相关系数平方
132    B,Bint,E,Eint,Stats,s,R2,DW        %给出部分计算结果
```

图 9-2-1 一阶自回归的参数估计程序（包含部分检验过程）

```
134    %一阶自回归绘图
135    figure(1)                          %创建第一个图形窗口
136    plot(x,Y,'rO');                    %一阶自回归散点图
137    hold on                            %保持图形
138    f=B(1)+B(2)*x;                     %模型建设
139    plot(x,f);                         %添加趋势线
140    xlabel('X(t-1)');                  %横轴标签
141    ylabel('X(t)');                    %纵轴标签
142    hold off                           %第一次绘图结束
143    figure(2)                          %创建第二个图形窗口
144    rcoplot(E,Eint);                   %绘制残差变化区间图
```

图 9-2-2 中国大陆人口的一阶自回归绘图代码

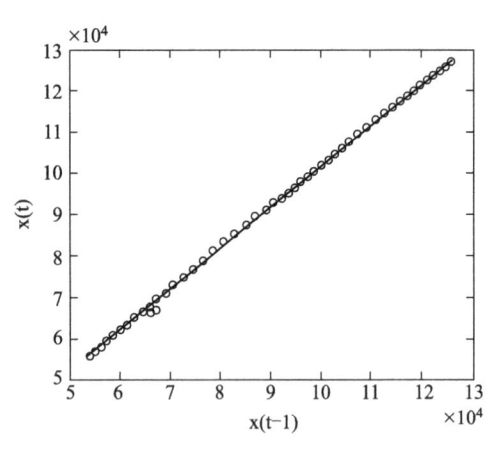 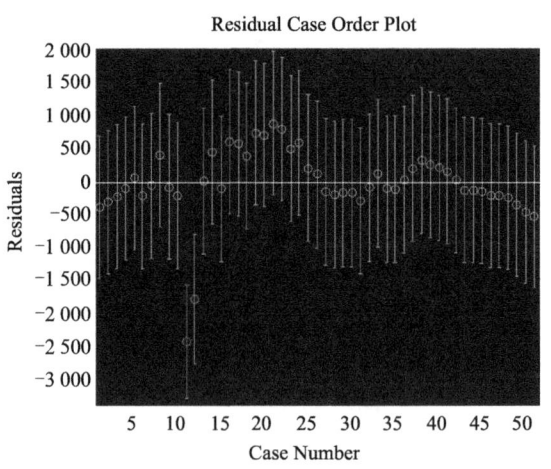

图 9-2-3 一阶自回归散点图和趋势线　　图 9-2-4 一阶自回归模型的残差序列图

对于本例,一阶自回归模型的最大问题在于,残差序列不是真正的随机序列,这从 DW 值可以看出。以 e_{t-1} 为横轴,以 e_t 为纵轴,绘制一阶残差自相关图。编写简单的代码可以绘图并添加趋势线(图 9-2-5)。可以看到,e_{t-1} 与 e_t 明确相关,也即残差具有自相关性(图 9-2-6)。这暗示模型内部存在决定性的误差。利用多项式拟合函数估计残差自回归模型参数,得到截距为 0.812 3 和斜率为 0.634 7。对于一阶自回归,其回归系数(斜率)等于偏自相关系数,从而等于自相关系数。实际上,e_{t-1} 与 e_t 的相关系数约为 0.632 0。显然,自回归系数 0.634 7 与相关系数 0.632 0 非常接近,符合理论预期。由这些数值可以判断,残差序列存在较强的自相关性。

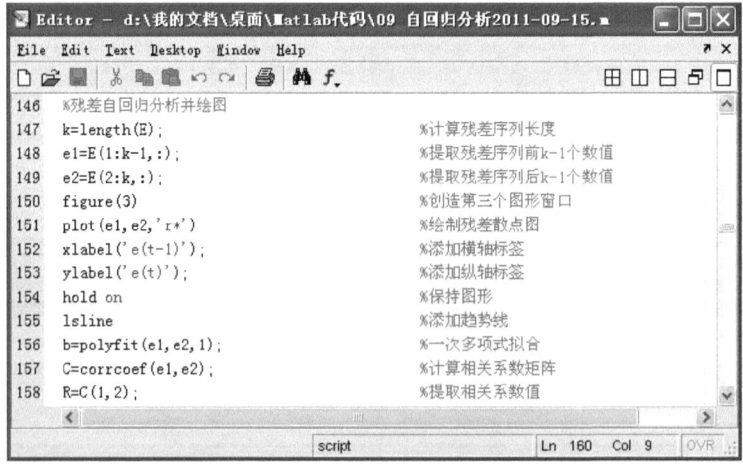

图 9-2-5 残差自回归分析及绘图代码

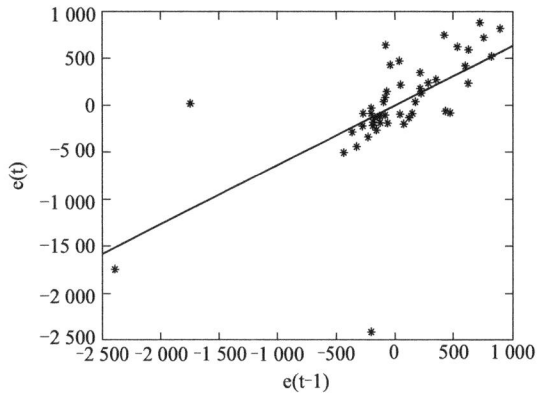

图 9-2-6 一阶自回归模型的残差自相关图

9.2.2 高阶自回归模型 AR(p)

根据上述分析可知，一阶自回归模型不够理想，主要是残差序列相关问题暗示模型存在内在缺陷。因此，有必要考虑更高阶次的自回归模型。接下来进行二阶、三阶和四阶自回归分析，从中选择可取的模型。基于最小二乘框架的二阶自回归计算程序如图9-2-7所示，统计检验代码如图9-2-8所示。根据回归分析结果可以估计 AR(2) 模型

$$x_t = 611.938\ 5 + 1.637\ 5x_{t-1} - 0.638\ 5x_{t-2} + e_t \tag{9-2-2}$$

拟合优度 $R^2 = 0.999\ 6$；DW = 1.721 8。相对于 AR(1) 模型，AR(2) 模型更为可取。不妨开展如下几个方面的比较分析：

其一，比较校正（adjusted）测定系数。自变量数目不同则自由度不同，自由度不同则一般的测定系数已经不再可比，但校正测定系数是在"惩罚"自由度之后得到的结果，因而具有可比性。在命令窗口输入"Radj2"，回车，即可得到校正测定系数。从一阶自回归到二阶自回归，校正测定系数由 0.999 4 上升到 0.999 6，拟合优度被提升了。

其二，比较回归统计的标准误差。在命令窗口输入"s"并回车，得到标准误差数值。由一阶自回归到二阶自回归，标准误差从 554.582 3 下降到 435.721 6，这从另外一个方面反映拟合效果的提高。

其三，考察模型参数对应的 t 统计量。拟定显著性水平0.05，并考虑到样本路径长度 $n = 50$（对应于 50 个年份）和自变量数 $m = 2$（对应于二阶次），在命令窗口输入"tinv(1-0.05/2,50-2-1)"，回车，得到 t 统计量的临界值为 2.011 7。对于非截距的回归系数，t 统计量分别为 14.457 0 和 -5.625 8，绝对值都大于 2.011 7，检验通过。这意味着二阶自回归模型的参数值都可以达到95%以上的置信度。

其四，比较残差序列的 DW 值。较之于 AR(1) 模型，AR(2) 过程的 DW 值由 0.726 5 上升到 1.721 8，数值更加接近于 2。这暗示，AR(2) 模型的内在结构缺陷较少一些。

第 9 章 自回归分析

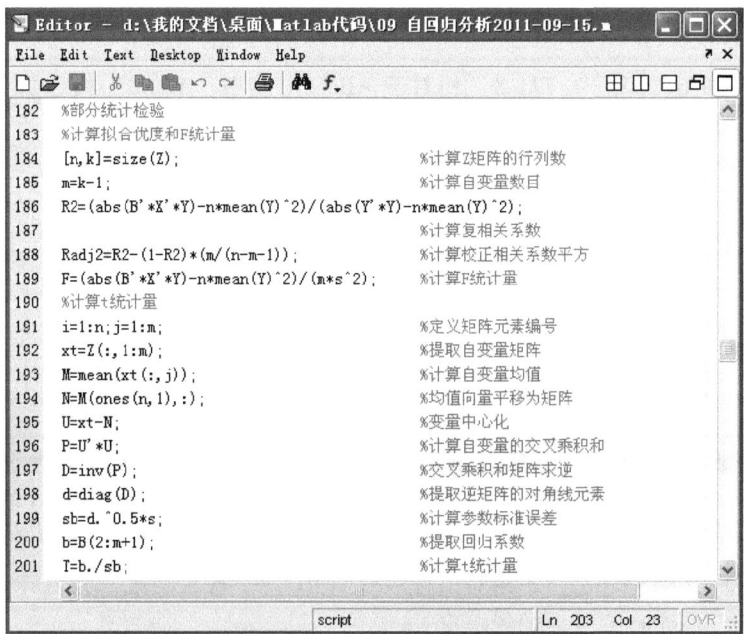

图 9-2-7 二阶自回归的计算程序

图 9-2-8 二阶自回归部分统计检验的计算代码

如前所述，对于一阶自回归，其回归系数等于偏自相关系数，从而等于自相关系数。但是，AR(1) 模型的系数大于 1，不太正常，这意味着一阶自回归不能准确地反映中国大陆人口增长的信息。当一阶自回归模型的回归系数大于 1 的时候，暗示着某种非线性增长。在这种情况下，采用多元线性模型近似一元非线性模型，可以得到比较令人满意的结果。类似于一阶自回归的处理方式，可以开展二阶自回归模型的残差自相关和自回归分析。在运行二阶自回归分析程序之后，在命令窗口输入"rcoplot(E,Eint)"并回车，立即得出残差序列的变化曲线（图 9-2-9）；运行图 9-2-5 所示的残差自回归程序，可以得出一阶残差自相关图（图 9-2-10）。可以看到，二阶自回归模型的残差自相关性已经减弱，自相关系数只有 0.137 0 左右，相对于一阶自相关模型的残差自相关系数 0.632 0 大为降低了。

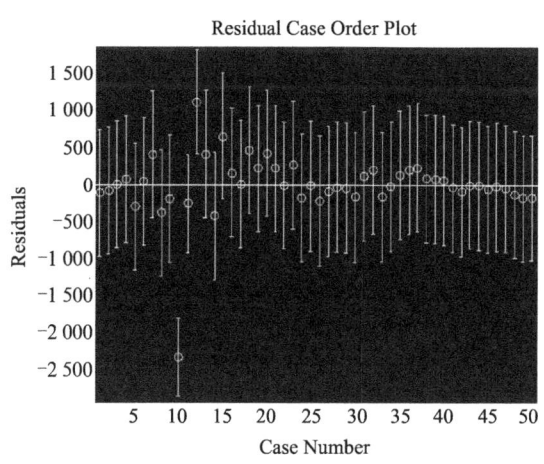
图 9-2-9　二阶自回归模型的残差序列图

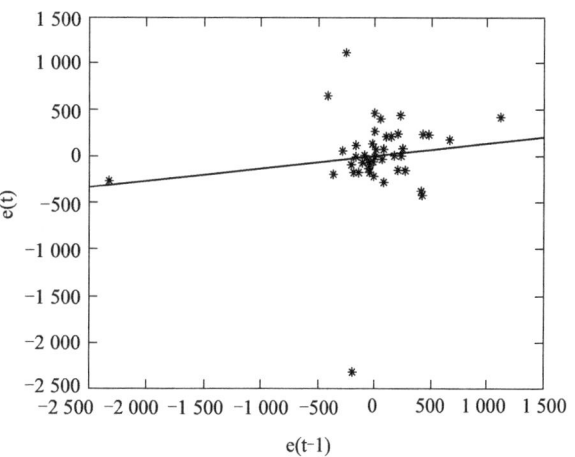
图 9-2-10　二阶自回归模型的一阶残差自相关图

标准的自回归模型没有常数项（不存在截距）。如果没有截距，则回归分析的常数应该设为 0。可是，对于实际问题，只有当原始时间序列的样本路径为足够长的零均值序列的时候，模型才不需要常数项。有人认为数据经过中心化之后自回归模型的常数项为 0，这个结论不符合实际。不妨以二阶自回归为例简要证明。众所周知，一个序列减去均值后化为中心化序列。假定采用中心化数据，拟合的模型为

$$x_t - \mu = a + \varphi_1(x_{t-1} - \mu) + \varphi_2(x_{t-2} - \mu) + e_t \quad (9\text{-}2\text{-}3)$$

式中，a 为常数项；μ 为均值。经过整理便得

$$x_t = a + (1 - \varphi_1 - \varphi_2)\mu + \varphi_1 x_{t-1} + \varphi_2 x_{t-2} + u_t \quad (9\text{-}2\text{-}4)$$

理论上，对于 AR(2) 过程，自回归系数关系满足 $\varphi_1 = 1 - \varphi_2$，故必有 $\mu(1 - \varphi_1 - \varphi_2) = 0$。由此判断，如果数据中心化之前模型存在常数项 a，中心化之后常数项 a 依然存在；如果数据中心化之后模型没有常数项，则中心化之前也不应该存在常数项。当然，对于经验数据，模型参数的

估计结果与理论预期之间常出现一些误差。

类似于二阶自回归,不难逐步开展三阶自回归和四阶自回归乃至更高阶数的自回归分析。在图 9-2-7 所示的代码中,将"$m=3$"改为"$m=4$",即可开展三阶自回归分析;将"$m=3$"改为"$m=5$",即可开展四阶自回归分析,其余依此类推。本例三阶自回归模型的 DW 值为 1.936 0,标准误差为 434.046 0;3 个自变量的 t 统计量分别为 12.181 3、-3.783 4 和 1.516 1。假定显著性水平为 0.05,在命令窗口输入"tinv(1-0.05/2,49-3-1)",回车,得到 t 统计量的临界值为 2.014 1。由此可知,3 次滞后的自变量的 t 检验不能通过。四阶自回归模型的 DW 值为 1.986 8;标准误差为 439.445 1;4 个自变量的 t 统计量分别为 11.913 9、-3.706 9、1.529 1 和 -0.912 5。依然假定显著性水平为 0.05,在命令窗口输入"tinv(1-0.05/2,48-4-1)",回车,得到 t 统计量的临界值为 2.016 7。据此判断,3 次滞后和 4 次滞后的自变量的 t 检验不能通过。

有人可能会问,自回归阶数,即 p 究竟取多少合适?比较不同阶数模型的回归统计结果可以得到启示。从校正 R^2 值看,二阶自回归模型的效果最好;但从回归的标准误差看,三阶自回归模型的效果最好(表 9-2-1)。然而,当阶数大于 2 时,回归系数的 t 统计量不能达标,从而置信度小于 95%。如果将置信度降至 85%,可以接受三阶自回归模型;如果将置信度降至 65% 以下,可以接受四阶自回归模型;如果希望选取置信度达到 95% 以上的模型并且精度良好,则只能采用二阶自回归模型。这个结果也与前面时间序列样本数据及其残差的自相关分析结论大体一致,也从一个角度表明残差分析在 AR(p) 模型建设过程中的重要作用。

表 9-2-1 不同阶数自回归模型的回归统计量比较

统计量	常规回归	一阶自回归	二阶自回归	三阶自回归	四阶自回归
(复)相关系数	0.997 551 7	0.999 703 8	0.999 815 3	0.999 814 8	0.999 808 4
相关系数平方	0.995 109 4	0.999 407 6	0.999 630 6	0.999 629 7	0.999 616 8
校正相关系数平方	0.995 011 6	0.999 395 5	0.999 614 8	0.999 605 0	0.999 581 1
标准误差	1 617.554 1	554.582 3	435.721 6	434.046 0	439.445 1
DW 值	0.118 1	0.726 5	1.721 8	1.936 0	1.986 8
观测值	52	51	50	49	48

说明:作为参照,表中给出了常规回归统计量,即相应于式(9-1-1)的、以时间虚拟变量为自变量、以人口为因变量的一元线性回归统计量。

9.2.3 自回归模型的基本检验

在有关统计分析软件如 SPSS 等中,提供了专门的自回归检验统计量。Matlab 不具备专门的自回归分析功能(至少作者的这个版本如此),因此基本的检验过程需要逐步计算完成。通过分步计算,既可以熟悉 Matlab 的有关应用技巧,也可以深入了解回归分析的一些原理。下面以二阶自回归,即 AR(2) 过程为例,给出若干说明。

首先，分析图形，主要是观察模型拟合图及其相关的残差图。在 Matlab 中，绘制这两种坐标图相当方便，前面已经给出。我们需要的残差 ACF 柱形图和 PACF 柱形图，绘图方法在第 8 章已讲过。在开展自相关分析的过程中，已经编好了计算程序，并且保存了 M 文件。现在，在运行二阶自回归计算程序之后输入"E"并回车，立即得到 AR(2) 模型的残差序列。然后，运行图 9-1-9 所示的残差自相关分析代码（将"X"改为"E"），即可得到 AR(2) 模型的 ACF 图和 PACF 图，结果如图 9-2-11 所示。可以看到，除了时滞为 0 的数值之外，其余所有数值都在二倍的标准误差带之间变动，这暗示了残差变化的随机性质。将图 9-1-10 所示的代码稍作修改（图 9-2-12），即可计算更为准确的 ACF 值、PACF 值和 Q 统计量（表 9-2-2）。进一步地，运行图 9-1-11 所示的程序，可以得到 ACF 和 PACF 的柱形图（图 9-2-13）。

表 9-2-2 自相关函数（ACF）分析和偏自相关函数（PACF）分析结果

Lag	自相关					偏自相关	
	ACF 值	标准误差	Box-Ljung 统计量			PACF	标准误差
			Q	自由度	P		
1	0.137	0.137	0.992	1	0.319	0.137	0.141
2	-0.200	0.136	3.159	2	0.206	-0.223	0.141
3	-0.046	0.134	3.276	3	0.351	0.019	0.141
4	0.045	0.133	3.389	4	0.495	0.005	0.141
5	-0.012	0.132	3.397	5	0.639	-0.029	0.141
6	0.011	0.130	3.405	6	0.757	0.032	0.141
7	-0.074	0.129	3.735	7	0.810	-0.096	0.141
8	-0.026	0.127	3.777	8	0.877	0.010	0.141
9	-0.031	0.126	3.840	9	0.922	-0.065	0.141
10	-0.187	0.124	6.109	10	0.806	-0.198	0.141
11	-0.079	0.122	6.523	11	0.836	-0.031	0.141
12	-0.045	0.121	6.664	12	0.879	-0.133	0.141
13	-0.089	0.119	7.217	13	0.891	-0.107	0.141
14	0.011	0.118	7.225	14	0.926	0.001	0.141
15	-0.026	0.116	7.275	15	0.950	-0.114	0.141
16	0.106	0.114	8.137	16	0.945	0.144	0.141

236 第 9 章 自回归分析

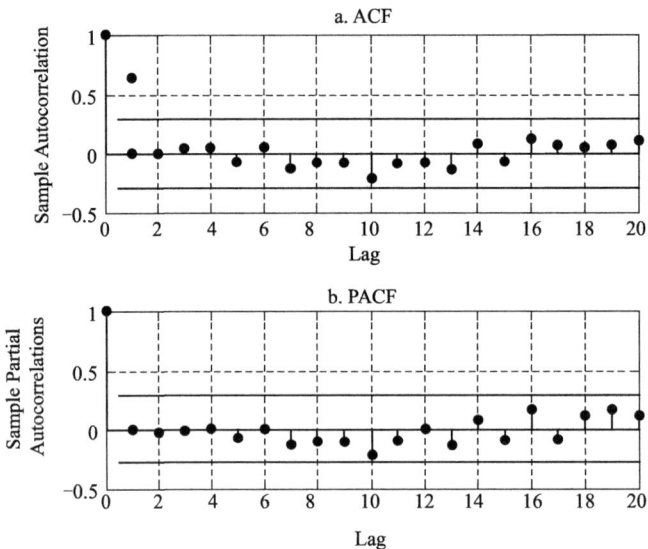

图 9-2-11　中国大陆人口序列 AR(2) 过程的残差相关函数图（近似估计）

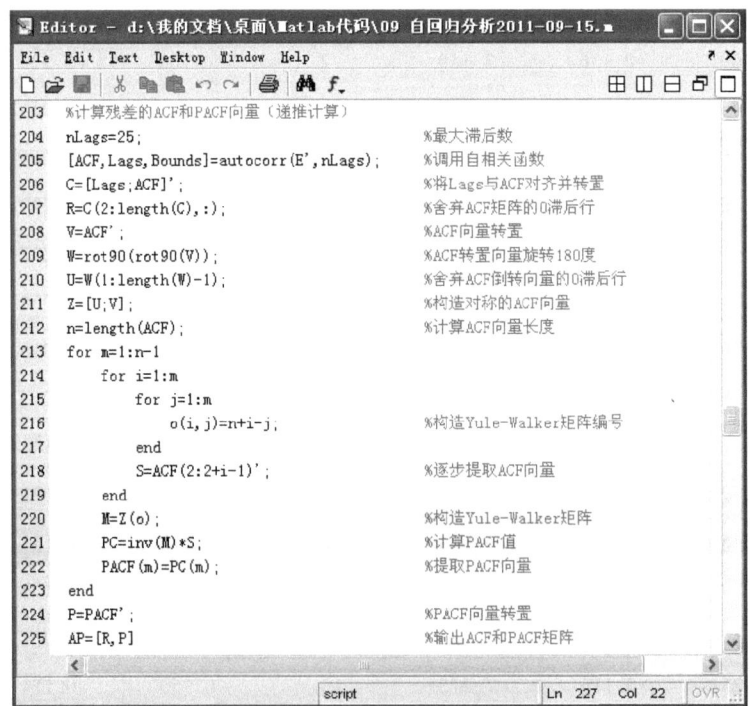

图 9-2-12　AR(p) 过程的残差自相关和偏自相关函数计算代码（递推计算）

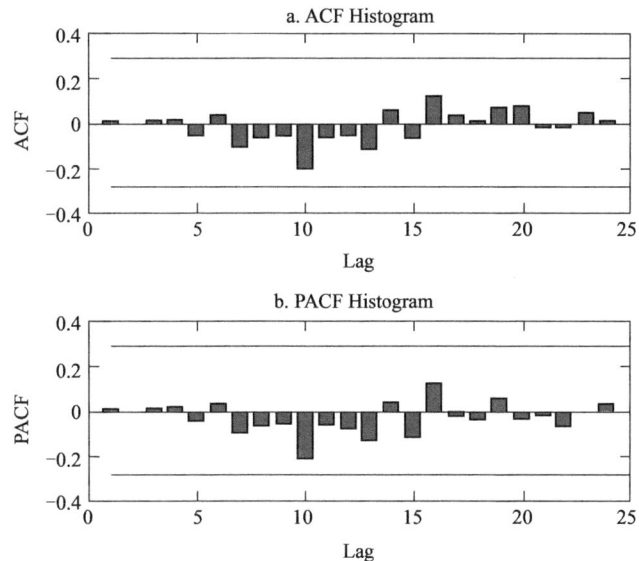

图 9-2-13　中国大陆人口序列 AR(2) 过程的残差相关函数图（递推计算）

一个更为便捷的方法是绘制残差自回归图，建立一阶残差自回归模型。以滞后一期的残差 e_{t-1}（对应于 1949—1999 年）为横轴，以当前期残差 e_t（对应于 1950—2000 年）为纵轴，作散点图，这个工作前面已经完成（图 9-2-10）。观测散点是否具有某种变化趋势，越是没有趋势，效果越好。然后，添加趋势线。如果能够建立线性自回归模型，则表明存在自相关。如果残差自回归的效果很差，那就意味着残差序列相关性不大，从而原始的 AR(2) 模型效果较好。运算结果显示，自回归的相关系数 $R=0.1370$ 左右，显著性水平为 $\alpha=0.05$、剩余自由度为 $df=50-1=49$ 时，相关系数的临界值 $R_{0.05,49}=0.276$。因此，有 95% 的把握相信，残差序列的自相关性不够显著。

在利用最小二乘法估计自回归模型参数的过程中，t 检验是很重要的一个环节。如果模型参数的 t 检验在某个显著性水平下不能通过，则参数值的置信度不高，模型预测的可靠性就偏低。自回归模型的 t 检验程序如图 9-2-8 所示。注意，这个程序必须在运行自回归计算程序之后再运行。对于 AR(2) 过程而言，在显著性水平为 $\alpha=0.05$ 的时候，t 检验都可以通过。可是，对于三阶自回归模型，情况就不同了。在显著性水平为 $\alpha=0.05$ 的时候，3 次滞后项的 t 检验不能通过；要想通过，显著性水平必须升高到 0.1365 以上，置信度只有 86.3510% 左右，降低了许多。对于四阶自回归，3 次滞后项的参数的显著性水平为 0.1336 左右——置信度约为 86.6429%；而 4 次滞后项的显著性水平却只有 0.3666——置信度只有大约 63.3394%。因此，AR(2) 模型的综合检验效果更为可取。并且，选取 2 次滞后模型，时间序列的自相关分析的各种结论大体一致。

为了直观判断，可以利用 t 累计分布函数 tcdf 将 t 统计量转换为 P 值，即概率值。计算公式为

$$P = 2*(1\text{-tcdf}(\text{abs}(t\text{统计量}),\text{剩余自由度}))$$

这里，abs 为取绝对值函数；剩余自由度为样本数减去自变量数再减去1。以 AR(2) 过程为例，2 次滞后的回归系数的 t 统计量为$-5.625\,825\,588\,236\,2$。在命令窗口输入

```
P=2*(1-tcdf(abs(-5.6258255882362),50-2-1))
```

回车，得到 P 约为 9.869 9e-007。如果 P 小于 0.05，则自回归系数的置信度达到 95%；如果 P 值小于 0.01，则自回归系数的置信度达到 99%。

9.2.4 预测结果及其比较分析

在 Matlab 中给出预测结果非常简单，只需编写一个简单的计算程序即可。以二阶自回归为例，预测代码如图 9-2-14 所示。这个程序给出 1951—2001 年的计算值。注意，对于二阶自回归，前两个年份即 1949 年和 1950 年的数值不能预测。为了绘图，需要重构预测向量：去掉预测值的最后一位（对应于 2001 年），将观测值的前两位（对应于 1949 年和 1950 年）添加到预测值向量的前面。然后，以年份 t 为横轴，以观察值 x 和预测值 y 为纵轴，作散点图，就可以画出原始数据点与预测值曲线的匹配图（图 9-2-15）。其他阶次的自回归模型预测值获取方法与此类似，可类推处理。

如果希望预测 2000 年以后的人口数据，那就不妨在 Matlab 中"蛮力"计算，或者将参数复制到 Excel 里面，借助 Excel 的复制功能进行推移预测更为便捷。下面举例说明在 Matlab 中开展预测计算的蛮力方法。运行图 9-2-14 所示的预测程序之后，在命令窗口输入语句

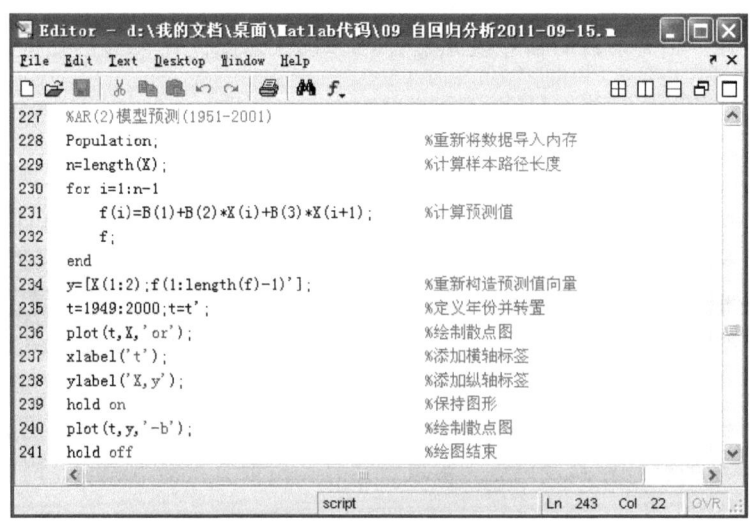

图 9-2-14 二阶自回归模型的预测分析代码

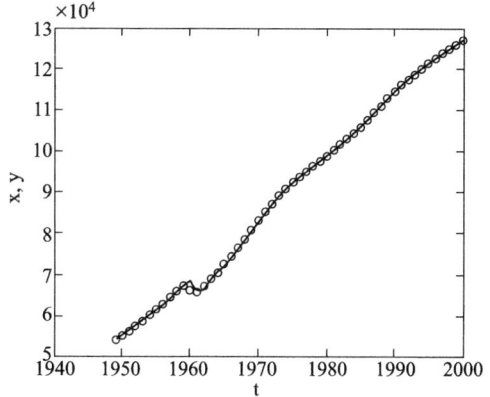

图 9-2-15 AR(2) 模型的预测值与原始数据点的匹配

```
g1 = f(51);
g2 = B(1)+B(2)*X(52)+B(3)*g1;
g3 = B(1)+B(2)*g1+B(3)*g2;
g1,g2,g3
```

回车，即可得到 2001—2003 年的预测值 g1 = 127 831.352 3，g2 = 129 002.420 8，g3 = 130 225.062 1。其余年份的预测计算依此类推。

如果希望 Matlab 一次性给出十几年或者几十年的预测结果，那就需要编写一个简单的计算程序了。以 AR(2) 模型为例，2001—2010 年的人口预测程序如图 9-2-16 所示。首先运行二阶自回归分析程序，紧接着运行这个预测程序，立即得到预测结果。根据这个预测，2010 年年末人口为 1 391 984 237 人；根据 2010 年的人口普查，该年 11 月 1 日人口为 1 370 536 875 人，即普查结果约为 13.7 亿，预测值约为 13.9 亿。虽然存在误差，但相差不是太远。

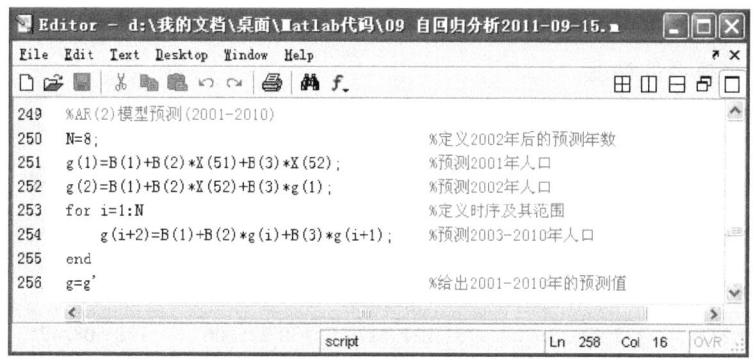

图 9-2-16 二阶自回归模型的预测程序（2001—2010 年）

如果开展模型精度检测和评估，需要后向预测值（1951—2000 年）；如果希望预报未来的人口，为实际工作服务，则需要前向预测值（2001—2010 年）。假如需要预测未来更长时间的数值,比方说预测到 2020 年,则只需要将 $N=8$ 改为 $N=18$ 就可以了。N 取什么数值,取决于预测期限。

AR(2) 模型的预测精度如何?需要评比才能判断。不妨对比如下模型的预测结果。常规线性回归模型

$$\hat{x}_t = 50\,064.359\,7 + 1\,507.530\,0t \tag{9-2-5}$$

一阶自回归模型

$$\hat{x}_t = 1\,334.756\,8 + 1.001\,0x_{t-1} \tag{9-2-6}$$

二阶自回归模型

$$\hat{x}_t = 611.938 + 1.637x_{t-1} - 0.639x_{t-2} \tag{9-2-7}$$

三阶自回归模型

$$\hat{x}_t = 705.330\,1 + 1.773\,4x_{t-1} - 0.996\,3x_{t-2} + 0.222\,2x_{t-3} \tag{9-2-8}$$

四阶自回归模型

$$\hat{x}_t = 664.192\,1 + 1.802\,9x_{t-1} - 1.133\,2x_{t-2} + 0.468\,1x_{t-3} - 0.139\,1x_{t-4} \tag{9-2-9}$$

根据上述模型,容易计算不同年份的预测值。由于 2001—2003 年中国大陆的人口数据是已知的,姑且比较这三个年份的预测结果。利用式(9-2-10)计算误差平方和

$$S = (x_{t+1} - \hat{x}_{t+1})^2 + (x_{t+2} - \hat{x}_{t+2})^2 + (x_{t+3} - \hat{x}_{t+3})^2 \tag{9-2-10}$$

式中,S 表示误差平方和;x 表示实际值;$\hat{x}$ 表示预测值。误差平方和越小,预测的精度也就越高。从 2000 年之后三个年份预测结果的误差平方和看来,二阶自回归模型即 AR(2) 过程的精度最高(表9-2-3)。如果对比表9-2-3 中的误差平方和与表9-2-1 中的标准误差,可以综合地评估各个模型的精度。

表 9-2-3 基于不同回归模型的预测结果的比较

年份	实际值	线性模型	AR(1) 过程	AR(2) 过程	AR(3) 过程	AR(4) 过程
2001	**127 627**	129 963.45	128 203.09	127 831.35	127 873.72	127 845.26
2002	**128 453**	131 470.98	129 664.63	129 002.42	129 153.25	129 070.08
2003	**129 227**	132 978.51	131 127.61	130 225.06	130 508.47	130 334.72
误差平方和	0	28 640 991.38	5 412 241.93	1 339 750.95	2 193 380.16	1 655 472.88
精度排序	—	5	4	1	3	2

9.3 数据的平稳化及其自回归模型

9.3.1 数据平稳化

在一定条件下,自回归过程 AR(p) 与移动平均过程 MA(q) 是可以互相转换的,前提条件是时间序列平稳并且可逆。上面例子的样本数据明显是有趋势的(图 9-1-2)。那么,能否将非平稳的数据转换为近似平稳的数据?如何转换?如果利用转换结果可以建立自回归模型,则其可以等价地表示为移动平均过程。实际上,最常用的数据转换方法是差分。原序列 x 的一阶差分可以表作

$$y_t^{(1)} = \Delta x_t = x_t - x_{t-1} \qquad (9-3-1)$$

二阶差分表作

$$\begin{aligned} y_t^{(2)} &= \Delta^2 x_t = \Delta y_t^{(1)} = \Delta\Delta x_t \\ &= x_t - x_{t-1} - (x_{t-1} - x_{t-2}) = x_t - 2x_{t-1} + x_{t-2} \end{aligned} \qquad (9-3-2)$$

式中,Δ 为差分算子。差分的阶数称为单整。姑且不考虑高阶差分。在实践中,对于基于时间序列的预测分析,二阶差分也就够了。

在 Matlab 中进行差分运算非常方便,编写一个简单的计算程序即可。一阶差分及绘图的代码如图 9-3-1 所示,由此给出的差分序列散点图如图 9-3-2 所示。差分序列散点图显示的曲线变化特征类似于一元线性回归的残差图。

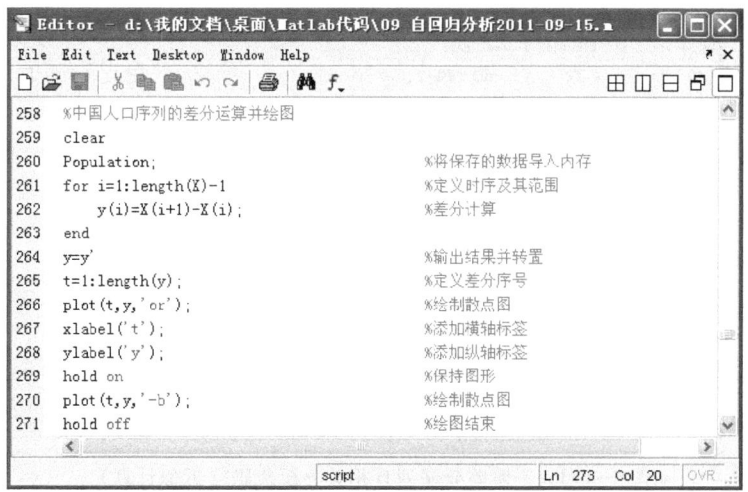

图 9-3-1 一阶差分计算并绘图代码

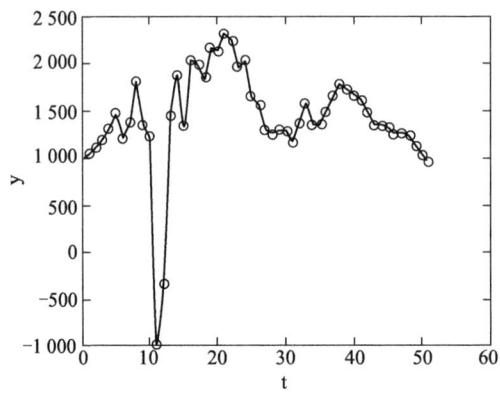

图 9-3-2 一阶差分序列的变化曲线图

基于 ACF 分析函数和 PACF 分析函数对差分结果进行自相关分析，代码如图 9-3-3 所示。结果表明，ACF 呈献阻尼衰减趋势，其中一阶自相关系数高高突出于二倍标准误差带之外，与 0 有显著性差异，其余则位于二倍标准误差带之内，与 0 没有显著性差异；偏自相关系数具有明确的截尾特征，其中一阶偏自相关系数突出于二倍标准误差带之外，与 0 有显著性差异，其余则位于二倍的标准误差带之内，与 0 没有显著性差异（图 9-3-4）。这种 ACF 图具有一阶自回归的典型特征。将前面递推计算 PACF 的代码稍作修改，即可计算差分序列的 ACF 和 PACF（图 9-3-5）。然后运行图 9-1-11 所示的程序，可得到基于递推运算的 ACF 柱形图和 PACF 柱形图（图 9-3-6）。自相关和偏自相关分析表明，差分序列近似一种平稳序列：除了 1 次滞后，其余 ACF 和 PACF 都在二倍标准误差带内，与 0 没有显著差异。

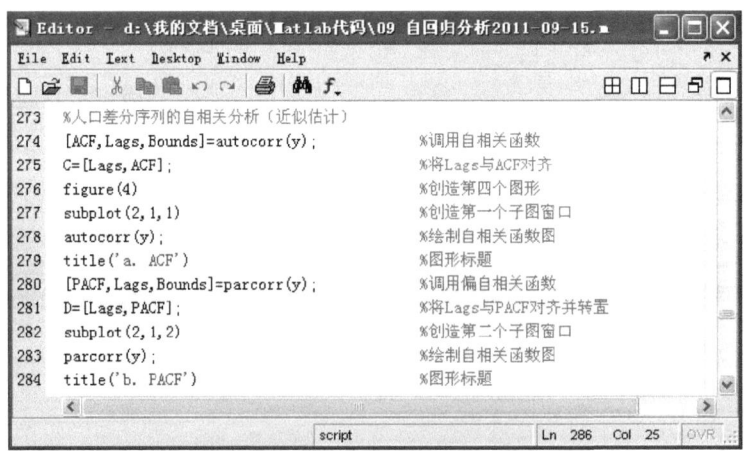

图 9-3-3 一阶差分序列自相关分析代码（近似计算）

9.3 数据的平稳化及其自回归模型　243

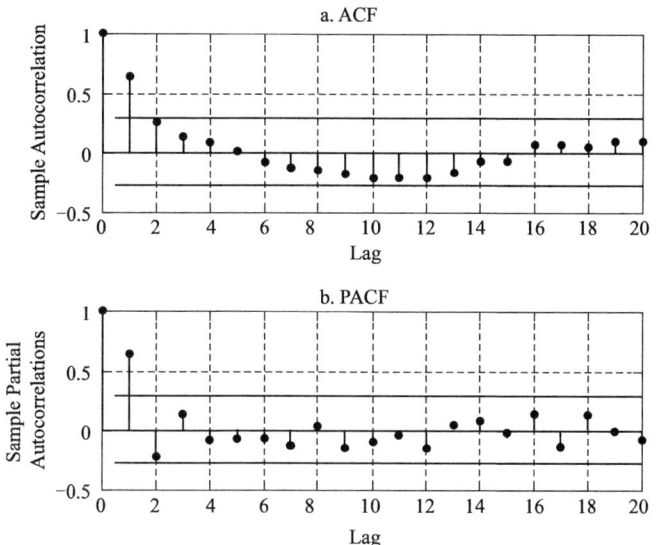

图 9-3-4　中国大陆人口序列一阶差分的自相关函数图（近似计算结果）

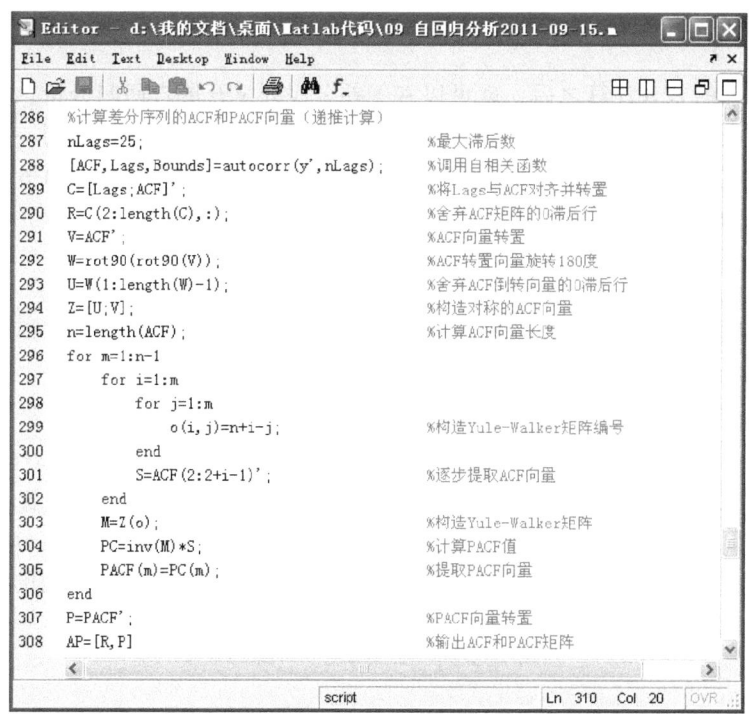

图 9-3-5　一阶差分序列自相关分析代码（递推计算）

运行了图 9-3-1 所示差分序列的计算程序之后，紧接着直接运行这个程序，而不要运行图 9-3-3 所示的 PACF 近似估计程序，否则两种运算结果相互干扰，将不能得出正确的计算结果

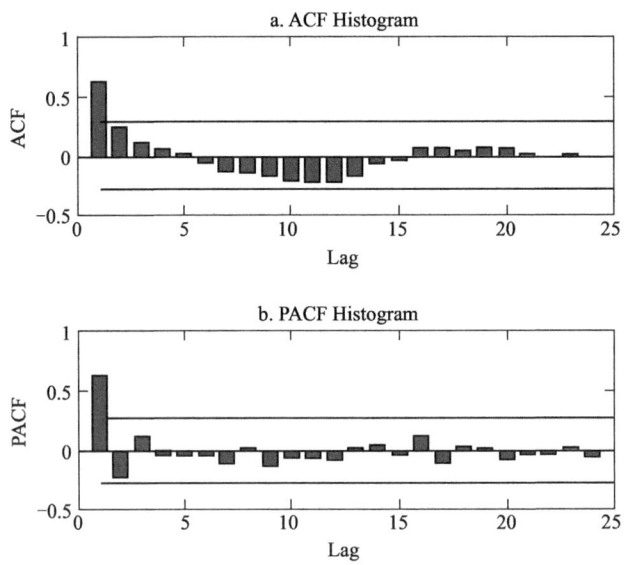

图 9-3-6 中国大陆人口序列一阶差分的自相关函数柱形图（递推计算结果）

9.3.2 差分自回归

完成时间序列的差分计算之后，就可以基于差分序列 y 开展自回归分析。将前面用于原始序列的 p 阶自回归计算程序稍作修改，即可进行运算。完整的一次差分序列一阶自回归分析通用程序如图 9-3-7 所示。计算结果：模型参数为 522.184 1（截距）和 0.634 4（自回归系数）。于是得到模型

$$y_t = 522.184\ 1 + 0.634\ 4 y_{t-1} + e_t \tag{9-3-3}$$

这是基于差分序列的 AR(1) 过程，相关系数平方为 0.400 8；标准误差为 431.810 2；DW 值为 1.712 4。

其实，差分序列的一阶自回归可以直接采用一元线性回归。以 y_{t-1} 为自变量，y_t 为因变量，调用 regress 函数、一阶多项式拟合函数或者开展最小二乘计算即可。基于 regress 的一元线性回归并绘制自相关散点分布图的专用程序如图 9-3-8 所示。添加趋势线的散点图如图 9-3-9 所示。试验可知，利用专用程序得到的计算结果与通用程序给出的结果没有分别。

基于差分建模之后，容易进行模型的形式还原，即返回到基于原始序列的模型形式。根据差分运算可知

$$y_t = x_t - x_{t-1}, \quad y_{t-1} = x_{t-1} - x_{t-2} \tag{9-3-4}$$

将上述关系代入式（9-3-3）得到

9.3 数据的平稳化及其自回归模型 245

```
%差分序列的一阶自回归分析（通用程序）
m=2;                                %定义变量数目
n=length(y);                        %计算向量长度
for i=1:m                           %时间序列重组
    for j=1:n-m+1
        r(i,j)=i+j-1;
    end
end
r;                                  %计算矩阵元素编号
Z=y(r)';                            %时间序列重组结果
L=length(Z);                        %计算矩阵长度
for i=m
    X=[ones(L,1),Z(:,1:m-1)];
    Y=Z(:,m);
end
[B,Bint,E,Eint,Stats]=regress(Y,X); %调用线性回归程序
s=Stats(4)^0.5;                     %计算标准误差
DW=sum((E(2:L)-E(1:L-1)).^2)/sum(E.^2); %计算DW统计量
x=Z(:,1:m-1);                       %提取自变量
C=corrcoef(x,Y);                    %计算相关系数矩阵
R2=C(1,2)^2;                        %计算拟合优度
[n,m]=size(x);                      %计算x矩阵的行列数
Radj2=R2-(1-R2)*(m/(n-m-1));        %计算校正相关系数平方
B,Bint,E,Eint,Stats,s,R2,DW         %给出部分计算结果
```

图 9-3-7　一阶差分序列的自回归计算程序（通用型）

图 9-3-8　一阶差分序列的自回归计算并绘图程序（专用型）

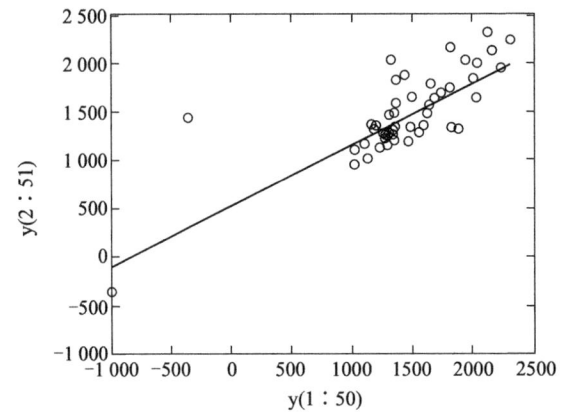

图 9-3-9　基于一阶差分序列的一阶自回归趋势线与散点的匹配

$$x_t - x_{t-1} = 522.184 + 0.634(x_{t-1} - x_{t-2}) + e_t \tag{9-3-5}$$

整理之后化为

$$x_t = 522.184 + 1.634 x_{t-1} - 0.634 x_{t-2} + e_t \tag{9-3-6}$$

这个结果与前面基于原始序列建立的模型即式（9-2-2）相当接近。显然，如下关系成立

$$(1 - \hat{\varphi}_1 - \hat{\varphi}_2)\hat{\mu} = (1 - 1.634 + 0.634) * 90\,014 = 0$$

这种关系从经验上支持了前述结论：对于二阶自回归，如果时间序列数据中心化之前模型存在常数项，则中心化之后常数项依然存在；反之亦然。

9.3.3　检验与预测

　　检验和预测的方法与前面的有关过程一样，首先比较回归统计量。可以看到，由于三年灾害时期（1959—1961 年）导致后来（1961—1965 年）的数据异常，一阶差分序列的自回归效果受到较大的负面影响——模型的拟合优度较低。模型残差的 DW 值约为 1.712，与二阶自回归模型的 DW 统计量大体一致。

　　预测方法与前述二阶自回归方法是一样的。不过，预测之前最好将差分一阶自回归模型转换为基于原始数据的二阶自回归模型。这个工作上面已经完成。接下来的预测可以在 Matlab 里计算，也可以在 Excel 里计算。根据各自的偏好选择处理方式。从预测效果来看，如果比较预测的标准误差，则以一阶差分自回归模型为最小（表 9-3-1）。这意味着，就 1949—2000 年的历史数据拟合而言，一次差分自回归模型的效果名列前茅。就 2001—2003 年三个年份的实际预测结果而言，差分模型的预报精度仅次于二阶自回归模型，较之确定性回归模型、一阶自回归模型和更高阶自回归模型的预测效果要好很多（表 9-3-2）。

表 9-3-1　不同阶数自回归模型与一阶差分自回归模型的回归统计量比较

统计量	常规回归	一阶自回归	二阶自回归	三阶自回归	四阶自回归	差分自回归
Multiple R	0.997 551 7	0.999 703 8	0.999 815 3	0.999 814 8	0.999 808 4	0.633 094 8
R^2	0.995 109 4	0.999 407 6	0.999 630 6	0.999 629 7	0.999 616 8	0.400 809 0
Adjusted R^2	0.995 011 6	0.999 395 5	0.999 614 8	0.999 605 0	0.999 581 1	0.388 325 9
标准误差	1 617.554 1	554.582 3	435.721 6	434.046 0	439.445 1	431.810 2
DW 值	0.118 1	0.726 5	1.721 8	1.936 0	1.986 8	1.712 4
观测值	52	51	50	49	48	50

表 9-3-2　基于差分的 AR(2) 模型与其他模型预测结果的比较

年份	实际值	线性	一阶	二阶	三阶	四阶	差分
2001	**127 627**	129 963.45	128 203.09	127 831.35	127 873.72	127 845.26	127 872.34
2002	**128 453**	131 470.98	129 664.63	129 002.42	129 153.25	129 070.08	129 111.02
2003	**129 227**	132 978.51	131 127.61	130 225.06	130 508.47	128 946.78	130 419.07
误差平方和	0	28 641 111.58	5 412 241.93	1 339 750.95	2 193 380.16	506 943.07	1 914 219.1
精度排序	—	6	5	2	4	1	3

综合上述多方面的分析结论可知，预测模型的最大时滞应该取 $p=2$，否则模型参数的质量没有保证（置信度偏低）。在模型参数置信度不高的情况下，即便最近年份的预测效果较好，远期预报的结果将会越来越脱离实际。与二阶自回归对应，如果选择差分序列拟合，则单整为 1，即一次差分也就够了。至于一次差分模型和二阶自回归模型究竟哪一个更为可取，要视综合效果而定。由于差分序列对原始数据的异常值远较非差分序列敏感，非差分序列的二阶自回归模型结果更为稳定。由此可以想见，如果不考虑非线性过程的影响，基于原始数据序列的二阶自回归模型是预测中国大陆人口增长的相对合适的工具。基于差分的 AR(p) 过程可以转换为 MA(q) 过程，据此可以解释中国大陆人口增长的复杂原因（陈彦光，2011）。

9.4　小结

本章以中国大陆人口预测分析为例，说明自回归建模的基本方法。首先借助普遍线性回归分析和自相关分析对时间序列及其线性模型残差开展初步分析；然后分别说明如何建立一阶自回归模型即 AR(1) 过程、高阶自回归模型即 AR(p) 过程及其基本的统计检验；接下来介绍了数据平稳化处理的方法和差分自回归模型，比较了不同模型的预测效果。如果将 Matlab 的建模方法与基于 Excel 的自回归建模、基于 Mathcad 的自回归建模以及基于 SPSS 的自回归建模进行对照，则可望达到更好的学习效果。自回归分析是以自相关分析为基础的，要想学好自回归分析，最好先熟悉普通线性回归分析和自相关分析。在此基础上，借助最小二乘法就可以建立各种阶次的自回归模型。本章调用了第 1 章和第 2 章的部分回归分析及其统计检验程序以及第 8 章的部分自相关分析程序，但根据具体情况下进行了一些修改。比较可知，本章采用的自相关分析代码与第 8 章的表现形式存在一些区别。原因在于，第 8 章的原始数据以行向量的形式给出，本章的原始数据则以列向量的形式保存。

如前所述，求解自回归模型有一些特定的算法，如精确最大似然法等。为简明起见，本章一律采用最小二乘法。有些统计软件如 SPSS 在采用其他方法如 Prais-Winsten 法估计 $AR(p)$ 模型参数的时候，通常要给出基于最小二乘法的计算结果作为对照。在 Matlab 中可以采用其他算法开展自回归分析，前提是应用者编写更多的计算程序。撰写本章内容的目的是帮助读者从回归分析的角度理解自回归分析的建模思路，同时巩固自相关分析的有关知识。解决实际问题的时候，既可以采用 Matlab 编程计算，也可以采用 SPSS 之类的大型统计软件开展分析。有一点可以肯定，通过本章的学习，读者可以更好地利用其他软件构建自回归模型。在序列存在自相关的情况下，自回归模型的预测效果要比常规的回归分析模型更为令人满意。

第 10 章

谱分析

无论理论研究还是应用研究、自然领域还是社会领域，基于 Fourier 变换的谱分析都是非常强大而有效的数学工具之一。有人甚至认为，Fourier 方法是数学规律发现的成功之路，是采用数学工具将自然现象和社会现象有效分解为基本要素的一种十拿九稳的方法。谱分析可以分为两大类型：自谱分析和互谱分析。本章主要讲述常用的自谱分析。在最简单的情况下，通过频率与谱密度的关系至少可以开展两个方面的工作：一是寻找时间序列的周期或者空间序列的节律；二是揭示时间序列或者空间序列的趋势性特征及其暗示的自相关性质。Matlab 是目前进行谱分析的最佳计算工具，利用该软件可以方便地进行快速 Fourier 变换并图示频谱关系。下面提供两个实例说明自谱应用方法，这两个例子分别代表时间序列的功率谱分析和空间序列的波谱分析。第一个例子用于寻找周期和预测；第二个例子用于揭示规律和解释。

10.1 功率谱分析

10.1.1 时间序列数据

首先，以北京市月气温变化的时间序列为例，说明快速 Fourier 变换（FFT）和谱分析的方法。现有北京市 1996—2004 年共 9 年（108 个月）的数据（表 10-1-1）。可以想见，气温具有年际周期变动规律，即理当存在一个 12 个月的周期。不妨利用频谱关系揭示周期长度，看看上述判断是否成立，同时验证谱分析在揭示周期规律方面的有效性和可靠性。如果功率谱分析给出的周期与 12 个月非常接近，则表明在一定显著性水平上预报正确。

表 10-1-1 北京市 12 个月的平均气温（1996—2004 年） （单位：℃）

月份	年份								
	1996	1997	1998	1999	2000	2001	2002	2003	2004
1	-2.2	-3.8	-3.9	-1.6	-6.4	-5.4	0.0	-3.2	-2.3
2	-0.4	1.3	2.4	2.1	-1.5	-1.5	3.3	0.8	2.9

续表

月份	年份								
	1996	1997	1998	1999	2000	2001	2002	2003	2004
3	6.2	8.7	7.6	4.7	8.0	7.3	9.7	6.2	7.8
4	14.3	14.5	15.0	14.4	14.6	14.4	14.0	15.2	16.3
5	21.6	20.0	19.9	19.3	20.4	23.1	21.8	20.9	20.5
6	25.4	24.6	23.6	25.3	26.7	25.7	23.5	24.6	24.9
7	25.5	28.2	26.5	28.0	29.6	27.3	27.4	26.0	26.0
8	23.9	26.6	25.1	25.5	25.7	25.8	25.6	26.1	24.9
9	20.7	18.6	22.2	20.9	21.8	21.2	20.4	20.5	21.2
10	12.8	14.0	14.8	12.9	12.6	13.8	10.6	13.1	14.0
11	4.2	5.4	4.0	5.9	3.0	5.3	3.3	3.4	6.4
12	0.9	-1.5	0.1	-0.7	-0.6	-2.4	-3.0	0.2	-0.5

数据来源：1997—2005 年《中国统计年鉴》。

10.1.2 快速 Fourier 变换和频谱分析

数据预备工作可以分为如下三个步骤完成。

第一步，数据准备。按照时间先后顺序将表 10-1-1 的数据连成一排或者一列，然后保存在 Matlab 的 work 文件夹中以备调用。数据保存的方式有两种：一是在命令窗口保存。保存的内容分为两行，第一行数据 "data=[……]"；第二行是命令 save 和文件名称 BJAT："save BJAT"。二是在编辑窗口保存。保存的内容也只有两行，第一行是文件名称 "% BJAT.m"；第二行是数据 "data=[……]"（图 10-1-1）。数据保存的方式不同，调用的方式也不同。

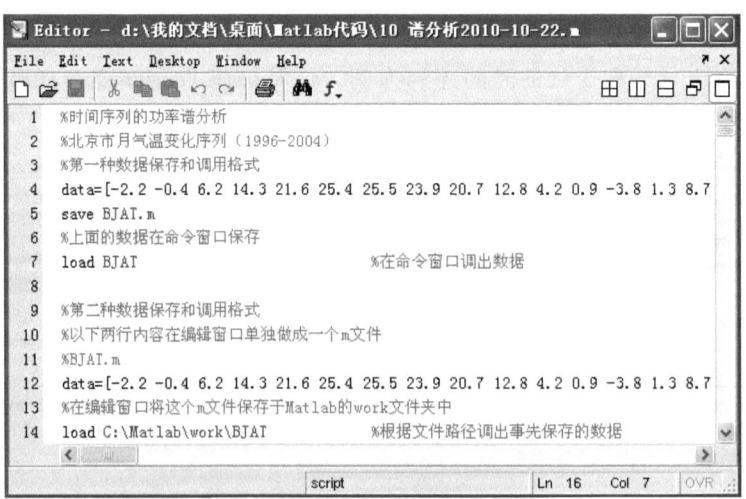

图 10-1-1　两种数据保存和调用格式

若以第一种方式保存，则调用时在命令窗口直接输入"load BJAT"，回车即可；如果是按照第二种方式保存，则调用时可以写出文件路径"load C:\Matlab\work\BJAT"，或者在命令提示符后面直接输入文件名"BJAT"并回车。

由于数据量不是太大，可以将数组与数据处理的程序语句做成一个完整的文件（图10-1-2）。数据预处理包括如下几个小步骤：

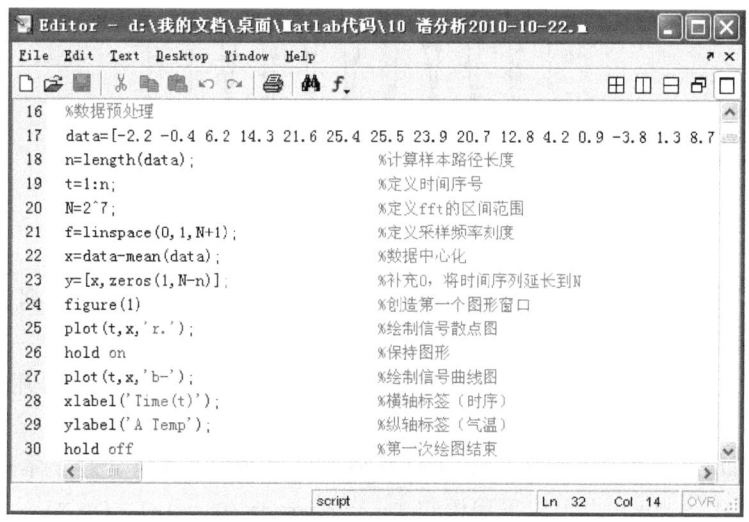

图 10-1-2 数据预处理程序

第一，计算样本路径的长度并定义时间序号。采用向量长度函数 length 计算数据点数 n。然后，基于数据点数定义一个时间序号 $t=1, 2, \cdots, n$。绘制曲线图和计算频率都可能用到这个时间序号。

第二，数据中心化。为了直观地阅读频谱图，事先将数据中心化。中心化的方法就是采用各个数据减去全部数据的平均值，利用函数 mean 即可实现。

第三，绘制曲线图。利用绘图函数 plot 及其配套的坐标轴标签函数绘图很方便。以时序 t 为横轴，以中心化的序列 x 为纵轴，作图如下（图10-1-3）。绘图的主要目的在于，通过曲线变化特征直观地判断信号变化是否存在周期。可以看到，北京市月平均气温以 12 个月为周期波动变化。我们预期的周期长度就是 $T=12$。实际上，中心化数据的变化趋势特征与原始数据曲线完全一致。不同之处在于，中心化数据将坐标曲线平移为以坐标横轴（$y=0$）为波动中心线，而不再是以均值为波动中心线。

第四，延长时间序列。一共有 9×12=108 个月的数据，也就相当于样本路径长度 $n=108$。但是，Fourier 变换要求时间序列的长度必须是 $N=2^z$ 个（z 为正整数）。因此，必须考虑在序列末尾加"0"，或者删除一部分数据，将其延长或者缩短到 $N=2^z$ 个。究竟是延长还是缩短呢？这要看样本路径长度的实际情况。不难看出，$n=108$ 介于 $N=2^6=64$ 至 $2^7=128$ 之间，并且距离 128 更近一些。如果将样本点压缩到 64 个，则须去掉 44 个数据点，从而损失时间序列的很

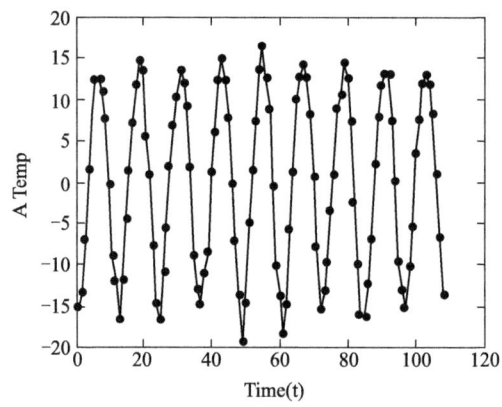

图 10-1-3　中心化时间序列的变化曲线（1996—2004 年）

多信息；如果延长序列，则只需在序列末尾补充 20 个 "0" 就可以了。序列延长的操作方法是利用 0 数组函数 zeros 生成 128-108 个数据点。

第五，计算线频率序列。可以采取两种不同的方法给出线频序列：一是用延长的时序 t 减 1 再除以延长之后的序列的长度 N，即 $f=(t-1)/N$，这里 $t=1, 2, \cdots, N$；二是借助向量的线性间隔函数 linspace，语法是 linspace（起点值，终点值，点数）。对于本例，可以用语句 f=linspace(0,1,N+1)，也可以采用语句 f=linspace(0,(N-1)/N,N)。第一个语句给出 0~1 的 $N+1$ 个频率数；第二个语句给出 0~$(N-1)/N$ 的 N 个频率数。由于谱密度的对称性，最后用上的实际上是 $f=0.5$ 之前的 $N/2+1$ 个数据点。

第二步，快速 Fourier 变换。Matlab 的快速 Fourier 变换函数为 fft，语法为 fft（中心化并补充 0 的数据序列），变换结果为虚数，可以表作

$$\text{fft}(y) = a + bi \tag{10-1-1}$$

式中，i 表示虚数单位；a 为快速 Fourier 变换结果的实部；b 为快速 Fourier 变换结果的虚部。于是谱密度为

$$P(f) = \frac{1}{N} |\text{fft}(y)|^2 = \frac{(a+bi)(a-bi)}{N} = \frac{1}{N}(a^2+b^2) \tag{10-1-2}$$

式中，N 为序列长度（对于本例，$N=128$）。借助函数 fft，容易进行快速 Fourier 变换（图 10-1-4）。利用复数的共轭函数 conj，根据式（10-1-2），可以算出功率谱密度。以线频率为横轴，以谱密度为纵轴，绘制频谱曲线图，为下一步分析作预备（图 10-1-5）。

第三步，绘制频谱图，识别周期。绘制频谱图之后，在命令窗口输入语句 "gname"，回车，即可出现标志图形数据的十字线。在频谱图上找出尖峰突出的最大谱密度点，点击该点，就会出现数据的序号 12（图 10-1-6）。连续回车，退出 "gname" 状态。在命令窗口输入

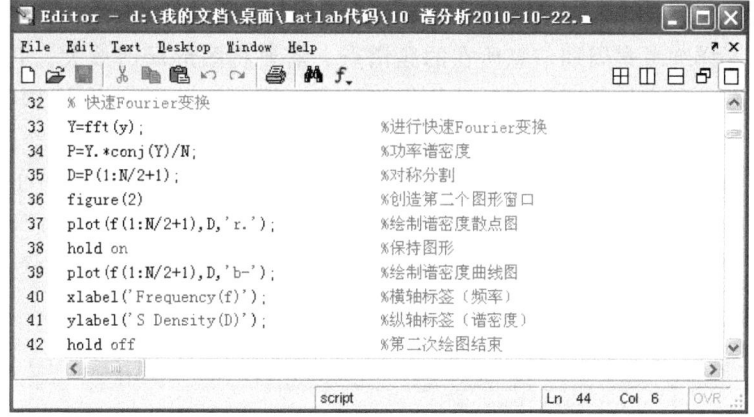

图 10-1-4　时间序列的快速 Fourier 变换结果

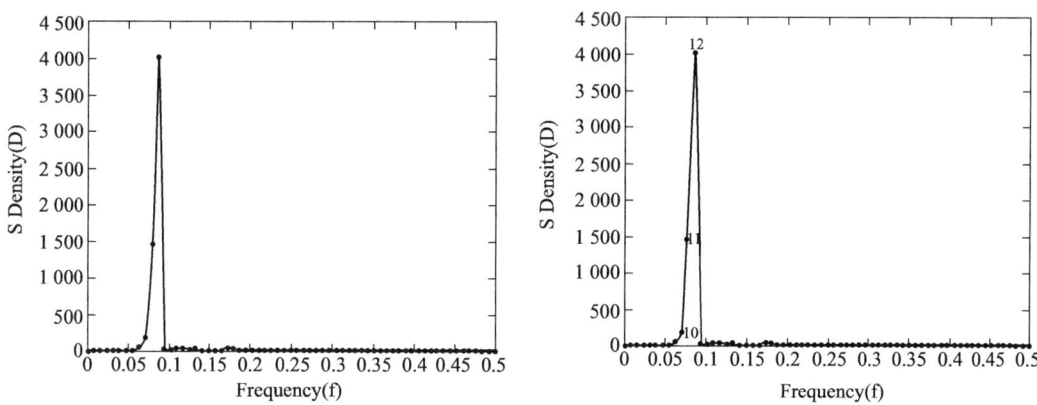

图 10-1-5　北京市气温变化的频谱图　　图 10-1-6　标志了最大谱密度点的气温变化频谱图

"f(12)",回车,得到最大谱密度对应的线频率值 0.085 938,这个数值的倒数就是可能存在的周期长度。在命令窗口输入"1/f(12)",得到 11.636 4,这就是周期估计值。由此可以判断,北京市气温序列包含一个长度大约为 12 个月的周期变化。

周期长度可以计算出来,方法是利用非 0 元下标函数 find 为最大谱密度定位。在命令窗口运行程序语句

```
Dmax=max(D)
p=find(D==max(D))
fmax=f(p)
T=1/fmax
```

可以得到最大谱密度值 D_{max} = 4 007,该密度点的序号 p = 12,最大谱密度对应的频率 f_{max} = 0.085 938,以及周期长度 T = 11.636 4。这个数值很接近真实的周期长度 12 个月。如果样本

路径足够长，比方说取 512 个月的数据，则计算结果更加逼近真实值 12。

有时候，为了详细考察周期信息所在的频谱点，需要将图形局部放大，并且添加网格线，以便判断最大谱密度所在的位置，据此计算周期长度（图 10-1-7）。从图 10-1-6 可以看出，最大谱密度对应的频率范围落入 0～0.2，借助函数 find 将 $f=0$ 到 $f=0.2$ 这个范围内的谱曲线放大，然后利用网格线函数 grid 添加网格线，可以得到局部频谱图（图 10-1-8）。利用函数 gname，在命令窗口输入"gname"或者"gname(D)"或者"gname(f)"，回车，即可在图形上查询最大谱密度点的下标，结果是 12。连续回车，退出"gname"状态。然后，输入"1/f(12)"，得到周期长度估计值。

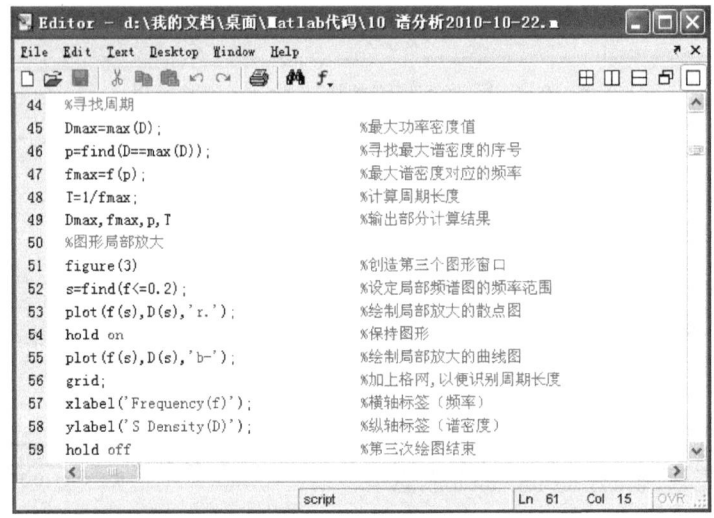

图 10-1-7 计算周期长度和频谱图局部放大程序

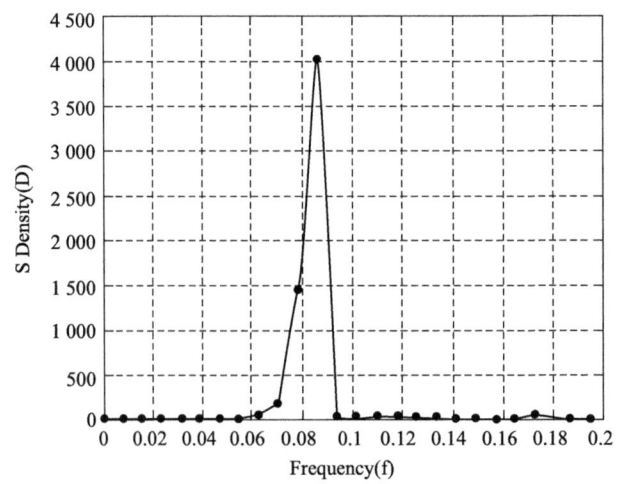

图 10-1-8 局部放大的气温变化频谱图

10.1.3 检验和分析

上述周期是否真的存在，周期性存在的可靠性程度又有多高？以及周期性在多大程度上可以接受？这需要借助 Fisher 的调和分析显著性检验进行判断。在谱密度的计算结果下面输入

    g1=max(D)/sum(D)

回车，立即得到 Fisher 统计量。显然，所谓 Fisher 统计量，实际上就是最大谱密度与谱密度之和的比值。有关数值计算结果为

    max(D)=4007.047,sum(D)=6039.463,g_1=0.6635

取显著性水平 α=0.05、周期序号数 r=1，查调和分析显著性检验的 Fisher 临界值表可知

$$g_\alpha(s,r) = g_{0.05}(50,1) = 0.13135$$

本例 s=64>50，而临界值 $g_{0.05}(64,1)$<$g_{0.05}(50,1)$，前面计算结果是 g_1>$g_{0.05}$(50,1)，因此必有 g_1>$g_{0.05}$(64,1)。检验通过。据此，至少有 95% 的把握相信上述周期成立。一般教科书提供的 Fisher 调和分析检验表数值不连续，我们要么通过插值补充数据 [$g_{0.05}(64,1) \approx 0.10735$]，要么按照上述办法进行逻辑判断。

上面仅检测一个周期，没有涉及多周期的情形。现实的时间序列往往非常复杂，由多个周期叠加之后，再与随机噪声混合在一起。分析人员不仅要将周期变动趋势从随机噪声中提取出来，而且要分别检测。下面给出三个周期的检测方法，更多的情况可以依此类推。计算三个周期检验统计量的方法如图 10-1-9 所示。函数 sort 用于对谱密度向量 D 中的元素从小到大排序；函数 fliplr 用于行向量排序结果反转，变成从大到小排序。运行结果表明，第二个可能存在的周期长度 T_2=12.8，第三个可能存在的周期长度 T_3=14.222。

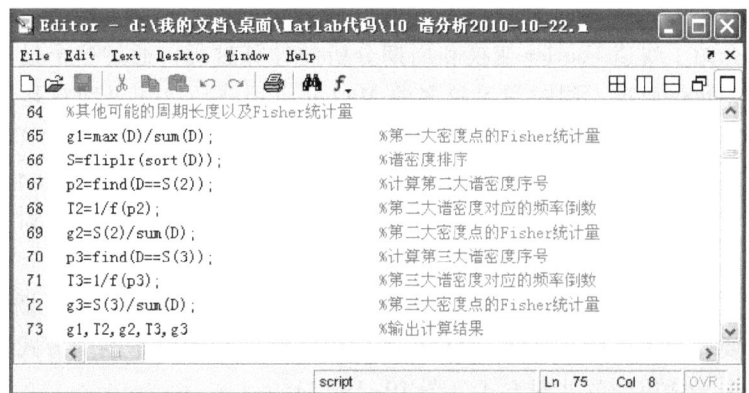

图 10-1-9 周期检验 Fisher 统计量的计算方法和结果

第一个周期对应的统计量如前所示，检验通过；第二个和第三个可能存在的周期的 Fisher 统计量分别为 $g_2=0.240\,5$，$g_3=0.030\,2$。首先，检验第二个可能的周期的存在性。取显著性水平 $\alpha=0.05$、周期序号数 $r=2$，查调和分析表可知

$$g_\alpha(s,r)=g_{0.05}(50,2)=0.092\,44$$

由于临界值 $g_{0.05}(64,2)<g_{0.05}(50,2)$，必有 $g_2=0.240\,5>g_{0.05}(64,2)$，第二个周期检验可以通过。我们至少有 95% 的把握相信，第二个周期能成立。

然后，检验第三个可能存在的周期。取显著性水平 $\alpha=0.05$、周期序号数 $r=5$，查调和分析表可知

$$g_\alpha(s,r)=g_{0.05}(100,5)=0.037\,04$$

表中没有 $r=3$ 和 $r=4$ 的情况，故只能通过逻辑手段间接判断。由于临界值 $g_{0.05}(64,3)>g_{0.05}(100,5)$，上面的结果是 $g_3=0.030\,2<g_{0.05}(100,5)$，必有 $g_3<g_{0.05}(64,3)$，第三个周期检验不通过。我们至少有 95% 的把握相信，第三个可能存在的周期不成立。在这种情况下，就没有必要考虑第四个周期的存在性。

现在的问题是，这种结果是不是说明北京市的月平均气温存在 11.636 4 和 12.8 两个周期呢？不是。从图 10-1-5 或者图 10-1-8 中可以看到，第二个谱密度最大点并不独立成峰，而是位于最大峰值连线的一侧。大量的类似例证表明，这两个点指示的其实是同一个周期：$T=12$。快速 Fourier 变换是一种近似算法，其特征是对称计算。在实际问题处理过程中，快速 Fourier 变换通常从左右两边同时捕捉一个周期，从而在频谱图上出现两个相邻的密度突出点。这两个点中间的连线没有转折，近似为直线连接。真正的周期通常位于这两个数据点的中间。当样本路径足够长、频率分布足够密集的时候，这两个点就会合而为一。对于本节讨论的问题而言，真正的周期长度 12 就位处 11.636 4 和 12.8 两个数值中间。

10.1.4 计算程序简化

前面详细地介绍了快速 Fourier 变换和周期分析的计算过程，通过这个过程，读者可以加深理解频谱分析的数学原理，同时学习较多的 Matlab 应用技巧。如果纯粹是计算周期长度及其统计量，则计算程序可以大大简化。假定事先在命令窗口保存时间序列的样本数据，则简化后的计算程序如图 10-1-10 所示。运行这个程序立即得到周期长度 11.636 4 和相应的 Fisher 统计量 0.663 5。如果还想计算第二个、第三个可能存在的周期的长度及其对应的 Fisher 统计量，则接着运行图 10-1-9 所示的程序即可。

绘图过程也可以简化，不妨将气温变化曲线图和频谱图分别作为两个子图安排在同一个绘图窗口，为此需要调用子坐标系函数（图 10-1-11）。将多幅图以子图的方式紧凑排列，是在论文和研究报告中经常用到的处理方式（图 10-1-12）。

10.1 功率谱分析

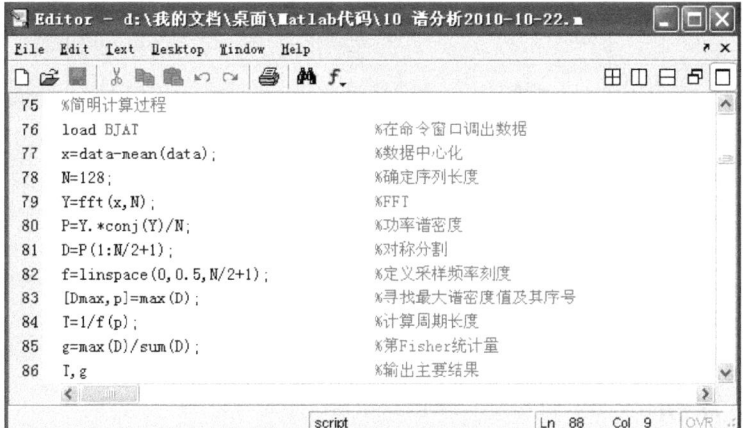

图10-1-10 简化后的功率谱分析计算程序

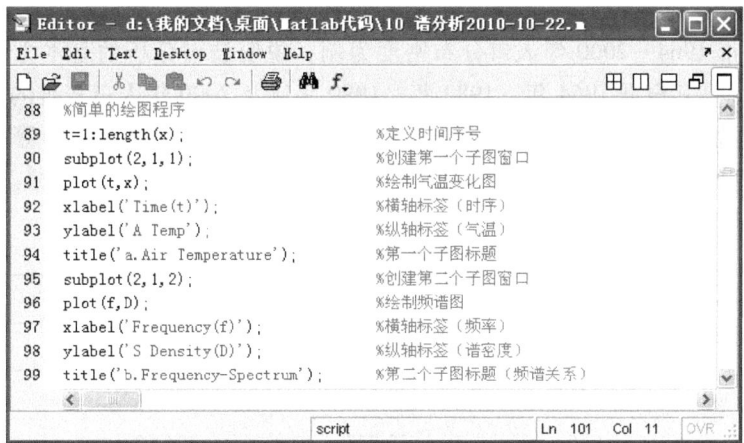

图10-1-11 简化后的绘图程序

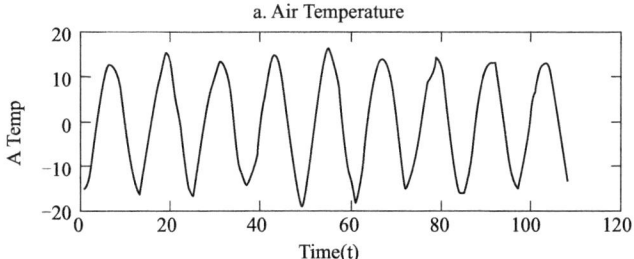

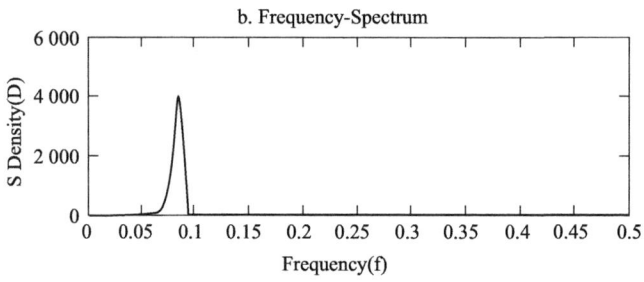

图 10-1-12　气温变化曲线图及其对应的频谱图

10.2　波谱分析

10.2.1　空间序列数据

本节以杭州市 1964—2000 年人口分布密度为例，说明波谱分析的基本方法。原始数据来自冯健（2002），是其根据 1964 年、1982 年、1990 年以及 2000 年人口普查的街道数据经环带（ring）平均计算得来（表 10-2-1）。波谱变换实质上是一种空间自相关的等价分析过程。快速 Fourier 变换的步骤与功率谱分析非常相似，但在一些细节上存在微妙差别。

表 10-2-1　杭州市平均人口密度衰减序列（1964—2000 年）

距离/km	人口密度/（人/km²）			
	1964 年	1982 年	1990 年	2000 年
0.3	24 131	29 540	29 928	28 184
0.9	18 966	22 225	26 634	26 821
1.5	16 282	18 957	22 262	24 621
2.1	16 007	19 232	21 612	23 176
2.7	13 052	15 439	17 290	18 910
3.3	8 252	9 920	13 179	19 601
3.9	5 798	7 026	10 538	16 945
4.5	2 626	3 461	5 560	10 829
5.1	2 143	2 807	4 180	7 282
5.7	2 142	2 689	3 923	6 200
6.3	2 185	2 566	3 516	5 644

续表

距离/km	人口密度/（人/km²）			
	1964 年	1982 年	1990 年	2000 年
6.9	1 438	1 693	2 197	4 297
7.5	1 083	1 371	1 796	3 806
8.1	967	1 256	1 634	3 153
8.7	842	1 114	1 442	2 683
9.3	848	973	1 265	2 354
9.9	818	1 051	1 163	2 028
10.5	812	1 051	1 143	1 828
11.1	807	1 051	1 160	1 651
11.7	625	979	1 093	1 581
12.3	691	901	1 006	1 490
12.9	575	870	972	1 465
13.5	532	666	817	1 278
14.1	381	487	679	1 033
14.7	369	489	582	958
15.3	375	456	563	882

数据来源：冯健（2002）。

10.2.2 数据准备

首先，以 2000 年为例考察杭州人口密度分布的波谱关系。数据准备与上一个例子相似，不详述。代表空间距离的变量用 r 表示；用于波谱分析的变量用 x 表示（图 10-2-1）。需要注

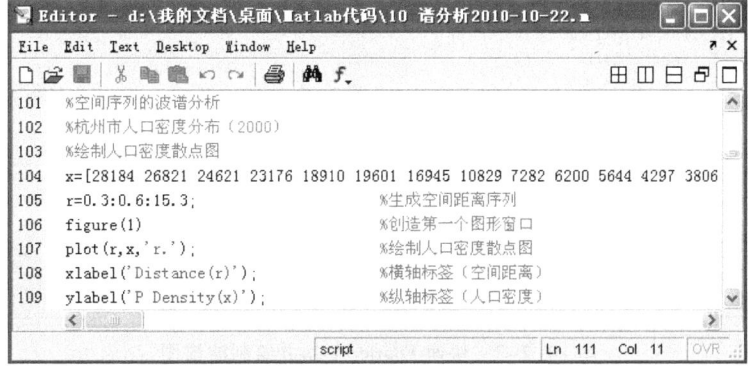

图 10-2-1　绘制人口密度分布的散点图

意的是,本例是开展趋势分析,故数据不能进行中心化处理,否则趋势特征无法正确显示。绘制空间序列散点图的方法与绘制时间序列散点图的方法一样。以 r 为横轴,以 x 为纵轴,作图结果如图 10-2-2 所示。绘图的主要目的在于观察散点分布的趋势特征,排除序列中存在节律性的可能——对于不同性质的序列,分析的方向和思路都有所不同。可以看到,杭州市人口密度分布不存在明显的节律,但表现出指数衰减趋势。

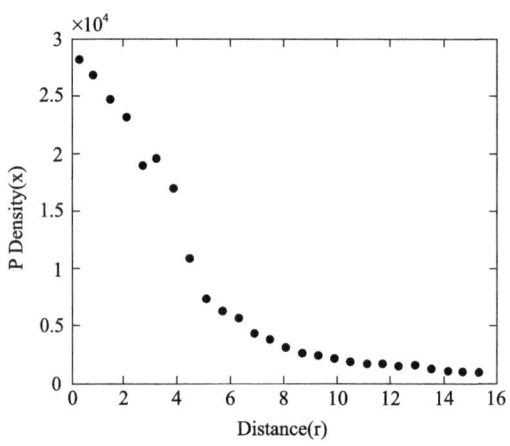

图 10-2-2 杭州市人口密度的指数衰减趋势散点图(2000 年)

10.2.3 快速 Fourier 变换和参数估计

在 Matlab 中,基于空间序列快速 Fourier 变换的波谱分析与时间序列的功率谱分析在技术上基本一样,只是分析的方向不同而已,可以分为如下几步完成(图 10-2-3)。

图 10-2-3 快速 Fourier 变换并绘制波谱图

第一步，快速 Fourier 变换并计算波谱密度。序列中数据点的数量就是所谓样本路径长度。每年有 26 个采样数据，相当于样本路径长度 $n=26$。如前所述，Fourier 变换要求空间序列的长度必须是 $N=2^z$ 个（z 为正整数）。因此，必须考虑在序列末尾加 "0"，或者删除一部分数据，将其延长或者缩短到 $N=2^z$ 个。不难看出，$n=26$ 介于 $2^4=16$ 至 $2^5=32$ 之间，并且距离 32 更近一些。如果将样本点压缩到 16 个，则必须去掉 10 个数据，从而损失空间序列的很多信息，并且序列太短无法有效开展波谱分析；如果延长序列，则只需在序列末尾补充 6 个 "0" 就可以了。序列延长的操作方法前面已经介绍。实际上，根据 fft 的语法结构，可以直接定义语句

```
Y=fft(x,N)
```

其中，若取 $N=16$，则 FFT 过程中裁剪样本路径长度；若取 $N=32$，则 FFT 过程中自动在样本路径末尾添加 6 个 "0"。

第二步，剔除零频（波）点数据。Fourier 变换的第一个频率或者波数为 0，而分析趋势特征的时候，需要采用幂指数函数。当幂指数函数为负幂时，第一个为 0 的数据无法处理。为此，需要去掉零频点（对于时间序列而言）和零波点（对于空间序列而言）的数据，借助剩余的数据建立频（波）谱关系。在 Matlab 中，容易通过数组元素编号从第二位开始提取数值，构建一对不包含零波点的数组。

第三步，绘制波谱图，判断趋势特征。以波数 k 为横坐标，以谱密度 W 为纵坐标，画出波谱图（图 10-2-4）。然后，通过图形编辑工具，将纵、横坐标轴改为对数刻度。如果以衰减趋势分布的散点在双对数坐标图中"拉伸"为直线趋势，则可判断，波谱关系表现为负幂律特征，可以拟合负幂指数函数（图 10-2-5）。

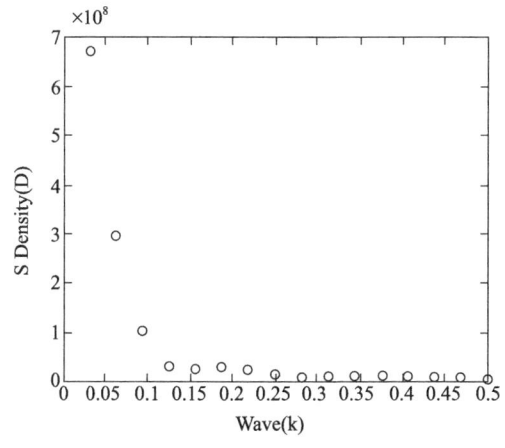

图 10-2-4 杭州市人口密度的波谱图

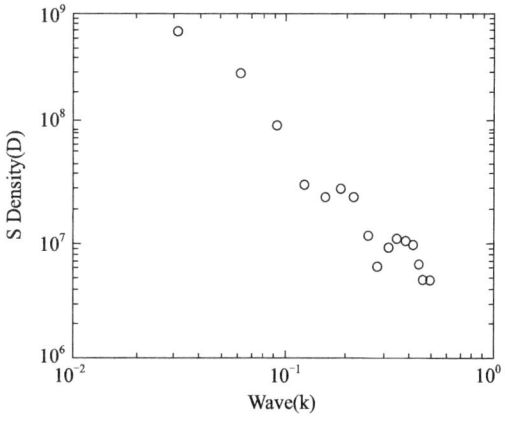

图 10-2-5 杭州市人口密度的对数刻度波谱图

第四步，确定波谱关系，计算谱指数。 现在，希望得到如下频谱关系的参数值

$$W(k) = W_1 k^{-\beta} \tag{10-2-1}$$

式中，$W(k)$ 为谱密度；k 为波数；W_1 为比例系数；β 为谱指数。式(10-2-1)取对数之后便是线性关系

$$\ln W(k) = \ln W_1 - \beta \ln k \tag{10-2-2}$$

令 $a = \ln W_1$，式(10-2-2)表作

$$\ln W(k) = a - \beta \ln k \tag{10-2-3}$$

两边取指数就可以将双对数关系还原为幂指数关系

$$W(k) = e^a e^{-\beta \ln k} = W_1 k^{-\beta} \tag{10-2-4}$$

基于这个简单的数据变换过程，借助回归分析方法，可以在 Matlab 里拟合幂指数模型并且在双对数散点图中添加趋势线（图10-2-6）。

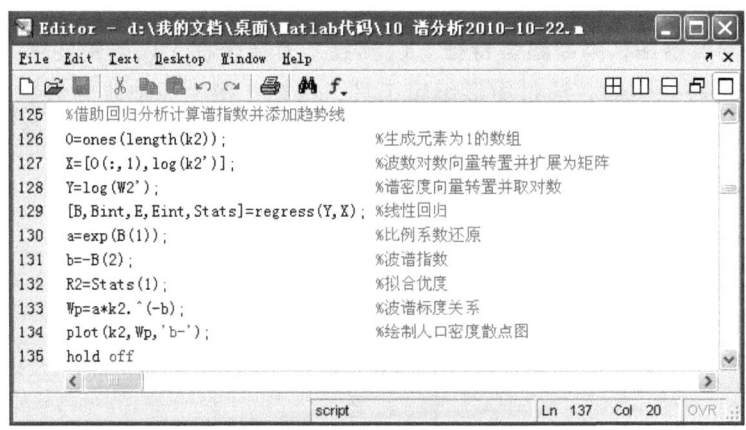

图10-2-6　借助双对数线性回归分析计算谱指数

调用线性回归子程序 regress，不难利用 Matlab 估计模型参数。有关回归分析的技巧，参阅第1章和第3章。经验表明，基于非线性拟合的幂指数函数参数估计法一般不适合波谱分析。谱指数估计的首选办法是最小二乘法。

根据第3章讲述的技巧，容易将幂指数趋势线添加于图10-2-5所示的坐标图中。可以看到，波谱散点与幂指数趋势线匹配效果较好（图10-2-7），这意味着杭州市人口密度分布地区是有趋势的。这里仅给出一个年份的计算结果，其他年份的情况大同小异。

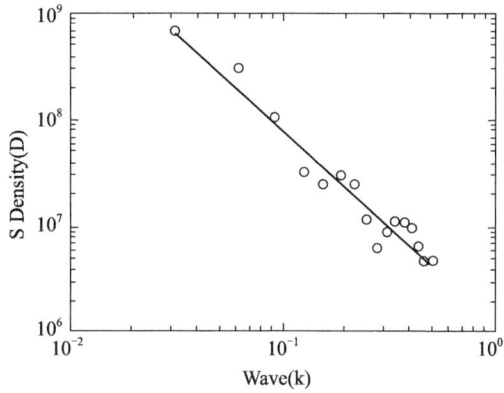

图 10-2-7　添加趋势线后的对数刻度频谱图

10.2.4　波谱分析

基于前面的计算结果,可以建立一个城市人口密度空间分布的波数与相应谱密度关系的幂指数模型

$$W(k) = 1280516.7439 k^{-1.7983} \quad (10-2-5)$$

波谱关系的拟合优度 $R^2 = 0.9494$,由此估计的波谱指数 $\beta = 1.7983$。利用模型和参数,可以对杭州市人口分布特征及变化进行系统分析。但是,仅借助一个参数是不能深入讨论的。实际上,β 指数还蕴涵有很多信息。对于 $d=1$ 维的数据序列,可以证明如下关系(Feder,1988)

$$\beta = 5 - 2D_s \quad (10-2-6)$$
$$D_s = 2 - H \quad (10-2-7)$$

式中,D_s 为分形维数(fractal dimension;简称"分维"),即自仿射记录维数;H 为 Hurst 指数(参阅第 12 章 "R/S 分析"的有关内容)。自仿射记录维数 D_s 与自相似形态维数 D_f 具有如下关系(Chen,2010)

$$D_f = \frac{7}{2} - D_s \quad (10-2-8)$$

显然

$$\beta = 5 - 2(2-H) = 2H + 1 \quad (10-2-9)$$

或者

$$H = \frac{\beta - 1}{2} \quad (10-2-10)$$

根据这种关系,可以将波谱指数转换成 Hurst 指数。考虑"粒子"(如城市中的人口)的分数布朗运动(fractional Brown motion,FBM),Hurst 指数可由如下空间自相关函数定义

$$C(r) = \frac{<-x(-r)x(r)>}{<x(r)^2>} = 2^{2H-1} - 1 \quad (10-2-11)$$

式中,$x(\cdot)$ 为粒子空间运动的坐标。对于标准化数据,C 为一个坐标点的左右两个对称点的相关系数。实际上,这个相关系数就是空间序列差分的自相关系数。显然,当 $H=0.5$ 时,$C(r)=0$,此时间隔的粒子无关;当 $H>0.5$ 时,$C(r)>0$,此时粒子空间长程正相关;当 $H<0.5$ 时,$C(r)<0$,此时粒子空间长程负相关。

在 Matlab 中,输入图 10-2-8 所示的计算公式,可立即得出 Hurst 指数 H、自仿射记录维数 D_s、自相似形态维数 D_f 和空间序列变化率的自相关系数 C,即 $H=0.3992$,$D_s=1.6008$,$D_f=1.8992$,$C=-0.1305$。这就是说,2000 年杭州人口密度空间分布的 Hurst 指数为 $H=0.3992<0.5$,自仿射记录维数 $D_s=1.6008$,自相关系数 $C=-0.1305$。这意味着,城市人口密度的空间过程具有反持久性。利用相同的方法可以计算出 1964 年、1982 年以及 1990 年的杭州人口密度分布特征的有关参数值(图 10-2-9、图 10-2-10)。从杭州不同年份人口密度分布的变化情况看来,波谱指数 β 趋近于 2;Hurst 指数 H 趋近于 0.5;自仿射记录维数 D_s 趋近于 1.5;自相似形态维数则不断上升(表 10-2-2)。这暗示,在城市人口越来越密集的同时,人口的空间分布由长程相关趋向于长程无关。当 $\beta=2$ 时,$H=0.5$,此时每一个粒子仅影响紧邻的粒子,这就是复杂性科学所谓的局域性问题。

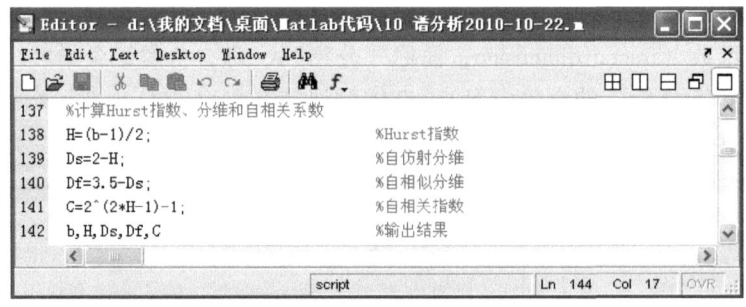

图 10-2-8 通过谱指数计算 Hurst 指数、分维和自相关系数

10.2 波谱分析

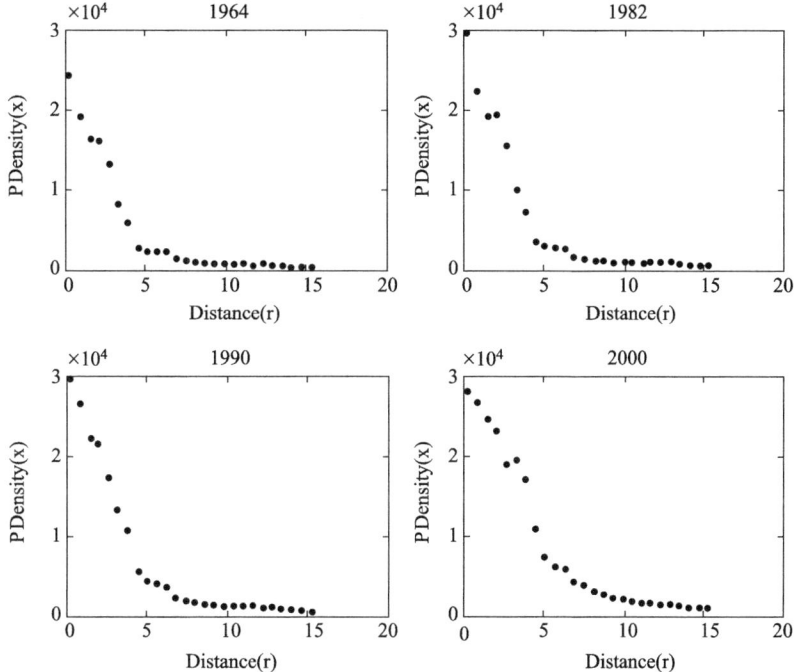

图 10-2-9　杭州市人口密度的指数衰减趋势散点图（1964—2000 年）

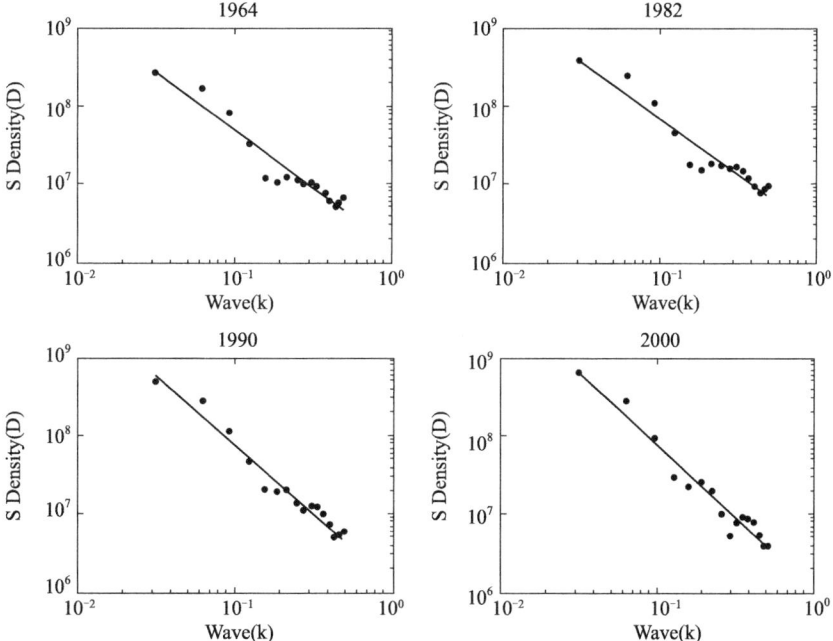

图 10-2-10　杭州市人口密度的双对数波谱关系图（1964—2000 年）

表 10-2-2　杭州市平均人口密度衰减规律的五种参数估计值（1964—2000 年）

参数	1964 年	1982 年	1990 年	2000 年
波谱指数（β）	1.488 8	1.435 0	1.663 7	1.798 3
Hurst 指数（H）	0.244 4	0.217 5	0.331 8	0.399 2
自仿射记录维数（D_t）	1.755 6	1.782 5	1.668 2	1.600 8
自相似形态维数（D_f）	1.744 4	1.717 5	1.831 8	1.899 2
自相关系数（C）	-0.298 4	-0.324 0	-0.207 9	-0.130 5

令人感到意外的是人口空间作用的负相关。根据计算结果，H 指数小于 0.5，这暗示人口的空间影响为长程负作用：一个地方的人口越多，就会对一定尺度内邻近区域的人口形成越大的抑止作用；反过来，一个地方的人口分布越少，就会对邻近区域的人口增长形成越大的促进作用。因此，即便在均质化地理背景和均衡化基础设施条件下，城市人口分布曲线也必然是非连续的或者不平滑的——平滑的人口分布只能是统计平均结果。上述结论与通常的地理假设大相径庭：近年来地理学家在进行系统演化模拟——特别是进行元胞自动机模拟时，大多有意、无意地假设人口活动具有长程作用，而且是空间长程正相关。然而，杭州的计算结果明确显示，人口的空间分布具有长程作用，但却显示两种特征：一是长程负向相关；二是长期弱化趋势。一言以蔽之，空间中的一个点对邻近区位的一个点是负效应的，但这种负效应长期看来逐渐淡化，或者说作用距离随着城市的发展而不断缩短。长程作用的弱化以至消失就是所谓空间的局域化过程。可见，对于发展成熟的城市，理当具有局域性或者准局域性质。

10.3　小结

谱分析目前主要用于两个方面：一是侦测系统变化的某种周期或者节律，据此寻找因果关系（解释）或者进行某种发展预测（预言）；二是寻找周期以外的某些规律，据此对系统的时、空结构特征进行解释。不论目标是什么，都必须借助频谱图（频率-谱密度图）或者波谱图（波数-谱密度图）进行分析和解释。如果系统演化存在周期或者节律，则频谱图或者波谱图上将会出现非常突出的谱密度点，这些数据点对应频率（波数）的倒数就是周期（节律）的长度。如果系统演化过程没有周期性，但具有趋势性，则谱密度一般满足负幂律分布。根据幂指数可以估计分维、Hurst 指数和自相关系数。利用这些参数可对研究对象开展时空演化过程分析。

本章借助 fft 函数给出了两个例子，分别代表时间序列的功率谱分析和空间序列的波谱分析。第一个例子仅具有教学价值，计算结果没有学术意义。原因在于，月平均气温是按照年份周而复始规律变动的，故时间序列必然包含以 12 个月为长度的周期变化。这样的计算不能提供新的系统信息，但用于教学效果很好。一方面，时间序列的周期长度事先知道，人们可以将计算结果与预期数值进行对比，由此看出谱分析在周期侦测方面的功效；另一方面，正因为真实的周期长度预先知道，快速 Fourier 变换近似处理导致的计算误差也可以看得清楚。第二个例子具有研究性质，因为空间序列的有关参数包括 Hurst 指数、分维和自相关系数事先并不知道。Hurst 指数和自相关系数可以借助 R/S 分析方法估算，其中自相关系数还可以借助自相关分析计算。但是，空间序列背后的自仿射记录维数却没有更好的计算方法，利用波谱分析估算是目前最为有效的途径。将空间领域的波谱分析与自相关分析、R/S 分析等方法结合起来，开展多视角的探讨，可以获得更为全面和准确的系统信息。

最后，再次强调功率谱分析和波谱分析的联系和区别。时间序列的功率谱分析不仅可以用于寻找周期，也可以用于建立频谱趋势关系。这种关系一般表现为负幂律分布。空间序列的波谱分析不仅可以用于建立波谱趋势关系，也可以用于探索空间节律——空间节律相当于时间领域的周期波动。换言之，时间序列周期行为的功率谱分析推广到空间领域，就是空间分布节律行为的波谱分析；时间序列趋势特征的功率谱分析推广到空间领域，就是空间分布趋势特征的波谱分析。反过来，空间领域的有关谱分析方法，一般也可以推广到时间领域。

第 11 章

小波分析

小波分析是继 Fourier 分析之后发展起来的另一重要的信号解析工具。Fourier 分析以不同频率的三角函数为基函数，拟合复杂时、空序列中各种波长的信号。由于三角函数在各个尺度上是一样的，Fourier 分析具有很好的全局性，即它可以忽略信号中的细节，揭示整体图式。因此，Fourier 分析在探索宏观规律方面具有强大的功能。然而，Fourier 分析的局部性很差，用它难以揭示信号中的细节性突变。不仅如此，Fourier 分析不能同时兼顾时间域（或空间域）和频率域（或波数域）两方面的信息。为了弥补 Fourier 分析的上述功能性欠缺，科学家发展了小波分析方法。小波分析的基函数具有很好的局部性，通过尺度伸缩可以揭示信号的细节变化，发现异常信息；通过位置平移可以揭示信号的整体特征，发现全局图式。特别是，它可以在时（空）、频（波）两域同时给出系统演化的信息，为全方位多尺度探索地理系统提供了方便。限于篇幅，本章仅提供基于 Matlab 的小波分析入门。读者需要自学更多的小波分析知识才能有效地解决各自研究领域的具体问题。

11.1 数据集和小波工具箱

11.1.1 数据集及其预备处理

地球上的很多自然地理变化过程与太阳黑子（sunspot）活动有关。不同年份太阳黑子平均数具有周期性的变化规律，其中最著名的是 11 年左右的单周期和 22 年左右的双周期。有证据表明，中国长江、黄河、淮河和海河流域的洪涝现象与太阳黑子的周期变化存在因果关系。既然地理过程的动力学根源可以追溯到天文现象，不妨将太阳黑子平均数年际变化观测值作为本章小波分析的案例之一。在互联网上，容易搜索到三组太阳黑子数据：第一组为 1770—1869 年的观测值（此为著名的 Wolfer 太阳黑子平均数）；第二组为 1900—1999 年观测值；第三组为 1849—2008 年观测值。下面的分析将采用第二组数据（表 11-1-1），其余数据集留待读者做练习使用。

表 11-1-1　连续百年的太阳黑子平均数（1900—1999 年）

年份	黑子数	年份	黑子数	年份	黑子数	年份	黑子数	年份	黑子数
1900	9.50	1920	37.60	1940	67.80	1960	112.30	1980	154.60
1901	2.70	1921	26.10	1941	47.50	1961	53.90	1981	140.40
1902	5.00	1922	14.20	1942	30.60	1962	37.60	1982	115.90
1903	24.40	1923	5.80	1943	16.30	1963	27.90	1983	66.60
1904	42.00	1924	16.70	1944	9.60	1964	10.20	1984	45.90
1905	63.50	1925	44.30	1945	33.20	1965	15.10	1985	17.90
1906	53.80	1926	63.90	1946	92.60	1966	47.00	1986	3.40
1907	62.00	1927	69.00	1947	151.60	1967	93.80	1987	29.40
1908	48.50	1928	77.80	1948	136.30	1968	105.90	1988	100.20
1909	43.90	1929	64.90	1949	134.70	1969	105.50	1989	157.60
1910	18.60	1930	35.70	1950	83.90	1970	104.50	1990	142.60
1911	5.70	1931	21.20	1951	69.40	1971	66.60	1991	145.70
1912	3.60	1932	11.10	1952	31.50	1972	68.90	1992	94.30
1913	1.40	1933	5.70	1953	13.90	1973	38.00	1993	54.60
1914	9.60	1934	8.70	1954	4.40	1974	34.50	1994	29.90
1915	47.40	1935	36.10	1955	38.00	1975	15.50	1995	17.50
1916	57.10	1936	79.70	1956	141.70	1976	12.60	1996	8.60
1917	103.90	1937	114.40	1957	190.20	1977	27.10	1997	21.50
1918	80.60	1938	109.60	1958	184.80	1978	92.50	1998	64.30
1919	63.60	1939	88.80	1959	159.00	1979	155.40	1999	93.30

数据来源：http://helio.com.au/heartofthesun/learn/educatorsguide/sunspotdata.html。

为了后面调用方便，可以按照如下步骤保存数据并转换格式。第一步，打开一个 Matlab 编辑（Editor）窗口。将太阳黑子数据从 Excel 数据表中复制并粘贴到这个窗口里面，将数据向量命名为 Data。然后，以"sunspot"为文件名，按照 Matlab 默认的路径保存到 work 文件里，生成一个 M 文件（图 11-1-1）。第二步，调出数据。在 Matlab 的命令窗口（Command Window）输入数据集文件名"sunspot"，回车即可。此时在 Matlab 的工作空间（Workspace）可以看到数组标志 Data。第三步，转换数据格式。双击数组标志 Data，显示数组编辑（Array Editor）窗口（图 11-1-2）。单击数组编辑窗口左上角的保存标志（磁盘符号，将鼠标光标指向该符号，会出现 Save 字样），弹出一个对话框。以"sunspot"为文件名，将文件保存为 .mat 格式（图 11-1-3）。这样，可以在 Matlab 工具箱里直接调用数据文件。其余数据集合可以进行类似的预备处理。

第 11 章 小波分析

图 11-1-1 数据集保存的格式和位置

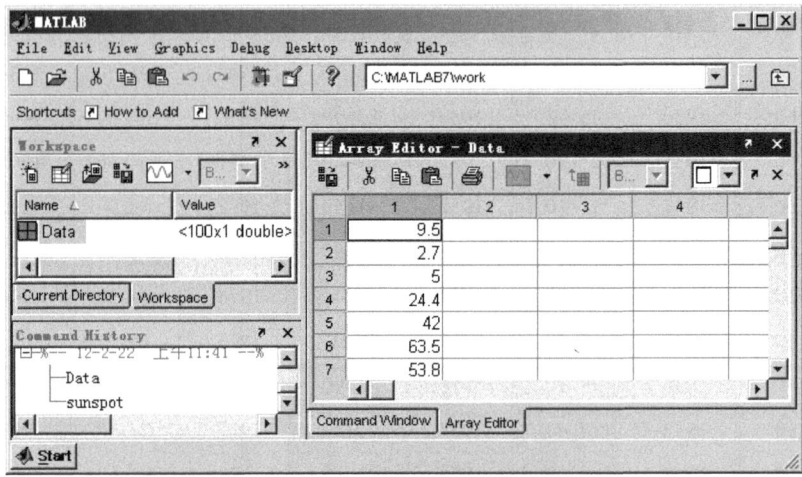

图 11-1-2 工作空间和数组编辑窗口

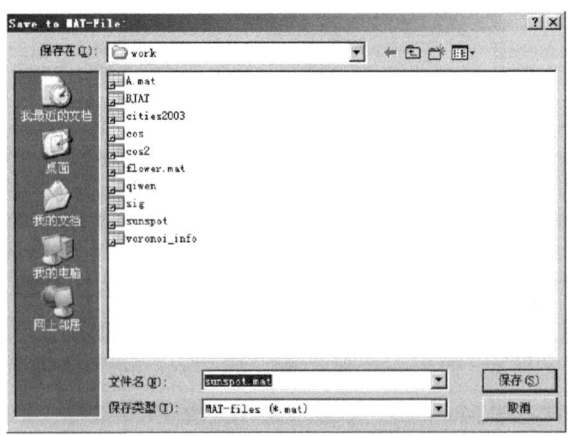

图 11-1-3 数组编辑窗口弹出的数据保存对话框

另一个时间序列数据是 1949—2000 年的中国城市化水平,即城市人口占总人口的比重(表 11-1-2)。这套数据经过两重修正:一是国家统计局根据五次人口普查结果进行的修正;二是周一星教授及其学生基于人口普查数据,采用联合国预测法对 1990—2000 年期间数据进行的修正。数据分析不是本章的任务,后面将会基于这套数据提供一些基本的小波分析案例。

表 11-1-2 经人口普查数据校正的中国城市化水平 (1949—2000 年)

年份	城市化水平	年份	城市化水平	年份	城市化水平	年份	城市化水平
1949	10.64	1962	17.33	1975	17.34	1988	25.81
1950	11.17	1963	16.84	1976	17.44	1989	26.21
1951	11.78	1964	18.37	1977	17.55	1990	26.62
1952	12.46	1965	17.98	1978	17.92	1991	26.98
1953	13.31	1966	17.86	1979	18.96	1992	28.68
1954	13.69	1967	17.74	1980	19.39	1993	29.63
1955	13.48	1968	17.62	1981	20.16	1994	30.57
1956	14.62	1969	17.50	1982	21.13	1995	31.44
1957	15.39	1970	17.38	1983	21.62	1996	32.23
1958	16.25	1971	17.26	1984	23.01	1997	33.28
1959	18.41	1972	17.13	1985	23.71	1998	34.24
1960	19.75	1973	17.20	1986	24.52	1999	35.23
1961	19.29	1974	17.16	1987	25.32	2000	36.26

11.1.2 小波工具箱

在 Matlab 中打开小波分析工具箱的用户界面十分容易,只需在其命令窗口输入"wavemenu",回车即可弹出小波分析主菜单(图 11-1-4)。可以看到,该工具箱包括七大组成部分:一维分析、二维分析、显示、小波设计、一维专门工具、二维专门工具和扩展应用。以一维小波分析为例,在 One-Dimensional 工具箱中点击 Wavelet1-D,弹出一维小波分析工具箱。沿着 File—Load—Signal 的路径,从 Matlab 的 work 文件夹中选中 sunspot,即可调出太阳黑子活动数据集(图 11-1-5)。单击 Analyze(分析)按钮,便可以基于 Haar 小波得出默认的 5 层分解结果(图 11-1-6)。不难改变小波类型和分解层数。

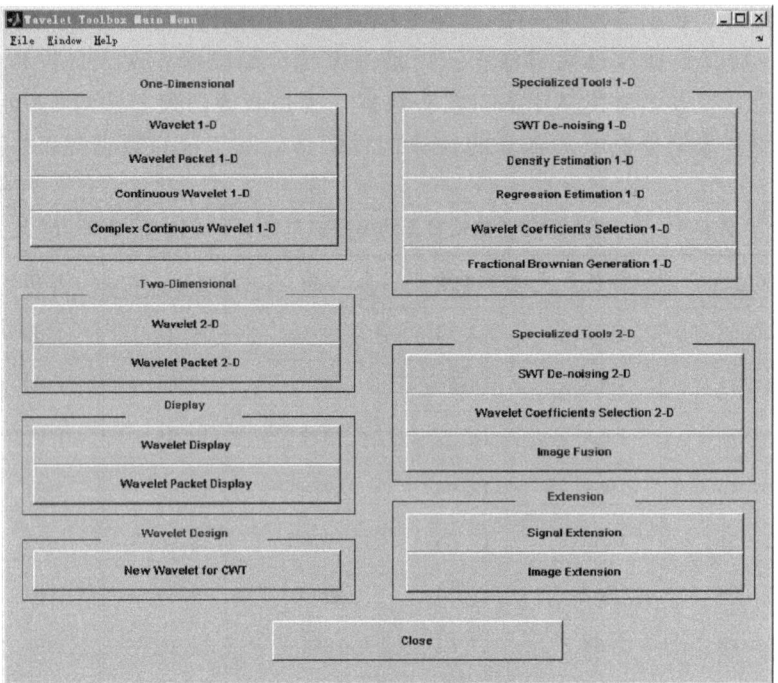

图 11-1-4 小波分析工具箱主菜单

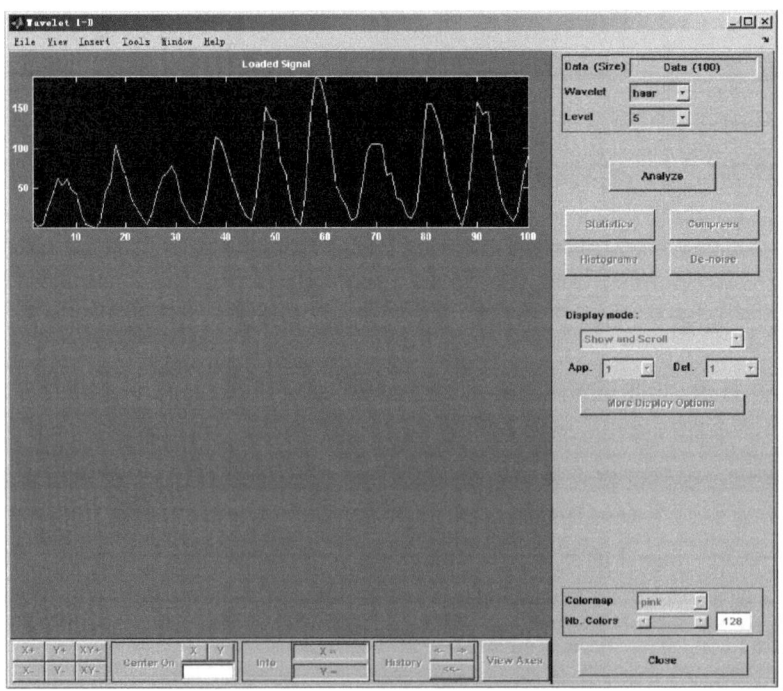

图 11-1-5 一维小波分析工具箱

11.1 数据集和小波工具箱 273

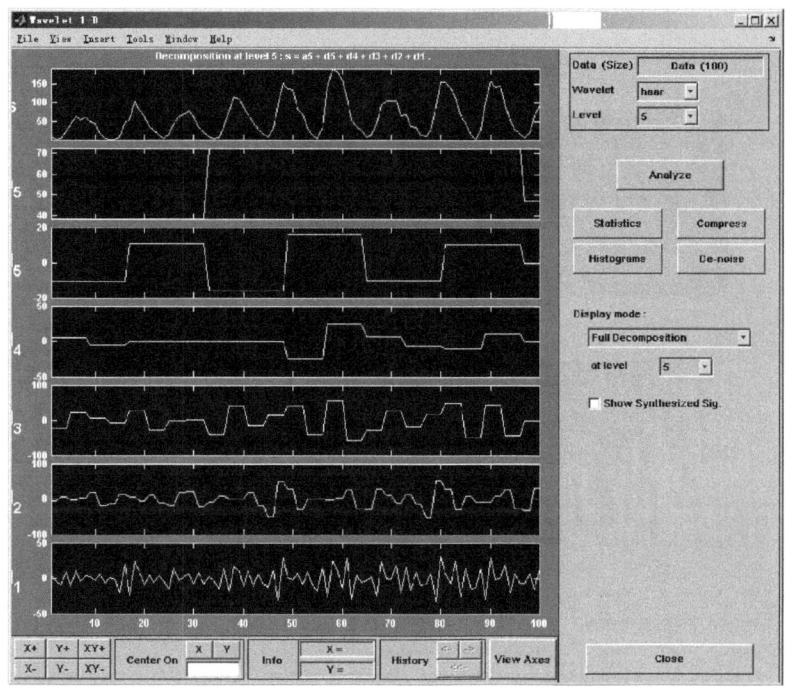

图 11-1-6 一维小波分析的 5 层分解结果

  如果单击 Statistics（统计）分析按钮，就会得出太阳黑子活动数据的一系列统计量，包括平均值（mean）、中位数（median）、最大值（maximum）、最小值（minimum）、极差（range）、标准离差（standard deviation）、中位数绝对离差（median absolute deviation）和平均值绝对离差（mean absolute deviation）等（图 11-1-7）。所谓中位数绝对离差，就是各个数值与中位数差值的绝对值序列的中位数；所谓平均值绝对离差，就是各个数值与平均值差值的绝对值的平均值。单击 Histograms（柱形图）按钮可以弹出数据统计分析的柱形图，这个图在图 11-1-7 中实际上已经给出；单击 Compress（压缩）按钮可显示数据压缩结果；单击 De-noise（去噪）按钮可弹出信号去噪即排除噪声的曲线。

  利用去噪过程可以近似估计太阳黑子序列的周期长度。单击 De-noise 按钮，弹出去噪窗口 De-noising（图 11-1-8）。在 De-noising 窗口中单击 De-noise 按钮，立即在原始信号（original signal）曲线（红色）图中出现去噪信号（de-noised signal）曲线（黄色）。单击 Residuals（残差）按钮，弹出原始信号与去噪信号的残差分析图，其中之一为残差序列的频谱图，即频率（frequency）-能量（energy）关系图（图 11-1-9）。将鼠标光标指向频谱曲线的最大密度点，按右键，出现数值定位十字线，同时给出最大密度点的横坐标和纵坐标值。其横坐标值为残差频谱图的最大密度点对应的频率，数值约为 $X=0.099$，其倒数 $T=1/X=10.101$ 近似为原始信号隐含的周期长度（10 年多）。当然，这是基于去噪残差结果的分析结论，可能不太精确。

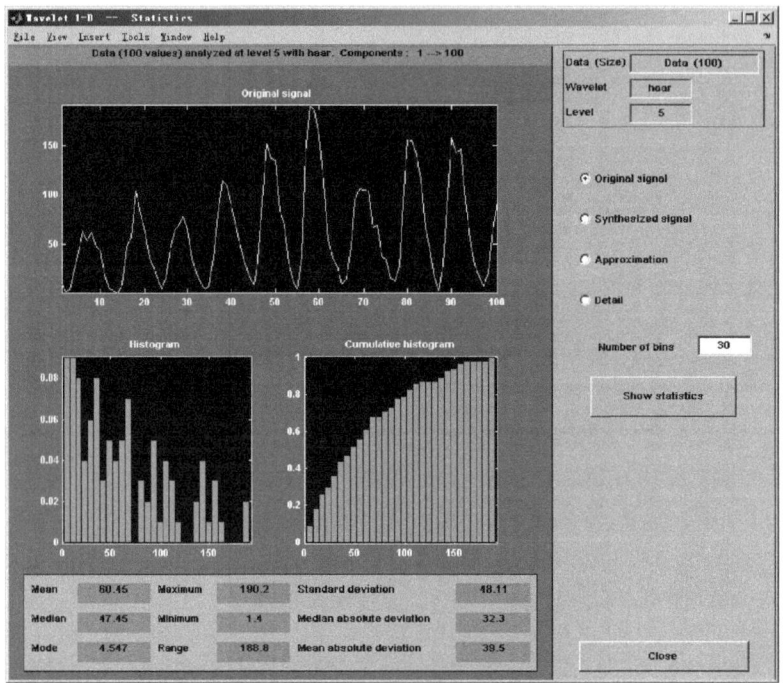

图 11-1-7　太阳黑子活动数据的基本统计量

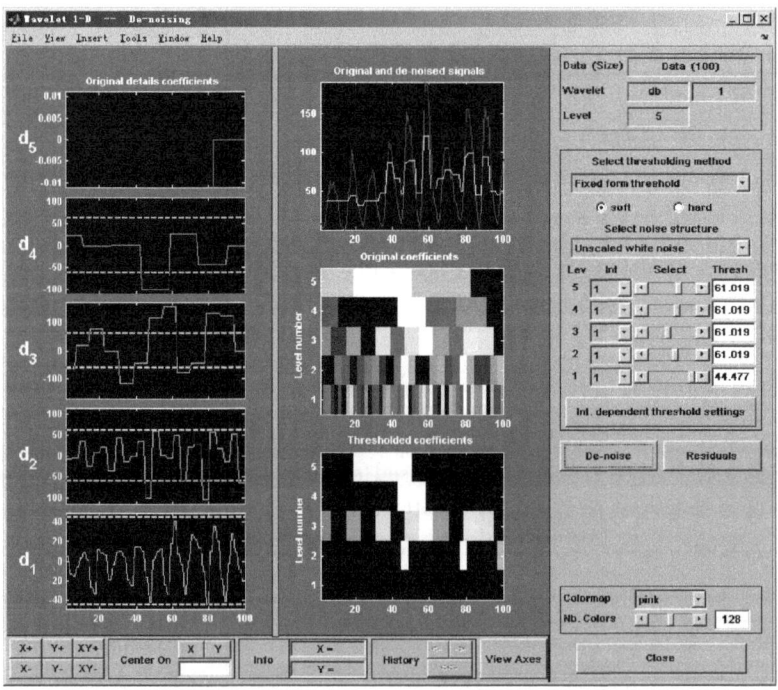

图 11-1-8　太阳黑子活动信号的小波去噪

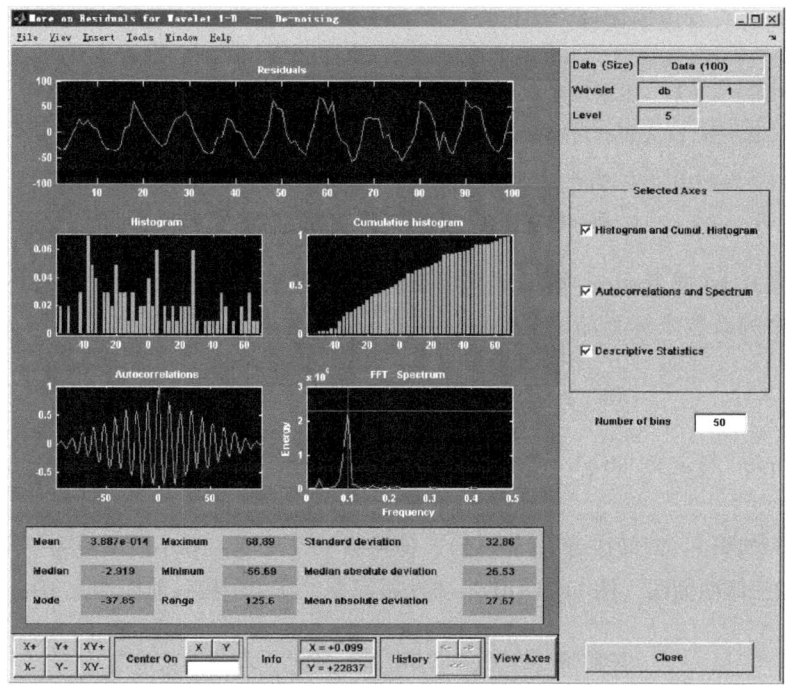

图 11-1-9　太阳黑子活动数据去噪结果的残差分析

11.1.3　小波分析的基本函数

小波分析最常用的函数是连续小波变换函数 cwt，用于一维实数或者复数的连续小波变换（continuous wavelet transform, CWT）。基本语法结构如下：

COEFS=CWT(S,SCALES,'wname')

在等号右边，CWT 为连续小波变换函数（大写、小写都可以）；括号里面 S 为以向量形式表示的待分析的一维随机信号，如前述太阳黑子平均数；SCALES 为尺度参数，即伸缩因子的取值，单引号中的 wname 为小波基函数的名称，如 haar、cgau4、db3、morl、sym4 等。等号左边 COEFS 给出的是连续小波系数样值。信号 S 必须是实数，但小波则既可以是实函数，也可以是复函数。此外，尺度参数 SCALES 序列必须是正数。

如果在上述小波变换函数的括号中添加一个绘图参数 plot，则可以输出连续小波变换系数的连续图谱，语法结构如下：

COEFS=CWT(S,SCALES,'wname','plot')

还可以定义小波变换系数的绘图模式（plotmode），语法结构如下：

COEFS=CWT(S,SCALES,'wname',PLOTMODE)

绘图模式的参数有以下四种：

- PLOTMODE='lvl'（根据尺度）
- PLOTMODE='glb'（所有尺度）
- PLOTMODE='abslvl'或者'lvlabs'（根据尺度，系数取绝对值）
- PLOTMODE='absglb'或'glbabs'（所有尺度，系数取绝对值）

如果采用模式 lvl 或者 glb，则三维坐标图中系数有正有负；如果采用 abslvl 或者 absglb，则三维坐标图中的系数坐标全部按照绝对值给出。语法结构举例如下：

$$COEFS=CWT(S,SCALES,'wname','glb')$$

在括号中定义 'plot' 与定义 'absglb' 等价。也就是说，如果不指定绘图模型，则给出所有尺度的绝对值图谱。

还可以以平移因子（时间或者空间变量）、伸缩因子（尺度）和小波系数为三个坐标轴，绘制小波变换系数的三维曲面图（图 11-1-10）。方法很简单，在绘图模式前面加上 3D，例如

$$COEFS=CWT(S,SCALES,'wname','3Dplot')$$
$$COEFS=CWT(S,SCALES,'wname','3Dlvl')$$

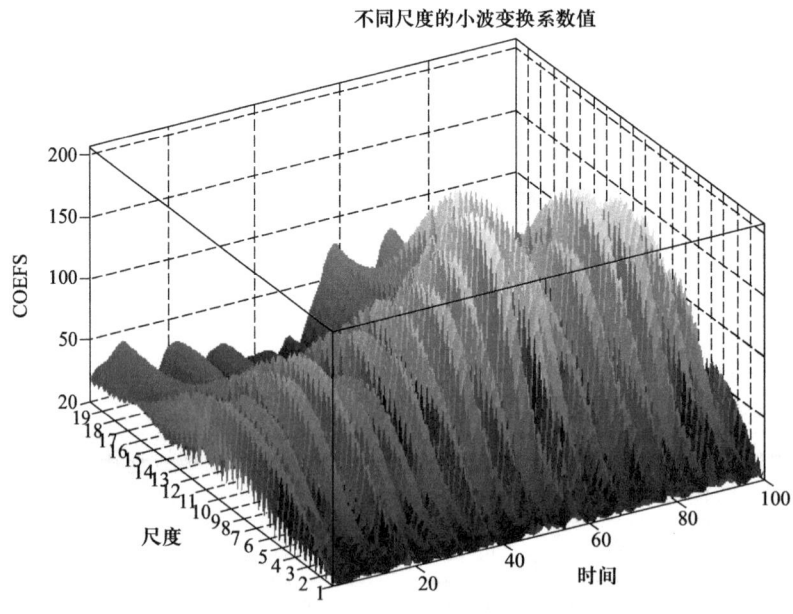

图 11-1-10 太阳黑子平均数连续小波变换系数的三维曲面图

进一步地，可以定义图像颜色的区间范围，语法如下：

$$\mathrm{COEFS=CWT(S,SCALES,'wname',PLOTMODE,XLIM)}$$

其中，XLIM=[x1 x2]，且有$1\leqslant x1<x2\leqslant \mathrm{length}(S)$，即颜色的界限参数数值在 1 到样本路径 S 的长度之间。这里 length(S) 为样本路径长度。例如，从 1900 年到 1999 年的历年太阳黑子平均数，样本路径长度为 100 年。

如前所述，小波变换涉及两个参数：尺度因子 a 和平移因子 b。对于给定的时间序列向量 S，其长度为 ls=length(S)——后面的代码采用 n 表示 ls。假定将平移因子定义为 $b=1$ 到 ls=length(S) 的变量，并且 a=SCALES(i)，则对于给定的尺度向量 SCALES，小波系数 $C(a,b)$ 存储在 COEFS(i,:) 中。其中 $i=1, 2, \cdots,$ la 代表尺度变量的序号（la 为尺度长度）；冒号":"则代表从 1 到 ls 之间的自然数。小波变换输出的变量 COEFS 是一个 la 行、ls 列的实数或者复数矩阵，究竟是实数还是复数取决于小波基函数的类型。如果小波基函数是实函数，则结果为实数矩阵；如果小波基函数为复函数形式，则结果为复数矩阵。与连续小波变换有关的函数有 wavedec、wavefun、waveinfo、wcodemat 等。读者可以参阅 Matlab 帮助中的有关说明。

另一个重要的小波变换函数是 dwt（字母大小写不限），这是一个单层一维离散小波变换（discrete wavelet transform，DWT）函数。该函数执行的是单层次一维小波分解，这个分解要么针对特定的小波（由 'wname' 定义），要么针对规定的小波滤波器（Lo_D 和 Hi_D）。离散小波变换函数的基本语法结构如下：

$$\mathrm{[CA,CD]=DWT(X,'wname')}$$

其中，X 为离散信号；wname 为代表小波基函数名称的字符，如 haar、db2 等；CA 给出一个近似（approximation）系数向量；CD 则给出一个细节（detail）系数向量。这些系数通过对信号向量 X 分解获得。

也可以基于滤波形式进行离散小波分解，语法结构如下：

$$\mathrm{[CA,CD]=DWT(X,Lo\_D,Hi\_D)}$$

其中，Lo_D 表示分解低通滤波（low-pass filter）；Hi_D 则表示分解高通滤波（high-pass filter）。分解低通滤波器与分解高通滤波器必须具有相同的长度。

定义 LX=length(X)，即令 LX 表示离散信号的长度，同时定义 LF=滤波器的长度，则有 length(CA)=length(CD)=LA。如果 dwt 的扩展模式是分期化的，则 LA=CEIL(LX/2)，这里 CEIL 为向上取整函数，例如，ceil(3.1)=4，ceil(5.2)=6。对于其他扩展模式，则有 LA=FLOOR((LX+LF−1)/2)，这里 floor 为向下取整函数，如 floor(3.3)=3，floor(7.8)=7。对于不同信号的扩展模式，可以参阅 dwtmode 的帮助说明。调用特定扩展模式的语法结构为

278　第 11 章　小波分析

$$[CA,CD]=DWT(X,'wname','mode',MODE)$$

或者

$$[CA,CD]=DWT(X,Lo\_D,Hi\_D,'mode',MODE)$$

具体的语法例如

$$[ca,cd]=dwt(x,'db3','mode','sym')$$

这里小波基函数采用 db3；扩展模式选用 sym。与 dwt 相关的函数包括 dwtmode、idwt、wavedec、waveinfo 等，读者不妨参阅有关帮助说明。

11.2　一维连续小波分析

11.2.1　周期长度估计方法之一

第 10 章讲解了借助功率谱分析估计时间序列周期长度的方法。其实，借助小波分析也可以揭示时间序列的隐含周期。不妨写一个非常简单的代码，分析表 11-1-1 所示的太阳黑子活动数据背后的周期规律。原始数据向量表示为 y，中心化向量表示为 f。调用函数 cwt，基于中心化向量开展连续小波分析。小波系数的变化间距设为 0.2，数值取 1 到 20 之间；小波基函数采用 db3。分析代码如图 11-2-1 所示。将这个代码复制到命令窗口，回车，得到太阳黑子变化的曲线图和连续小波系数图式（图 11-2-2 和图 11-2-3）。可以看出，相应于太阳黑子的周期波动，小波系数图谱具有周期变化特征——明暗相间，且有规则地交替。特别是尺度为 10 到 12 的中央部分，周期特征尤其明显。

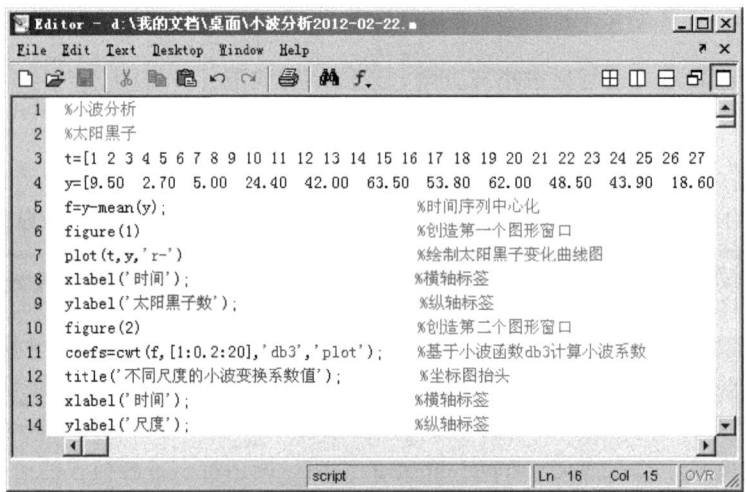

图 11-2-1　太阳黑子时间序列样本连续小波分析的简明代码

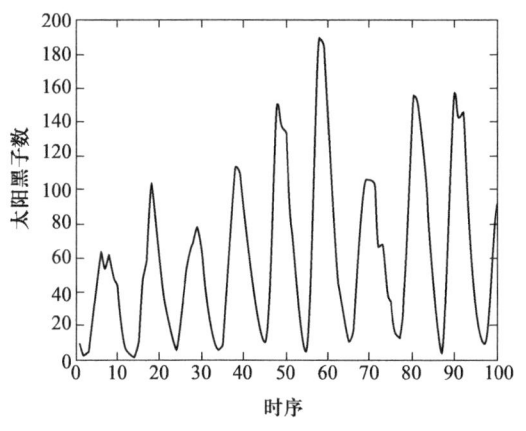

图 11-2-2　太阳黑子平均数变化曲线图
（1900—1999 年）

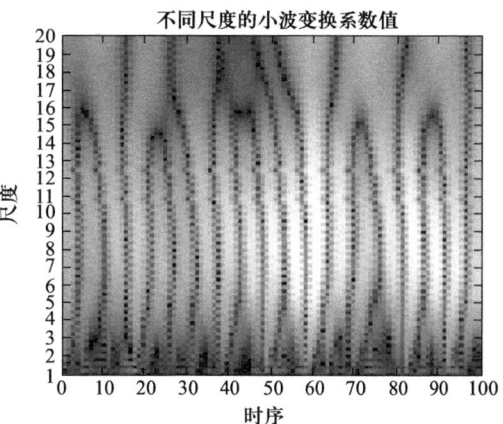

图 11-2-3　太阳黑子时间序列连续小波
变换系数图

问题在于如何估计周期长度，不妨采用一个笨办法。这个办法虽然笨拙，但有助于我们理解基于小波系数的周期分析技术要领。在 Workspace 窗口双击小波系数标志 coefs，然后从 Array Editor 窗口将小波系数复制到 Excel 里面。采用第 51 行，即对应于尺度 11 的那一行系数绘制曲线图，可以看到小波系数周期波动。波峰序列的序号分别为 7、18、28、39、49、59、70、81、91，间距分别为 11、10、11、10、10、11、11、10，平均值为 10.5；波谷序列的序号分别为 2、13、24、33、44、54、65、76、86、97，间距分别为 11、11、9、11、10、11、11、10、11，平均值为 10.556。由此估计，原始序列隐含的周期长度为 10.5 年以上。如果采用尺度为 10、12 等行对应的数值作图，估计的周期长度在 10.5 左右变化。当然，这个序列隐含的周期长度不需要借助小波分析就可计算出来。利用原始时间序列也可以估计出周期长度：基于波峰的估计结果为 10.5；基于波谷的估计结果为 10.556。这与小波系数给出的数值一样。问题在于，如果周期变化规律隐含在强烈的噪声干扰过程之中，利用原始数据序列就无法确定周期长度了，必须借助谱分析或者小波分析才能将其揭示出来。

为了证实小波变换的去噪能力，不妨对太阳黑子时间序列进行随机干扰。首先，生成一个长度为 100 的正态分布随机数序列，并设其均值为 0、标准离差为 50。然后，将这个随机数序列叠加到太阳黑子序列上面。借助连续小波变换函数计算这个叠加序列的小波系数（图 11-2-4）。由于随机信号的干扰和淹没，太阳黑子序列的周期性特征已经不明显（图 11-2-5）。但是，小波系数的周期性却十分明确（图 11-2-6）。采用上述方法，可以将被随机信号淹没的太阳黑子周期变化规律揭示出来。以第 51 行（对应于尺度 11）为例，基于波峰的周期长度平均值为 10.5；基于波谷的周期长度平均值为 10.556。

第 11 章 小波分析

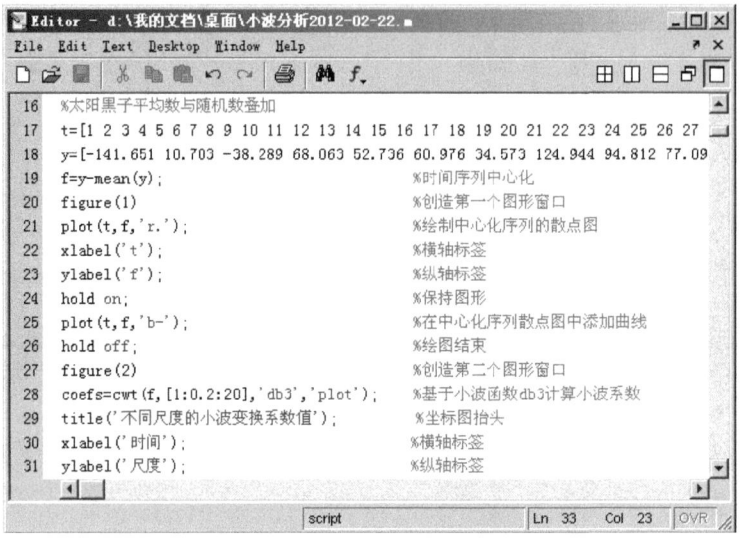

图 11-2-4 太阳黑子时间序列与随机序列叠加结果的连续小波分析代码之一

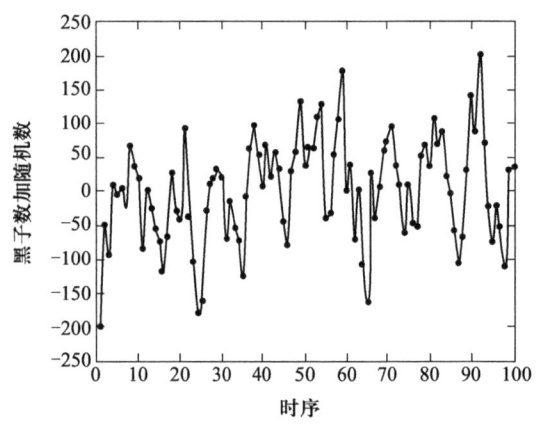

图 11-2-5 太阳黑子时间序列与随机序列
叠加结果的中心化图式

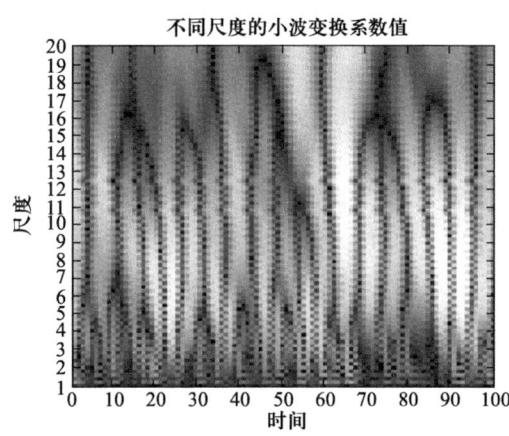

图 11-2-6 太阳黑子时间序列与随机序列
叠加结果的连续小波变换系数图

如果读者感到将计算结果复制到 Excel 里面处理有些麻烦，也可以直接在 Matlab 给出的小波系数图谱上估计周期长度。在图形窗口上的菜单中选中 Data Cursor（数据指针），然后沿着尺度 10 或者 11 所在的横线，单击黑色的竖线。每隔一条竖线单击一下，每单击一下都会出现一个坐标值（图 11-2-7）。记下横坐标 X 值，就可以估计波峰或者波谷变化的间距。取间距的平均值，即可得到周期长度的估计结果。

为了更好地利用小波分析的功能，更方便地估计时间序列的隐含周期，不妨对图 11-2-3 所示的计算过程稍作修改，得到如图 11-2-8 所示的 M 文件。在这个代码中，省略了绘制原始序列变化图的过程，添加了绘制典型小波系数波动图的过程。假定小波系数的尺度变化于 1 到 $N=20$ 之间，步长为 $\Delta N=0.2$，则中间尺度为 10 到 11 附近（序号为 48 到 49 之间）。计算中位尺度序号的公式为 $m=(N-1)/(2*\Delta N)+1$。取序号等于 $N/(0.2*\Delta N)=20/(2*0.2)$ 的位置，大体接近于中位尺度所在。这个位置的小波系数周期变化具有代表性。就计算结果而言，小波系数的图谱与图 11-2-6 没有区别（图 11-2-9）。中位尺度的小波系数的波动曲线具有明确的周期性（图 11-2-10）。图 11-2-5 所示的随机干扰，在图 11-2-10 中已经被过滤。

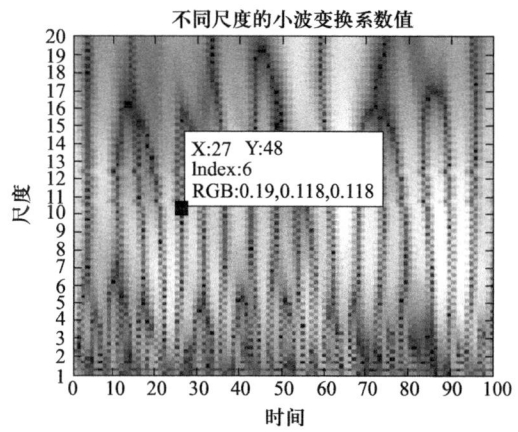

图 11-2-7　连续小波变换系数图中的数值指针显示结果

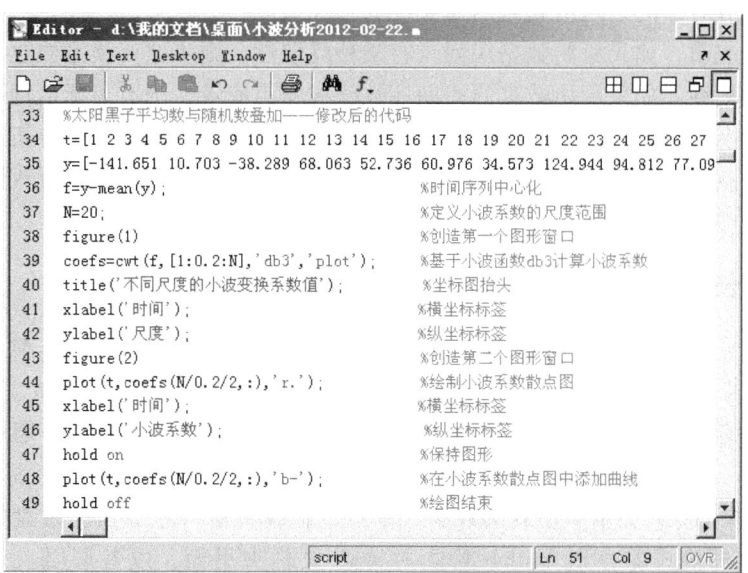

图 11-2-8　太阳黑子时间序列与随机序列叠加结果的连续小波分析代码之二

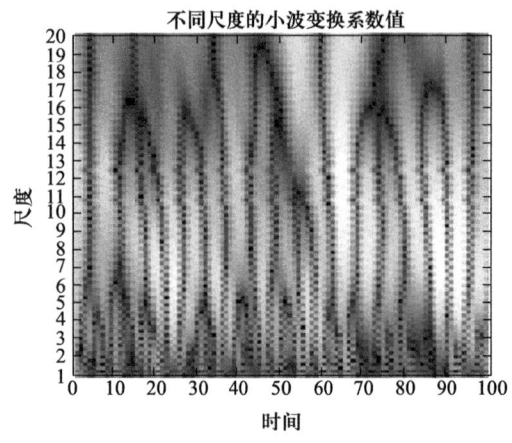
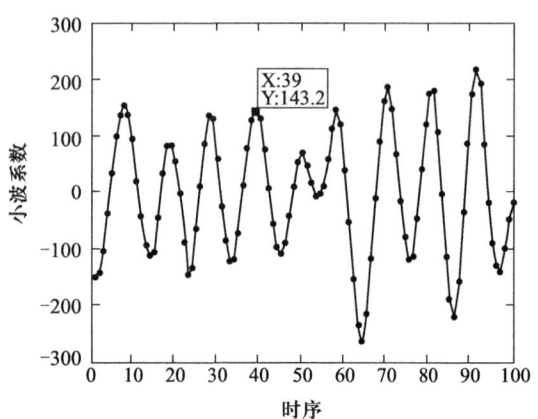

图 11-2-9　太阳黑子时间序列与随机序列　　　图 11-2-10　太阳黑子时间序列与随机序列
　　　叠加结果的连续小波变换系数图　　　　　　　　叠加结果的小波变换系数波动图

借助 Matlab 图形的数据指针（Data Cursor）可以方便地提取波峰或者波谷的横坐标。计算波峰的间距，取平均值，或者计算波谷的间距，取平均值，都可以近似得到小波系数的周期长度。而小波系数的周期长度，反映的正是原始序列隐含的周期长度。如图 11-2-10 所示，在图形中选中 Data Cursor 之后，将十字形鼠标光标指向某个波峰点，轻轻一点，该点的横坐标和纵坐标值立即出现。根据纵坐标值，可以判断该点是否波峰——波峰值必然大于左右相邻两点的纵坐标值；根据横坐标值，可以计算波峰的间距。采用同样的思路，不难计算波谷的间距。波峰或者波谷间距的平均值就是周期长度的估计值。

大量的试验表明，如果原始数据序列具有某种周期性，则小波变换系数也可以表现出同样长度和类型的周期性。如果原始数据的周期性被随机噪声淹没，则有可能借助小波变换去掉噪声，将隐含的周期揭示出来。因此，小波分析可以用于时间序列的周期性分析。同理，小波分析可以用于揭示空间序列隐含的某种节律。时间过程中的周期变动与空间过程的节律变动在数学形式上具有相似之处，故都可以通过小波分析探索其隐含规则。

11.2.2　周期长度估计方法之二

前述随机信号隐藏周期的估计过程需要自己编写 M 代码。如果对 Matlab 软件不够熟悉，则编写代码存在困难。在这种情况下，可以利用 Matlab 的小波分析工具箱进行处理，步骤如下：

第一步，保存数据。将图 11-2-4 所示的太阳黑子与随机噪声叠加在一起的序列 y 复制到命令窗口，回车，则 Workspace（工作空间）会显示 y 的图标。双击 y 的标志，则在 Array Editor（数组编辑）窗口显示 y 序列的数字。单击数组编辑窗口左上角的磁盘保存标志，将随机信号以 mat 文件格式保存到 Matlab 默认的 work 文件夹里面，以备调用。文件名不妨设为"sunspotrand"。当然，读者可以采用任意自己感兴趣的文件名。

第二步，打开小波分析工具箱。在命令窗口输入"wavemenu"，回车，即可弹出图 11-1-4

所示的小波分析工具箱主菜单。在 One-Dimensional（一维）小波工具箱中，选中并单击 Continuous Wavelet 1-D（一维连续小波分析），调出相应的工具箱。然后，沿着 File—Load—Signal 的路径，从 work 文件夹中装入前述保存的随机信号"sunspotrand"（图 11-2-11）。

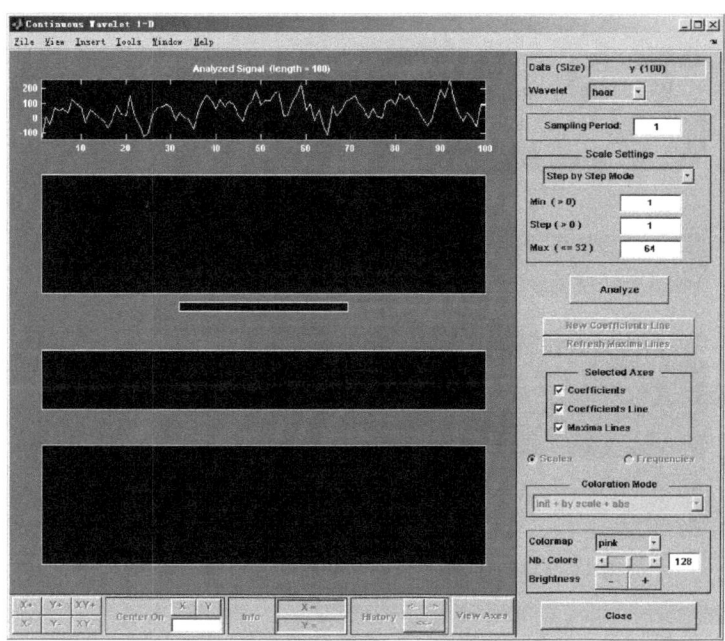

图 11-2-11　一维连续小波分析工具箱

第三步，分析。首先选择适当的小波，比方说 db5。在 Scale Settings（尺度设置）中选择 Power 2 Mode（二次幂模式），并且取最高幂次 6；其余选项可以采用默认值。然后，单击 Analyze（分析）按钮，即可得出小波变换结果（图 11-2-12）。

第四步，周期估计。在分析结果中，有一个小波系数线(Coefficients Line)。根据这条周期波动的线可以近似估计周期长度值，方法有二：其一，利用鼠标右键。用鼠标光标选中波峰或者波谷，按右键，立即出现纵横交叉的红色十字线，同时在下面 Info 里面给出这个交叉点即波峰或者波谷的横坐标 X 和纵坐标 Y（图 11-2-12）。记下横坐标值，然后按照顺序寻找下一个波峰或波谷，记下其横坐标值。从左到右记录出全部坐标值之后，即可算出横坐标的间距。这些间距的平均值就是周期长度的估计值。其二，利用数据指针。在这个一维小波分析工具箱的菜单里，找到 Tools（工具），在工具里选中 Data Cursor。当数据指针前面出现一个对号（√）的时候，即可利用数据指针进行坐标定位了。然后，选准一个波峰或者波谷，按鼠标左键，即可显示该点的纵、横坐标（图 11-2-13）。根据纵坐标可以判断该点是否波峰或者波谷——波峰的纵坐标一定大于左右两点的纵坐标，波谷的纵坐标一定小于左右两点的纵坐标。确定该点为波峰或者波谷之后，即可记录下相应的横坐标值。从左到右记下小波系数线全部波峰或者波谷的横坐标值，计算其平均间距，得出太阳黑子活动的周期长度估计值。

第 11 章 小波分析

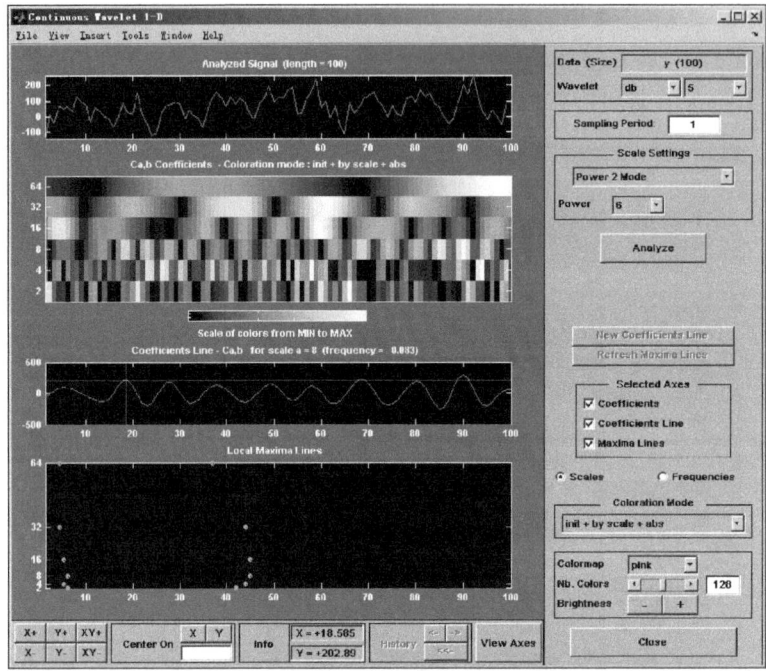

图 11-2-12 一维连续小波分析的选项和分析结果

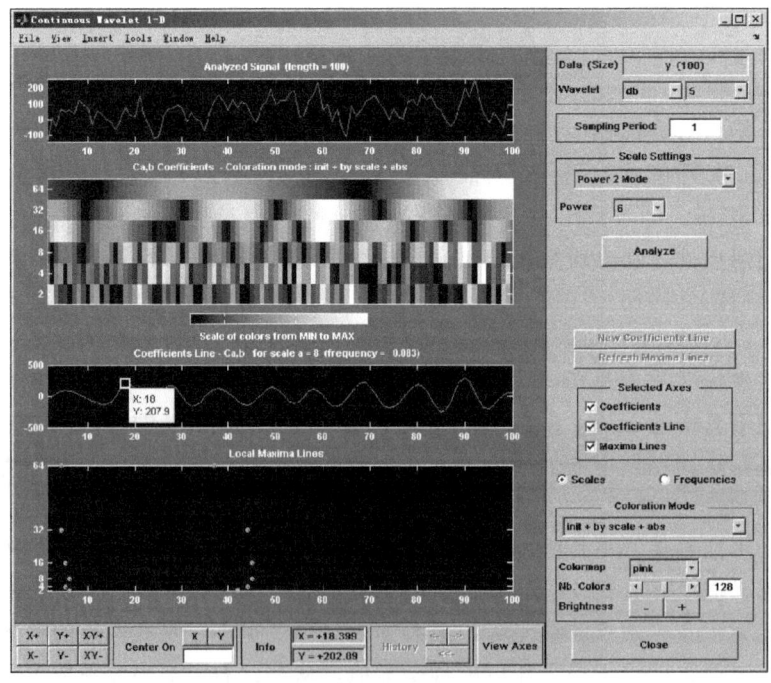

图 11-2-13 利用数据指针对小波系数进行坐标定位

第二种方法较之于上一节讲述的第一种方法似乎更为简便和直观。直观是实，但简单则未必。首先，采用这种方法要求读者对小波基函数的性质有所了解。如果基函数选用不合适，则小波变换的系数线不能给出符合实际的周期估计结果。其次，它要求读者对尺度设置模式有所认识。根据经验，对于周期估计而言，二次幂模式效果较好。再次，它要求读者有足够的耐心识别波峰和波谷。当然，小的识别偏差对周期估计结果影响不大。因为在周期估计过程中，正负误差往往相互抵消。但是，如果在波峰或者波谷定位过程中过于草率，则不能得出接近实际的估计数值。一个比较可靠的办法是利用 Excel 进行精细的绘图分析。沿着 File—Save Coefficients 的路径，将小波系数保存到默认的文件夹 work 里面；然后打开该文件，从数组编辑窗口将其复制到 Excel 里面，绘制散点图并添加连线，即可准确地判断波峰与波谷的坐标值。

11.2.3 随机信号去噪

现实中地理系统释放的某种信号通常比较复杂，它们一般是趋势变动、周期变动和随机变动三种过程或者其中某两种过程的叠加。比方说，我们可以借助山中千年老树的年轮变化信号揭示一个区域的气候变化规律，但树木年轮的厚度既受温度、雨水和日照等气候因素的周期性变化的影响，也受一些随机干扰因素的影响。如何排除随机干扰过程，揭示趋势变动和周期变动过程，就是时间序列分析的任务之一。有关方法可以推广到空间节律分析。所谓随机信号去噪（de-noise）的过程，就是借助某种数学变换排除随机干扰引起的噪声，留下规律性的趋势增长信息或周期波动信息。通过趋势分析，可以了解地理系统是如何发展的；通过周期分析，可以预测某种确定出现的现象。例如，田清鉴研究发现，1887 年、1909 年、1931 年、1954 年和 1975 年中国长江和黄、淮、海河流域都曾发生特大洪涝，时间间隔大约为 22 年，与太阳黑子活动的双周期一致。由此他判断，1997 年前后中国大江大河流域还要发生特大洪涝，结果确是如此。根据这个规律可以判断，2019 年或者 2020 年前后，中国还要发生特大洪水。进一步追溯历史，1865 年前后可能有特大洪涝，查历史资料可发现，1866 年（清同治五年）淮河流域曾发生特大洪水；再往前则是 1844 年前后，实际上，1843—1845 年数年江、黄、淮、海流域都有特大洪涝，其中 1844 年（清道光二十四年）全国有 107 个县遭遇水灾；再往前是 1823 年（道光三年）、1801 年（嘉庆六年）……可见，中国江、黄、淮、海流域洪涝的发生受多种因素影响。有随机发生的，无法预测；也有比较确定的，每隔一段时间出现一次。其中 22 年周期的洪涝是很典型的，对这样的洪涝应该提前预测，并采取防备措施。小波分析的功能之一，就是随机信号的去噪，据此保留确定性的信号。

不妨以太阳黑子活动的数据为例，说明小波去噪的方法。第一步，打开小波分析工具箱。方法如前所述（图 11-1-4）。在 Specialized Tools 1-D（一维专门工具箱）中选择 SWT De-noising 1-D（一维平稳小波变换去噪）对话框。第二步，装入数据。沿着 File—Load—Signal 的路径，从 work 文件夹中选中 sunspot 文件，打开即可。第三步，分析。选择适当的小波基函数，如 db7。根据序列长短确定层数（Level）。样本路径越长，层数可以越多。由于这个序列长度只有 100，故最多分解为 2 层。点击 Decompose Signal（分解信号）按钮，然后单击 De-noise（去噪）按钮，就可以得到去噪结果（图 11-2-14）。如果选中 Overlay De-noised Signal（叠加去噪信号）选项，就可以将去噪后的信号［De-Noised Signal(Ds)］叠加到原始信号［Signal(S)］上。可以看出，去噪前后的信号曲线大体吻合。这意味着，太阳黑子的活动具有明确的周期性，它所包含的随机噪声并不明显。可以想见，对这样的信号进行去噪处理没有太大意义。

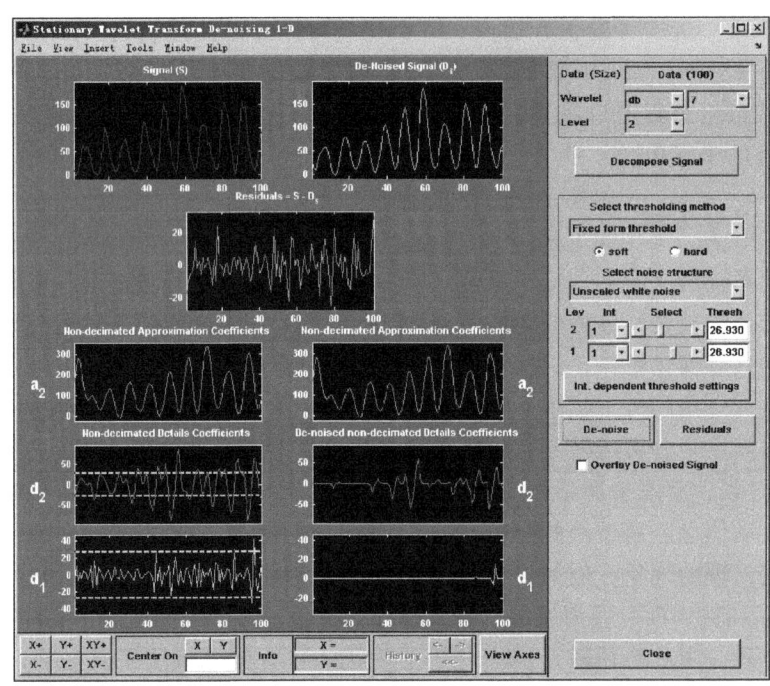

图 11-2-14　太阳黑子周期信号的去噪分析

然而，现实中的绝大部分地理信号是周期性与随机性的叠加，或者趋势性与随机性的叠加，或者趋势性、周期性和随机性的叠加。图 11-2-5 所示的信号是太阳黑子平均数与正态分布随机数的叠加结果，这个序列类似于来自自然界的复杂信号。下面以这个信号为例，说明基于 Matlab 的小波去噪方法。第一步，打开小波分析工具箱。从工具箱中选择一维专用小波工具。第二步，导入数据。根据前面的保存路径，从 work 文件夹中调入文件名为"sunspotrand"的信号。第三步，去噪分析。方法同上。第四步，保存去噪后的信号。沿着 File—Save De-noised Signal 的路径，为去噪信号命一个名字，可以将其保存在默认文件夹 work 或者指定的文件夹内，以备调用。将去噪后的信号叠加到去噪前的信号上面，可以看出两者的明显区别（图 11-2-15）。去噪之前的信号(S)与去噪之后的信号(Ds)的差值叫做残差。残差就是要被剔除的噪声（noise）。去噪效果的好坏，可以借助残差分析来考察。单击 Residuals（残差）按钮，可以看到一系列残差分析图（图 11-2-16）。残差分析包括如下组成部分：①最上面是残

11.2 一维连续小波分析 287

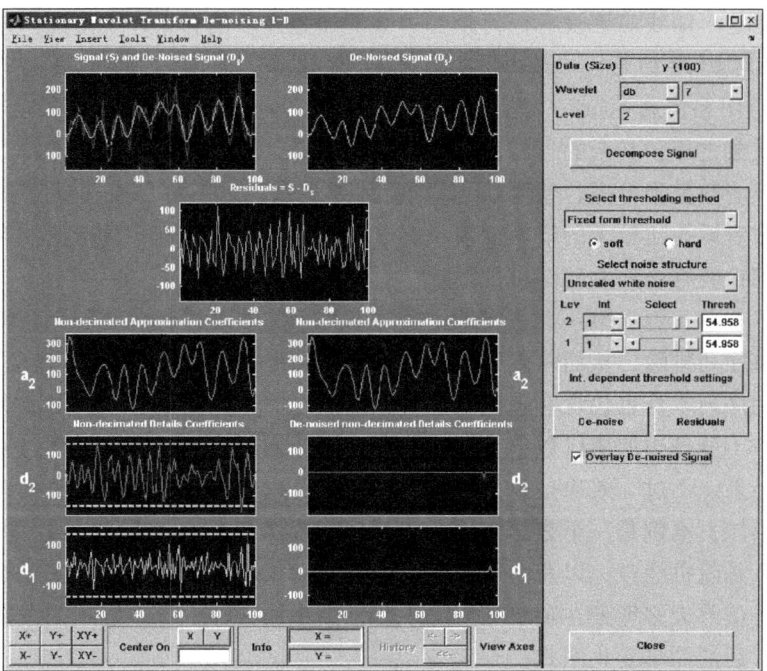

图 11-2-15 太阳黑子周期信号与白噪声叠加结果的去噪分析

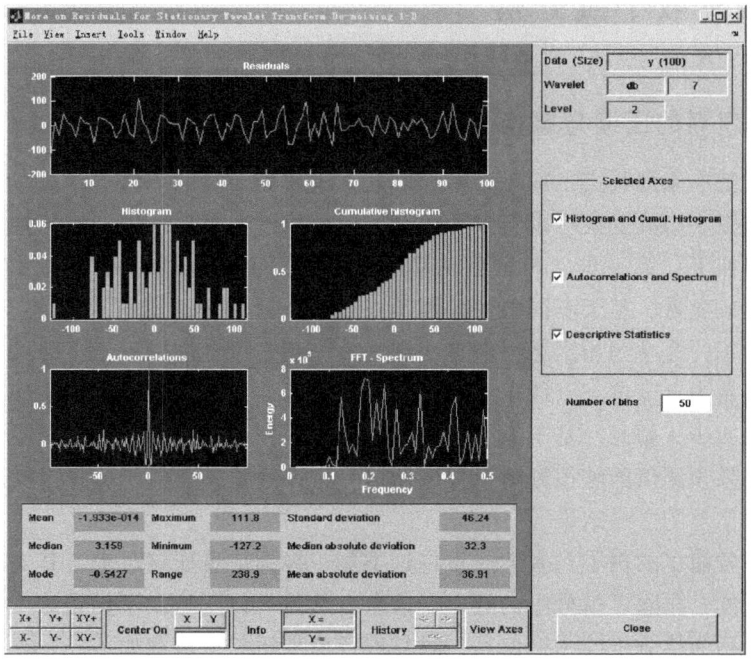

图 11-2-16 太阳黑子周期信号与白噪声叠加结果去噪后的残差分析

差序列的曲线。这个曲线应该没有任何趋势。②下面是柱形图和累计柱形图。柱形图的分布越是接近于左右对称的钟形分布，残差的随机性越好。③最下面是残差序列的自相关（Autocorrelation）图和快速Fourier变换的频谱图（FFT-Spectrum）。由于序列长度为100，除了正中央的自相关系数之外，其余的自相关系数绝对值应该小于$2/100^{0.5}$，即不得大于0.2（可以借助鼠标右键或者数据指针进行检测）；否则，残差的随机性不好。至于频谱图，不能出现显著突出的点，或者说，比较大的谱密度值没有显著差异。对于本例，柱形图的对称性不是很理想，其他方面都比较符合残差的随机性要求。

有必要指出如下几点：第一，去噪的过程并非信号的恢复过程。我们无法将叠加到太阳黑子平均数的随机序列排除，从而恢复到图11-2-2所示的初始信号曲线形态。原因之一，原始的太阳黑子活动序列本身也包含有随机成分；原因之二，人们借助各种数学或者统计软件生成随机数序列并非十分理想的随机数值。两种原因共同作用的结果是无法得到与初始序列波动形态接近的去噪结果。不过，效果是显而易见的，我们可以借助去噪后的信号估计太阳黑子活动的周期长度。第二，本例是一个教学案例，序列中的噪声是特意添加的。本例不带研究性质，仅用于说明什么是随机噪声，以及噪声附加到周期波动信号之后如何排除其干扰。现实中的周期信号或者趋势信号大多埋藏在随机噪声之中。借助小波去噪，可望发现隐藏的系统演化规律或者复杂现象背后的简单变化图式。

11.3 一维离散小波分析

11.3.1 时间序列的压缩与重构

小波分析的基本原理其实很简单，困难之处在于找到恰当的小波基函数，并准确地定义小波变换的尺度范围。小波变换可以与多元线性回归分析进行类比。以一维信号压缩或者去噪为例，其基本思路如下：第一步，确定小波基函数。比方说，选择墨西哥帽（Mexican hat）小波。第二步，生成变量。基于不同的平移因子（位置）和伸缩因子（尺度），利用小波基函数生成若干序列，每一个序列相当于一个自变量。第三步，拟合。以基于不同尺度和位置的小波基函数生成的变量为自变量，以待压缩的一维信号为因变量，进行最小二乘计算，或者开展多元线性回归。第四步，预测。基于最小二乘计算得出的预测值，或者回归预测值，就是原始信号的压缩值。如果预测值能够很好地拟合原始信号，以致残差类似于一种白噪声，则预测值也可以看成是原始信号的去噪结果。

且看一个非常简单的例子。人们通常将这类例子视为信息压缩过程，其实其本质是一个信号去噪过程。当然，排除了信号中的噪声，信息自然就得以压缩。不妨以表11-1-2所示的中国城市化水平序列为待分析的一维信号，对其进行信息压缩，步骤如下：

第一步，定义小波基函数。本例姑且选择墨西哥帽小波基函数，定义过程如图11-3-1所

11.3 一维离散小波分析 289

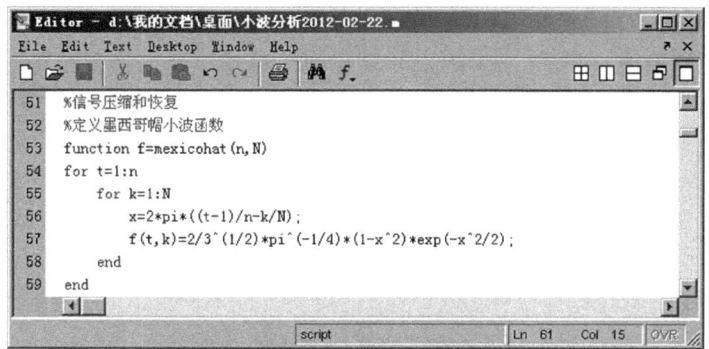

图 11-3-1 定义墨西哥帽小波基函数

示。将这个文件以默认的路径保存在 Matlab 的 work 文件夹里面，以备调用。

第二步，定义平移因子和尺度范围。小波基函数带有两个参数，一是平移因子，二是伸缩因子。中国城市化水平的样本路径长度为 $n=52$。平移因子取 1，2，⋯，$n(n=52)$；伸缩因子取 1，2，⋯，$N(N=n/4=13)$。由此生成 13 个基于墨西哥帽函数的长度为 52 的变量。以这 13 个变量为自变量、以城市化水平为因变量，开展最小二乘计算，建立多元线性回归模型，得出城市化水平的预测值。这个预测值就是所谓信号压缩结果，因为它实际上滤除了时间序列中的噪声。全部计算代码如图 11-3-2 所示。

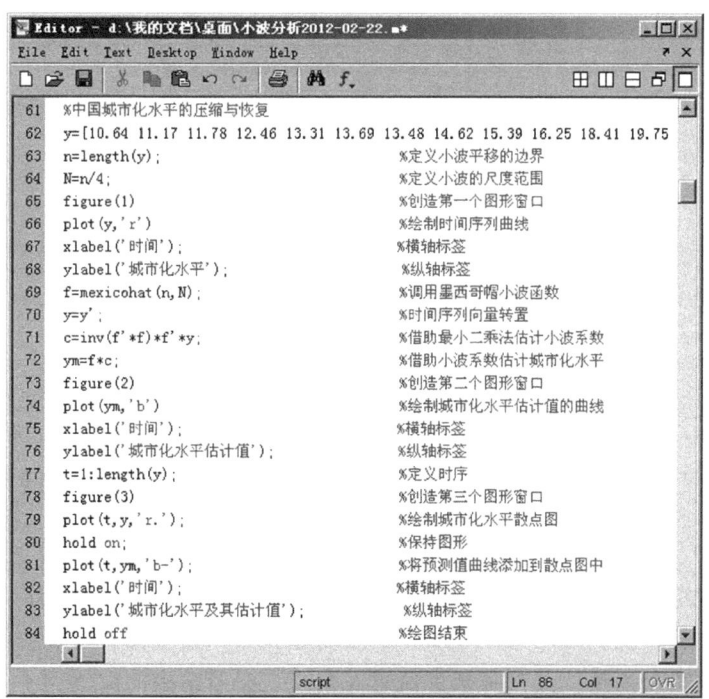

图 11-3-2 借助最小二乘法进行小波函数估计与信号恢复

第三步，输出结果。在命令窗口运行计算代码，得出城市化水平的原始信号曲线（图 11-3-3）和城市化水平的预测曲线（图 11-3-4）。可以看到，经过小波变换得出的城市化水平预测值不像原始信号那么不规则，因为滤除了噪声。但预测信号与原始信号的匹配效果很好，故可采用小波变换结果代替原始信号（图 11-3-5）。经小波变换处理后的信号不含太多的噪声，却能准确地反映原始信号的动态特征。

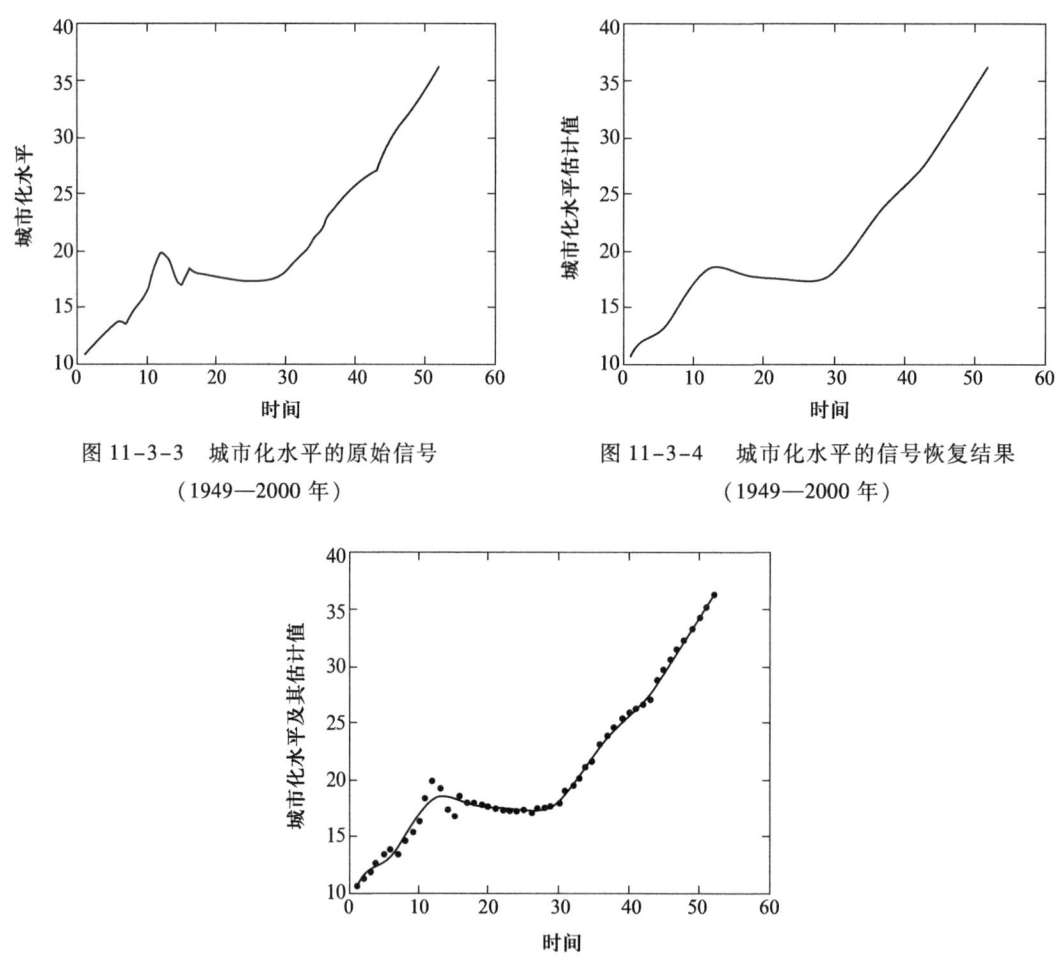

图 11-3-3 城市化水平的原始信号（1949—2000 年）　　图 11-3-4 城市化水平的信号恢复结果（1949—2000 年）

图 11-3-5 城市化水平的原始信号及其压缩后恢复结果（1949—2000 年）

在本例分析中，适当确定小波变换的尺度范围非常重要。如果将小波尺度范围定义为 $N=n/3\approx 17$，或者定义为 $N=n/5\approx 10$，最终的结果都不太令人满意。对此，读者可以通过修改代码中的参数自行试验。最后顺便说明，信号压缩和去噪是不同的过程，但两者存在内在关系。压缩信号的前提是去噪，其次是减少信息冗余。这一节给出的简单例子与信号压缩和去噪都有关系。

11.3.2 离散小波变换

离散小波变换将一个时间序列或者空间序列分解为两个向量：一是近似系数向量；二是细节系数向量。前者反映原始序列的宏观变化规律；后者反映原始序列的细节变化特征。具体说来，近似系数倾向于消除时空序列的细节，反映其总体形态；细节系数则倾向于强化时空序列的细节，反映其局部特征。通过离散小波变换，可以近似地将一个时空序列的宏观和微观特征突出地表现出来。下面以中国城市化水平为例（表 11-1-2），说明离散小波变换的方法和结果。中国城市化水平变化曲线如图 11-3-3 所示。假定小波基函数采用 db1，离散小波变换的代码如图 11-3-6 所示。

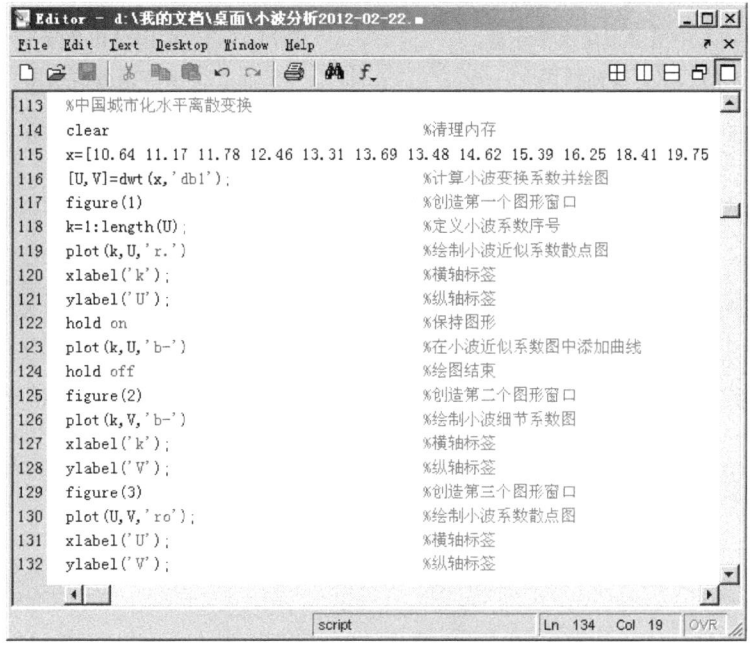

图 11-3-6　中国城市化水平的离散小波变换

可以借助坐标图直观地反映小波分解结果。近似系数的变化特征如图 11-3-7 所示。将此图与图 11-3-3 对比可见，这个小波系数的变化趋势与中国城市化水平的变化趋势基本一致，但没有城市化水平曲线那么曲折。也就是说，小波近似系数曲线勾勒了中国城市化水平跌宕上升的总体趋势。细节系数的变化特征如图 11-3-8 所示。中国城市化水平变化比较剧烈的年份，在这个曲线图中有所反映。例如，第 7 个点非常突出，该点对应的是中国 1962 年前后的城市化水平变化。由于特殊的历史原因，中国城市化在 1962 年前后发生过急剧的变动。如果以近似系数为横坐标、细节系数为纵坐标作散点图，也可以反映中国城市化水平变化的异常年份（图 11-3-9）。其中高高突出的点，或者低低在下的点，都反映了中国城市化水平的急剧变化或者变化比较剧烈的时期。

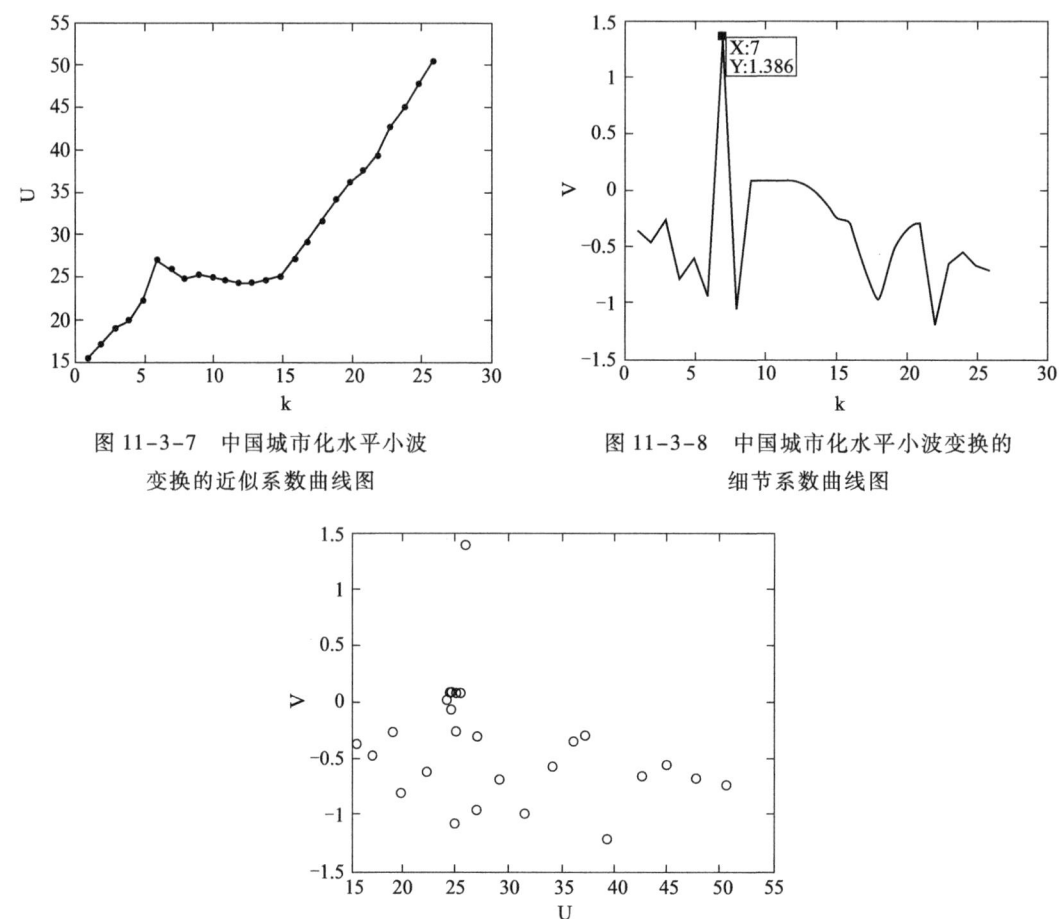

图 11-3-7　中国城市化水平小波变换的近似系数曲线图

图 11-3-8　中国城市化水平小波变换的细节系数曲线图

图 11-3-9　中国城市化水平小波变换系数的散点图

11.4　二维小波分析

在地理研究中，图像处理是人们经常遇到的工作。借助二维小波变换，可以对电子地图或者遥感图像进行变换与处理，包括图像压缩、图形信号去噪等。下面介绍基于 Matlab 二维离散小波变换的图像处理与分析技术。

第一步，打开小波分析工具箱。如前所述，在命令窗口输入"wavemenu"，回车即可（图 11-1-4）。

第二步，加载图像。将所要处理的图片以某种格式如 JPG 格式保存在 Matlab 默认的 work 文件夹中，即可以方便调用该图片。在小波分析工具箱主菜单中找到 Two-Dimensional（二维）工具，从中选择 Wavelet 2-D（二维小波），单击打开。然后，沿着 File—Load—Image 的路径装入图片。作为一个教学案例，不妨采用百度网络上搜索的北京地铁规划图进行演示。将该图片存入 work 文件夹，就可以按照上述路径方便地将其调入二维小波分析工具箱中，参见图 11-4-1、图 11-4-2 中的左上窗口。

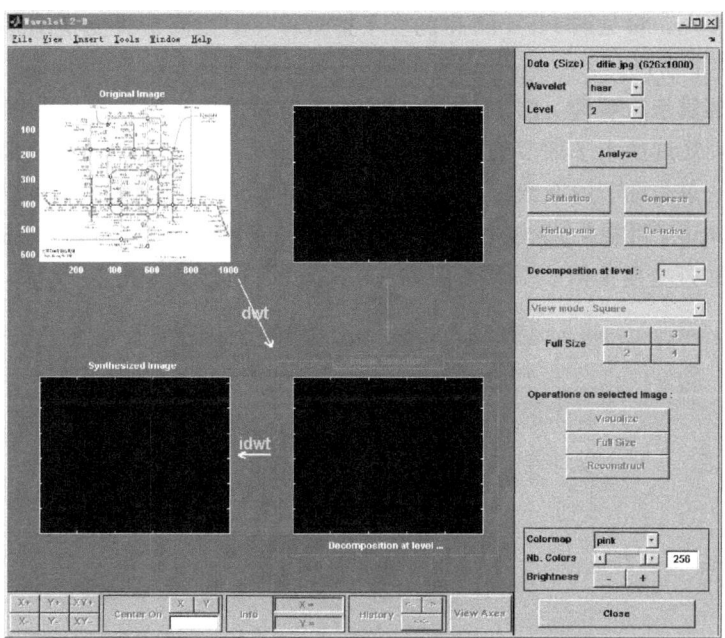

图 11-4-1　在二维小波变换工具箱中打开地图图片

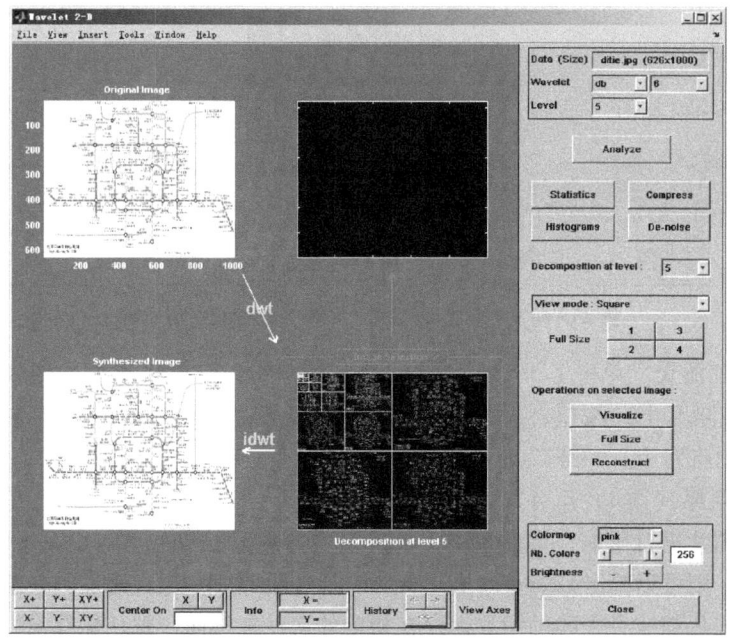

图 11-4-2　地图图片的二维小波变换分析

第三步，分析。选择适当的小波基函数，如 db6；设置尺度层次，如 5 层；还可以选择图片颜色的色调，不妨采用默认的粉红色（pink）。单击 Analyze（分析）按钮，就会给出离散小波变换（dwt）结果及其反变换（idwt）结果。小波变换基于指定的小波基函数和尺度层次对图像进行分解和变换，参见图 11-4-2 中的右下窗口；反变换则是将变换结果进行还原，参见图 11-4-2 中的左下窗口。

第四步，局部显示与重构。图 11-4-2 中的右下窗口给出了不同尺度的图像分解结果。从左到右给出了不同尺度的水平细节的系数；自上而下给出了不同尺度的垂直细节的系数；从左上到右下给出了对角线细节的系数。如果想要考察不同尺度的水平细节，可以选中某个尺度的图片，单击 Visualize（可视化）按钮，即可在右上窗口显示该图片；然后单击 Reconstruct（重构）按钮，即可通过变换重构该图像（图 11-4-3）。

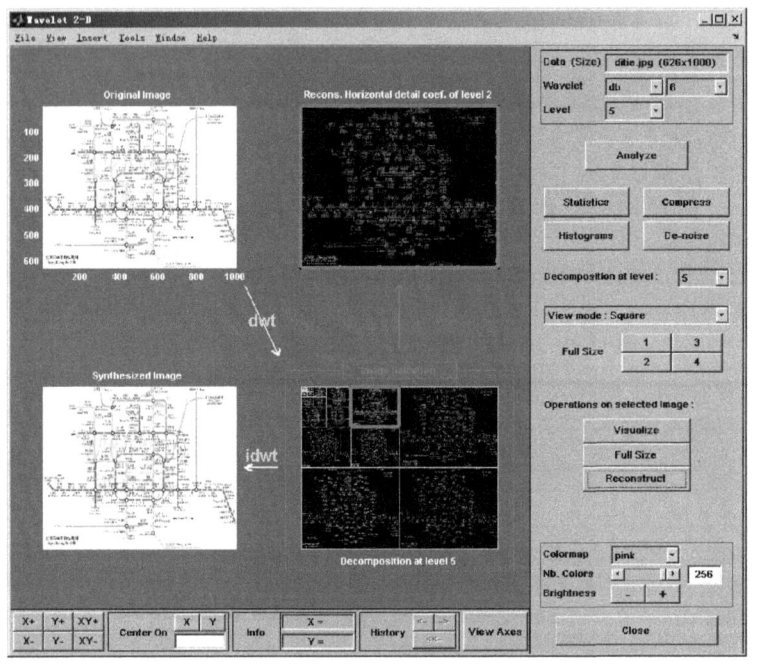

图 11-4-3 特定尺度图片水平信号的加强与重构

第五步，局部放大。单击 Full Size（实际大小）按钮，可以将重构的图像放大；单击 End Full Size（结束实际大小）按钮，可以将放大的图像还原。单击 Full Size 按钮后面的 1、2、3、4 按钮，可以分别将左上、左下、右上、右下窗口放大；单击 End1、End2、End3、End4，可以将放大的窗口还原（图 11-4-4）。

如果希望对图片进行压缩，可以单击 Compress（压缩）按钮（图 11-4-5）；如果希望对图片进行去噪处理，则可以单击 De-noise（去噪）按钮（图 11-4-6）。通过 File 菜单选择 Save（保存）选项，可以将压缩或者去噪的图片保存在指定的文件夹里面，默认保存设置是 work 文件夹。

11.4 二维小波分析 295

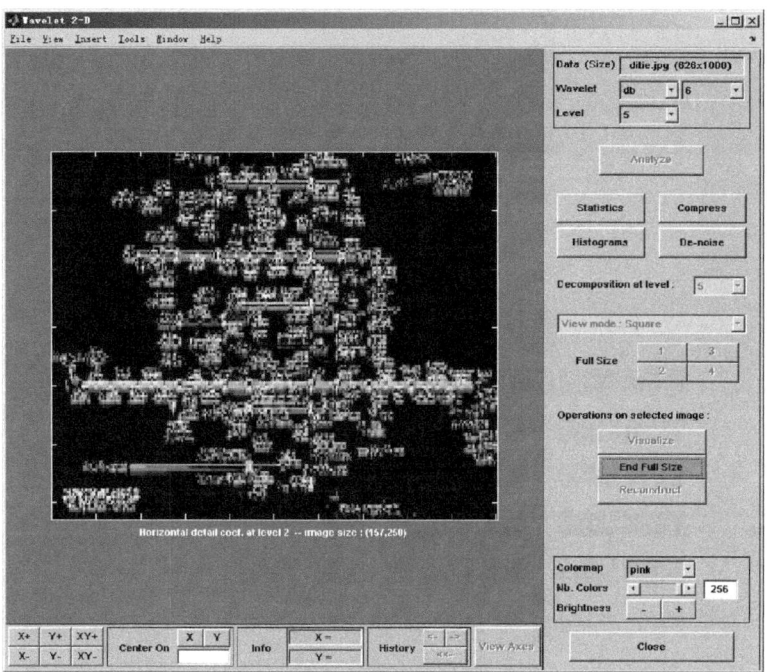

图 11-4-4 特定尺度图片重构结果的放大显示

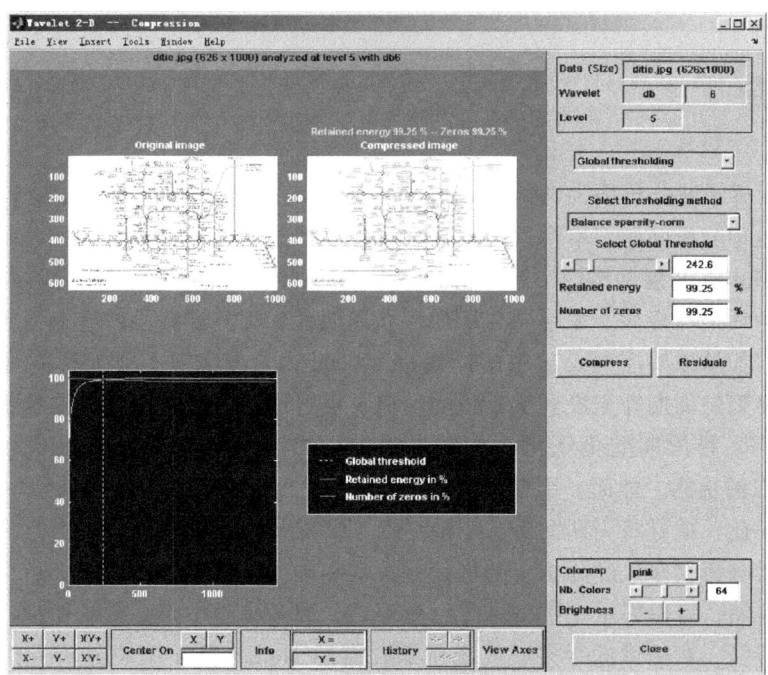

图 11-4-5 借助二维小波变换压缩地图图片

296　第 11 章　小波分析

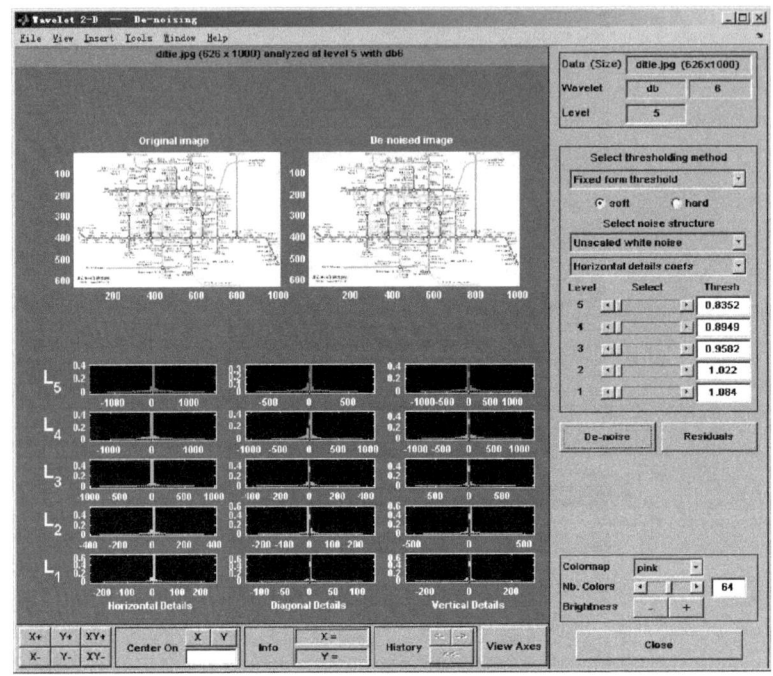

图 11-4-6　借助二维小波变换为地图图像去噪

11.5　小结

　　Matlab 是发挥小波分析强大功能的最好软件之一，基于 Matlab 的小波变换可以用于解决现实中的许多地理分析问题。本章仅选取几个有代表性的功能进行教学性的演示，主要目的是引导读者借助 Matlab 开展基本的小波分析。像 Fourier 分析一样，小波分析可以用于侦测随机序列背后隐藏的周期性规律。如果时间序列存在周期性，则其连续小波变换系数表现出同样长度的周期变化。如果原始序列是简单的周期序列，当然无需借助小波分析就可以计算周期长度；如果原始序列的周期性淹没在比较强的随机噪声之中，无法直接估计周期长度，则小波变换可以滤除噪声，将周期变化规律比较明确地揭示出来。从这个意义上讲，小波分析具有 Fourier 分析类似的功能。然而，周期分析本质上是一种宏观分析，小波分析的特长是局部性，而非全局性。因此，就寻找周期而言，小波变换不如 Fourier 变换。

　　然而，小波分析在多尺度分析、随机信号去噪和图像压缩等诸多方面具有突出的优点。借助小波分析工具箱，可以揭示一维信号的突变位置，或者信号中隐藏的规律性；可以揭示二维图像的局部性特征，对图像进行去噪或者压缩。借助 Matlab 开展小波分析有两种途径：一是利用小波分析工具箱；二是借助小波函数编写代码。通过小波分析工具箱的主菜单调用小波分析的各种功能，这种途径简单而又直观，但操作过程不灵活。人们需要的功能可能它不具备，不需要的功能又多余地给出了。如果对小波分析的相关函数比较熟悉，而且对有关数学过程也比较了解，就可以自己编写代码计算所需要的各种参数。小波分析看起来似乎很复杂，但其基本原理却非常简单，可以与多元线性回归类比。以一维小波分析为例，待分析的信号可以视作因变量，不同尺度、不同位置的小波基函数值相当于多个自变量，小波系数可以类比于线性回归系数。读者在学习的过程中，不妨先利用小波分析工具箱开展工作，待熟能生巧之后，就可以编写程序处理地理时空数据。

第 12 章

R/S 分析

R/S 分析的关键是计算 Hurst 指数，借助 Hurst 指数可以估计自相关系数、谱指数和分维。就计算方法而言，R/S 分析不涉及复杂的算法，采用最小二乘法就可以了。但是，在利用回归分析估计 Hurst 指数之前，首先必须计算特定的极差和标准离差。利用极差和标准离差的比值与时滞参数的幂指数关系，通过最小二乘法，估计出 Hurst 指数。该指数是时滞与 R/S 值双对数线性关系的斜率。表面看来，这个过程非常简单，但是当样本路径较长的时候，计算极差是一件非常繁琐的事情，为此需要编程。不仅如此，在计算过程中还涉及若干技术细节，包括序列的差分处理、标准差公式的采用、参数估计结果的检测和图像分析等。下面在说明基本原理和分析思路之后，借助简单的实例说明利用 Matlab 开展 R/S 分析的详细过程。

12.1 R/S 分析方法

12.1.1 Hurst 指数的定义方式

R/S 分析是非线性时间序列分析的一种基本方法。所谓 R/S 分析，实际上就是重新标度的极差分析 (rescaled range analysis)，简称"重标极差分析"。给定一个时间序列，计算出代表增长率或者衰减率的差分序列；然后计算出对应于不同时滞的极差 (R) 和标准离差 (S)，并且求出两者的比值 (R/S)。如果极差与标准离差的比值随时滞而呈现出幂律分布的趋势，则幂指数就是所谓的 Hurst 指数。据此可以判断时间序列暗示的系统演化趋势，具体过程如下：考虑一个时间序列增量 $\{\xi(t)\}$，这里 $\xi(t)=B(t)-B(t-1)$，$B(t)$ 为时刻 t 的观测值 ($t=1, 2, \cdots$)。对于任意正整数 τ，定义均值序列

$$\langle \xi \rangle_t = \frac{1}{\tau} \sum_{t=1}^{\tau} \xi(t) \tag{12-1-1}$$

式中，$\tau=1, 2, \cdots$，代表时滞。用 $X(t)$ 表示累积离差

$$X(t, \tau) = \sum_{t=1}^{\tau} (\xi(t) - \langle \xi \rangle_\tau) \tag{12-1-2}$$

式中，$1 \leqslant t \leqslant \tau$。于是极差 $R(\tau)$ 定义为

$$R(\tau) = \max_{1 \leqslant t \leqslant \tau} [X(t, \tau)] - \min_{1 \leqslant t \leqslant \tau} [X(t, \tau)] \tag{12-1-3}$$

标准差 $S(\tau)$ 定义为

$$S(\tau) = \left\{ \frac{1}{\tau} \sum_{t=1}^{\tau} [(\xi(t) - \langle \xi \rangle_\tau)]^2 \right\}^{\frac{1}{2}} \tag{12-1-4}$$

如果采用标准离差除极差，相当于将极差"标准化"，消除量纲的影响，于是得到极差与标准离差的比值

$$\frac{R(\tau)}{S(\tau)} \hat{=} \frac{R}{S} \tag{12-1-5}$$

经过长期的理论分析和模拟试验研究，Hurst 发现如下经验标度关系

$$\frac{R(\tau)}{S(\tau)} \propto \left(\frac{\tau}{2} \right)^H \tag{12-1-6}$$

式中，H 称为 Hurst 指数；$\propto$ 为比例号。当随机序列 $\{\xi(t)\}$ 的前后变化无关、方差有限时，可以从理论上导出关系式

$$\frac{R(\tau)}{S(\tau)} = \left(\frac{\pi \tau}{2} \right)^{\frac{1}{2}} \tag{12-1-7}$$

即 $H = 1/2$。Hurst 发现，许多自然现象，如江河流量、泥浆沉积等，都有 $H > 1/2$。不过上述规律总是表现在一定的时间尺度范围之内，即存在一个时滞尺度的底限 $\tau_{\min}$。基于 Monto Carlo 模拟的结果表明，当 $\tau > \tau_{\min}$ 时，许多自然现象能够很好地满足 Hurst 经验定律；对于独立的 Gaussian 过程，$\tau_{\min}$ 变得很大，即需要很大的样本才能进行计算。

12.1.2 Hurst 指数与自相关系数的关系

上面讨论的时间序列 $\{\xi(t)\}$ 实际上是观测值序列 $B(t)$ 的差分序列。对于具体的样本路径 y_t，首先需要计算差分 $x_t = \Delta y_t$。Hurst 指数的数学含义可以通过它与差分序列 $x_t = \Delta y_t = y_t - y_{t-1}$ 的自相关系数的关系体现出来。差分序列的自相关系数可以表作

$$C = 2^{2H-1} - 1 \tag{12-1-8}$$

式中，H 为 Hurst 指数；C 为差分序列的一阶自相关系数。我们知道，自相关系数值必为 $-1 \sim 1$，即 $-1 \leq C \leq 1$。由此可以判断，H 值必为 $0 \sim 1$，即有 $0 \leq H \leq 1$。如果计算的 H 值大于 1，就会出现 $C > 1$ 的情况，暗示着计算过程出现某种失误。

一个时间序列的差分表示的是事物随时间的变化率——增长率或者衰减率。由于衰减率可以视为负增长率，故可将变化率视为广义的"增长率"。

从式（12-1-8）可以看出，①当 $H = 1/2$ 时，$C = 0$，表明时间序列差分的自相关系数为 0，即时间序列前后的变化无关。此时 $y(t_2) - y(t_1)$ 与 $y(t_3) - y(t_2)$ 在概率意义上没有关联，这暗示系统演化的无后效性。②当 $H > 1/2$ 时，$C > 0$，表明时间序列差分的自相关系数大于 0，即时间序列的变化前后正相关。这暗示系统发展具有持久性：过去的一个增量意味着未来的一个增量；过去的一个减量意味着未来的一个减量。③当 $H < 1/2$ 时，$C < 0$，表明时间序列差分的自相关系数小于 0，即时间序列的变化前后负相关。这暗示系统演化具有反持久性：过去的一个增量意味着未来的一个减量，过去的一个减量意味着未来的一个增量。

总而言之，当 $H = 1/2$ 时，时间序列反映的事物变化率没有"记忆"；当 $H \neq 1/2$ 时，时间序列背后的变化率具有长程"记忆"。

12.2 编程计算

12.2.1 计算 Hurst 指数

为了说明 R/S 分析的计算过程和应用方法，下面举一个简单的例子——1996—2006 年期间中国人均耕地变化的衰减趋势。大家知道，联合国粮食及农业组织曾经确定了人均耕地 0.8 亩的国际警戒线，也就是说，如果一个国家的人均耕地下降到 0.8 亩左右，对国家安全就会形成威胁。因此，人均耕地资源的变化事关社会稳定，有关机构应该建立相应的资源预警系统。数据来源于国土资源部历年的公报以及《中国统计年鉴》公布的人口和耕地资料，起讫时间为 1996—2006 年。计算步骤如下：

第一步，数据整理和绘图观察。录入数据，编写简单的程序计算时间序列的差分。作为预备，绘制出原始序列的散点图以及差分序列的散点图（图 12-2-1 和图 12-2-2）。差分反映人均用地的绝对变化率，这里表示的是年变化率。可以看出，随着城市化的加速，中国人均耕地迅速减少，最后两年（2005—2006 年）衰减的速度有所减缓（图 12-2-1）。差分序列没有表现出明确的趋势，需要借助 R/S 分析揭示其隐含的趋势性。第一步的计算程序如图 12-2-3 所示。

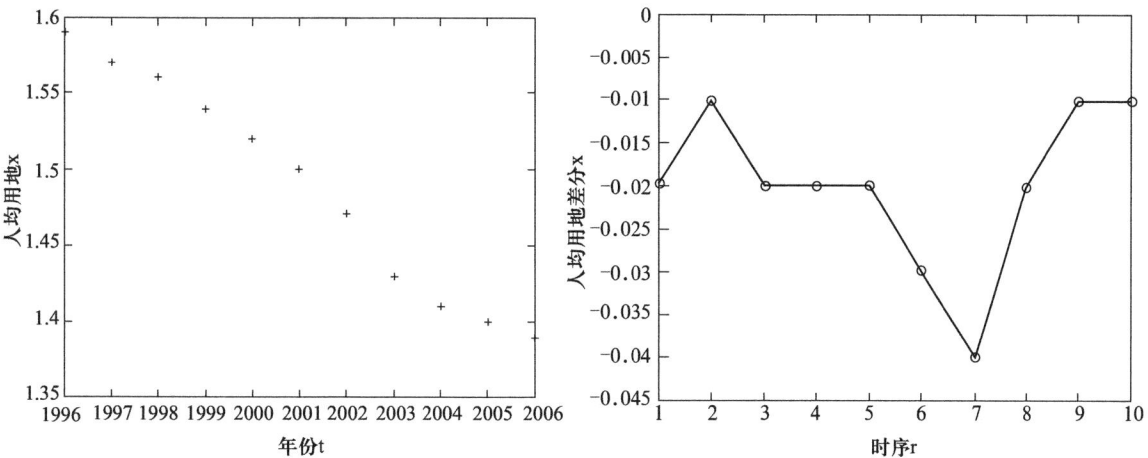

图 12-2-1　中国人均耕地衰减趋势（1996—2006 年）　　图 12-2-2　中国人均耕地变化率（1996—2006 年）

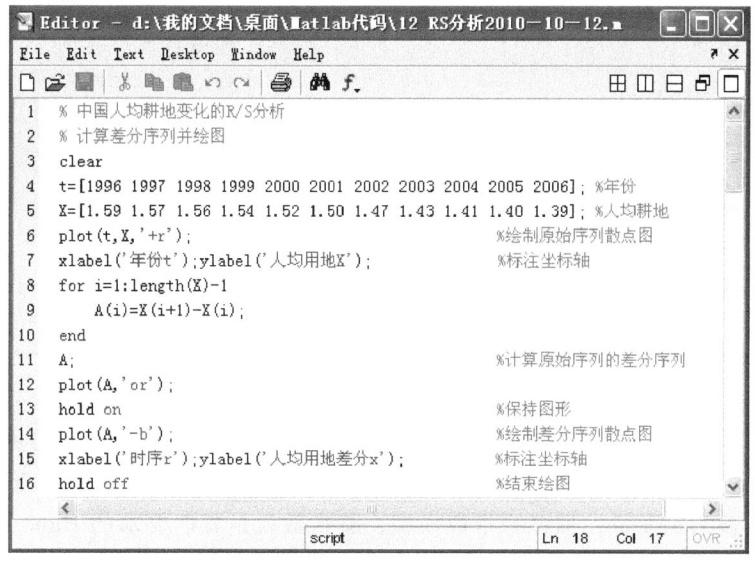

图 12-2-3　计算时间序列的差分并绘图

第二步，基于差分序列和时滞计算 R/S 序列。

（1）基于时滞计算平均值序列。首先，计算第一个差分数值 x_0 的均值——显然还是 x_0；然后，计算前两个差分数值的均值，即 $(x_0+x_1)/2$；再后，计算前三个数值的均值……其余依次类推。最后的一个数值是整个差分序列的均值。用 *M* 表示平均值向量，在 Matlab 里编程计算，上述过程变得非常简单。

（2）基于时滞计算标准离差序列。首先，基于第一个均值计算第一个差分数值 x_0 的标准离差，结果为 0；然后，基于第二个均值计算前两个差分数值的标准离差……其余依次类推。

用 S 表示标准离差向量,编写简单的计算程序即可算出。

(3) 基于时滞计算极差序列。首先,基于第一个均值计算第一个差分数值 x_0 的极差,结果为 0;然后,基于第二个均值计算前两个差分数值的极差……其余依次类推。用 R 表示极差向量,极差序列的计算程序也十分简单。

有了标准差序列 S 和极差序列 R,就可以给出 R/S 序列。全部计算程序如图 12-2-4 所示。

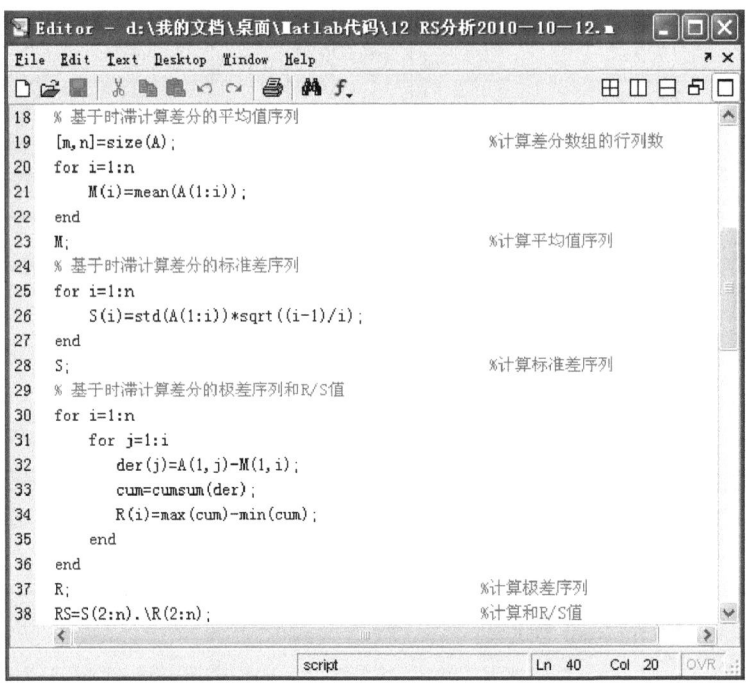

图 12-2-4　均值序列、标准离差序列、极差序列和 R/S 序列的计算

第三步,计算 Hurst 指数并绘制点、线拟合效果图。在 Matlab 中,不妨用 "lag" 表示时滞,代表自变量。这里,lag 就是数学模型中的 τ。根据式(12-1-6),以时滞的半数 lag/2 为自变量,以 R/S 值为因变量,拟合幂指数模型,幂指数就是我们要求的 Hurst 指数。对于幂指数关系,可以转换为双对数线性关系,线性函数的斜率就是 Hurst 指数。利用一次多项式线性拟合函数 polyfit 估计模型参数。输入 "H",回车,立即得到 0.748 7。于是 Hurst 指数 H = 0.748 7。经还原,幂指数模型的比例系数 A 为 0.998 2,这个数值非常接近预期的数值 $A=1$。于是,建立如下幂指数模型

$$\frac{R}{S}=0.998\ 2\left(\frac{\tau}{2}\right)^{0.748\ 7}$$

上述计算过程可以总结为如图 12-2-5 所示的步骤。Hurst 指数、比例系数、拟合优度和自相关系数的运算结果可以从图 12-2-6 中看出。

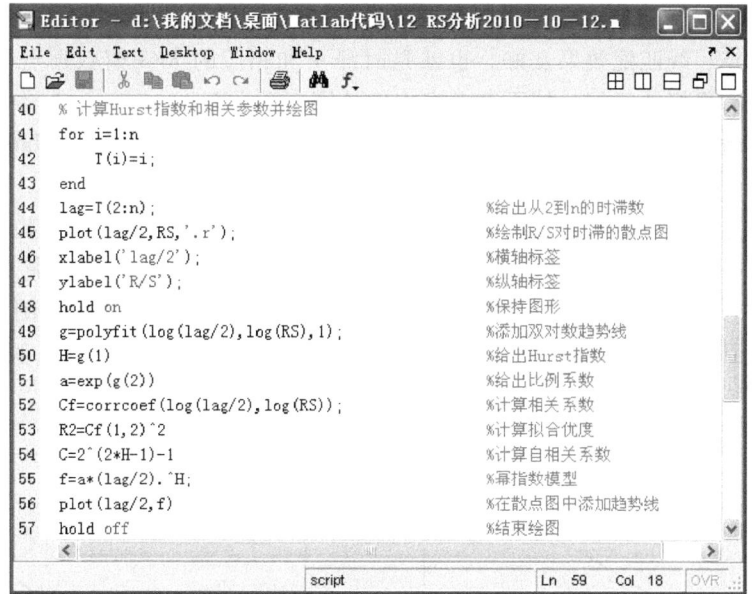

图 12-2-5　计算 Hurst 指数并建模的过程

图 12-2-6　部分运算结果

12.2.2　图像分析

仅有了上面的计算结果，还不能够立即开展进一步的 R/S 分析，因为不知道研究对象采用这种分析方法是否合适。R/S 分析的合理性有三个基本标志：一是 Hurst 指数 H 的数值必须介于 0~1；否则，计算过程有错。二是回归系数 a 值近似为 1，该数值离 1 越近，表明 R/S 模型越标准。三是点、线匹配效果良好，也就是时滞 τ 和相应的 R/S 值数据点与基于该数据的幂指数趋势线能够很好地匹配。接下来考察本例的第三个方面。

以时滞 τ 为横坐标（在 Matlab 中用 lag 表示），以相应的 R/S 值（在 Matlab 中可以用 RS 表示）为纵坐标，作散点图。然后，借助模型表达式添加趋势线。

图像的分析过程就是回归分析的看图过程。一方面，要看散点是否围绕趋势线变动。散点与趋势线分布越一致，表明点、线匹配效果越好。匹配效果越好，表明时滞 τ 与 R/S 值的幂指数拟合关系越合理。另一方面，考察双对数坐标图，看散点在双对数坐标图上是否接近于直线分布。可以看到，在常规坐标图上，点、线匹配较好（图 12-2-7）；在双对数坐标图上，散点大体上为直线分布（图 12-2-8）。

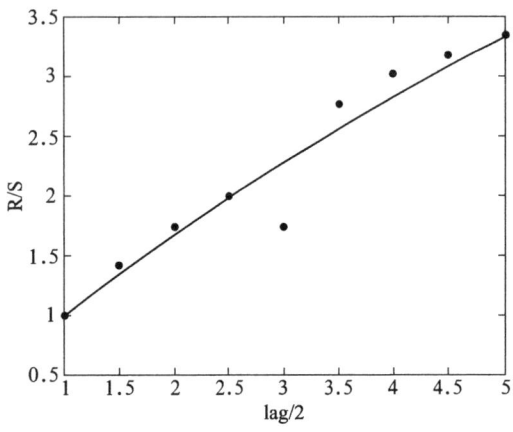 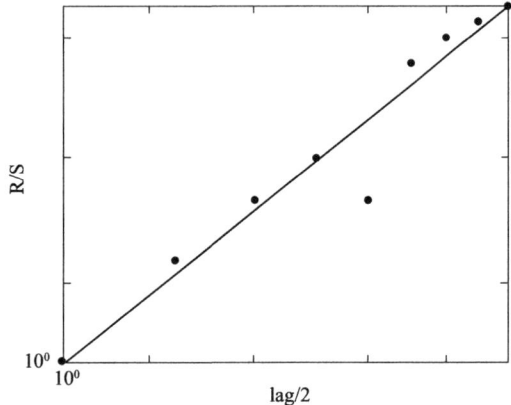

图 12-2-7　R/S 分析的点、线匹配（常规坐标）　　图 12-2-8　R/S 分析的点、线匹配（双对数坐标）

在 Matlab 中，修改坐标轴刻度的方法如下：①在图形编辑器的下拉菜单中选择 Figure properties（图形属性）；②弹出"Property Editor-Axes（属性编辑器-坐标轴）"选项；③选择 X Scale（横轴刻度）和 Y Scale（纵轴刻度）的 Log（对数刻度）；④单击确定按钮，常规坐标图转换成双对数坐标图（图 12-2-9）。

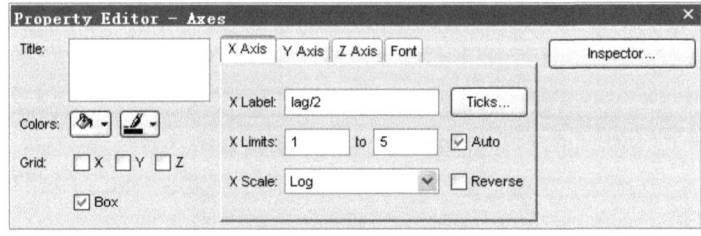

图 12-2-9　坐标轴属性编辑器

12.3 自相关系数和 R/S 分析

12.3.1 序列变化的自相关分析

根据回归分析的结果,得到 Hurst 指数 $H=0.748\,7>0.5$,由此可以判断,中国人均耕地面积的衰减率是长程正相关的,过去下降意味着未来继续下降。根据 Hurst 指数的数理意义可知,过去 11 年的衰减趋势意味着未来的继续衰减趋势。因此,至少在今后大约 10 年之内,中国人均耕地面积还要衰减下去。

Hurst 指数理论上等价于一次差分的一阶自相关系数。计算 Hurst 指数 H 之后,就可以利用式(12-1-8)非常方便地算出自相关系数 C,即

$$C \approx 2^{2*0.748\,7-1}-1 \approx 0.411\,6$$

可见,代表变化率的时间序列差分存在正的自相关性:过去的减少意味着未来的继续减少。

由于样本路径较短,如果采用原始数据直接计算自相关函数,则结果可能误差较大。利用衰减率数据计算自相关函数 ACF,结果表明,一阶自相关系数约为 0.375。其实,最便捷的方式是利用最小二乘法借助自回归分析估计自相关系数。令 x_t 表示人均耕地面积的差分序列。以 x_{t-1} 为横轴,以 x_t 为纵轴,画出散点图,即可看出自相关趋势。在 Matlab 中,用"A(i)"代表 x_{t-1},用"A(i+1)"代表 x_t,作图。结果表明,散点分布呈现出一种正自相关趋势(图 12-3-1)。

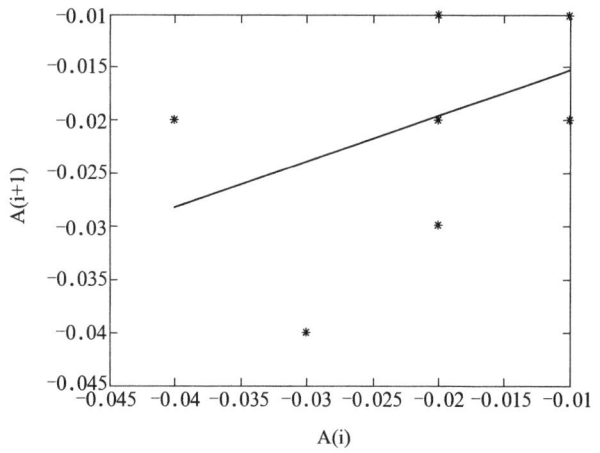

图 12-3-1 差分序列的一阶自相关趋势

基于最小二乘法编写一个简单的计算程序,容易在 Matlab 中进行自回归估计(图 12-3-2)。计算结果表明,相关系数 $C2 \approx 0.404\,1$,自回归系数估计值为 $C3 \approx 0.435\,5$。输入"g2(2)",

回车，可以得到自回归模型常数估计值为−0.010 8。于是一阶线性自回归模型便是

$$x_t = -0.010\ 8 + 0.435\ 5 x_{t-1} + e_t$$

这里，e_t 表示残差。利用上述模型将趋势线添加到散点图中，结果如图 12-3-1 所示。

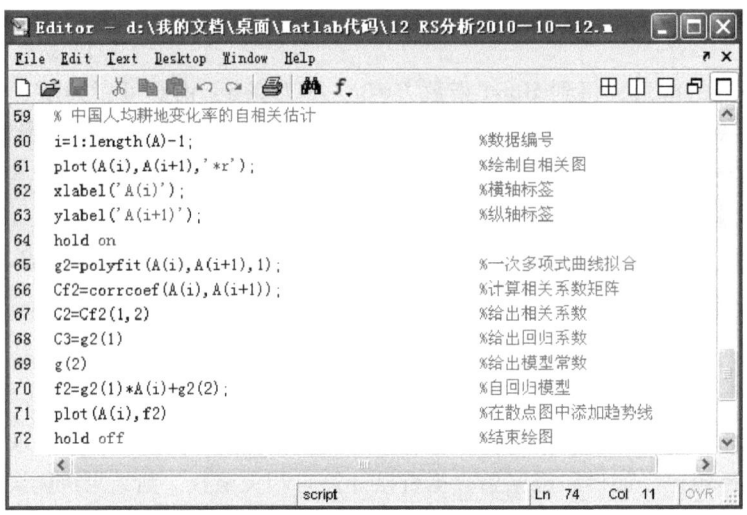

图 12-3-2　人均耕地差分序列的自回归估计计算程序

在精度要求不高的情况下，采用上述方法估计自相关系数非常方便。对于一阶自回归，理论上应当有相关系数等于自回归系数。由于数据表达方式以及计算误差，两者存在差值。根据经验，一阶自相关系数一般落入回归分析的相关系数和一阶自回归系数（斜率）之间。由此可以判断，实际的自相关系数应该介于 C2 与 C3 之间，即 0.404 1～0.435 5。前述 R/S 分析给出的自相关系数 $C ≈ 0.411\ 6$ 正好落入该区间。不过，这种方法并非总是有效。为了安全起见，在数据量不大的情况下，最好还是借助 R/S 分析方法考虑问题。

在实际操作过程中，基于 Hurst 指数的自相关系数 C 值是否与基于自回归分析的 C2 值和 C3 值大致接近，是 R/S 分析计算过程是否正确的一个判据。目前，一些流行的 R/S 分析程序可能由于编写过程出现某种失误，以致借助这类程序估算的自相关系数与基于最小二乘法的自回归系数不仅数值相差很大，甚至正负号完全相反。如果遇到这种异常情况，就应该仔细检查程序语句是否出错，或者计算思路是否存在问题。

12.3.2　分维和功率谱指数的估计

Hurst 指数 H 与功率谱指数 β、自仿射记录的分形维数 D 存在数学关系。对于 $d=1$ 维的时间序列，参数关系如下

$$D = 2 - H \tag{12-3-1}$$

$$\beta = 5 - 2D \tag{12-3-2}$$

从而

$$\beta = 5 - 2(2-H) = 2H + 1 \tag{12-3-3}$$

根据这种关系，可以将 Hurst 指数转换为分维和谱指数。基于前面的计算过程，在 Matlab 的命令窗口，输入公式

```
beta = 2 * H + 1
D = 2 - H
```

回车，立即得到 beta = 2.497 4，D = 1.251 3。

上述结果表明，功率谱指数约为 2.497 4；自仿射记录的分形维数为 1.251 3 左右。理论上，当 $\beta = 2$，$D = 1.5$ 的时候，差分序列不存在自相关，过去的上升或者下降对未来的增长或者衰减没有影响；当数 $\beta > 2$，$D < 1.5$ 的时候，差分序列存在正自相关，过去的上升或者下降将导致未来的增长或者衰减；当 $\beta < 2$，$D > 1.5$ 的时候，差分序列存在负自相关，过去的上升或者下降将导致未来的衰减或者增长。本例属于第二种情况——差分序列存在正自相关。

12.4 小结

本章给出的实例非常简单，系统演化的背景也比较清楚。如果将 R/S 方法用到读者并不清楚的问题上面，则可望预测研究对象的发展趋势并进而揭示其演化的动力学机制。时间序列的 Hurst 指数也可以通过自相关分析或者功率谱分析估算。理论上，谱指数与 Hurst 指数之间存在严格的数学关系。在时间序列足够长的时候，利用谱分析间接估计 Hurst 指数更为便捷。但是，当时间序列的样本路径不长的时候，只能采用 R/S 分析直接计算。

R/S 分析过程虽然简单，但具体处理却容易出现细节方面的失误。在利用数学软件估算 Hurst 指数的时候，要注意如下问题：其一，序列差分处理。R/S 分析是基于差分序列的，不能利用原始序列直接运算。其二，标准离差。在计算标准离差的时候，要采用总体标准离差公式，而不能采用抽样标准离差公式。其三，要将参数值分析与图像分析有机地结合起来。多视角考察，才能尽可能避免差错。

R/S 分析的计算过程是否正确，存在如下四个方面的检测判据：第一，Hurst 指数 H 值必须落入 0~1 范围；否则，存在计算失误。如果 Hurst 指数 H 值超出 0~1 范围，自相关系数就会超出 -1~1 范围。自相关系数是相关系数的特例，其绝对值绝对不可以大于 1。第二，幂指数模型的比例系数近似为 1。当人们以时滞的半数 $\tau/2$ 为自变量、以 R/S 值为因变量建立双对数线性关系的时候，模型的截距理当近似为 0。第三，散点与趋势线的匹配。当将幂指数模型

代表的趋势线添加到时滞 τ 与 R/S 值的坐标图中时,点、线匹配效果理当良好,并且双对数坐标图上散点应该呈现直线分布趋势。第四,基于 Hurst 指数的自相关系数与借助最小二乘法估计的自回归系数大体接近,至少正负号相同。如果上述四个方面出现一个以上的问题,那就表明计算程序可能存在某种失误。

第 13 章

Markov 链分析

Markov 链是一种离散时间的随机过程，主要研究事物的状态转移。借助 Markov 链，可以根据事物的一种状态向另外一种状态转化的概率预测未来的状态概率分布。只要是无后效性的时空演化过程，就可以借助 Markov 链开展系统发展预测。Matlab 提供了 Markov 链分析的多种途径。对于简单的 Markov 链，利用 Matlab 的矩阵自乘功能、线性方程求解功能以及特征值和特征向量的计算功能等，能够方便地计算转移概率矩阵（transition probability matrix）及其稳定之后的固定向量。下面借助简单的例子，逐步演示利用 Matlab 计算转移概率和寻求稳定分布结果的具体方法和技巧。

13.1 Markov 链的转移概率矩阵

13.1.1 一个简单的例子

本节以北京市土地利用变化的概率转移过程为例，说明 Markov 预测方法。地理工作者借助遥感图像的解译结果给出了北京市 1985—2000 年共 15 年间 7 类用地的土地转移量（表 13-1-1）。按行加和，然后用每一行元素数值除以各行元素之和，将行元素归一化。这样，得到各行元素的概率分布，整个数据表格也就相当于转移概率矩阵（表 13-1-2）。通过试验不难发现，这是一个正规转移概率矩阵。但是，城市土地的转换是否为随机过程还不能肯定。作为练习，假定它是 Markov 过程，看看计算结果如何。

表 13-1-1 北京市土地利用转移量（1985—2000 年）

	水田	旱地	林地	草地	水域	建设用地	空闲地
水田	0	1243.37	171.92	29.79	0	0	0
旱地	0	0	6 983.97	957.97	0	0	0
林地	0	0	203 845.50	9 812.96	0	0	0
草地	34.00	0	77 259.28	11 323.64	3 851.17	0	4.89
水域	128.47	11 580.83	917.15	0	5 761.70	2 397.61	0

续表

	水田	旱地	林地	草地	水域	建设用地	空闲地
建设用地	2 293.52	79 225.61	9 979.07	3647.11	0	91 339.80	24.36
空闲地	0	141.18	964.94	2.2	0	0	28.67

资料来源：庄大方等（2002）。

说明：建设用地包括城乡、工矿和居住用地；空闲地或称未利用土地。为了表格的简洁，故略写。

表 13-1-2　北京市土地利用转移概率矩阵（1985—2000 年）

	水田	旱地	林地	草地	水域	建设用地	空闲地
水田	0	0.860 416	0.118 969	0.020 615	0	0	0
旱地	0	0	0.879 378	0.120 622	0	0	0
林地	0	0	0.954 072	0.045 928	0	0	0
草地	0.000 368	0	0.835 480	0.122 453	0.041 646	0	0.000 053
水域	0.006 181	0.557 152	0.044 124	0	0.277 195	0.115 349	0
建设用地	0.012 297	0.424 781	0.053 504	0.019 555	0	0.489 733	0.000 131
空闲地	0	0.124 170	0.848 679	0.001 935	0	0	0.025 216

13.1.2　Markov 链的数学表示

为了便于理解后面的有关计算过程，首先给出 Markov 链的数学表达式。将表 13-1-2 中的数值写成转移概率矩阵就是

$$M = \begin{bmatrix} 0 & 0.860\,4 & 0.119\,0 & 0.020\,6 & 0 & 0 & 0 \\ 0 & 0 & 0.879\,4 & 0.120\,6 & 0 & 0 & 0 \\ 0 & 0 & 0.954\,1 & 0.045\,9 & 0 & 0 & 0 \\ 0.000\,4 & 0 & 0.835\,5 & 0.122\,5 & 0.041\,6 & 0 & 0.000\,1 \\ 0.006\,2 & 0.557\,2 & 0.044\,1 & 0 & 0.277\,2 & 0.115\,3 & 0 \\ 0.012\,3 & 0.424\,8 & 0.053\,5 & 0.019\,6 & 0 & 0.489\,7 & 0.000\,1 \\ 0 & 0.124\,2 & 0.848\,7 & 0.001\,9 & 0 & 0 & 0.025\,2 \end{bmatrix}$$

如果经过若干步（如若干个 15 年）转移之后达到稳定状态时的特征向量为 $X = [x_1, x_2, x_3, x_4, x_5, x_6, x_7]$，则可建立如下方程组

$$\begin{cases} [x_1 \ x_2 \ x_3 \ x_4 \ x_5 \ x_6 \ x_7] M = [x_1 \ x_2 \ x_3 \ x_4 \ x_5 \ x_6 \ x_7] \\ x_1 + x_2 + x_3 + x_4 + x_5 + x_6 + x_7 = 1 \end{cases} \quad (13-1-1)$$

式中，x_i 表示转移概率矩阵达到稳定状态之后，每一行向量的元素（$i = 1, 2, \cdots, 7$）。将式（13-1-1）中的第一个方程完全表示为矩阵方程，得到

$$XM = X \tag{13-1-2}$$

其中

$$X = \begin{bmatrix} x_1 & x_2 & x_3 & x_4 & x_5 & x_6 & x_7 \end{bmatrix}$$

表示土地利用的最终分布状态。在上述矩阵方程两边取转置可得

$$M^T X^T = X^T = \lambda X^T \tag{13-1-3}$$

式中，$\lambda = 1$。显然，X^T 是转置后的转移概率矩阵的特征向量之一，相应的特征值 $\lambda = 1$。借助上述关系，可以方便地在 Matlab 中计算转移概率矩阵稳定之后的固定向量。

13.2 Markov 链分析方法

13.2.1 转移概率矩阵的计算

在 Matlab 中试验 Markov 链简单而方便。从表 13-1-2 出发，直接借助矩阵自乘运算即可。不过，考虑到概率数值的敏感性，为了更为准确起见，不妨从表 13-1-1 出发，即先计算转移概率矩阵。关键是利用矩阵列求和函数 sum，常用方法有两种。方法之一：先基于矩阵的转置计算各行向量的数值之和；再将各行之和平移为一个矩阵；最后用原始数据矩阵的各个数值除以各行之和的相应数值，将结果转置即可（图 13-2-1）。方法之二：利用编程语言写一个简单的计算程序（图 13-2-2）。

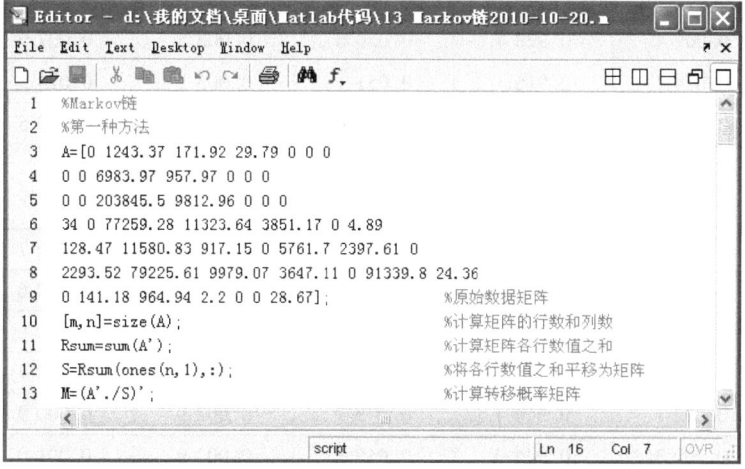

图 13-2-1 转移概率矩阵的第一种计算方法

第 13 章 Markov 链分析

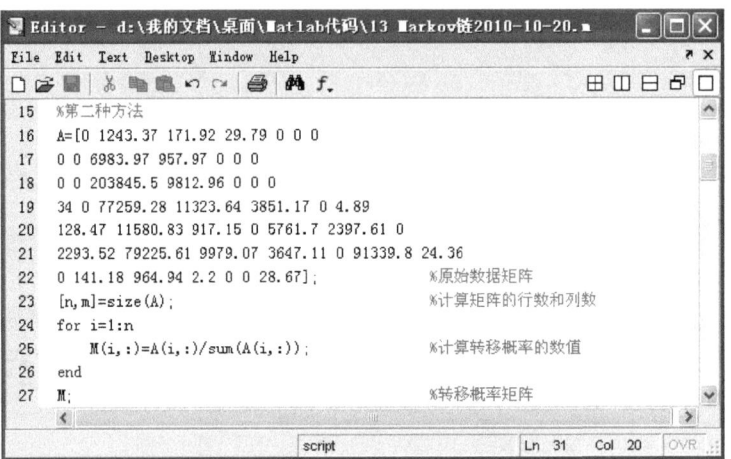

图 13-2-2 转移概率矩阵的第二种计算方法

将上面任何一个文件的内容复制到命令窗口运行，都可以得到转移概率矩阵的数值，结果如上面的 M 矩阵。然后，在命令窗口输入"M^2"，回车，得到一步转移结果；输入"M^3"，回车，得到两步转移结果；输入"M^4"，回车，得到三步转移结果。一般地，输入"M^p"，得到 $p-1$ 步转移的结果。下面分别给出 $p=6$（5步转移）、$p=11$（10步转移）、$p=16$（15步转移）和 $p=21$（20步转移）的计算结果（表 13-2-1 ~ 表 13-2-4）。

表 13-2-1 北京市土地利用 5 步转移概率矩阵（M^6）

0.000 0	0.002 1	0.944 5	0.049 7	0.002 9	0.000 7	0.000 0
0.000 0	0.002 0	0.944 7	0.049 7	0.002 9	0.000 7	0.000 0
0.000 0	0.001 8	0.945 0	0.049 7	0.002 9	0.000 6	0.000 0
0.000 1	0.002 7	0.943 2	0.049 8	0.003 0	0.001 3	0.000 0
0.000 2	0.009 4	0.928 4	0.050 6	0.003 5	0.007 9	0.000 0
0.000 4	0.014 7	0.916 3	0.051 1	0.003 1	0.014 5	0.000 0
0.000 0	0.001 8	0.945 1	0.049 7	0.002 9	0.000 5	0.000 0

表 13-2-2 北京市土地利用 10 步转移概率矩阵（M^{11}）

0.000 0	0.001 9	0.944 8	0.049 7	0.002 9	0.000 7	0.000 0
0.000 0	0.001 9	0.944 8	0.049 7	0.002 9	0.000 6	0.000 0
0.000 0	0.001 9	0.944 8	0.049 7	0.002 9	0.000 6	0.000 0
0.000 0	0.001 9	0.944 8	0.049 7	0.002 9	0.000 7	0.000 0
0.000 0	0.002 1	0.944 4	0.049 7	0.002 9	0.000 9	0.000 0
0.000 1	0.002 3	0.944 0	0.049 8	0.002 9	0.001 0	0.000 0
0.000 0	0.001 9	0.944 8	0.049 7	0.002 9	0.000 6	0.000 0

13.2 Markov 链分析方法 313

表 13-2-3　北京市土地利用 15 步转移概率矩阵（M^{16}）

0.000 0	0.001 9	0.944 8	0.049 7	0.002 9	0.000 6	0.000 0
0.000 0	0.001 9	0.944 8	0.049 7	0.002 9	0.000 6	0.000 0
0.000 0	0.001 9	0.944 8	0.049 7	0.002 9	0.000 6	0.000 0
0.000 0	0.001 9	0.944 8	0.049 7	0.002 9	0.000 6	0.000 0
0.000 0	0.001 9	0.944 8	0.049 7	0.002 9	0.000 7	0.000 0
0.000 0	0.001 9	0.944 8	0.049 7	0.002 9	0.000 7	0.000 0
0.000 0	0.001 9	0.944 8	0.049 7	0.002 9	0.000 6	0.000 0

表 13-2-4　北京市土地利用 20 步转移概率矩阵（M^{21}）

0.000 0	0.001 9	0.944 8	0.049 7	0.002 9	0.000 6	0.000 0
0.000 0	0.001 9	0.944 8	0.049 7	0.002 9	0.000 6	0.000 0
0.000 0	0.001 9	0.944 8	0.049 7	0.002 9	0.000 6	0.000 0
0.000 0	0.001 9	0.944 8	0.049 7	0.002 9	0.000 6	0.000 0
0.000 0	0.001 9	0.944 8	0.049 7	0.002 9	0.000 6	0.000 0
0.000 0	0.001 9	0.944 8	0.049 7	0.002 9	0.000 6	0.000 0
0.000 0	0.001 9	0.944 8	0.049 7	0.002 9	0.000 6	0.000 0

如果数值精确到小数点后 4 位或者 5 位，则经过 18 步转移（$p=19$）之后计算过程收敛到预期精度，概率分布进入稳定状态，达到 7 个行向量完全相同（表 13-2-4）。由于 1 步相当于 15 年，18 步相当于 270 年。也就是说，经过 270 年之后，北京地区的土地利用进入固定状态。固定概率向量为 $X^{*}=[0.000\ 0,\ 0.001\ 9,\ 0.944\ 8,\ 0.049\ 7,\ 0.002\ 9,\ 0.000\ 6,\ 0.000\ 0]$。

但是，这个稳定分布是相对于精度要求而言的。如果我们显示小数点后 6 位数据，就会发现概率转移并未完全收敛。此时需要取 $p=20$，即转移概率矩阵自乘 19 次，才会得到收敛结果。如果精确到小数点后 7 位，则需要自乘 23 次，即 $p=24$。在一定精度要求下，每改变一次转移概率矩阵的幂次，就得到一个新的转移概率矩阵，该矩阵代表经过若干次概率转移之后的系统状态。通过改变转移次数，可以看到 Markov 链的完整演化过程。

当继续增大概率转移次数的时候，转移概率矩阵不再发生变化，就可以认为在一定精度上转移过程收敛于固定状态。此时，任何一个行向量都是一样的。任意提取一个行向量，都可以得到固定向量，该向量反映的是系统最终的、稳定的分布状态。

13.2.2　自动计算

上述逐步手动操作过程虽然不难，但有些繁琐。可以利用 Matlab 的程序语言编写自动计算程序。如果希望一步一步地计算，即顺次给出 M^1，M^2，M^3，…，M^p，…（$p=1, 2, …$）的结果，直到转移概率矩阵在一定精度下收敛，则可采用图 13-2-3 所示的逐步计算程序。运行这个程序可以给出一个连续的迭代过程。如果不希望看到每一步的结果,而是希望看到大体的过程和最后的稳定分布,则不妨采用图 13-2-4 所示的倍速计算程序。倍速计算程序给出的序列依次是 M^1,M^2,M^4,$\cdots$,M^{2p},$\cdots$,转移概率矩阵收敛很快。如果连大致的过程也不想看到,只需要最终结果,则可以在"M=M*M"末尾添加分号,在最后一个"end"的后面补充一个"M"即可。

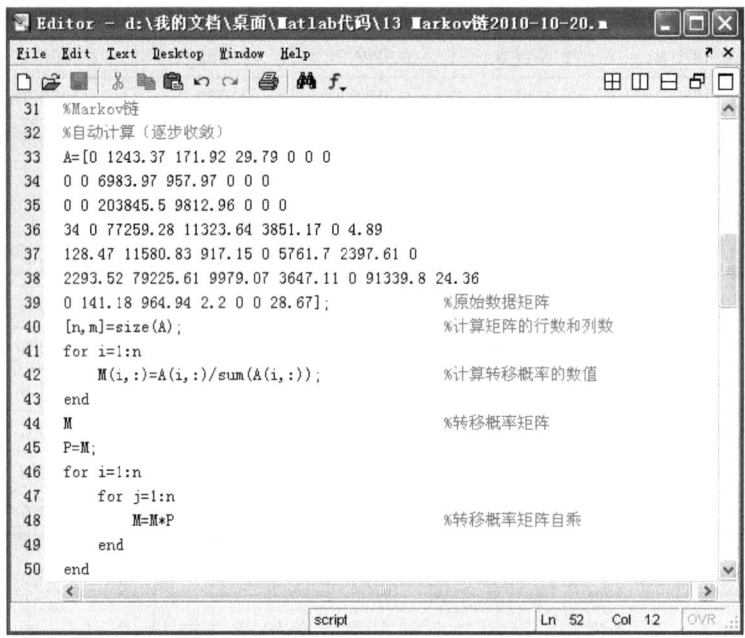

图 13-2-3　转移概率矩阵逐步收敛的计算程序

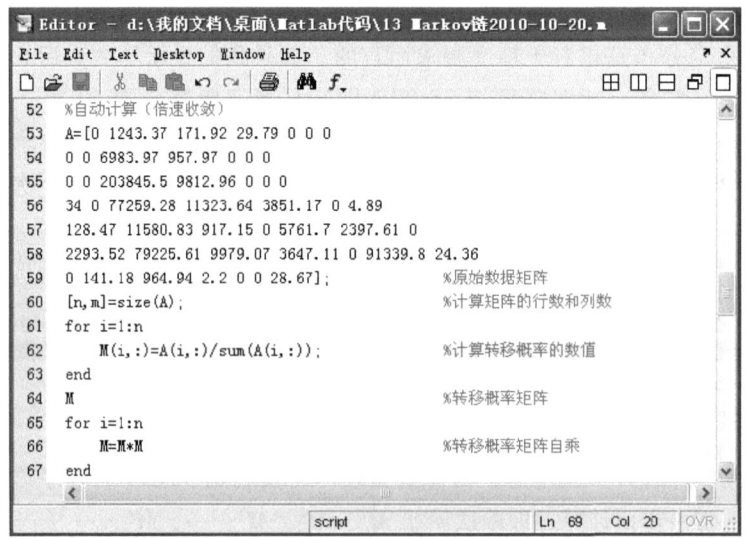

图 13-2-4　转移概率矩阵倍速收敛的计算程序

13.2.3 历次转移后的稳定分布

假定最开始的时候,各个城市用地是均匀分布的,即其中土地的比例各占 1/7。若想要知道经过 N 次概率转移之后各种土地类型的百分比,则可以按照如下方法计算:

第一步,录入数据,并计算转移概率矩阵。

第二步,设定初始概率向量。在均匀分布的假设条件下,在 Matlab 中插入均值并且录入数据,得到

$$O = \begin{bmatrix} \dfrac{1}{7} & \dfrac{1}{7} & \dfrac{1}{7} & \dfrac{1}{7} & \dfrac{1}{7} & \dfrac{1}{7} & \dfrac{1}{7} \end{bmatrix}$$

第三步,拟定转移次数和精度要求。用 q 表示概率转移次数,精度取小数点后 4 位。在 Matlab 的命令窗口中输入"O*M^q =",回车,得到转移 q 次后的概率分布。下面是部分具体结果

$$O*M^5 = [0.0002 \quad 0.0081 \quad 0.9311 \quad 0.0504 \quad 0.0033 \quad 0.0069 \quad 0.0000]$$
$$O*M^{10} = [0.0000 \quad 0.0021 \quad 0.9444 \quad 0.0497 \quad 0.0029 \quad 0.0008 \quad 0.0000]$$
$$O*M^{15} = [0.0000 \quad 0.0019 \quad 0.9448 \quad 0.0497 \quad 0.0029 \quad 0.0007 \quad 0.0000]$$
$$O*M^{20} = [0.0000 \quad 0.0019 \quad 0.9448 \quad 0.0497 \quad 0.0029 \quad 0.0006 \quad 0.0000]$$

如果要求精确到小数点后 4 位或 5 位,则取 O*M^{17} 即可满足要求。这意味着,当精度要求为小数点后 4 位或 5 位的时候,概率转移 17 次收敛,固定概率分布为 $X^* = [0.0000, 0.0019, 0.9448, 0.0497, 0.0029, 0.0006, 0.0000]$。

在 Matlab 中,接着图 13-2-1 或图 13-2-2 所示的程序运行结果,在命令窗口输入语句

```
O=[1/7,1/7,1/7,1/7,1/7,1/7,1/7];
P=O*M^17
```

回车,即可得到稳定分布的概率向量。

改变初始概率分布,在同样精度的情况下,收敛的速度有所不同。取初始向量为绝对集中分布

$$O = [1 \quad 0 \quad 0 \quad 0 \quad 0 \quad 0 \quad 0]$$

则在精确到小数点后 4 位或 5 位的条件下,概率转移 12 次($q=12$),Markov 链收敛。在没有给定初始概率分布的情况下,系统默认的初始概率分布为均匀分布。在给定初始概率分布的情况下,可以根据初始概率分布计算各步转移结果。不论怎样,最终的稳定概率分布是一样的,只是收敛速度有所不同而已。

有时候，人们并不关心 Markov 链的每一步概率转移情况，仅需要知道最后的稳定概率分布。换言之，只要求解出固定向量就行了。有多种途径达到这个目的，将前面的 p 值或者 q 值改为较大的数值（如取 p=100 或者 q=100），一般可以立即得到固定概率向量。不过，为了更好地理解 Markov 链及其相关的理论知识，下节还是给出另外两种固定向量的计算方法。

13.3 固定向量的计算方法

13.3.1 基于特征值和特征向量计算

如果将转移概率矩阵转置为 M^T，则固定概率向量（行向量）X^* 的转置结果（列向量）X^{*T} 就是 M^T 的一个特征向量，对应的特征值为 $\lambda=1$。因此，只要求出特征值 1 对应的特征向量，就可以找到固定向量。在 Matlab 中，计算特征值和特征向量的函数为 eig。在图 13-2-1 或图 13-2-2 所示的程序运行结果之后，输入语句"[U,V]=eig(M')"，回车，得到特征向量矩阵 U 和特征值矩阵 V。从 V 的对角线元素可以看出，第一个特征值就是 1。因此，输入语句"P=U(:,1)/sum(U(:,1))"，将第一个特征向量归一化，得到固定向量值。图 13-3-1 给出了完整的计算过程之一。

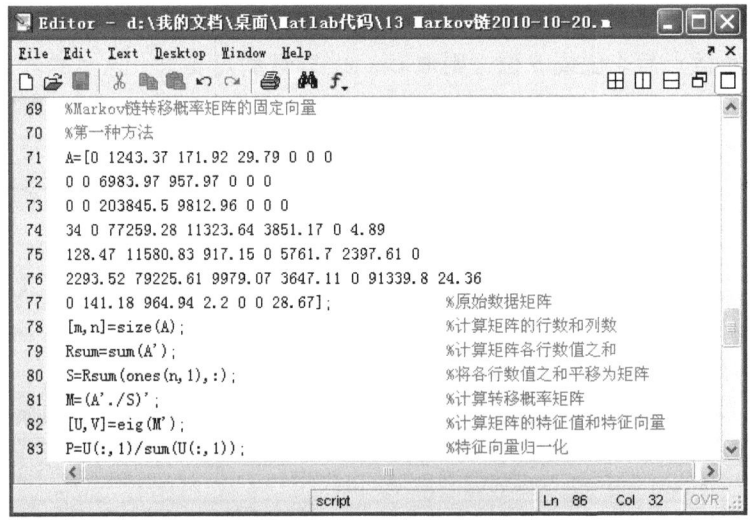

图 13-3-1 利用特征向量函数计算固定向量的完整过程之一

其实，在 Matlab 中有更为便捷的计算标准化特征向量的办法。首先，利用 eigs 计算指定特征值 $\lambda=1$ 对应的特征向量，语句是"[U,V]=eigs(M',1)"。其中，U 给出了特征向量。然后将结果归一化，语句是"P=U/sum(U)"。计算结果显示为

$P^T = [0.0000 \quad 0.0019 \quad 0.9448 \quad 0.0497 \quad 0.0029 \quad 0.0006 \quad 0.0000]$

由于事先没有归一化条件限制，直接计算的特征向量不满足概率分布向量的要求。但是，对特征向量的计算结果归一化，也就得到了我们需要的固定向量了。一个完整的计算过程如图13-3-2所示。

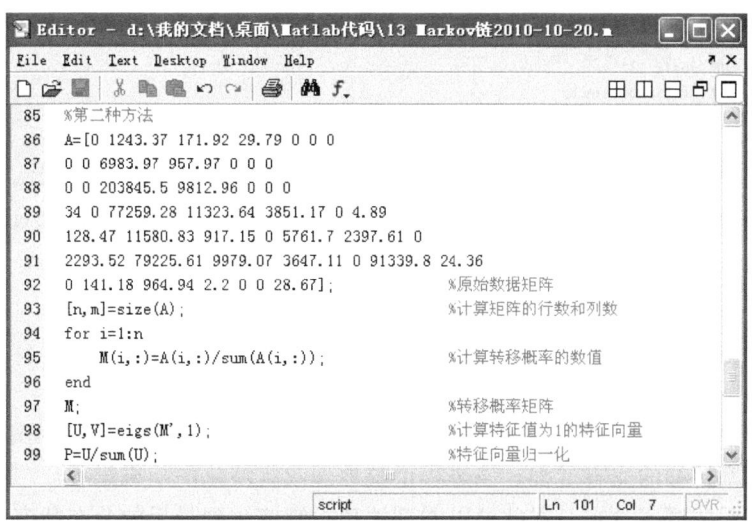

图13-3-2 利用特征向量函数计算固定向量的完整过程之二

13.3.2 基于线性方程求解计算

固定向量与转移概率矩阵的乘积还是固定向量，即 $X^* M = X^*$。展开之后，实际上是一个线性方程组，这个方程组的解满足一个约束条件，那就是归一化。在 Matlab 中求解这类问题，首先需要将式（13-1-1）中的归一化条件和矩阵方程 $XM=X$ 合并为一个方程组。这个过程需要用到向量长度函数 length、数组行列数函数 size、0 数组生成函数 zeros 和 1 数组生成函数 ones。通过数组重组，形成一个矩阵 A 和向量 b。然后，调用线性方程组求解函数 linsolve。该函数的基本语法是

$$X = \text{linsolve}(A, b)$$

也可以借助最小二乘法求解，表达式为

$$X = (A^T A)^{-1} A^T b$$

全部计算过程如图13-3-3所示，图中最后两个语句保留一个即可。

图 13-3-3　利用线性方程求解方法或者最小二乘法计算固定向量的完整过程

13.4　小结

对于常规的 Markov 链分析，计算过程主要包括三个方面：一是转移概率矩阵的各个环节，由此可以看到概率转移的完整过程。该过程反映地理系统演化的随机过程。二是固定向量，即转化过程稳定之后的概率分布，据此可以看到地理系统演化到最后的分布状态。这种状态通常就是研究者所需要预测的一种结果。三是给定初始概率分布向量之后，计算每一次概率转移后的概率分布向量。这种计算结果可以向研究者展示每一次概率转移的系统要素分布状态。

在 Matlab 中可以相当简便地完成上述计算过程。利用矩阵乘法，可以计算基于给定初始概率分布的每一次概率转移后的分布状态；利用矩阵自乘功能，可以计算任意初始状态分布的概率转移状况。经过多次矩阵乘法或自乘之后，就可以求得概率分布稳定之后的固定向量。有时候，人们仅需要预测稳定概率分布，即计算固定向量，并不关心概率转移过程。在这种情况下，可以通过至少另外两种方法计算固定向量。最简单的方法是计算转移概率矩阵的转置矩阵的特征值为 1 的特征向量，然后将其归一化；相对复杂一点的方法是借助基于特征值和特征向量的矩阵方程，求解满足归一化条件的线性方程组。

第 14 章

线性规划

线性规划是一种在给定约束条件下寻求最大收益或者最小代价的系统优化方法。这种优化技术在实践中非常有用。借助 Matlab 的线性规划函数寻找约束条件下的目标函数最优解，可为求解具有现实意义的线性规划模型提供极大的方便。要想熟练运用 Matlab 的线性规划函数，必须熟悉该函数的语法结构以及各个参数的具体含义。下面首先介绍线性规划函数及其语法，然后利用实例说明在 Matlab 中解决规划模型问题的具体方法。案例涉及工业问题、农业问题、建筑业问题和运输业问题等。规划类型主要是普通线性规划，涉及一些整数规划、0-1 规划、对偶问题以及非线性规划概念。这些例子都非常简单，大多不过两三个变量。只要读者能够举一反三，就可以将其推广到多变量的情形。

14.1 线性规划程序

14.1.1 线性规划函数及其输入选项

Matlab 的线性规划函数为 linprog，它是 linear programming（线性规划）的缩写形式。基本的语法结构为

$$X = \text{linprog}(f, A, b)$$

在输入项中，f 为目标函数的系数向量；A 为约束方程的系数矩阵；b 为约束方程的约束向量。输出项 X 给出规划结果。这种语法结构主要解决如下形式的规划问题

$$\min \quad f^T * x$$
$$\text{s.t.} \quad A * x \leq b$$

式中，min 表示求最小；s.t. 为 subject to 的缩写，表示"约束于"或者"以……为条件"。这个模型的含义是"在 $A*x \leq b$ 的约束条件下寻找满足 f^T*x 最小的解"。

线性规划的约束条件通常是不等式，但有时也以等式的形式给出。在交通运输规划中，约

束方程多为等式。如果线性规划模型中包括不等式和等式两种形式的约束方程，则语法结构为

$$X=\text{linprog}(f,A,b,Aeq,beq)$$

其中，A 为不等式约束条件的系数矩阵；b 为不等式的约束向量；Aeq 为等式约束条件的系数；beq 为等式约束向量。如果只有等式而没有不等式，则不等式的位置以中括号的形式替代表示缺失，即 "X=linprog(f,[],[],Aeq,beq)"。

一般情况下，线性规划模型的变量大于等于 0，但没有明确的上限。不过，在实际应用中，有时需要为变量规定一个明确的上限（upper bound，UB）或者下限（lower bound，LB）。例如，在农业规划中，可能规定水稻田不得少于多少亩，或者棉花田不得多于多少亩。为此，需要在模型中添加下限，或者上限。于是语法结构变为

$$X=\text{linprog}(f,A,b,Aeq,beq,LB,UB)$$

这意味着，模型的解的数值变化于 LB 到 UB 之间，即 LB ≤ X ≤ UB。如果 x_i 没有下限，则令 LB(i) = -Inf；如果 x_i 没有上限，则令 UB(i) = Inf。不妨举一个例子。假定目标函数包括两个变量 x_1 和 x_2，则其可以表示为

$$\min \quad f_{\text{val}} = f_1 x_1 + f_2 x_2 \tag{14-1-1}$$

式中，f_1 和 f_2 分别表示目标函数的系数；f_{val} 为输出的最优结果（以最小值表示）。进一步地，假定约束条件包含两个不等式和两个等式，则可以表示为

$$\begin{aligned}
\text{s. t.} \quad & a_{11}x_1 + a_{12}x_2 \leq b_1 \\
& a_{21}x_1 + a_{22}x_2 \leq b_2 \\
& a_{31}x_1 + a_{32}x_2 = b_3 \\
& a_{41}x_1 + a_{42}x_2 = b_4 \\
& x_1, \ x_2 \geq 0 \\
& x_1 \leq c_1 \\
& x_2 \leq c_2
\end{aligned} \tag{14-1-2}$$

式中，a、b、c 都是参数值，代表某种约束性的系数或者限制量。于是，目标函数与约束条件中的变量和参数的向量或者矩阵可以表示为

$$\boldsymbol{f} = \begin{bmatrix} f_1 \\ f_2 \end{bmatrix}, \ \boldsymbol{X} = \begin{bmatrix} x_1 \\ x_2 \end{bmatrix}, \ \boldsymbol{A} = \begin{bmatrix} a_{11} & a_{12} \\ a_{21} & a_{22} \end{bmatrix}, \ \boldsymbol{b} = \begin{bmatrix} b_1 \\ b_2 \end{bmatrix}$$

$$\boldsymbol{Aeq} = \begin{bmatrix} a_{31} & a_{32} \\ a_{41} & a_{42} \end{bmatrix}, \ \boldsymbol{beq} = \begin{bmatrix} b_3 \\ b_4 \end{bmatrix}, \ \boldsymbol{LB} = \begin{bmatrix} 0 \\ 0 \end{bmatrix}, \ \boldsymbol{UB} = \begin{bmatrix} c_1 \\ c_2 \end{bmatrix}$$

线性规划求解有不同的算法,包括内点法(interior point algorithm)、活集法(active-set algorithm)等。如果采用活集法,则需要添加一个迭代运算的起点向量,即初始值向量 X0,于是语法结构变为

$$X=\text{linprog}(f,A,b,Aeq,beq,LB,UB,X0)$$

如果采用内点法,则起点向量缺省。此外,还可以在线性规划函数中添加一些选项,于是语法表达为

$$X=\text{linprog}(f,A,b,Aeq,beq,LB,UB,X0,\text{Options})$$

其中,Options 表示选项。可以利用优化选项设置函数 Optimset 来定义不同的选项。这里的选项包括 LargeScale、Display、Diagnostics、MaxIte、TolFun 和 Simplex 等,它们与算法尺度选择有关,因此首先需要利用 LargeScale 设置算法的尺度类型。如果 LargeScale 参数设为 'on',表示采用大尺度算法(large-scale algorithm);如果设为 'off',表示采用中尺度算法(medium-scale algorithm)。如果采用大尺度算法的选项,则应该将 LargeScale 设为 'on';如果采用中尺度算法,则应该将 LargeScale 设为 'off'。

对大、中尺度算法都适用的选项有三个:
- Diagnostics——给出关于函数最小化的诊断信息。
- Display——确定展示水平。'off' 表示没有展示输出结果;'iter' 表示展示每一步迭代的结果;'final'(或者缺省)表示仅仅展示最终结果。只有采用大尺度算法的时候,'iter' 水平才是有效的。
- MaxIter——确定容许的最大迭代次数。

仅适用于中尺度算法的选项有一个:
- Simplex——参数设为 'on',线性规划采用单纯形算法(simplex algorithm)。单纯形法采用内置的迭代起点,如果在输入项中提供初始值向量 **X0**,则其将被忽略。

仅适用于小尺度算法的选项也有一个:
- TolFun——关于函数值的最终容许度(termination tolerance)。

14.1.2 线性规划函数的输出选项

如果希望规划求解的输出项中不仅给出规划结果,同时给出目标值 fval,则语法结构可以改为

$$[X,fval]=\text{linprog}(f,A,b)$$

其中,fval=$f' * X$ 表示基于最优解的目标值(最小值,如最低成本)。还可以在输出项中要求给出退出标记 exitflag,于是语法结构表示为

$$[\text{X,fval,exitflag}]=\text{linprog}(\text{f,A,b})$$

这样，exitflag 将按照规定的数值描述线性规划的退出条件。退出标识包括如下 7 种类型：

- 1——表示结果收敛到最优解 X（求解目标达到）。
- 0——表示迭代达到最大极限（例如，如果规定最大迭代次数为 200 次，则迭代 200 轮计算终止，但最优解未必找到）。
- −2——表示没有找到可行解。
- −3——表示问题无约束（最优解不止一个）。
- −4——表示在执行算法的过程中遇到不明确的数值结果（Not a Number，NaN）。
- −5——表示初始问题与对偶问题不可行。
- −7——表示搜索方向太小，不可能进一步运算。

在输出项中给定 Output，即采用语法结构"[X,fval,exitflag,Output]=linprog(f,A,b)"，可以规定一些输出结果，包括 4 种类型：

- Output. iterations——迭代输出。
- Output. algorithm——算法类型输出。
- Output. cgiterations——共轭梯度迭代（conjugate gradient iterations）数目输出（如果用到的话）。
- Output. message——退出信息输出。

还可以用 Lambda 在输出项中指定拉格朗日乘数（Lagrangian multipliers），从而语法结构为

$$[\text{X,fval,exitflag,Output,Lambda}]=\text{linprog}(\text{f,A,b})$$

拉格朗日乘数包括如下类型：Lambda. ineqlin，给出线性不等式 A 的拉氏乘数；Lambda. eqlin，给出线性等式 Aeq 的拉氏乘数；Lambda. lower 给出下限 LB 的拉氏乘数；Lambda. upper，给出上限 UB 的拉氏乘数。

综上所述，包括全部输入、输出参数的完整的线性规划语法结构为

$$[\text{X,fval,exitflag,Output,Lambda}]=\text{linprog}(\text{f,A,b,Aeq,beq,LB,UB,X0,Options})$$

下面以几个典型的例子说明借助 Matlab 进行规划求解的具体步骤。

14.2 普通规划求解实例

14.2.1 实例1——工业问题

某工厂生产 A、B 两种产品。每生产一吨产品所需要的劳动力和煤、电消耗以及创造的收益如表 14-2-1 所示。现因某种条件限制，该厂仅有劳动力 300 个，煤 360 t，供电局只供给 200 kW 的电。试问：该厂生产 A 产品和 B 产品各多少吨，才能保证创造最大的经济产值？最大产出是多少？劳动力、煤、电的影子价格（shadow price）又是多少？根据机会成本，假定这家工厂只能生成 A、B 的产品之一，则应该优先选择哪种产品？

表 14-2-1 某工厂的生产情况

产品品种	劳动力/个 （按工作日计算）	煤/t	电/kW	单位产值/万元
A(x_1)	3	9	4	7
B(x_2)	10	4	5	12
限量	300	360	200	f

问题来源：左忠恕（1980）。

这是一个最大收益问题，建模思路如下。设该厂生产 A 产品 x_1 t，生产 B 产品 x_2 t。于是根据表 14-2-1 中提供的数据资料可以建立如下规划模型。目标函数为

$$\max \quad f = 7x_1 + 12x_2 \tag{14-2-1}$$

约束条件为

$$\text{s. t.} \quad \begin{aligned} 3x_1 + 10x_2 &\leqslant 300 \\ 9x_1 + 4x_2 &\leqslant 360 \\ 4x_1 + 5x_2 &\leqslant 200 \\ x_1, x_2 &\geqslant 0 \end{aligned} \tag{14-2-2}$$

根据式（14-2-1）和式（14-2-2），可得如下矩阵

$$\boldsymbol{c} = \begin{bmatrix} 7 \\ 12 \end{bmatrix}, \quad \boldsymbol{x} = \begin{bmatrix} x_1 \\ x_2 \end{bmatrix}, \quad \boldsymbol{A} = \begin{bmatrix} 3 & 10 \\ 9 & 4 \\ 4 & 5 \end{bmatrix}, \quad \boldsymbol{b} = \begin{bmatrix} 300 \\ 360 \\ 200 \end{bmatrix}$$

容易看到，上述模型可以表为如下矩阵形式。目标函数为

$$\max \quad f(x) = \boldsymbol{c}^{\mathrm{T}}\boldsymbol{x} = \begin{bmatrix} 7 & 12 \end{bmatrix} \begin{bmatrix} x_1 \\ x_2 \end{bmatrix} \qquad (14\text{-}2\text{-}3)$$

约束条件为

$$\text{s. t.} \begin{cases} \boldsymbol{Ax} = \begin{bmatrix} 3 & 10 \\ 9 & 4 \\ 4 & 5 \end{bmatrix} \leqslant \boldsymbol{b} = \begin{bmatrix} 300 \\ 360 \\ 200 \end{bmatrix} \\ \boldsymbol{x} = \begin{bmatrix} x_1 \\ x_2 \end{bmatrix} \geqslant 0 \end{cases} \qquad (14\text{-}2\text{-}4)$$

借助线性规划函数 linprog，可以采取两种方式求解：第一种方式不输出目标函数计算结果，另外定义一个语句"fmax=-f*X"（图 14-2-1）；第二种方式是输出目标函数计算值 fval，然后定义一个语句"fmax=-fval"，将其转换为正值（图 14-2-2）。这两种计算方法的程序长度没有差别。需要注意两个问题：其一，Matlab 的线性规划函数是基于目标最小化建设的，因此在求解目标最大的问题时，目标函数的系数向量 f 统统表示为负数；其二，这个问题

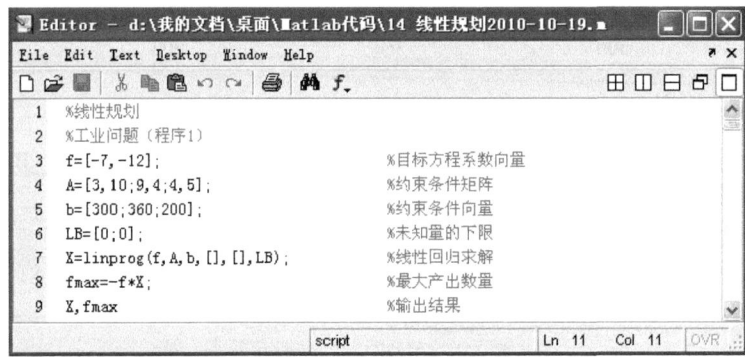

图 14-2-1 工业问题的求解方法之一

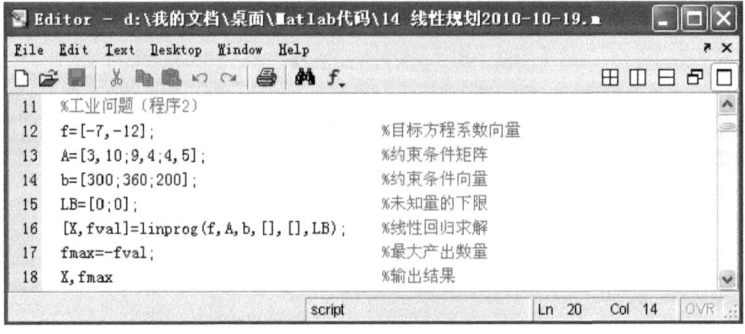

图 14-2-2 工业问题的求解方法之二

只有两个未知量,但除变量底限之外,却有三个约束条件(三种资源条件的限制),因此矩阵 **A** 和 **b** 都包括三行元素。在这种情况下,Matlab 不能识别 **A** 与 **Aeq** 的区别以及 **b** 与 **beq** 的区别。因此,在调用线性规划函数 linprog 时,代表等式方程系数的位置必须以缺省的形式"[ ]"表示出来;否则,Matlab 将拒绝求解。

根据计算结果可知,对于这家工厂而言,应该生产 x_1 = 20 t 产品 A,x_2 = 24 t 产品 B。这样,该厂可以得到 f_{max} = 7×20+12×24 = 428 万元的收入(毛收入)。

在此基础上,可以开展进一步的规划分析。假定其他条件不变,增加一个单位的劳动力——将图 14-2-1 所示的向量 **b** 中的 300 改为 301,最大收入立即变为 428.52 万元。由此可知,每增加 1 个劳动力可以多得 0.52 万元的收入;相反,在其他条件不变的情况下,减少一个单位的劳动力——将向量 **b** 中的 300 改为 299,则最大收入变为 427.48,这意味着每减少 1 个劳动力将会减少 0.52 万元的收入。据此可以判断,一个劳动力的影子价格在当时为 0.52 万元,即 5 200 元。

假定其他条件不变,增加或者减少一个单位的煤——将向量 **b** 中的 360 改为 361 或者 359。可以看到,总收入没有任何改变,即增减 1 t 煤可以增加或者减少的收入为 0 万元。原因在于,对于这家工厂而言,煤的利用没有达到极限。

假定其他条件不变,增加或者减少一个单位即 1 kW 的电——将向量 **b** 中的 200 改为 201 或者 199。可以看到,总收入将会增加或者减少 1.36 万元。

为了计算两种产品的机会成本,需要在上面的计算程序中加入代表产品上限的语句。首先,考虑只生产 A 产品,不生产 B 产品,于是上限约束条件为"UB=[inf;0]",相应的规划函数表达式中加入 UB 选项(图 14-2-3)。运行修改后的程序可知,如果不生产 B 产品,则 A

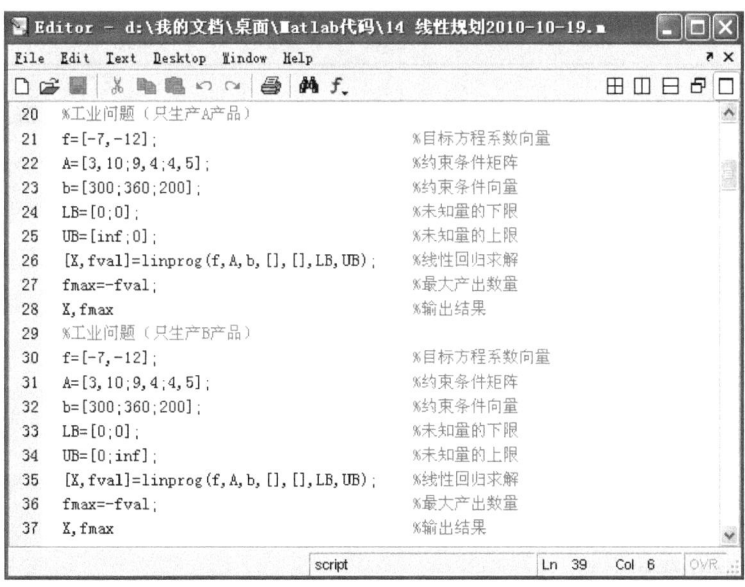

图 14-2-3 生产单一产品的工业问题求解方法

产品的产量为 40 t，总收益为 280 万元，较之于同时生产 A、B 产品的最优化情况减少了 148 万元，这是生产 A 产品的机会成本。然后，设想只生产 B 产品，不生产 A 产品，上限约束条件改为 "UB=[0;inf]"。运行结果表明，如果不生产 A 产品，则 B 产品的产量为 30 t，总收益为 360 万元，较之于同时生产 A、B 产品的最优化情况减少了 68 万元，这是生产 B 产品的机会成本。相对而言，生产 A 产品的机会成本大于生产 B 产品的机会成本。因此，在只能选择一种产品生产的情况下，该工厂应该考虑生产 B 产品。不过，这是一种非常粗略的计算，没有考虑单纯生产某种产品的资源耗费量。本章主要是演示利用 Matlab 进行规划求解的方法和技巧，有关经济学问题留待读者自己思考、计算和解答。

14.2.2 实例 2——农业问题

某农场有 100 亩土地，准备种植甲、乙两种作物。单位土地种植不同的作物需要消耗的劳动力、资金和经济收益情况如下表 14-2-2 所示。假定该农场只能提供 200 个劳动日和 9 000 元生产资金，种植甲作物每亩可得 450 元的纯收益，而种植乙作物可得 500 元的纯收益。试问：应该如何在这 100 亩土地上配置两种作物才能使得纯收益达到最大？最大收益是多少？

表 14-2-2 某农场的生产情况

产品种类	土地/亩	劳动力（按工作日计算）/(个/亩)	资金/(元/亩)	纯收益/(元/亩)
甲	x_1	1	100	450
乙	x_2	3	80	500
限量	100	200	9 000 元	f

这依然是一个最大收益问题。设该农场种植甲作物 x_1 亩，种植乙作物 x_2 亩。根据表 14-2-2 中提供的数据信息可以建立如下模型。目标函数为

$$\max \quad f = 450x_1 + 500x_2 \tag{14-2-5}$$

约束条件为

$$\text{s.t.} \quad \begin{aligned} & x_1 + x_2 \leqslant 100 \\ & x_1 + 3x_2 \leqslant 200 \\ & 100x_1 + 80x_2 \leqslant 9000 \\ & x_1, \ x_2 \geqslant 0 \end{aligned} \tag{14-2-6}$$

模型中的参数可用矩阵表示为

$$c = \begin{bmatrix} 450 \\ 500 \end{bmatrix}, \quad x = \begin{bmatrix} x_1 \\ x_2 \end{bmatrix}, \quad A = \begin{bmatrix} 1 & 1 \\ 1 & 3 \\ 100 & 80 \end{bmatrix}, \quad b = \begin{bmatrix} 100 \\ 200 \\ 9\,000 \end{bmatrix}$$

同样，上述模型表为矩阵形式如下。目标函数为

$$\max \quad f(x) = c^{\mathrm{T}} x = \begin{bmatrix} 450 & 500 \end{bmatrix} \begin{bmatrix} x_1 \\ x_2 \end{bmatrix} \tag{14-2-7}$$

约束条件为

$$\text{s.t.} \begin{cases} Ax = \begin{bmatrix} 1 & 1 \\ 1 & 3 \\ 100 & 80 \end{bmatrix} \leqslant b = \begin{bmatrix} 100 \\ 200 \\ 9\,000 \end{bmatrix} \\ x = \begin{bmatrix} x_1 \\ x_2 \end{bmatrix} \geqslant 0 \end{cases} \tag{14-2-8}$$

在 Matlab 中，实现上述规划求解的方法与实例 1 大同小异。这个问题也是两个未知量，三种经济条件限制，不妨采用图 14-2-1 所示的计算程序，将模型参数修改过来即可（图 14-2-4）。结果表明，种植甲、乙两种作物各 50 亩可以使得收益最大，最大收益为 47 500 元。

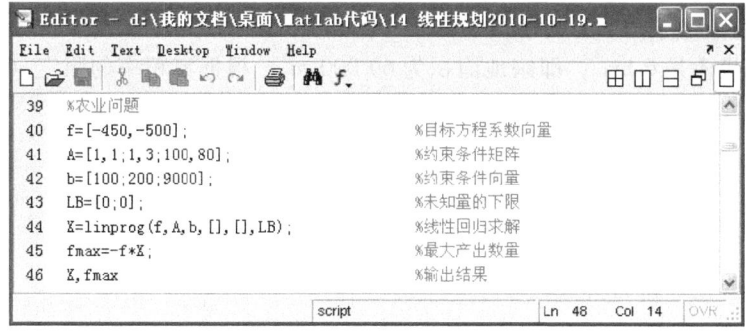

图 14-2-4　农业问题的求解方法一例

14.2.3　实例 3——建筑业问题

假定一个城市的某区要建设一批家庭住宅楼，楼层设想为 6 层和 9 层两类。现有可用土地 6 hm²，建设资金至多能够投入 3.6 亿元，容积率限定为 1.15。经过估算，土地购置费和管理销售等费用大约需要 2.35 亿元，即至多有 1.25 亿元的资金用于楼房建设。并且设想，9 层楼房的房间更为宽绰。预算表明，6 层楼房的平均单方造价是 1 650 元/m²，9 层楼房的平均单方

造价是 1 950 元/m²；6 层楼房的平均单方售价是 7 000 元/m²，9 层楼房的平均单方售价是 7 500元/m²。以上全部按照建筑面积计算，各种数据及其关系列表于表 14-2-3 中。在这种情况下，请问开发商应该分别拿出多少土地用于建筑 6 层和 9 层楼房，才能获得最高收益？最终毛收益和利润各是多少？

表 14-2-3 某小区住宅楼房建设情况预算简表

楼房类型	地面建筑面积/m²	总面积限制	单方造价与投入/(元/m²)	单方售价与收益/(元/m²)
6 层	x_1	$6x_1$/60 000	1 650	7 000
9 层	x_2	$9x_2$/60 000	1 950	7 500
总量约束	x_1+x_2	1.15	125 000 000	f

这是一个非常简单的建筑业线性规划问题。首先，假设用 $x_1\text{m}^2$ 的土地建设 6 层住宅，用 $x_2\text{m}^2$ 的土地建设 9 层住宅，则可以根据单方售价预算确定如下收益函数

$$f = 7\,000 * 6x_1 + 7\,500 * 9x_2 \tag{14-2-9}$$

目标是收益最大化。实现这个目标的约束条件有两个：一是资金；二是容积率。总的资金投入预算是 1.25 亿元，这是最高限额，不论楼房怎么建设，所用资金不能超过这个数目。因此，根据单方造价，应有如下不等式

$$1\,650 * 6x_1 + 1\,950 * 9x_2 \leqslant 125\,000\,000 \tag{14-2-10}$$

另外，总的土地投入是 6 hm²，即宗地面积为 60 000 m²。根据容积率的限定（容积率=建筑面积/宗地面积=建筑基底面积*层数/宗地面积），应该有如下不等式

$$\frac{6x_1+9x_2}{60\,000} \leqslant 1.15 \text{ 或 } 6x_1+9x_2 \leqslant 1.15 * 60\,000 = 69\,000 \tag{14-2-11}$$

最后，土地的投入量不得为负数，即

$$x_j \geqslant 0 \tag{14-2-12}$$

整理上面的四个式子，得到如下线性规划模型

$$\max \quad f = 42\,000x_1 + 67\,500x_2$$
$$\text{s. t.} \begin{cases} 9\,900x_1 + 17\,550x_2 \leqslant 125\,000\,000 \\ 6x_1 + 9x_2 \leqslant 69\,000 \\ x_1, x_2 \geqslant 0 \end{cases} \tag{14-2-13}$$

在 Matlab 中，实现上述规划求解的步骤与前面两个例子大体相似（图 14-2-5）。不过，本例中的目标函数和约束条件的表达更为复杂一些。将表达式简化之后再到 Matlab 中运算就方便多了。结果表明，6 层楼房和 9 层楼房两种类型的房屋基底面积分别为 5 305.556 m^2 和 4 129.630 m^2，这样可以使得收益最大，最大毛收益为 501 583 333.333 元。在不考虑购买土地等相关投入的情况下，最后的毛收益约为 5.016 亿元，纯收入约为 5.016 – 3.6 = 1.416 亿元。顺便说明，为了看到计算结果的更多小数位，可以在命令窗口输入"format long"，回车，然后再运行程序。如果不需要显示太多的小数，再输入"format short"，回车即可。

图 14-2-5 建筑业问题的求解方法二例

14.2.4 实例 4——运输业问题

已知某个企业在一个城市中有两个发货地点，它们之间有一定的距离。这两个发货地点分别给三个客户定期、定量送货。发货地点之一（用 O_1 表示）的每周供货能力是 70 单位；发货地点之二（用 O_2 表示）的每周供货能力是 50 单位。三个客户所在地即收货地点单位时间内对货物的需求状况是：客户之一（用 D_1 表示）对货物的每周需求 40 单位；客户之二（用 D_2 表示）对货物的每周需求 30 单位；客户之三（用 D_3 表示）对货物的每周需求 50 单位。由于两个货源地（发货地点）和三个目的地（客户所在地）的空间距离以及它们之间的交通状况不同，单位货物的运价如表 14-2-4 所示。现在的问题是，如何在这两个发货地与三个目的地之间调配运送，才能使得总运费最少？

表 14-2-4　不同货源地与目的地之间的单位货物运价　　　　（单位：元）

	D_1	D_2	D_3
O_1	60	75	80
O_2	70	120	150

这个问题属于供需平衡类型的交通运输线性规划问题。首先，假设从第 i 个发货地到第 j 个需求地的送货量为 $x_{ij}(i=1,2;j=1,2,3)$，于是根据前面的情况介绍，供需平衡可表示为表 14-2-5。根据表 14-2-4 和表 14-2-5，容易建立调运问题的线性规划模型。目标函数表示为

$$\min \quad S = 60x_{11} + 75x_{12} + 80x_{13} + 70x_{21} + 120x_{22} + 150x_{23} \tag{14-2-14}$$

约束条件为

$$\begin{aligned}
\text{s. t.} \quad & x_{11} + x_{12} + x_{13} = 70 \\
& x_{21} + x_{22} + x_{23} = 50 \\
& x_{11} + x_{21} = 40 \\
& x_{12} + x_{22} = 30 \\
& x_{13} + x_{23} = 50 \\
& x_{ij} \geqslant 0
\end{aligned} \tag{14-2-15}$$

表 14-2-5　不同货源地与目的地之间的货物配送假设

	D_1	D_2	D_3	总供应量
O_1	x_{11}	x_{12}	x_{13}	70
O_2	x_{21}	x_{22}	x_{23}	50
总需求量	40	30	50	120

上述线性规划数学模型也可以表示为表 14-2-6 的形式。从该表中可以清楚地看到从两个发点（O_i）到三个收点（D_j）的货物配送关系，只要求出表中的未知数 x_{ij}，问题就可以得到解决。

表 14-2-6　不同货源地与目的地之间的货物配送规划平衡表

收发关系	运输流量	单位货物运价	O_1	O_2	D_1	D_2	D_3	Matlab 中的变量表示
O_1D_1	x_{11}	60	x_{11}		x_{11}			x_1
O_1D_2	x_{12}	75	x_{12}			x_{12}		x_2
O_1D_3	x_{13}	80	x_{13}				x_{13}	x_3
O_2D_1	x_{21}	70		x_{21}	x_{21}			x_4

续表

收发关系	运输流量	单位货物运价	O_1	O_2	D_1	D_2	D_3	Matlab 中的变量表示
O_2D_2	x_{22}	120		x_{22}		x_{22}		x_5
O_2D_3	x_{23}	150		x_{23}			x_{23}	x_6
限量	120	S	70	50	40	30	50	120
实际收发量	120	9 500	70	50	40	30	50	120

与前面的几个问题相比，这一实例有一些显著不同：其一，目标函数不再是求最大，而是求最小。因此，目标函数向量的数组不能表示为负数形式，成本输出结果也无需正、负转换。其二，除了下限条件（$x_{ij} \geq 0$）之外，约束条件全部是等式。因此，在规划求解过程中，**A** 和 **b** 为缺省参数，而 **Aeq** 和 **beq** 不再是缺省参数。其三，数学模型中的变量以二维方式排列，为了计算方便，在 Matlab 中需要改为一维排列方式。也就是说，前述下标 $i=1$，2 和 $j=1$，2，3 在 Matlab 中应当表示为 $k=1$，2，3，4，5，6 的形式（表 14-2-6）。

计算程序如图 14-2-6 所示。计算结果表明，第一个发货点有货物 70 单位，分别给第二和第三收货点发送 20 单位和 50 单位；第二个发货点有货物 50 单位，分别给第一和第二收货点发送 40 单位和 10 单位。于是，第一、第二、第三收货点分别收到 40 单位、30 单位和 50 单位的货物（表 14-2-7）。这样恰好达到供需平衡，并且全部运输成本最小，最小运输费用为 9 500 元。

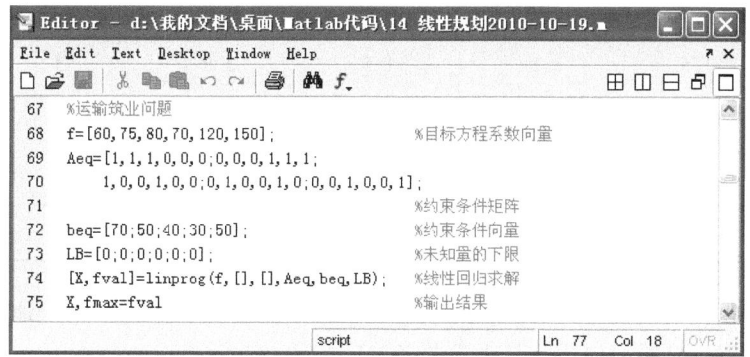

图 14-2-6 运输业问题的求解方法一例

表 14-2-7 不同货源地与目的地之间的货物最优分配

	D_1	D_2	D_3	总供应量
O_1	0	20	50	70
O_2	40	10	0	50
总需求量	40	30	50	120

14.3 整数规划问题实例

14.3.1 一般整数规划

线性规划问题本质上是一种择优分配问题,使得整个分配在满足一定约束条件的前提下收益最大,或者成本最小。问题是,现实中有很多事物在分配过程中是不可以支离的,必须取整数,如人员的分配、房屋的分配和运输过程中集装箱的安排等。这就涉及整数线性规划(integer linear programming,ILP)问题(简称 IP 问题)。在 Matlab 中,求解普通线性规划非常简单,但求解整数规划问题则需要根据整数规划的有关算法,按部就班地操作,或者编写复杂的计算程序。下面举一个例子说明利用 Matlab 求解整数规划问题的方法。

某房地产承包商拟建 A、B、C 三种类型的楼房。建造楼房所需要水泥、砖石、木料、玻璃、钢筋以及房屋的售价如表 14-3-1 所示,原材料的数量以一定单位计算。问题是,三种类型的楼房各建多少栋,才能使得总收益达到最高?

表 14-3-1 某房地产承包商投产预算情况

房屋品种	水泥	砖石	木料	玻璃	钢筋	售价
A(x_1)	1.5	3	1.5	2.5	3	60
B(x_2)	2.5	2.5	3.5	4	2.5	75
C(x_3)	2	4	5	6	4	100
限量	100	200	150	210	200	f

对于这类问题,毛收益达到最高,纯收益也就最高。因此,姑且不论土地购置、原材料消耗和各项管理费用,只看如何达到最大毛收益。

与前面的几个例子相比,本例有一个特殊的要求,即求解结果必须为整数。因为建筑商不可能建筑一栋残破的楼房,不应该出现 3.5 栋、4.8 栋之类的结果。现设该房地产承包商建造 A 型房屋 x_1 套,B 型房屋 x_2 套,C 型房屋 x_3 套。根据表 14-3-1 中提供的数据信息可以建立如下模型。目标函数为

$$\max \quad f = 60x_1 + 75x_2 + 100x_3 \tag{14-3-1}$$

约束条件为

$$\text{s. t.} \quad 1.5x_1+2.5x_2+2x_3 \leqslant 100$$
$$3x_1+2.5x_2+4x_3 \leqslant 200$$
$$1.5x_1+3.5x_2+5x_3 \leqslant 150 \quad (14-3-2)$$
$$2.5x_1+4x_2+6x_3 \leqslant 210$$
$$3x_1+2.5x_2+4x_3 \leqslant 200$$
$$x_1,\ x_2,\ x_3 \geqslant 0 \text{ 且为整数}$$

可以看到，整数线性规划与普通线性规划模型的差异在于，约束条件中必须加上求解结果为整数的限制。下面借助分支定界法在 Matlab 中求解上述问题，逐步说明如下：

第一步，求解普通线性规划问题。首先，将整数规划问题作为一个普通规划问题求解，观察求解结果。在此第一轮计算中，线性规划的 Matlab 程序与前面第一个和第二个实例的计算程序没有本质差别。此时，变量只有下限约束，没有上限约束。运行图 14-3-1 所示的规划程序，结果为 $f(x)=4\,325$，但第一个变量 $x_3=16.25$，为分数，不可接受。

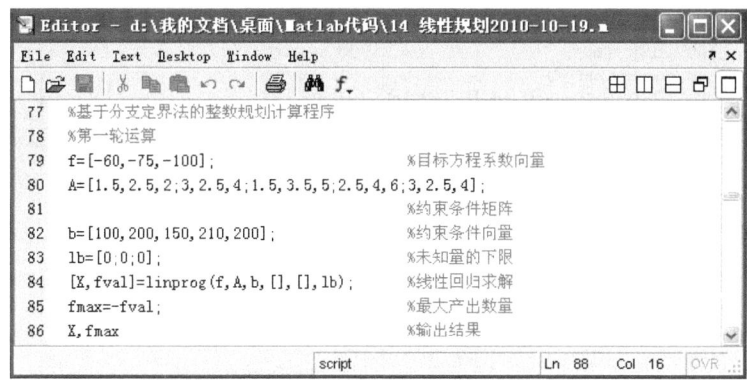

图 14-3-1 整数规划问题的初始计算程序

第二步，第一次分支定界。在上述普通规划计算的基础上，分两个方向尝试：先取约束条件 $x_3 \geqslant 17$，再取约束条件 $x_3 \leqslant 16$；然后比较目标函数给出的最大收益。当取 $x_3 \geqslant 17$，要将程序中的下限约束向量改为"`lb=[0;0;17]`"，其他条件不变。运行图 14-3-2 所示的"限定 $x3$ 的下界"子程序，结果为 $f(x)=4\,292$；当取 $x_3 \leqslant 16$ 时，要在计算程序中补充一个上限约束向量"`ub=[inf;inf;16]`"，其他条件不变。运行图 14-3-2 所示的"限定 $x3$ 的上界"子程序，结果是 $f(x)=4\,320$。当取 $x_3 \leqslant 16$ 时，目标函数给出的收益大于取 $x_3 \geqslant 17$ 时的收益。因此，放弃分支 $x_3 \geqslant 17$。

检查求解结果中是否还出现分数。如果没有，计算结束；如果还有分数，则开展进一步的分支定界工作。结果显示，此时 $x_1=45.333$ 为分数，故还要继续计算。

第三步，第二次分支定界。修改图 14-3-2 中的第一个子程序，将 $x_3 \leqslant 16$ 加入约束条件的上限向量 ub 中（图 14-3-3）。仿照上一步的方法，仍然分两个方向尝试：先取 $x_1 \geqslant 46$，再取

$x_1 \leq 45$，比较目标函数给出的最大收益。首先，取 $x_1 \geq 46$，运行图 14-3-3 所示的"限定 x1 的下界"子程序，结果是 $f(x) = 4\ 310$；然后取 $x_1 \leq 45$ 时，运行图 14-3-3 所示的"限定 x1 的上界"子程序，结果为 $f(x) = 4\ 315$。可见，当取 $x_1 \leq 45$ 时，目标函数给出的收益要大于取 $x_1 \geq 46$ 时的收益。因此，放弃 $x_1 \geq 46$ 的分支。

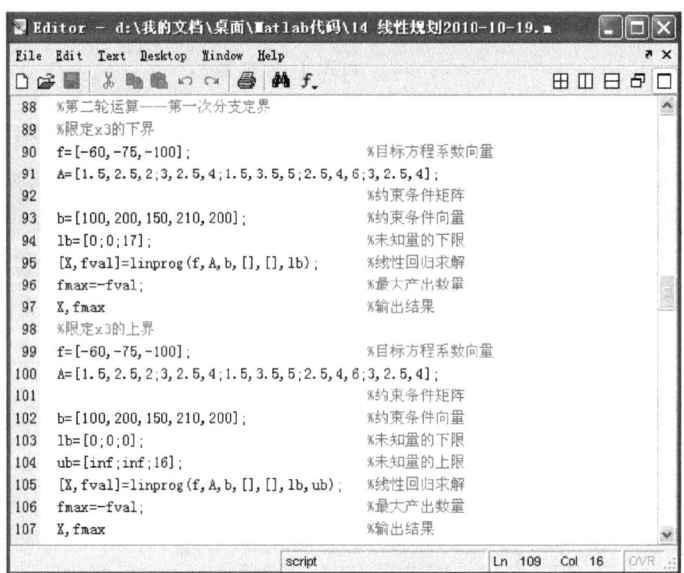

图 14-3-2 整数规划问题的第一次分支定界程序

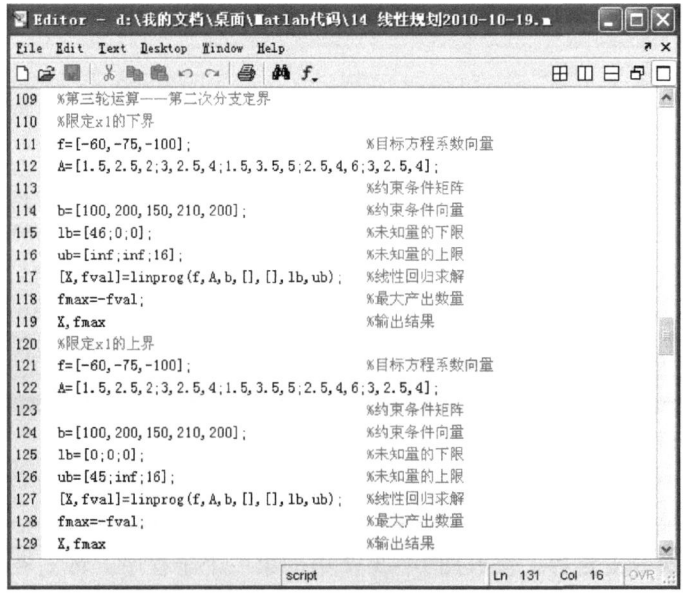

图 14-3-3 整数规划问题的第二次分支定界程序

再次检查求解结果中是否还有分数。如果没有，计算结束；如果还有分数，则开展进一步的分支定界工作。结果表明，此时 $x_2 = 0.2$ 为分数，故计算尚不能终止。

第四步，第三次分支定界。修改图 14-3-3 中的第一个子程序，将 $x_1 \leq 45$ 加入约束条件的上限向量 ub 中（图 14-3-4）。参照上一步的做法，继续分两个方向尝试：先取 $x_2 \geq 1$，再取 $x_2 \leq 0$，分别运行两个子程序，比较目标函数给出的最大收益。当取 $x_2 \geq 1$ 时，$f(x) = 4\ 295$；当取 $x_2 \leq 0$ 时，$f(x) = 4\ 300$。可见，当取 $x_2 \leq 0$ 时，目标函数给出的收益要大于取 $x_2 \geq 1$ 时的收益。因此，放弃分支 $x_2 \geq 1$，将 $x_2 \leq 0$ 加入约束条件的上限向量 ub 之中。

图 14-3-4 整数规划问题的第三次分支定界程序

查看求解结果中是否还存在分数。如果没有，计算结束；如果还有分数，则开展下一步的分支定界工作。这一次，x_1、x_2 和 x_3 全部为 0 或者整数，故计算工作可以到此为止。完整的计算过程可以用表 14-3-2 清楚地显示出来。这个规划问题的答案是建造 45 栋 A 型楼房、0 栋 B 型楼房、16 栋 C 型楼房，最大收益为 4 300 万元。

表 14-3-2 建筑问题的分支定界求解过程

求解步骤	分支类型	整数约束			求解结果			
		x_1	x_2	x_3	x_1	x_2	x_3	f
第一步	L_0				45	0	16.25	4 325
第二步	L_1			≤ 16	45.333	0	16	4 320
	L_1'			≥ 17	43.2	0	17	4 292

续表

求解步骤	分支类型	整数约束			求解结果			
		x_1	x_2	x_3	x_1	x_2	x_3	f
第三步	L_2	≤45		≤16	45	0.2	16	4 315
	L_2'	≥46		≤16	46	0	15.50	4 310
第四步	L_3	≤45	≤0	≤16	45	0	16	4 300
	L_3'	≤45	≥1	≤16	43.667	1	16	4 295
最终结果	L_3	≤45	≤0	≤16	45	0	16	4 300

从上面的计算结果可以看出，如果一开始就四舍五入，立即可以得到答案。有人可能会产生疑问：既然采用四舍五入的简便方法就可以找到结论，为何绕一个圈子辛苦地计算呢？实际上，上面给出的是一个比较特殊的例子。在现实中，有相当一类整数线性规划问题，采用四舍五入不可能得到最优解。

当变量不多的时候，利用 Matlab 求解整数规划还是比较方便的。但是如果变量较多，采用上述方法计算就有些麻烦，如果不细心还容易出错。对于大型线性规划问题，最好编程计算，或者借助于其他更专业的线性规划分析软件。

14.3.2 0-1 规划

整数规划体系中的一种特别类型是 0-1 规划。现实中人们遇到的相当一类问题，可以借助取舍、是非等分类方式表示出来。凡是线性规划的变量采用 0-1 表示的，都属于 0-1 规划问题。从形式上看来，0-1 规划模型与普通线性规划模型的区别在于，约束条件中限定变量取 0 或者取 1，此外别无选择。0-1 规划在区位选择、网络分析等方面用途广泛。下面以一个投资区位选择问题为例，说明 0-1 规划的建模和求解方法。

某公司决定在一个城市的东区、南区、西区和北区 4 个区投资建立产品销售站点。经考察，东区和南区有两个合适的区位，西区和北区各有一个合适的区位。根据预算，这 6 个区位的投资成本和单位时间内的可预期总收入列表如下（表 14-3-3）。由于经费的局限，总投资额为 12 个单位。并且，从长远的角度考虑，每个区至少保证有一个销售站点。试根据这些条件优化投资区位的选择。

表 14-3-3 投资区位选择的 0-1 规划问题

城区	区位	收入	费用	东区	南区	西区	北区
东区	x_1	6.0	4.0	x_1			
	x_2	5.0	3.0	x_2			
南区	x_3	5.0	2.5		x_3		
	x_4	4.5	2.0		x_4		

续表

城区	区位	收入	费用	东区	南区	西区	北区
西区	x_5	4.0	2.0			x_5	
北区	x_6	5.5	2.5				x_6
限量	0	f	12	1	1	1	1

根据题意，在投资费用允许的前提下，应该尽可能地选中上述 6 个区位，底线是保证东、南、西、北至少有一个区位选中。变量只需两种：选中（用 1 表示）或者不选（用 0 表示）。可见，这个问题可以用 0-1 规划方法解决。借助上述条件，建立 0-1 规划模型如下。目标函数为

$$\max \quad f = 6x_1 + 5x_2 + 5x_3 + 4.5x_4 + 4x_5 + 5.5x_6 \tag{14-3-3}$$

约束条件为

$$\text{s. t.} \begin{cases} 4x_1 + 3x_2 + 2.5x_3 + 2x_4 + 2x_5 + 2.5x_6 \leq 12 \\ x_1 + x_2 \geq 1 \\ x_3 + x_4 \geq 1 \\ x_5 \geq 1 \\ x_6 \geq 1 \\ x_j = 0 \text{ 或 } 1 \quad (j = 1, 2, 3, 4, 5, 6) \end{cases} \tag{14-3-4}$$

0-1 规划可以采用隐枚举法求解，一般根据最小成本思想判断一个变量的取舍。模型的求解过程如表 14-3-4 所示。

表 14-3-4 投资区位选择的 0-1 规划求解过程

变量	第一步		第二步		第三步	
	费用	引入变量	费用	引入变量	费用	引入变量
x_1	8.5	0	10.5	0	13.5	0
x_2	7.5	0	9.5	1		
x_3	7	0	9	0	12	1
x_4	6.5	1				
min	6.5	x_4	9	x_2	12	x_3

首先，全部变量取 0。这时一个变量都不引入。然后，根据约束条件，引入必须引进的、无可争议的变量。由于西部和北部只有一个候选区位，这两个区位必须引入，即 x_5 和 x_6 是必

选变量。接下来，在 x_1、x_2、x_3、x_4 中决定变量的取舍。分为如下几个步骤进行：

第一步，将 x_1、x_2、x_3、x_4 **逐个取 1，观察费用的变化**。结果表明，在 x_5 和 x_6 已经引入的前提下，引入 x_4 导致的费用增加量最小，这时总费用为 6.5。故优先引入 x_4。

第二步，将 x_1、x_2、x_3 **逐个取 1，考察费用的变化**。结果显示，在 x_4、x_5 和 x_6 已经引入的前提下，引入 x_3 导致的费用增加量最小，这时总成本为 9。但是，根据约束条件，每一个区至少要保证有一个区位入选，故这一步不引入 x_3，而是引入东区中的 x_1 或者 x_2。比较可知，引入 x_1 总成本为 10.5，引入 x_2 总成本为 9.5。成本较小的区位入选，故引入 x_2。

第三步，将 x_1、x_3 **逐个取 1，考察费用的变化**。结果显示，在 x_2、x_4、x_5 和 x_6 已经引入的前提下，引入 x_3 导致的费用增加量最小，这时总费用为 12。故可以引入 x_3。

到此为止，总费用已经到达极限，不宜继续引入变量，计算结束。可以看出，隐枚举法和分支定界法的思路比较类似。

求解结果表明，由于投资费用限制，东区的第一个区位落选，其余的 5 个区位被选中，该公司将在南区建设两个销售站点，东区、西区和北区建设一个销售站点（表 14-3-5）。

表 14-3-5　投资区位选择的 0-1 规划求解结果

城区	区位	收入	费用	东区	南区	西区	北区
东区	0	6.0	4.0	0			
	1	5.0	3.0	1			
南区	1	5.0	2.5		1		
	1	4.5	2.0		1		
西区	1	4.0	2.0			1	
北区	1	5.5	2.5				1
限量	0	f	12	1	1	1	1
总量		24	12	1	2	1	1

根据上面的目标函数和约束条件特性，采用常规的线性回归，容易编写一个 Matlab 线性规划文件（图 14-3-5）。文件内容复制到命令窗口，粘贴并回车，立即得出结果

```
X =
    0.0000    1.0000    1.0000    1.0000    1.0000    1.0000
fmax =
    24.0000
```

这正是这个 0-1 规划问题的最优解。但是，这个计算程序处理的却是一个特例，不能用它处理一般的 0-1 规划问题。因为采用这类计算程序运算的结果很可能不是 0、1 数值表示的最优

答案，而是分数表示的不确定结果。例如，如果将约束条件中的投资额由 12 个单位改为 13 个单位，相应地，图 14-3-5 所示的计算程序改为图 14-3-6 所示的程序，则计算结果为

```
X =
    0.2500    1.0000    1.0000    1.0000    1.0000    1.0000
fmax =
   25.5000
```

其中 $x_1=0.25$，为分数。

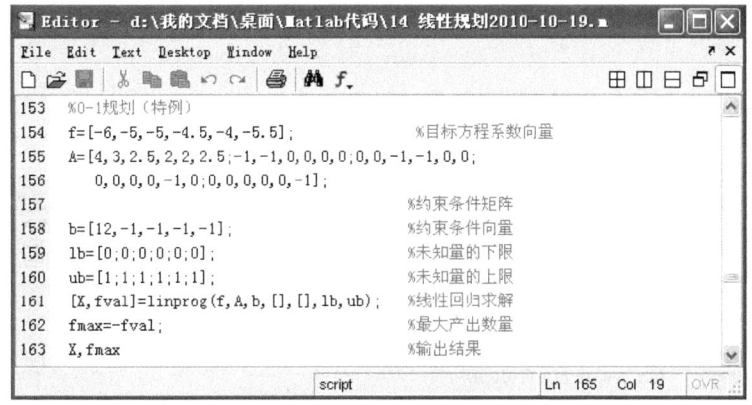

图 14-3-5　0-1 规划问题求解的一个特例

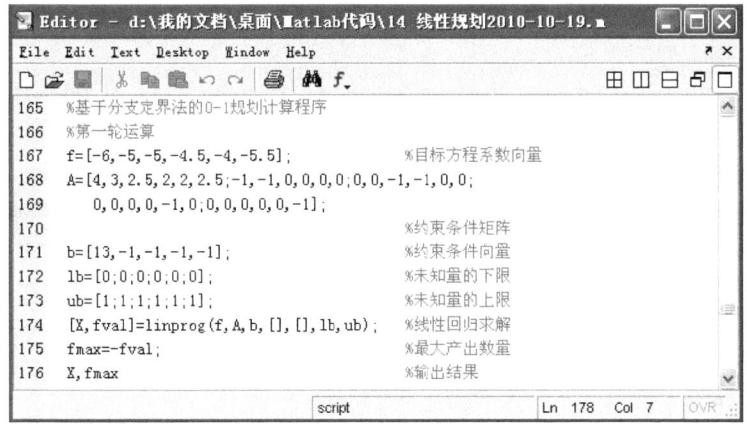

图 14-3-6　0-1 规划问题的分支定界法求解第一步

如果基于隐枚举法求解上述 0-1 规划问题，则需要借助 Matlab 编写一个比较复杂的计算程序。但是，如果采用分支定界法，则可以方便地解决这个问题。首先，采用图 14-3-6 所示的常规线性回归方法求解，结果上面已经给出：$f_{max}=25.5$，但 $x_1=0.25$。然后，分两种情况改变约束条件：一是在下限函数中添加一个表示 $x_1>1$ 的限定（图 14-3-7）；二是在上限函数中

添加一个表示 $x_1<0$ 的限定（图 14-3-8）。运行图 14-3-7 所示的 x_1 下限限定子程序，结果为

```
X =
   1.0000    0.0000    1.0000    1.0000    1.0000    1.0000
fmax =
  25.0000
```

再运行图 14-3-8 所示的 x_1 上限限定子程序，结果为

```
X =
        0    1.0000    1.0000    1.0000    1.0000    1.0000
fmax =
  24.0000
```

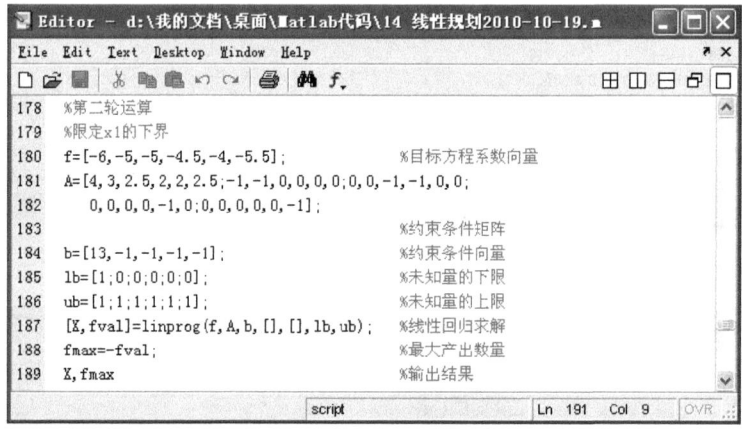

图 14-3-7　0-1 规划问题的分支定界法求解第二步（子程序 1）

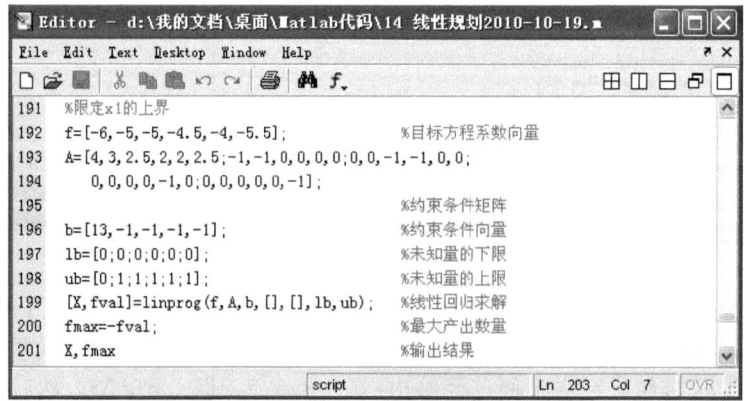

图 14-3-8　0-1 规划问题的分支定界法求解第二步（子程序 2）

比较这两个结果可知，所有的未知量都是 0 或者 1，但第一个计算结果的收益（25 个单位）大于第二个方案的收益（24 个单位）。

答案是，如果总投资额由 12 个单位上升到 13 个单位，则东区的第二个区位落选，其余的 5 个区位选中，该公司将在南区建设两个销售站点，东区、西区和北区建设一个销售站点。较之于 12 个单位的投资额，区位选择稍有变化。

通过这个例子可以看到，分支定界法用于 0-1 规划效果很好，要比隐穷举法的计算速度快得多。0-1 规划是整数规划的特例，约束条件非常严格，数值仅变化于 0 到 1 之间。因此，采用分支定界法求解这种规划模型，收敛速度很快。熟悉了分支定界法的算法原理，就可以利用 Matlab 编写通用整数规划求解程序。

14.4 非线性规划及其对偶问题实例

14.4.1 非线性规划原模型

假定一个城市预备投入 100 个单位的资金用于区域发展。这笔资金主要用于两个方面：一是人力方面，用于工资、奖金之类的费用；二是物力方面，用于购买场地、设备和进行基础设施建设等。假定投入与产出之间满足生产函数

$$f(x,y) = 50x^{0.6}y^{0.4} \qquad (14-4-1)$$

则若希望产出 $f(x,y)$ 达到极大，必须满足约束条件

$$x+y \leqslant 100, \ x \geqslant 0, \ y \geqslant 0 \qquad (14-4-2)$$

式中，x 表示人力方面的资金投入量；y 表示物力方面的资金投入量。试计算人力、物力两方面如何分配资金投入，才可以使得产出量达到最大？最大产出又是多少？

这个问题其实是一个简单的非线性规划问题。目标是产出最大，约束条件是投入资金一定，即

$$\max \ f(x,y) = 50x^{0.6}y^{0.4}$$
$$\text{s. t.} \begin{cases} x+y = 100 \\ x, \ y \geqslant 0 \end{cases} \qquad (14-4-3)$$

不过，在 Matlab 中需要调用约束条件下最小值计算函数 fmincon（图 14-4-1）。该函数的基本语法是

$$[\text{X,fval}] = \text{fmincon}(\text{fun,x0,A,b,Aeq,beq,lb,ub})$$

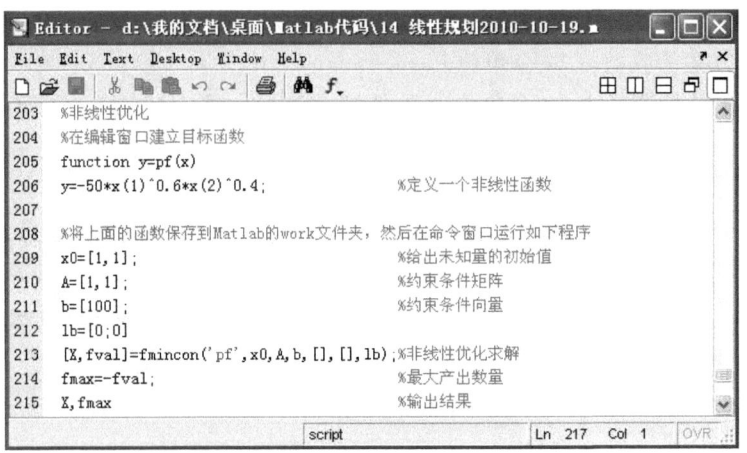

图 14-4-1　非线性规划问题的求解过程

其中，fun 为根据目标函数以及约束条件定义的非线性函数；x0 为变量的迭代初始值向量；其余符号与线性规划函数 linprog 用到的符号一样。下面说明上述问题的求解步骤。

第一步，建立目标函数。这个函数与目标函数的表达式同构。如果约束条件中存在非线性项，还要另外定义一个函数代表约束条件。对于本例，以生产函数的缩写 pf 为函数命名，函数形式为

```
function y=pf(x)
y=-50*x(1)^0.6*x(2)^0.4;
```

通过编辑窗口将上面的函数保存在 Matlab 根目录下的 work 文件夹中。注意，在 Matlab 程序中，符号 $x(1)$ 和 $x(2)$ 代替了原来模型中的 x 和 y。

第二步，调用约束条件下的最小值计算函数。取的 $x(1)$ 和 $x(2)$ 初始值为 1，根据式（14-4-3），编写计算程序：

```
x0=[1,1];A=[1,1];b=[100];lb=[0;0];
[X,fval]=fmincon('pf',x0,A,b,[],[],lb);
X,fmax=-fval
```

在命令窗口运行上面的程序，很容易寻求最优解，计算结果为

```
X =
    60.0000    40.0000
fmax =
    2 550.849
```

这就是说，人力方面投入 60%，物力方面投入 40%，可以使得产出最大，最大产出为 2 550.849 单位的金额。

14.4.2 非线性规划对偶模型

假定上面的问题不变，改变一下考察问题的视角。已知预期最大产出为 $f(x,y)=2\,550.849$ 单位的金额，试问人力和物力两方面的资金如何分配，才可以使得总投入最少？最少资金投入量又是多少？显然，求条件极大问题转换为求条件极小问题。以数学模型形式表示就是

$$\min \quad g(x,y)=x+y$$

$$\text{s.t.} \begin{cases} 50x^{0.6}y^{0.4}=2\,550.849 \\ x,\ y \geqslant 0 \end{cases} \tag{14-4-4}$$

这是前面非线性规划模型的对偶模型。利用 Matlab 不难求解对偶模型。计算结果表明，人类方面投入 60%，物力方面投入 40%，可以使得总投入最小，最小投入为 100 单位的资金。

可以看到，对偶模型与原模型刻画的是一个问题的两个方面。当一个规划模型的原模型不好求解、求解结果不确定或者实际意义不明确的时候，借助对偶模型有时可以使得一个难题迎刃而解。

14.5 小结

线性规划的目标函数主要表现为两种形式：最大收益和最小成本。最大与最小可以构成对偶问题。在技术上，最大与最小也可以通过正负号的颠倒进行转换。为了函数形式的统一和处理方便，Matlab 将最大问题统一转化为最小问题进行处理。因此，如果一个线性规划问题的目标函数是寻求收益最大，则应该在变量前面添加负号，以求最小的形式写出线性规划的计算代码。在这种情况下，对于目标函数的输出结果，要注意数值的正负号转换问题。

线性规划的约束条件通常都是不等式，表示资金、资源、人力、物力的消耗不超过某个限度。但是，在有些情况下，约束条件又表现为等式，特别是交通规划问题中，经常涉及货物配送的平衡。因此，在 Matlab 的线性规划求解过程中，将等式约束条件与不等式约束条件分开对待。当模型中只有一类约束条件而没有另外一类约束条件的时候，可以将另外一种约束条件作为缺省处理。

利用 Matlab 进行规划求解非常方便，但也存在一些局限。对于整数规划、0-1 规划等问题，需要编写计算程序，因为常见的版本不具备这类规划的功能。此外，有些问题，如交通网络货物配送的线性规划，要注意约束条件表达式处理的技巧。

第 15 章

层次分析法

层次分析法（AHP）是一种定性-定量相结合的多目标决策分析及综合评价方法。借助 AHP 法可以将决策者的经验判断定量化，从而实现优化决策。一个层次分析模型建立之后，剩余就是两件事：一是计算最大特征根（值）和相应的归一化特征向量，利用最大特征根检验判断矩阵的一致性是否满足要求。如果满足要求，则其对应的归一化特征向量就是我们需要的单权重，反映某个准则相对于目标或者方案相对于准则的份量。二是计算组合权重。只要计算出了单权重，将各个方案的单权重合并为一个矩阵，用这个矩阵左乘各个准则的单权重，即可得到方案相应于目标的组合权重。由于 Matlab 具有计算特征根和特征向量的函数，读者可以非常方便地利用该软件解决 AHP 分析问题。

15.1 问题与模型

能源的定量分配问题早先仅是一种学术研究，人们认为这类研究不需要应用于日常的生产和生活。长期以来，能源使用者和规划师都没有意识到能源危机的出现。可是，仅在 20 世纪 70 年代，美国就曾经受过两次能源问题的冲击：一是在 1976—1977 年寒冷的冬季，由于天然气资源短缺而导致一些工厂和学校被迫关闭；二是 1977—1978 年冬季燃煤供应紧缺。在这种情况下，能源的供应分配问题就变成了一个现实的应用技术问题。

一个合理化的考虑是，根据几个大的能源需求单位对社会不同方面的总体贡献来确定它们的能源分配权重。假设在美国有三大能源用户：C_1、C_2 和 C_3。基于社会和政治利益的总体目标，从如下三个方面来评价这三个能源使用单位：对经济增长的贡献、对环境质量的贡献和对国家安全的贡献。这样，就得到三个评判指标：经济增长（economic growth，EG）、环境质量（environmental quality，EQ）和国家安全（national security，NS）。以国家的社会和政治利益为目标（O），对这三个指标进行两两比较，得出不同指标重要程度的比较矩阵

$$\begin{array}{c} & \begin{array}{ccc} \text{EG} & \text{EQ} & \text{NS} \end{array} \\ \begin{array}{c} \text{EG} \\ \text{EQ} \\ \text{NS} \end{array} & \left[\begin{array}{ccc} 1 & 5 & 3 \\ \dfrac{1}{5} & 1 & \dfrac{3}{5} \\ \dfrac{1}{3} & \dfrac{5}{3} & 1 \end{array} \right] \end{array}$$

然后，通过全面的研究，决策者从经济、环境和国家安全的角度做出关于三个能源用户的相对重要性评估。下面分别是基于经济、环境和国家安全的能源用户评比矩阵

$$
\begin{array}{c} \text{EG} \\ \begin{array}{ccc} C_1 & C_2 & C_3 \end{array} \\ \begin{array}{c} C_1 \\ C_2 \\ C_3 \end{array} \begin{bmatrix} 1 & 3 & 5 \\ \frac{1}{3} & 1 & 2 \\ \frac{1}{5} & \frac{1}{2} & 1 \end{bmatrix} \end{array}
\quad
\begin{array}{c} \text{EQ} \\ \begin{array}{ccc} C_1 & C_2 & C_3 \end{array} \\ \begin{array}{c} C_1 \\ C_2 \\ C_3 \end{array} \begin{bmatrix} 1 & \frac{1}{2} & \frac{1}{7} \\ 2 & 1 & \frac{1}{5} \\ 7 & 5 & 1 \end{bmatrix} \end{array}
\quad
\begin{array}{c} \text{NS} \\ \begin{array}{ccc} C_1 & C_2 & C_3 \end{array} \\ \begin{array}{c} C_1 \\ C_2 \\ C_3 \end{array} \begin{bmatrix} 1 & 2 & 3 \\ \frac{1}{2} & 1 & 2 \\ \frac{1}{3} & \frac{1}{2} & 1 \end{bmatrix} \end{array}
$$

至此，得到了建立 AHP 模型的初步结果（图 15-1-1）。这个例子来自 Saaty 和 Alexander（1981）的《利用模型思考：自然、生物和社会科学中的数学模型》一书。现在要求借助 Matlab 完成 AHP 分析的全部计算过程，得出三个能源用户综合评估的排序结果。

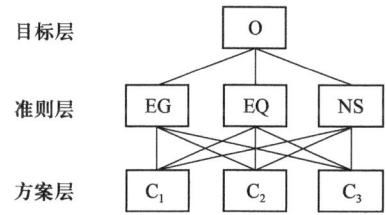

图 15-1-1　能源配给的层次分析模型

15.2　计算方法

15.2.1　计算目标-准则层单权重

首先，计算目标-准则层判断矩阵的最大特征根及其对应的特征向量，并将特征向量归一化——Saaty 将其称为"正规化"。可以分为如下几个步骤完成。

第一步，编写计算代码。打开 Matlab 的编辑窗口，编写一个计算准则层相对于目标的单权重计算程序。为了后面的检验方便，不妨先给出随机一致性指标构成的向量 RC，即

```
% 随机一致性指标 RC 向量
 RC=[0.0  0.0  0.58  0.90  1.12  1.24  1.32  1.41  1.45  1.49];
```

这是目前国内流行的指标值，但属于大略的标准。更为精确的指标可以参阅 Saaty（2008）的文章。然后，编写如下计算代码：

```
% 计算准则相对于目标的特征值及其对应的特征向量
O=[1 5 3;1/5 1 3/5;1/3 5/3 1];          % 基于目标的准则层判定矩阵
[U,V]=eig(O);                            % 计算判断矩阵 O 的特征向量和特征值
lambda0=max(max(V));                     % 找出最大特征值
```

```
r=max(V);                                    %给出最大特征值所在的行
c=find(r==max(r));                           %给出最大特征值所在的列
u0=U(:,c);                                   %最大特征值对应的特征向量
w0=u0/sum(u0);                               %特征向量归一化
CI0=(lambda0-length(O))/(length(O)-1);       %计算判断一致性指数
CR0=CI0/(RC(length(O)));                     %计算判断一致率
```

为了便于 Matlab 的初学者理解这个计算程序，不妨详细解析如下。

第一环节，录入判断矩阵的数据。给出准则相对于目标的判断矩阵 O，即

$$O = \begin{bmatrix} 1 & 5 & 3 \\ \dfrac{1}{5} & 1 & \dfrac{3}{5} \\ \dfrac{1}{3} & \dfrac{5}{3} & 1 \end{bmatrix}$$

第二环节，计算判断矩阵的特征值和特征向量。利用函数 eig 计算 O 的特征值和特征向量，语法是

$$[\text{特征向量矩阵}, \text{特征值矩阵}] = \text{eig}(\text{判定矩阵})$$

故程序语句为

```
[U,V]=eig(O)
```

其中，O 为判断矩阵；U 为特征向量矩阵；V 为特征值矩阵，其对角线上的元素就是特征值。

第三环节，提取最大特征值。利用函数 max 可以在 V 中找到最大特征值。首先找到最大特征值所在的行，然后在这一行中找到最大值。可见，这是一个双重求极大的过程，语句为

```
lambda0=max(max(V))
```

第四环节，提取最大特征值对应的特征向量。为了在 U 中找出最大特征值对应的特征向量，需要利用函数 max 和 find。首先借助函数 max 找到最大特征值所在的行，语句为

```
r=max(V)
```

其中，r 为行向量。然后利用函数 find 找出最大特征值在 V 中的列的编号，语句为

```
c=find(r==max(r));
```

其中，c 为最大特征值 lambda0 所在列的编号，可以利用函数 eigs 将上述语句简化。

根据最大特征值所在的列的编号，容易得出最大特征值对应的特征向量。语句为

  u0＝U(:,c)

在 U(:,c) 中，冒号":"表示矩阵 U 的任意行，c 表示第 c 列。这个矩阵是说，给出特征向量矩阵中第 c 列的任意值。

第五环节，特征向量归一化。利用向量求和函数 sum 很容易将这个特征向量"正规化"，语句为

  w0＝u0/sum(u0)

第六环节，计算判断一致率。首先，利用最大特征值和矩阵的阶数计算判断矩阵的一致性指数，语句为

  CI0＝(lambda0-length(O))/(length(O)-1)

其中，函数 length 用于给出矩阵的列数。由于判断矩阵是一个方阵，行列相等，故 length(O) 给出的是判断矩阵的维数。然后，计算判断一致率。随机一致性指标的向量表示为 **RC**，利用 **RC**(length(O)) 可以得到相应维数的随机一致性指标。于是判断一致率便是

  CR0＝CI0/(RC(length(O)))

完整的计算程序如图 15-2-1 所示。

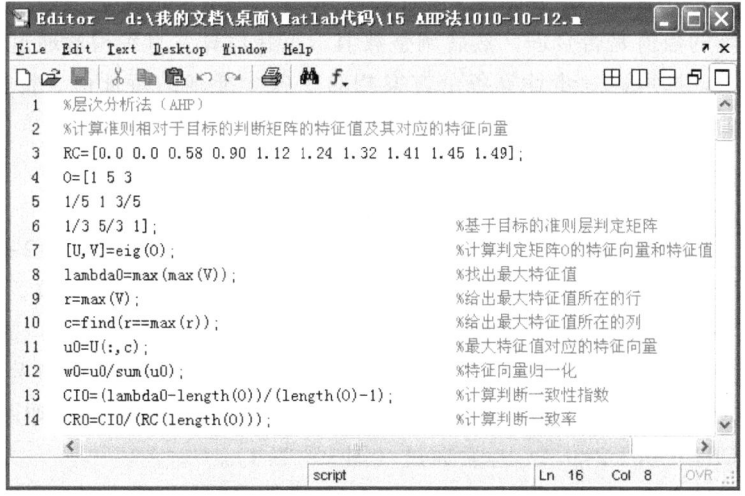

图 15-2-1 计算准则相对于目标的判断矩阵 O 的特征值及其对应的特征向量

第二步，运算。将上面的计算程序复制并粘贴到 Matlab 的命令窗口中，回车，即可迅速完成计算过程。然后输入"lambda0"，回车，得到最大特征值 3；输入"u0"，回车，得到最大特征值对应的特征向量 u0=[0.932 1；0.186 4；0.310 7]；输入"w0"，回车，得到归一化特征向量 w0=[0.652 2；0.130 4；0.217 4]；输入"CI0"，回车，得到一致性指数 0；输入"CR0"，回车，得到判断一致率 0。部分计算结果如图 15-2-2 所示。

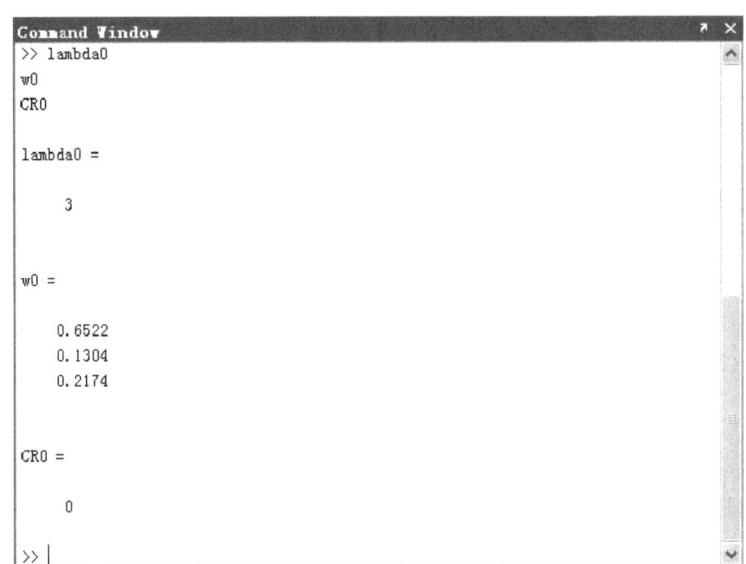

图 15-2-2　目标-准则层判断矩阵 O 的最大特征值、归一化特征向量和判断一致率

第三步，检验和分析。如果判断一致率 CR=0<0.1，则检验通过。如果检验不能通过，那就要考察判断矩阵的数值是否合理，然后调整数值，重新运算，直到检验通过为止。

检验通过之后，即可进一步计算各个方案相对于各个准则的特征值、特征向量和判断一致率。

15.2.2　计算准则-方案层单权重

计算方法与上节介绍的步骤完全相同，简便的操作过程如下：将图 15-2-1 所示的计算程序全部复制，粘贴在最下面备用；然后，将目标-准则层的判断矩阵数据改为准则-方案层判断矩阵数据。先将判断矩阵改为方案相对于第一个准则——经济增长（EG）的判断矩阵数据，并将表示判断矩阵的符号"O"改为"$C1$"。为示区别，其余相应符号的编号"0"全部改为"1"，例如，lambda0 改为 lambda1；w0 改为 w1 等。修改所得的计算程序如图 15-2-3 所示。运算结果表明，CR=0.003 2<0.1，检验通过（图 15-2-4）。

将图 15-2-3 所示的计算程序全部复制，粘贴在最下面备用。将方案相对于第一个准则——经济增长（EG）的判断矩阵 $C1$ 的数据改为相对于第二个准则——环境质量（EQ）的

判断矩阵 **C2** 的数据，并将单权重符号 w1 改为 w2，其余符号进行相应的修改。于是立即得到第三套计算程序（图 15-2-5）。运算结果显示，CR = 0.012 2<0.1，检验通过；否则，需要修改判断矩阵（图 15-2-6）。

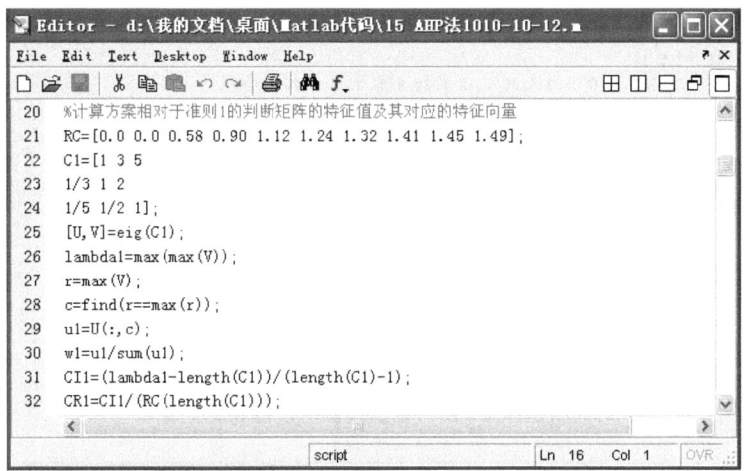

图 15-2-3　计算方案相对于第一个准则的判断
矩阵 **C1** 的特征值及其对应的特征向量

图 15-2-4　准则-方案层判断矩阵 **C1** 的最大特征值、
归一化特征向量和判断一致率

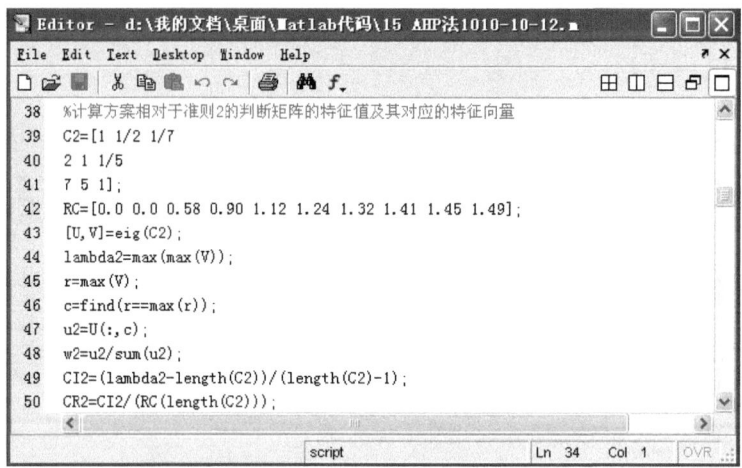

图 15-2-5 计算方案相对于第二个准则的
判断矩阵 **C2** 的特征值及其对应的特征向量

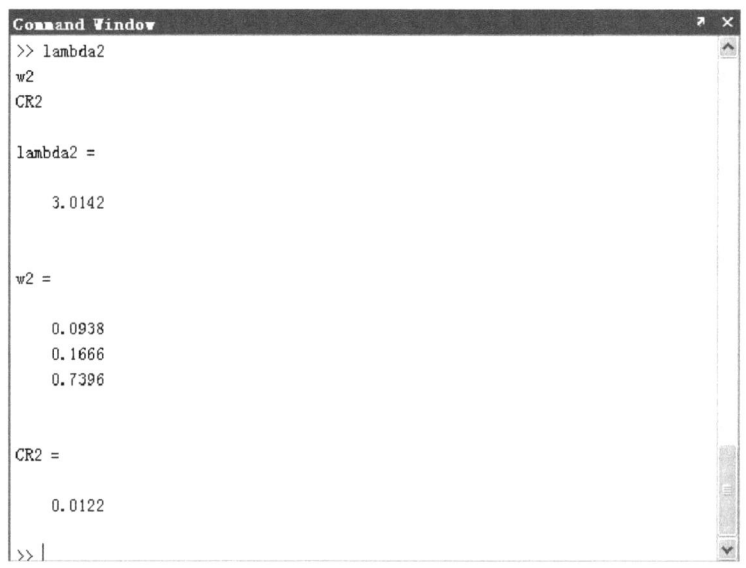

图 15-2-6 准则-方案层判断矩阵 **C2** 的最大
特征值、归一化特征向量和判断一致率

进一步地，将图 15-2-5 所示的计算程序全部复制，粘贴在最下面。接下来，将方案相对于第二个准则——环境质量（EQ）的判断矩阵 **C2** 数据改为相对于第三个准则——国家安全（NS）的判断矩阵 **C3** 的数据，并将表示单权重的符号 w2 改为 w3，其余符号进行相应的改变。修改后的计算代码如图 15-2-7 所示。计算结果表明，CR=0.007 9<0.1，检验通过（图 15-2-8）。

图 15-2-7 计算方案相对于第三个准则的判断矩阵 **C3** 的特征值及其对应的特征向量

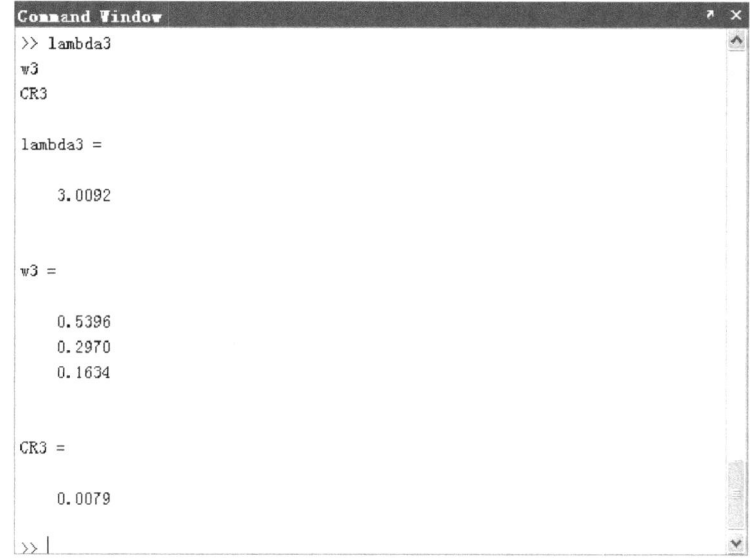

图 15-2-8 准则-方案层判断矩阵 **C3** 的最大特征值、归一化特征向量和判断一致率

15.2.3 计算组合权重

完成单权重计算之后，可以利用矩阵乘法方便地计算出组合权重。首先，将三个方案相对于三个准则的单权重向量合并起来，公式可表示为

$$A = [\,w1 \quad w2 \quad w3\,]$$

用合并后矩阵 A 左乘以目标-准则层权重向量 w0，得到组合权重 W，即

$$W = A * w0$$

将上述计算过程综合起来，结果如图 15-2-9 所示。在最后的运算结果中，同时给出准则相对于目标的单权重向量、方案相对于准则的单权重矩阵以及方案相对于目标的组合权重（图 15-2-10）。

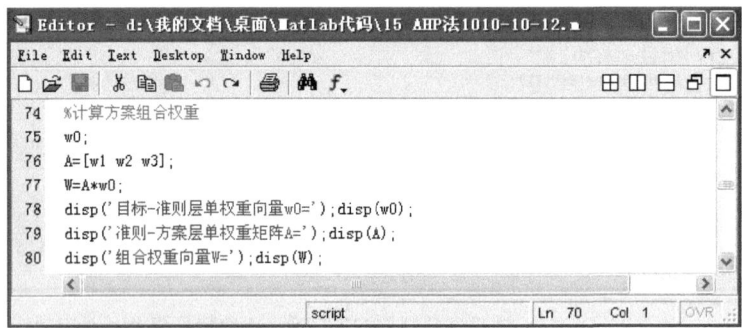

图 15-2-9　计算组合权重的代码

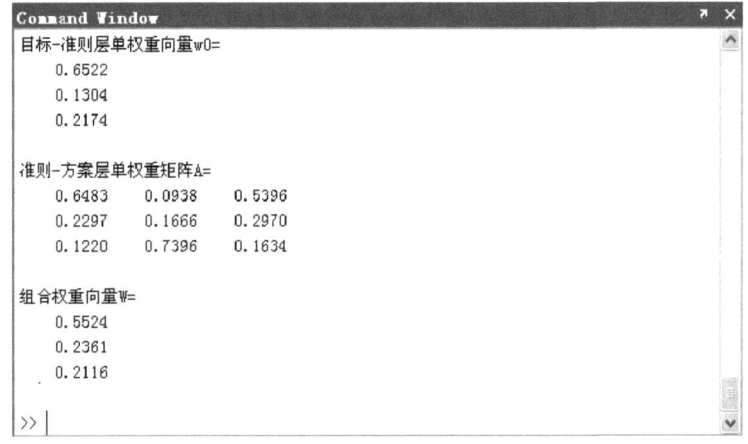

图 15-2-10　组合权重计算结果

对 AHP 分析的数学原理不太熟悉的读者可能提出疑问：为什么前面的计算没有涉及一般教科书中常讲授的方根法、和积法等特征向量和特征值的计算方法？实际上，方根法也好，和积法也好，不过是计算判断矩阵最大特征值及其对应特征向量的近似途径。借助 Matlab 的特征根和特征向量函数 eig 或 eigs，可以非常快捷地求解判断矩阵的全部特征值或最大特征值及其对应的特征向量。因此，没有必要求助于方根法、和积法等近似估计方法。当然，如果读者愿意，采用近似法也未尝不可。

15.2.4　判断矩阵的调试程序

层次分析法能否成功运用，主要在于如下四个方面：其一是层次分析模型的结构是否合理；其二是准则的选择是否全面、中肯、彼此无关；其三是判断矩阵的赋值是否大体符合实际情况；其四是判断矩阵的数值是否满足内在的逻辑一致性。这四个方面都会影响层次分析结果的有效性。层次分析模型是否合适、判断矩阵的赋值是否符合实际，取决于研究者对问题的理解，无法通过数学方法进行检验和分析。但是，准则的选择是否彼此无关可以通过逻辑分析判断，判断矩阵的逻辑是否一致可以通过数据分析检测。在 AHP 建模过程中，最重要的一个环节就是反复检查和调试判断矩阵，使其数值满足一致性检验。对图 15-2-1 稍作改造，得到一个判断矩阵的调试程序（图 15-2-11）。在命令窗口运行这个程序，就会显示如下提示：

  输入判断矩阵 M，矩阵元素排为一行
  M =

在等号后面输入判断矩阵，如"[1 1/2 1/7;2 1 1/5;7 5 1];"，注意矩阵的各个行向量排成一行，否则 Matlab 可能拒绝运算。如果遇到不运算的情况，就任意输入一个字母和一个等号，连续回车退出，重新运行图 15-2-11 所示的程序，并以正确的方式输入判断矩阵。

图 15-2-11 判断矩阵的调试程序

当以正确的方式输入判断矩阵并回车之后，立即出现计算结果和检验结论（图 15-2-12）。如果判断矩阵缺乏内在一致性，例如，在"M ="后面输入"[1 9 3;1/9 1 2;1/3 1/2 1];"，回车，Matlab 立即告诉用户：一致性检验不能通过，请调整判断矩阵的数值，或者重新构造判断矩阵（图 15-2-13）。在命令窗口输入"CI"并回车，得到一致性指数

0.1837；在命令窗口输入"CR"并回车，得到检验一致率数值 0.3168，该数值大于 0.1，故没有通过检验。

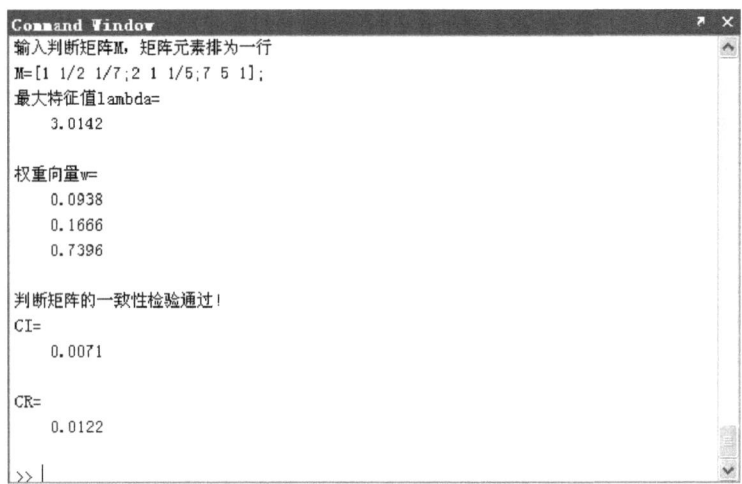

图 15-2-12　检验通过的判断矩阵示例

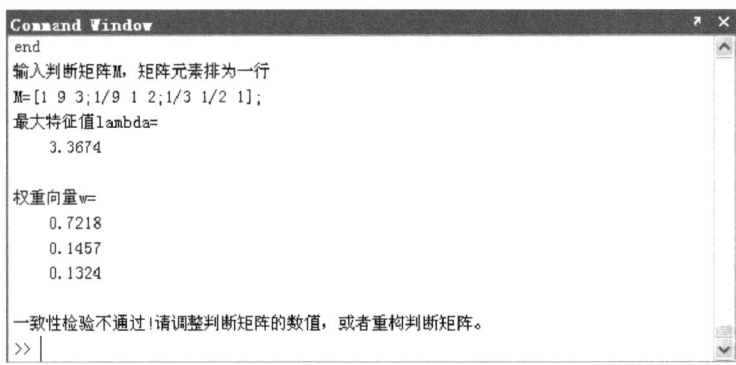

图 15-2-13　未能通过一致性检验的判断矩阵一例

15.3　其他计算途径

15.3.1　方根法

方根法的本质是借助几何平均值估计判断矩阵的最大特征根对应的归一化特征向量。如果利用方根法求解 AHP 模型，则需要利用数组求积函数 prod。按行计算判断矩阵的数组乘积，开 n 次方，得到各行的几何平均值。这里 n 表示判断矩阵的阶次即维数。将几何平均值归一化，即可得到最大特征值对应的特征向量的正规化结果。用判断矩阵乘以归一化特征向量，然后计算数组之和，得到最大特征值的估计值。其余的程序语句与前面给出的计算程序大同小异。M 文件的内容如图 15-3-1 所示，部分运算结果如图 15-3-2 所示。

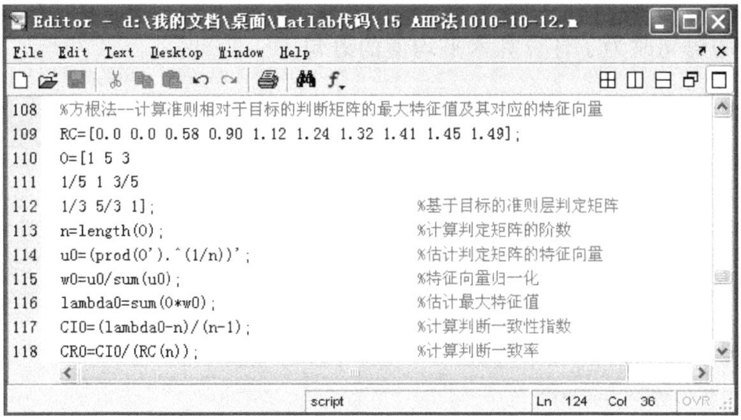


```
%方根法--计算准则相对于目标的判断矩阵的最大特征值及其对应的特征向量
RC=[0.0 0.0 0.58 0.90 1.12 1.24 1.32 1.41 1.45 1.49];
O=[1 5 3
1/5 1 3/5
1/3 5/3 1];                             %基于目标的准则层判定矩阵
n=length(O);                            %计算判定矩阵的阶数
u0=(prod(O').^(1/n))';                  %估计判定矩阵的特征向量
w0=u0/sum(u0);                          %特征向量归一化
lambda0=sum(O*w0);                      %估计最大特征值
CI0=(lambda0-n)/(n-1);                  %计算判断一致性指数
CR0=CI0/(RC(n));                        %计算判断一致率
```

图 15-3-1　基于方根法的计算程序（判断矩阵为 $\boldsymbol{O}$）

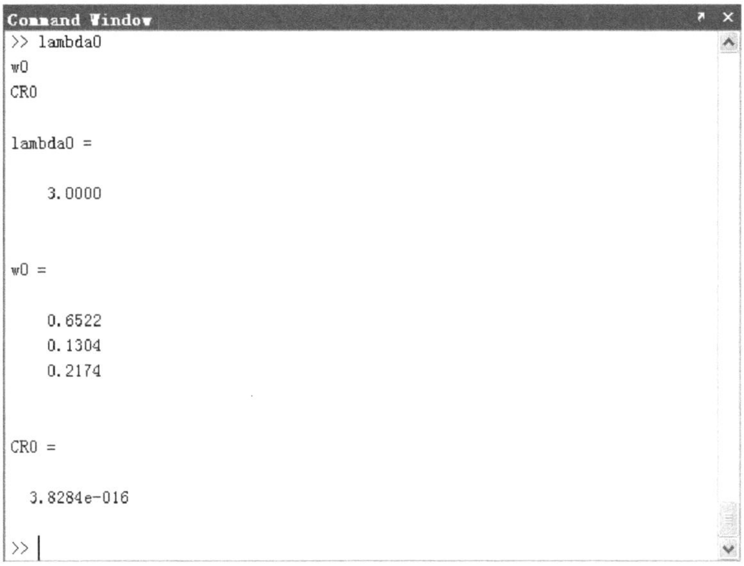


```
>> lambda0
w0
CR0

lambda0 =

    3.0000


w0 =

    0.6522
    0.1304
    0.2174


CR0 =

  3.8284e-016

>>
```

图 15-3-2　基于方根法的部分运算结果（判断矩阵为 $\boldsymbol{O}$）

15.3.2　和积法

和积法的本质是利用算术平均值估计判断矩阵的最大特征根对应的归一化特征向量。借助方根法求解 AHP 模型，需要利用数组平均值函数 mean。按行计算判断矩阵各行的算术平均值，然后将结果归一化，即可得到最大特征值对应的特征向量的正规化估计结果。用判断矩阵乘以归一化特征向量，并计算数组之和，便得到最大特征值的估计值。可见，只需要将图

15-3-1所示的计算程序修改一个语句，即将"u0 = (prod(O').^(1/n))'"改为"u0 =mean(O')'"，就得到和积法的计算代码。基于和积法的 M 文件内容如图 15-3-3 所示，部分运算结果如图 15-3-4 所示。比较图 15-3-1 和图 15-3-3 不难看出，这两个计算程序的区别在于：计算几何平均值的语句改为了计算算术平均值的语句。

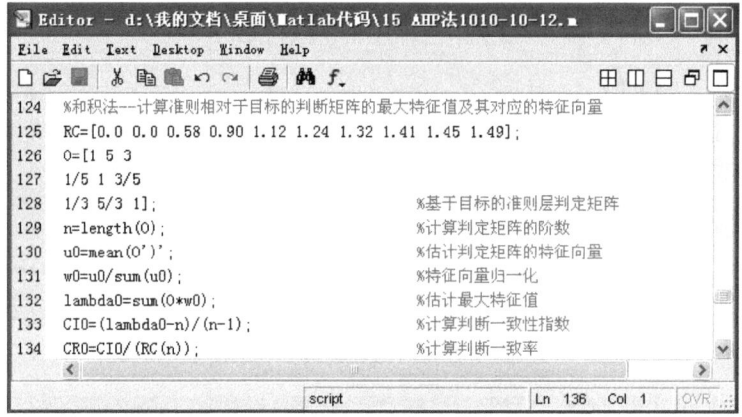

图 15-3-3　基于和积法的计算程序（判断矩阵为 *O*）

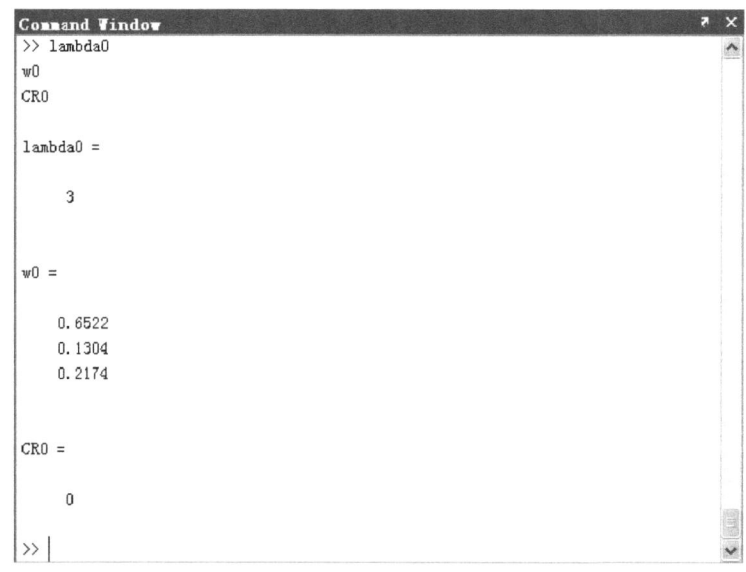

图 15-3-4　基于和积法的部分运算结果（判断矩阵为 *O*）

15.3.3　其他替代方法

利用 Matlab 计算判断矩阵最大特征值及其对应特征向量的方法比较灵活，途径不一而足。例如将图 15-2-1 所示的计算代码稍作修改，化为图 15-3-5 所示计算程序。利用这个程序进行运算，结果如图 15-2-2 显示的完全一样。此外，采用函数 eigs 代替 eig，可以使得前面的计算代码变得更为简单，但相对难懂一些。

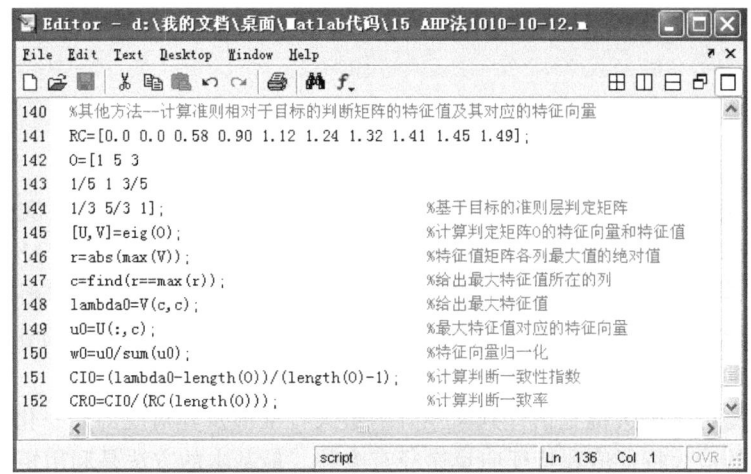

图 15-3-5 第一个计算程序的替代程序（判断矩阵为 O）

15.4 结果解释

层次分析法的要旨就是围绕某个目标，借助一定的判断准则（分析指标）对一系列的方案或者研究对象进行综合评估。准则或者指标的重要性是相对于目标而言的，而方案或者研究对象的重要性则是相对于准则或者指标而言的。人们需要的最终结果是用于评分或者赋权的组合权重。

对于本章的例子，目标（O）乃是国家的社会和政治利益最大化。能源的分配和使用是围绕国家的总体利益来考虑的。对于上述目标来说，经济增长（EG）是第一位的，权重为 0.65 左右；国家安全（NS）是第二位的，权重为 0.22 左右；环境质量（EQ）排第三位，权重约为 0.13。

从经济增长方面看来，第一个用户最为突出，其权重为 0.65 左右；其次是第二个用户，权重为 0.23 左右；再次是第三个用户，权重约为 0.12。

从环境质量看来，第三个用户绝对优先，权重为 0.74 左右；其次是第二个用户，权重为 0.17 左右；第一个用户的权重只有约 0.09。

从国家安全方面看来，第一个用户最为重要，权重为 0.54 左右；第二个用户其次，权重约为 0.3；第三个用户的权重是 0.16 左右。

综合评估结果是，第一个用户的组合权重为 0.55 左右；第二个用户的组合权重为 0.24 左右；第三个用户的组合权重为 0.21 左右（图 15-2-10）。现在，假定国家可以调拨 1 个单位的能源总额，在三大用户中按比例分配，则合理化的分配比例应该是第一个用户分得大约 55% 的能源；第二个用户分得 24% 左右的能源；第三个用户分得大约 21% 的能源。按照这个比例分配能源，可望实现经济增长、环境质量和国家安全三个方面的综合利益最大化。

15.5 小结

借助 Matlab 的矩阵运算函数以及各种相关的函数，可以方便地求解层次分析模型，实现多目标、多准则综合评价，为社会经济问题的决策服务。基于 Matlab 开展 AHP 分析就像开展 Markov 链分析一样，不必编写繁琐的程序，只需调用几个常用的矩阵运算函数即可，容易学习和掌握。只要成功地模仿一个简单的实例，就可以将有关计算过程应用到各自的领域和相关的具体问题中。

层次分析模型的求解关键是估计判断矩阵的最大特征值及其对应的归一化特征向量。利用 Matlab 计算矩阵的最大特征值和特征向量途径有多种。最基本的方法是利用矩阵特征系统计算函数 eig 或 eigs。只需写出一个简单的 M 语句，就可以给出判断矩阵的特征向量和特征值矩阵。利用 eig 编写计算程序的复杂之处在于提取最大特征值及其对应的特征函数。作为近似计算，可以采用方根法或者和积法估计判断矩阵的最大特征值及其对应的特征向量归一化结果。方根法的本质是几何平均值法；和积法的本质是算术平均值法。前者的关键在于计算判断矩阵各行的几何平均值，然后将结果归一化；后者的关键是计算判断矩阵各行的算术平均值，然后将结果归一化。至于计算判断一致率，过程非常简便。AHP 分析成功与否，采用哪种计算方法不是关键，关键在于层次模型的构建以及判断矩阵的合理赋值。

第 16 章

人工神经网络

人工神经网络是仿生数学工具之一，是模拟生物神经元构成的网络而发展的一种数学方法。人们发现，生物进化、生命演化和生理变化等，其本质都是一种计算过程。但是，生物体通过大自然选择发展而来的计算方法要比人类发明的数学方法高明很多。特别是在非线性系统分析和复杂的选择和优化方面，生物的自然计算要比人类的逻辑计算更为实用和有效。于是，元胞自动机、人工神经网络、遗传算法、人工生命等数学方法和复杂性理论应运而生。Matlab是神经网络建模的最佳工具之一，而神经网络建模也是 Matlab 强大功能的一种体现。由于人工神经网络理论已经成为一个庞大的体系，而 Matlab 也为神经网络建模和分析方发展了一整套工具箱，在有限的篇幅范围内，不可能一一讲解有关知识。因此，本章将借助实例，着重讲述一些具有代表性的模型建设方法，并将这些方法与前面学过的知识联系起来，以便帮助读者理解人工神经网络模型构建的基本思路和操作方法。

16.1 简单的线性网络

16.1.1 单输入–单输出：对应于一元线性回归

首先，考虑一个一元线性回归的例子——某地区最大积雪深度和灌溉面积的关系。为了估计山上积雪溶化后对山下农业灌溉的影响，在当地建立观测站，测得连续 10 年的最大积雪深度和灌溉面积数据（表 16-1-1）。利用这些观测数据建立线性神经网络模型，就可以借助得到的积雪深度数据（如 27.5 m），预测当年当地的灌溉面积。原始数据来源参见第 1 章。

表 16-1-1 最大积雪深度与灌溉面积的 10 年观测数据及其处理结果

年份	最大积雪深度 x/m	灌溉面积 $y/10^3$ 亩	$(x/10)$/m	$(y/10)$/万亩
1971	15.2	28.6	1.52	2.86
1972	10.4	19.3	1.04	1.93
1973	21.2	40.5	2.12	4.05

续表

年份	最大积雪深度 x/m	灌溉面积 $y/10^3$ 亩	$(x/10)$/m	$(y/10)$/万亩
1974	18.6	35.6	1.86	3.56
1975	26.4	48.9	2.64	4.89
1976	23.4	45.0	2.34	4.50
1977	13.5	29.2	1.35	2.92
1978	16.7	34.1	1.67	3.41
1979	24.0	46.7	2.40	4.67
1980	19.1	37.4	1.91	3.74

这是一个最简单的单输入(x)-单输出(y)线性网络模型,网络结构如图 16-1-1 所示。讲述这个例子的目的在于它简单,可以与前面的一元线性回归分析进行类比。Matlab 的神经网络训练对数据量纲有要求,如果采用表 16-1-1 中的原始数据作为输入和输出变量,计算过程不收敛,或者不能收敛到正确的位置。因此,不妨将原始变量全部除以大于 1 的常数 c,估计模型参数之后再将数值还原。这样,输入函数是一个线性方程

$$s = w\left(\frac{x}{c}\right) + \theta \tag{16-1-1}$$

输出函数也是线性方程

$$y = c * s = wx + c\theta \tag{16-1-2}$$

在上面的表达式中,考虑了变量的量纲处理。特别提示的是,在一般教科书中,阈值前面用负号,但 Matlab 的阈值前面为正号形式。表现方法存在差异,实际建模效果没有不同。

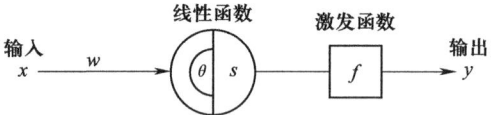

图 16-1-1 单输入-单输出的线性网络结构示意图

建模的步骤如下:①变量单位统一改变。为了计算过程的收敛,有必要改变数据的量纲,最简单的处理是将 x 和 y 分别除以 10。②网络构建。借助函数 newlin 定义一个单输出的线性层(linear layer)。③指定训练次数。借助函数 net.trainParam.epochs 确定训练次数。为了与前面的线性回归分析对比,最大迭代次数规定为 3 000 次。如果迭代 2 000 次,其结果与线性回归分析得数在 4 位小数内有误差。④仿真过程并绘图。调用函数 sim 即可。⑤点线匹配。利用函数 plot 或者函数 scatter 绘制散点图,并将仿真结果作为趋势线添加到坐标图中,以便考察模

型效果。⑥输出参数值。利用函数 net.iw 和函数 net.b 将权数和阈值的估计结果显示出来，以便建立模型。⑦预测。假定 1981 年的山上最大积雪深度为 27.5 m，预测当年的灌溉面积。上述建模的 Matlab 代码如图 16-1-2 所示。从网络训练过程的曲线图可以看到，计算结果最终在一定精度要求的条件下或者在一定误差的容许范围内收敛（图 16-1-3）。从点、线匹配效果看来，与基于线性回归分析的添加趋势线后的散点图没有区别（图 16-1-4）。

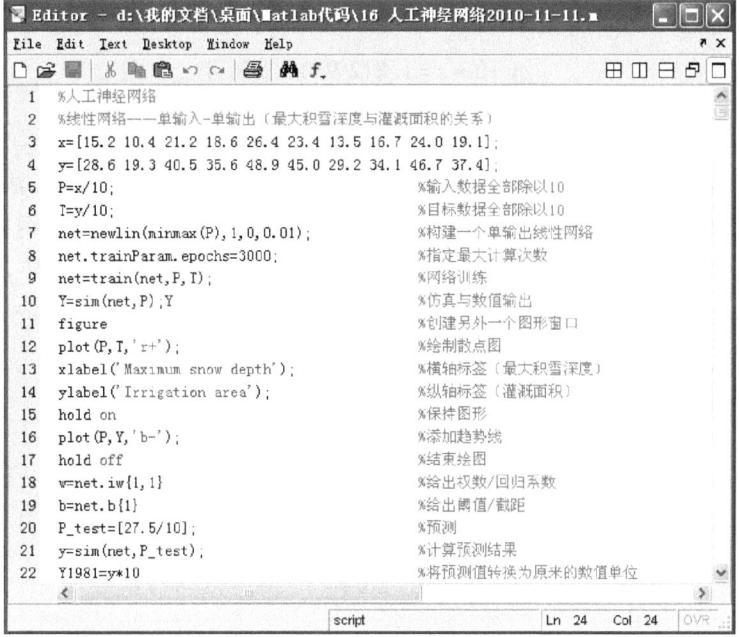

图 16-1-2 单输入-单输出线性网络建模的代码

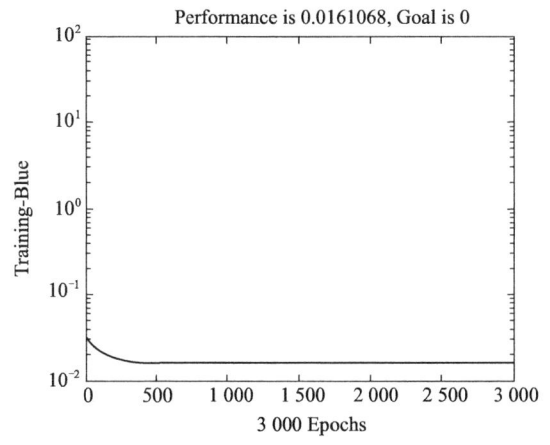

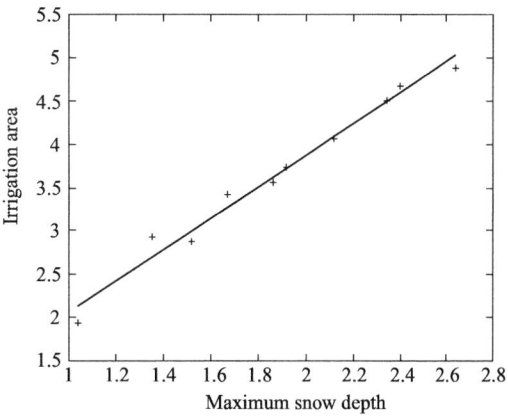

图 16-1-3 收敛的单输入-单输出线性
　　　　　网络训练过程曲线图（3 000 次）

图 16-1-4 最大积雪深度与灌溉面积的
　　　　　线性网络仿真效果图（1971—1980 年）

参数值输出结果为权重 $w=1.812\,9$；阈值 $b=0.235\,64$。模型预测结果为 $Y_{1981}=52.211\,8$，即约 5.221 2 万亩。根据权重和阈值估计结果，容易建立数学模型。输入函数为

$$s=1.812\,9\left(\frac{x}{10}\right)+0.235\,64$$

输出函数则为

$$y=10*s=1.812\,9x+2.356\,4$$

借助一元线性回归分析，可以得到完全相同的结果（参阅第 1 章）。

可是，如果原始数据的量纲不改变，则训练过程不收敛，最终无法得出计算结果（图 16-1-5）。进一步的试验表明，线性网络训练主要对输入变量的量纲有要求。只要将最大积雪深度全部除以 10 就可以了，灌溉面积的单位可以不改变。这样，输入函数可以表示为

$$s=w\left(\frac{x}{c}\right)+\theta \qquad (16-1-3)$$

输出函数更为简单

$$y=s=\frac{w}{c}x+\theta \qquad (16-1-4)$$

对此，改变一下相应的语句即可，最终建模结果完全一样。

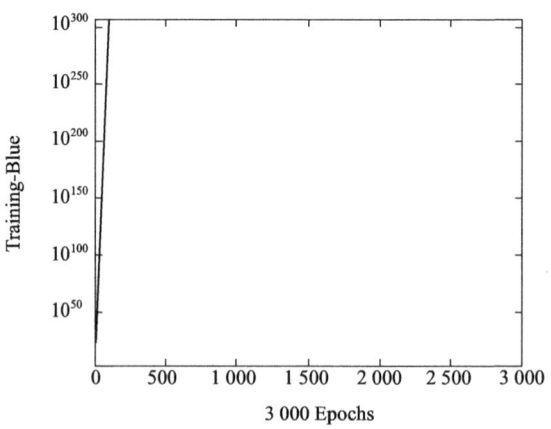

图 16-1-5　发散的单输入-单输出线性网络训练过程曲线图（3 000 次）

16.1.2 多输入-单输出：对应于多元线性回归

接下来考察一个多元线性回归的例子——为了考察工业、农业和固定资产投资对交通运输业的影响，利用线性神经网络模型分析某省1970—1987年共18年的产值数据并建立模型。原始数据来源参见第2章（表16-1-2）。

表16-1-2　某省18年的工业产值、农业产值、固定资产投资和运输业产值数据　（单位：亿元）

年份	工业产值 x_1	农业产值 x_2	固定资产投资 x_3	$x_1/40$	$x_2/40$	$x_3/40$	运输业产值 y
1970	57.82	27.05	14.54	1.445 5	0.676 3	0.363 5	3.09
1971	58.05	28.89	16.83	1.451 3	0.722 3	0.420 8	3.40
1972	59.15	33.02	12.26	1.478 8	0.825 5	0.306 5	3.88
1973	63.83	35.23	12.87	1.595 8	0.880 8	0.321 8	3.90
1974	65.36	24.94	11.65	1.634 0	0.623 5	0.291 3	3.22
1975	67.26	32.95	12.87	1.681 5	0.823 8	0.321 8	3.76
1976	66.92	30.35	10.80	1.673 0	0.758 8	0.270 0	3.59
1977	67.79	38.70	10.93	1.694 8	0.967 5	0.273 3	4.03
1978	75.65	47.99	14.71	1.891 3	1.199 8	0.367 8	4.34
1979	80.57	54.18	17.56	2.014 3	1.354 5	0.439 0	4.65
1980	79.02	58.73	20.32	1.975 5	1.468 3	0.508 0	4.78
1981	80.52	59.85	18.67	2.013 0	1.496 3	0.466 8	5.04
1982	86.88	64.57	25.34	2.172 0	1.614 3	0.633 5	5.59
1983	95.48	70.97	25.06	2.387 0	1.774 3	0.626 5	6.01
1984	109.71	81.54	29.69	2.742 8	2.038 5	0.742 3	7.03
1985	126.50	94.01	43.86	3.162 5	2.350 3	1.096 5	10.03
1986	138.89	103.23	48.90	3.472 3	2.580 8	1.222 5	10.83
1987	160.56	119.33	60.98	4.014 0	2.9833	1.524 5	12.90

这个问题可以建立一个多输入 (x_1, x_2, x_3) -单输出 (y) 线性网络模型，网络结构如图16-1-6所示。输入函数为多元线性方程式，即

$$s = w_1 x_1 + w_2 x_2 + w_3 x_3 + \theta \tag{16-1-5}$$

输出函数为线性比例函数

$$y = ks = s \tag{16-1-6}$$

式中，比例系数 $k=1$。

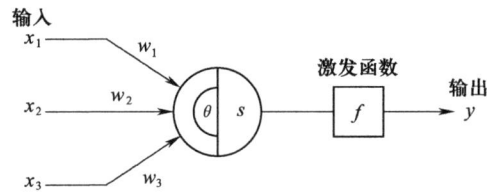

图 16-1-6　多输入-单输出的线性网络结构示意图

为了计算过程的收敛，需要改变输入变量的量纲。但是，既不能改变太大，也不宜改变太小。试验表明，将输入变量的数值限定在 0.1 到 10 之间比较合适。根据原始数据的特征，经过多次试验发现，用自变量 x_j（$j=1$，2，3）除以 40 最为合适；y 值可不变，也可以除以 40。如果输入变量除以 35 或者更小的数值，则计算过程不能收敛；如果除以 50 乃至更大的数值，则计算虽收敛，但收敛速度要慢一些。如果输出变量 y 也改变量纲，如除以 40，则收敛的位置未必合适。可见，在人工神经网络建模过程中，输入和输出数据的处理是很有技巧的，这需要研究者具备足够的模型建设经验。

调试好计算程序之后，就可以正式计算结果。上述问题的线性神经网络代码如图 16-1-7 所示。训练过程曲线图表明计算收敛（图 16-1-8），仿真曲线与原始数据的散点匹配关系则反映了模型建设效果（图 16-1-9）。

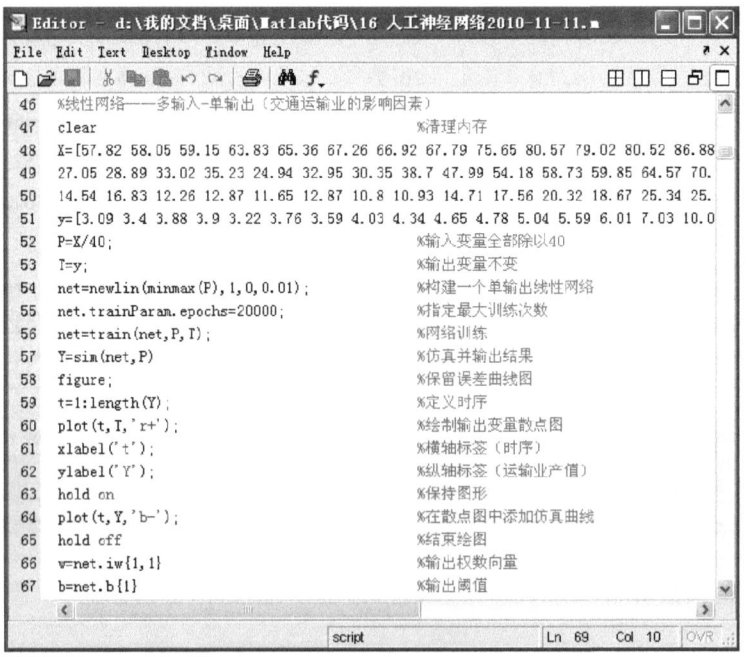

图 16-1-7　多输入-单输出线性网络建模的代码

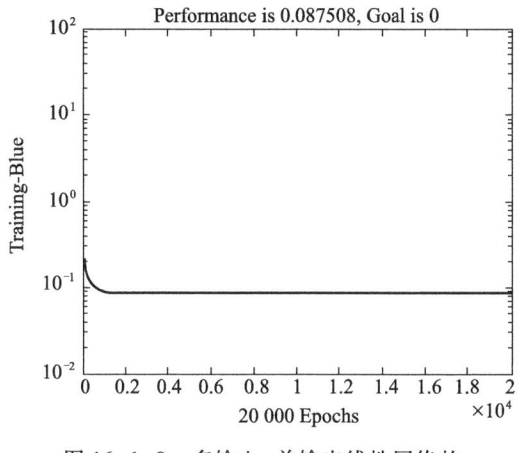

图 16-1-8　多输入-单输出线性网络的　　　图 16-1-9　某省交通运输业影响因素的线性
训练过程曲线图（20 000 次）　　　　　　　网络仿真效果图（1971—1980 年）

从参数估计结果可以看到，权重向量为 $w=[2.213\ 0\quad -0.160\ 7\quad 3.627\ 8]$，阈值为 $b=-1.004\ 4$。仿真结果给出的输入函数为

$$s = 2.213\ 0\left(\frac{x_1}{40}\right) - 0.160\ 7\left(\frac{x_2}{40}\right) + 3.627\ 8\left(\frac{x_3}{40}\right) - 1.004\ 4$$

将其代入输出函数，经过整理得到

$$y = s = 0.055\ 3x_1 - 0.004\ 0x_2 + 0.090\ 7x_3 - 1.004\ 4$$

注意，上面的结果是在 Matlab 中连续计算得出，而不是以 4 位小数估计得到。与第 2 章对比可知，转换后的权数就是回归系数；阈值就是回归模型的截距。

16.2　感知器和 M-P 模型

16.2.1　感知器的判别功能

人工神经网络模型的功能之一就是分类与判别。借助 Matlab，可以方便地建立人工神经网络的感知器（perceptron），即 McCulloch-Pitts 网络模型，简称"M-P 模型"。下面借助简明的案例具体说明。

第一个要解决的问题——两类国家的判别分析。数据来源于联合国开发计划署（UNDP）发表的《2000 年人类发展报告》（参见第 7 章）。UNDP 报告采用出生时预期寿命、成人识字率、人均地区生产总值（GDP）等指标将全世界的国家分为三类：高人类发展水平、中等人类发展水平和低人类发展水平。为了简明起见，不妨分析其中两类国家：第一类为高人类发展水平国家（抽取 6 个国家作为训练样品，用 1 表示类别），第二类为中等人类发展水平国家（抽取 8 个国家作为训练样品，用 0 表示类别）。另外，从第一类和第二类国家中抽取 4 个国家作为待判样品。选用三个指标：出生时预期寿命（x_1）、成人识字率（x_2）和人均 GDP（x_3）（表 16-2-1）。

表 16-2-1 18 个国家的样本类别和分析变量（1998 年）

样品序号	国家名称	输入变量			目标输出	
		出生时预期寿命	成人识字率	人均 GDP	类别表示 1	类别表示 2
1	加拿大	79.1	99.0	23 582	1	0
2	美国	76.8	99.0	29 605	1	0
3	日本	80.0	99.0	23 257	1	0
4	瑞士	78.7	99.0	25 512	1	0
5	阿根廷	73.1	96.7	12 013	1	0
6	阿拉伯联合酋长国	75.0	74.6	17 719	1	0
7	古巴	75.8	96.4	3 967	0	1
8	俄罗斯	66.7	99.5	6 460	0	1
9	保加利亚	71.3	98.2	4 809	0	1
10	哥伦比亚	70.7	91.2	6 006	0	1
11	格鲁吉亚	72.9	99.0	3 353	0	1
12	巴拉圭	69.8	92.8	4 288	0	1
13	南非	69.4	77.8	4 036	0	1
14	埃及	66.7	53.7	3 041	0	1
待判样品	瑞典	78.7	99.0	20 659	1	0
	希腊	78.2	96.9	13 943	1	0
	罗马尼亚	70.2	97.9	5 648	0	1
	中国	68.0	82.8	3 105	0	1

需要解决的问题是，基于训练样本的已知类别对待判样品进行判别和归类。训练样本中的 14 个国家分为两大类，待判样品的国家也分别属于这两大类。对于这种三变量、单输出的判别问题，可以借助 M-P 模型处理，结构如图 16-1-6 所示，但数学表达与线性网络不一样。输入函数为

16.2 感知器和 M-P 模型

$$s = w_1 x_1 + w_2 x_2 + w_3 x_3 + \theta \qquad (16-2-1)$$

输出函数为阶梯函数

$$y = \begin{cases} 1, & s \geqslant s_c \\ 0, & s < s_c \end{cases} \qquad (16-2-2)$$

式中，s_c 为平均值或者某种临界值。关键在于，如何利用 Matlab 估计模型参数，将待判样品的国家类型识别出来。

输入变量是训练样本的三个变量——表 16-2-1 中的 3 列 14 行的结果。目标输出变量则是训练样本中各个样品的类别，可以表示为

$$T = [1\ 1\ 1\ 1\ 1\ 1\ 0\ 0\ 0\ 0\ 0\ 0\ 0\ 0]$$

也可以采用如下表示

$$T = [0\ 0\ 0\ 0\ 0\ 0\ 1\ 1\ 1\ 1\ 1\ 1\ 1\ 1]$$

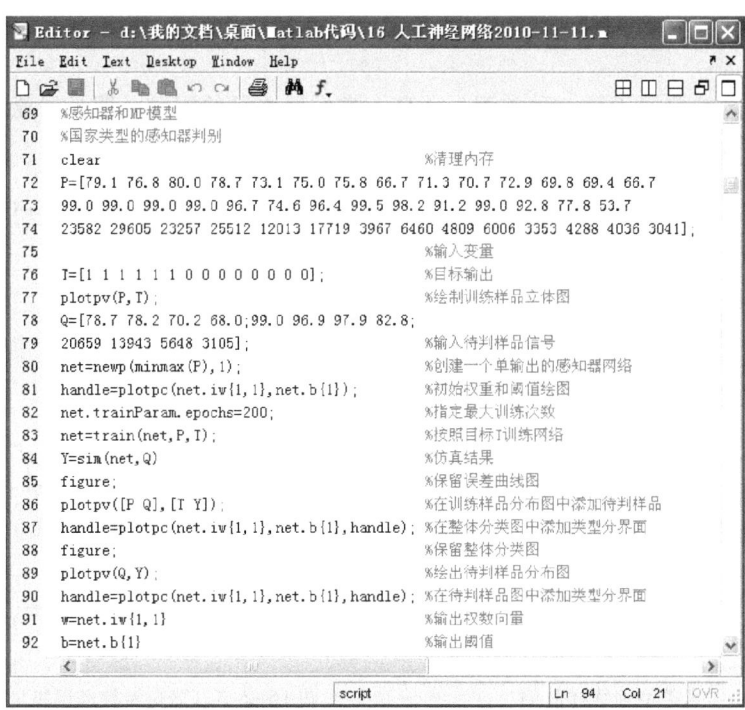

图 16-2-1 国家类型判别感知器的神经网络代码

上面两种目标输出任选一个。然后借助感知器网络函数 newp 定义一个 M-P 网络。训练函数 train 的调用，训练次数的指定，都与线性网络建模类似。不过，数值仿真过程不是基于训练样本的输入变量，而是基于待判样品的输入变量。M-P 模型建设的代码如图 16-2-1 所示。运行之后，利用权数和阈值构建如下输入函数

$$s = -12\,320.3x_1 - 17\,098.9x_2 + 303.0x_3 - 178$$

输出函数则为

$$y = \begin{cases} 1, & s \geq 0 \\ 0, & s < 0 \end{cases}$$

根据这个模型，第一类国家的 s 值都大于 0；第二类国家的 s 值小于 0。

感知器的建模和分析过程可以采用图形直观地表示。不妨用 1 表示高人类发展水平的国家类型，在图形中可用"+"代表；相应地，中等人类发展水平的国家类型用 0 表示，在图形中则用"○"代表。图 16-2-2 显示了训练样本的两种类别的样品。仿真过程曲线表明，根据指定精度要求，迭代 53 次计算收敛（图 16-2-3）。仿真识别结果如下

$$\boldsymbol{Y} = \begin{bmatrix} 1 & 1 & 0 & 0 \end{bmatrix}$$

这就是说，瑞典、希腊属于第一种类型——高人类发展水平的国家；罗马尼亚和中国属于第二种类型——中等人类发展水平的国家。

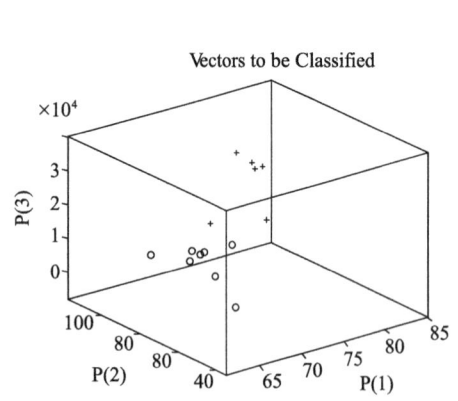

图 16-2-2 国家类型训练样品的立体分类图（14 个国家分为两类）

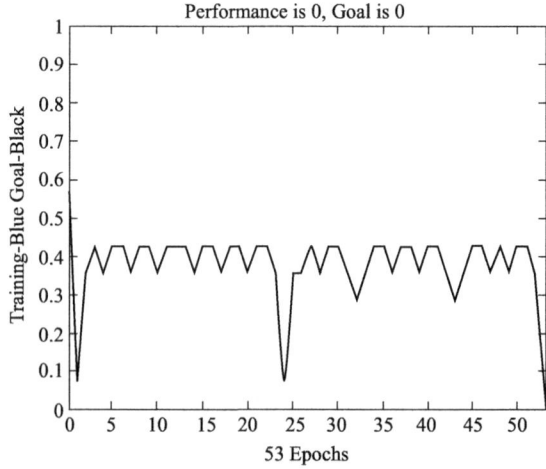

图 16-2-3 感知器神经网络训练过程的误差曲线（迭代 53 次收敛）

如果绘制训练样品的立体分类图，则判别和归类结果一目了然（图 16-2-4a）。对应于训练样本立体分类图，这个图中的十字符号"+"代表高人类发展水平的国家，圆圈符号"○"则代表中等人类发展水平的国家。在图中添加两种类型的分割界面，则只显示高人类发展水平的国家（图 16-2-4b）。

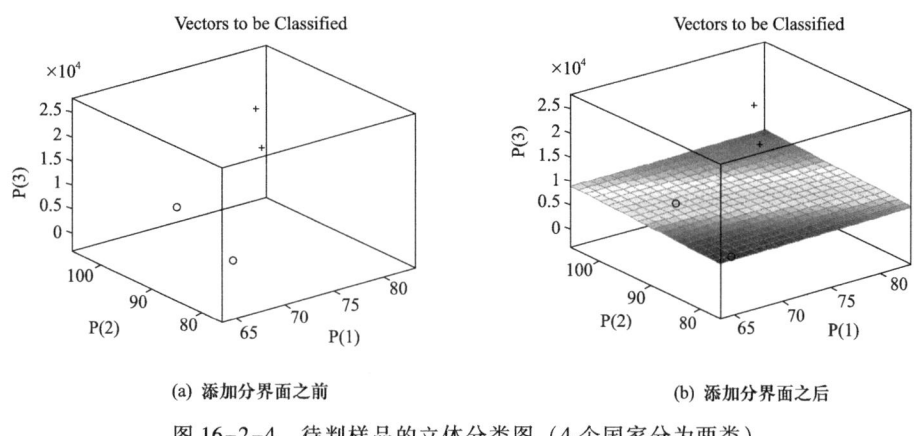

(a) 添加分界面之前　　　　　　　　(b) 添加分界面之后

图 16-2-4　待判样品的立体分类图（4 个国家分为两类）

如果将待判样品添加到训练样本立体分类图中，则可以直观地显示全部训练样品和待判样品的分类图景（图 16-2-5a）。如果画出分隔界面，则中等人类发展水平的国家的符号隐而不见（图 16-2-5b）。

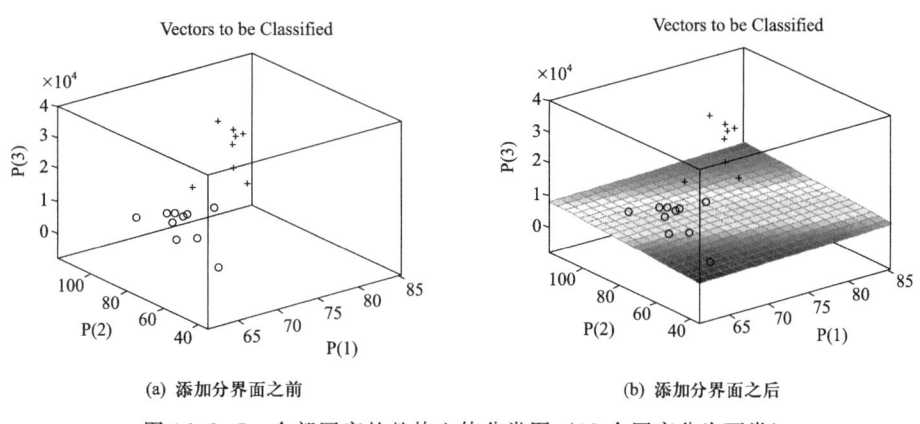

(a) 添加分界面之前　　　　　　　　(b) 添加分界面之后

图 16-2-5　全部国家的整体立体分类图（18 个国家分为两类）

16.2.2　感知器与自适应网络

如果基于感知器建立一个自适应分类网络模型，则可以直观地看到分类界面的调整和适应过程。为了计算过程快速收敛到正确的位置，首先对数据进行"规范化"处理（图 16-2-6）。

370 第16章 人工神经网络

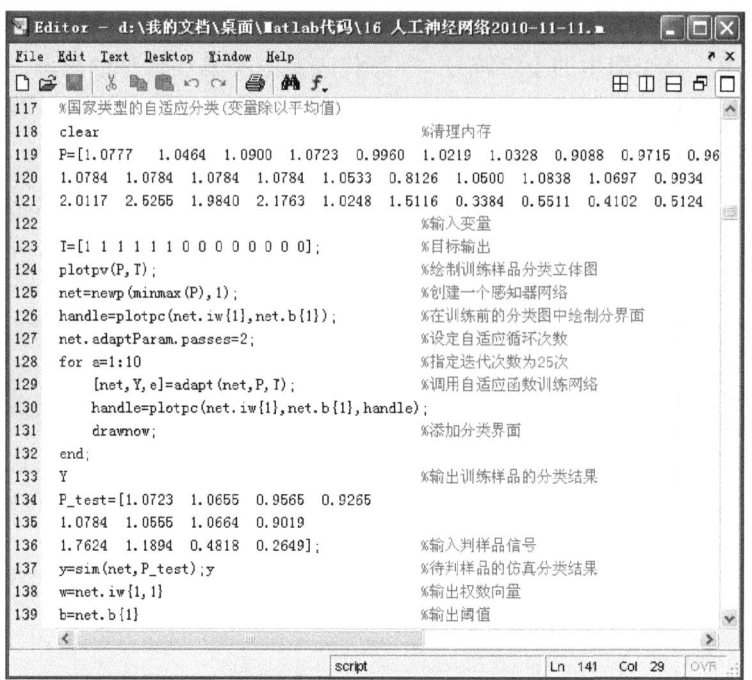

图 16-2-6　基于感知器自适应网络的国家分类代码（变量除以平均值）

第一种处理方式，将训练样本和待判样本合在一起，用变量除以各自的标准差；第二种处理方式，将训练样本和待判样本合在一起，用变量除以各自的平均值；第三种处理方式，第一个变量（出生时预期寿命）和第二个变量（成人识字率）分别除以 10，第三个变量（人均 GDP）除以 10 000。通过上述变量处理，减少迭代次数和自适应次数。如果采用原始数据，需要迭代 290 次左右，自适应大约 40 次。采用规范化处理后的数据，迭代 5～25 次，自适应 1～2 次即可。其中，以除以平均值后的变量的效果最好。如果采用原始变量，则训练次数不得少于 280 次，否则无法稳定地收敛到正确的位置，从而预报结果不正确（图 16-2-7）。通过添加分类界面的动态过程可了解神经网络的分类运算过程（图 16-2-8）。

运行自适应网络分类代码，训练样本中 14 个样品的再分类预报结果表示如下

$$Y = \begin{bmatrix} 1 & 1 & 1 & 1 & 1 & 1 & 0 & 0 & 0 & 0 & 0 & 0 & 0 & 0 \end{bmatrix}$$

4 个待判样品的归类结果为

$$y = \begin{bmatrix} 1 & 1 & 0 & 0 \end{bmatrix}$$

提取权数和阈值，得到如下输入函数

$$s = -1.370\ 8x_1 - 1.538\ 9x_2 + 8.166\ 3x_3 - 2$$

图 16-2-7　基于感知器自适应网络的国家分类代码（原始数据已经保存）

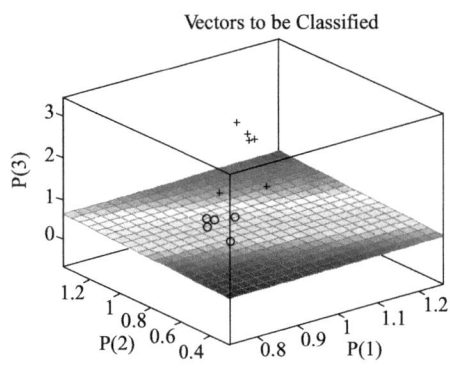

图 16-2-8　基于自适应网络的训练样本的分类立体图和分类界面

相应地，输出函数表示为

$$y = \begin{cases} 1, & s \geq 0 \\ 0, & s < 0 \end{cases}$$

按照这个模型，第一类国家的 s 值均为正数；第二类国家的 s 值都是负数。

16.2.3 基于聚类分析的感知器判别

第二个要解决的问题——日本福冈甜橘引种的区位选择。有人希望将日本福冈甜橘引种中国，候选地点为合肥、武汉、长沙、桂林、温州和成都。用于分析的变量有5个：年平均气温、年平均降水量、年日照时数、年极端最低气温和一月平均气温。原始数据来源参阅第6章（表16-2-2）。解决上述问题的方法有多种，因子分析为其中之一，聚类分析是其中之二，神经网络也是一种可以考虑的分析方法。下面基于因子得分，采用神经网络的 M-P 模型进行判别和归类。福冈与哪些城市归为一类，这些城市就是应该优先考虑的引种地方。

表 16-2-2 中国6个城市和日本福冈的5种气候指标

城市	年平均气温/℃	年平均降水量/mm	年日照时数/h	年极端最低气温/℃	一月平均气温/℃
合肥	15.7	970	2 209	−20.6	1.9
武汉	16.3	1 260	2 085	−17.3	2.8
长沙	17.2	1 422	1 726	−9.5	4.6
桂林	18.8	1 874	1 709	−4.9	8.0
温州	17.9	1 698	1 848	−4.5	7.5
成都	16.3	976	1 239	−4.6	5.6
福岗	16.2	1 492	2 000	−8.2	6.2

这是一个非常简单的案例，变量和样品数目都很少，不通过一定的数学方法，直接分析原始数据表就可以得出结论。可以看到，合肥和武汉有一个共性，那就是年极端最低气温都很低。对于植物的引种而言，极端气候条件可能是"木桶的最短板"，福冈甜橘可能因为不能经过极端最低气温而无法存活。此外，成都在年均降水量方面与合肥很接近，而福冈在年均降水量方面与武汉比较接近，而年日照时数方面则与合肥和武汉比较接近。在5个气候变量中，年均降水量和年日照时数的数量级远大于3个气温方面的变量。因此，如果数据不加标准化处理，福冈可能与武汉和合肥聚为一类。桂林和温州的5项指标都比较接近，最有可能聚为一类。长沙与桂林、温州相对靠近一些，而成都的归类可能比较模糊。

首先，将原始数据标准化；然后，采用系统聚类法对中国的6个城市进行分类，并指定聚为两类（图16-2-9）。运算结果是

$$T = [1 \quad 1 \quad 2 \quad 2 \quad 2 \quad 2]$$

这意味着合肥和武汉属于第一类（用顺序变量1表示），长沙、桂林、温州和成都属于第二类（用顺序变量2表示）。接下来，借助神经网络模型判断福冈属于上述两类城市的哪一类。

16.2 感知器和 M-P 模型　373

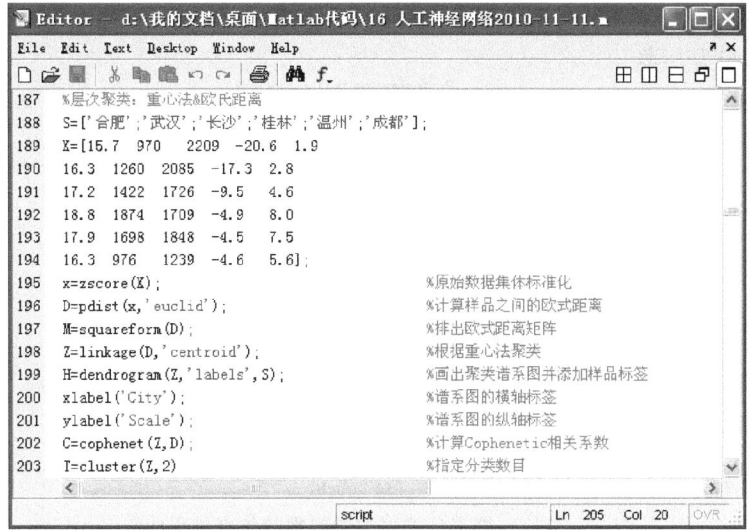

图 16-2-9　基于欧式距离和重心法的城市聚类代码

以中国 6 个城市的 5 个变量为输入信号，以系统聚类分析结果为目标输出，写一个感知器识别代码（图 16-2-10）。考虑到感知器模型主要是对 0、1 信号反应敏锐，需要将分类结果的顺序变量改为分类变量，表示如下

$$T = \begin{bmatrix} 1 & 1 & 0 & 0 & 0 & 0 \end{bmatrix}$$

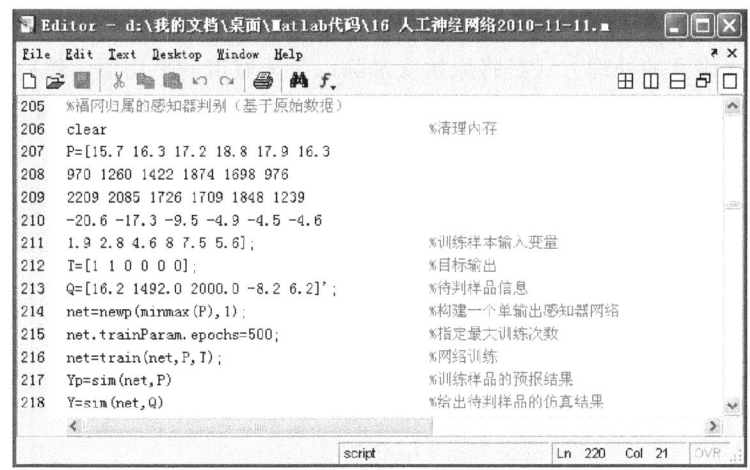

图 16-2-10　城市归类判别的感知器代码

如果神经网络模型输出的待判样品信号为 1，则福冈属于第一类；如果输出的待判样品信号为 0，则福冈属于第二类。参照前面的方法，建立一个感知器判别模型，仿真过程迅速收敛（图 16-2-11）。输出结果是 $Y = 0$，即福冈属于第二类，与长沙、桂林和温州等属于一类。对

照原始数据表可以看出，这个结果是符合实际的。不论怎样，福冈不宜与存在明显极端气候条件的武汉和合肥归为一类。

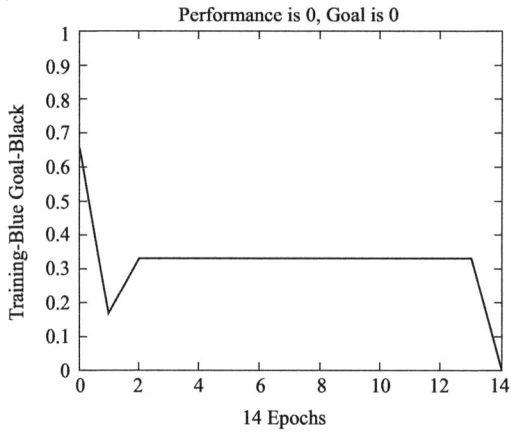

图 16-2-11　城市分类感知器判别的仿真过程曲线

可是，成都的情况比较特殊。在有些分类过程中，成都与合肥、武汉归为一类，而长沙与桂林、温州聚为一类。于是，目标输出信号变为 $T = \begin{bmatrix} 1 & 1 & 0 & 0 & 0 & 1 \end{bmatrix}$。在这种情况下，上面的感知器模型就不能做出正确的判断，它会将福冈与武汉、合肥、成都判为一类。反复试验表明，在采用原始数据的情况下，感知器判别结果不稳定。如果将原始变量标准化，得到的结果依然不尽如人意。但是，如果将原始变量分别除以各自的标准差，然后再采用感知器识别，福冈的归类正确。可是，如果成都依然放在第二类，即目标信号改回为 $T = \begin{bmatrix} 1 & 1 & 0 & 0 & 0 & 0 \end{bmatrix}$，则基于除以标准差的变量分析不再正确。

一个比较令人满意的处理方式是将原始变量除以 7 个城市的平均值，然后再建立感知器模型，效果较好（图 16-2-12）。此时无论成都属于哪一类，福冈的归属都与合肥、武汉分开。训练过程曲线之一如图 16-2-13 所示。

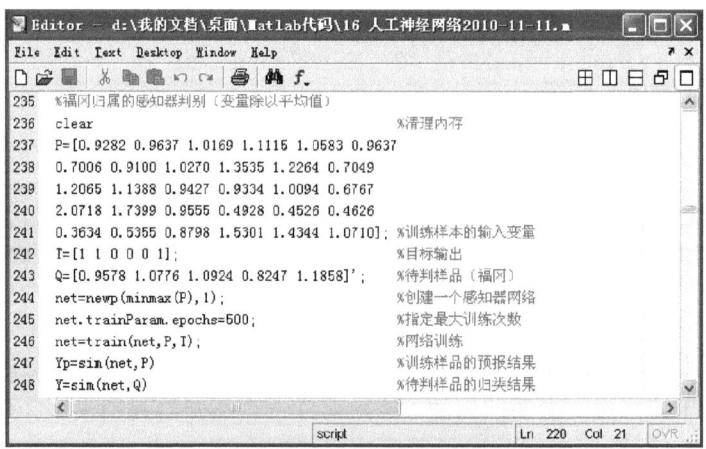

图 16-2-12　调整后的城市归类感知器代码

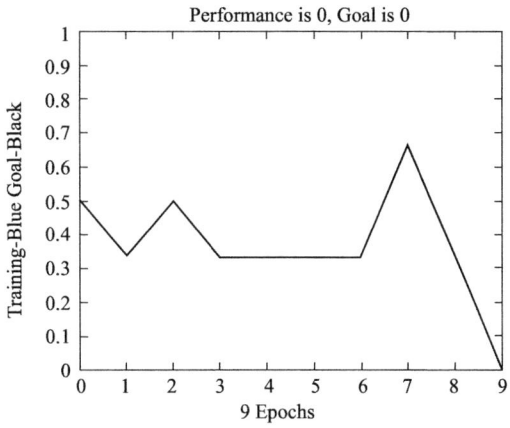

图 16-2-13　变量除以平均值之后的感知器判别仿真过程曲线

16.2.4　基于主成分分析的感知器判别

基于主成分分析或者因子分析，也可以建立 M-P 网络进行判别分析（图 16-2-14）。首

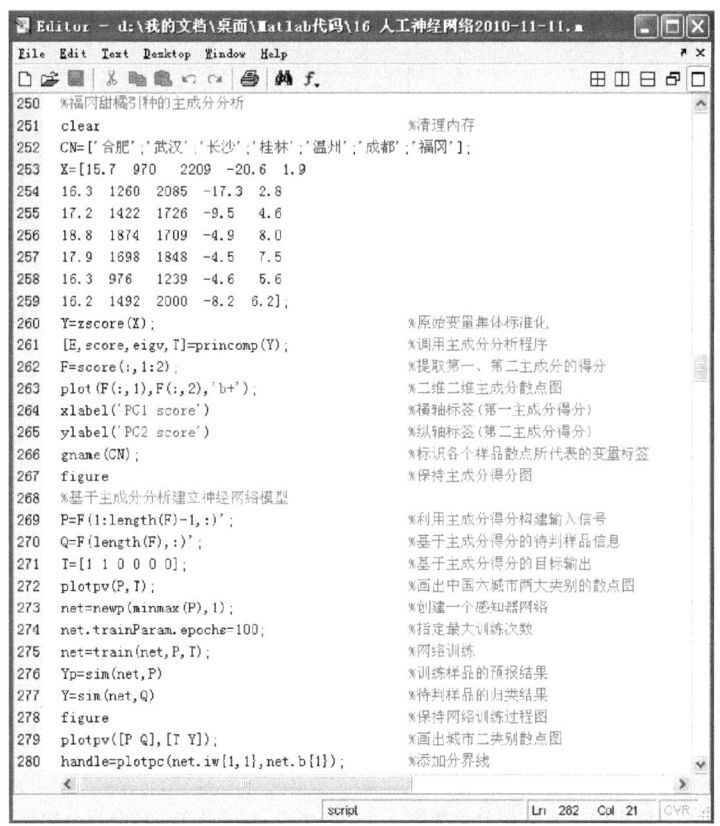

图 16-2-14　7 个城市的主成分分析和网络训练代码

先，借助主成分分析得分对 6 个城市或者 7 个城市进行分类。从主成分分析的结果来看，提取两个主成分可以保持原始变量的大约 94.66% 的信息。从主成分得分图可以看出，合肥、武汉位于第二主轴的左边，属于第一主成分得分为负的一类；其余城市位于第二主轴的右边，属于第一主成分得分为正的一类（图 16-2-15）。福冈贴近第二主轴线，类别难以确定。于是，中国 6 个城市可以分为两类。以中国 6 个城市的主成分得分为输入信号，以福冈的主成分得分为待判样品信息，目标输出向量表示为 $T=[1\ \ 1\ \ 0\ \ 0\ \ 0\ \ 0]$。运行图 16-2-14 所示的计算代码，首先弹出主成分得分图，并且显示十字线，要求在图上标注各个样品的名称。无论是否愿意标注，回车之后，就会弹出网络训练过程曲线图（图 16-2-16）、中国 6 个城市的分类图（图 16-2-17）以及福冈判别归属图（图 16-2-18）。其中，城市分类图与主成分得分图具有相同的结构，因为它们原本就是基于主成分得分绘制而成。

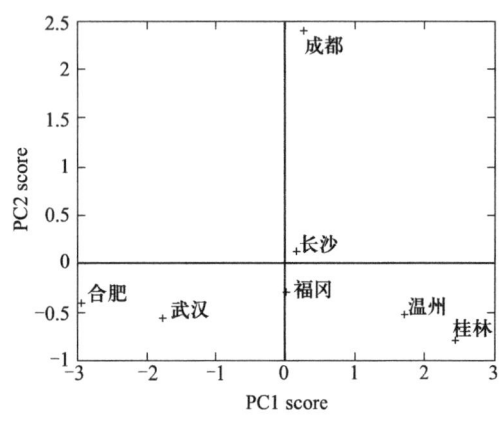

图 16-2-15　7 个城市的主成分得分图

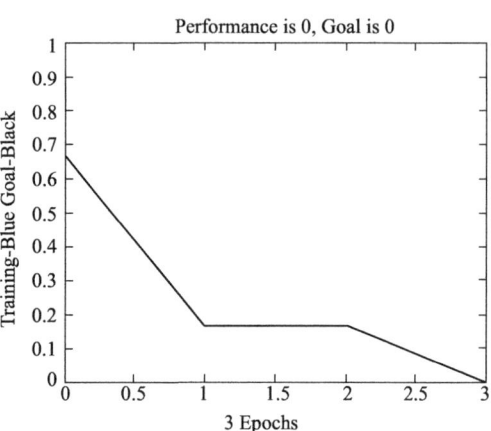

图 16-2-16　基于主成分得分的训练过程曲线图

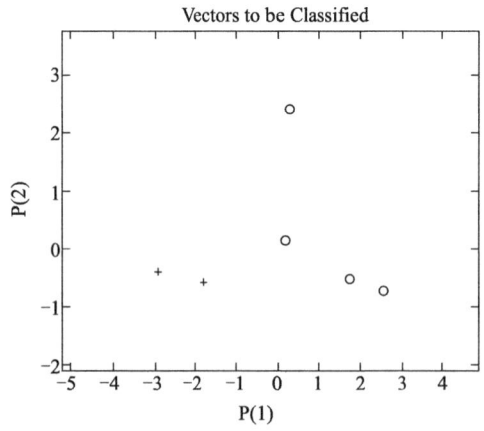

图 16-2-17　中国 6 个城市的主成分得分分类图

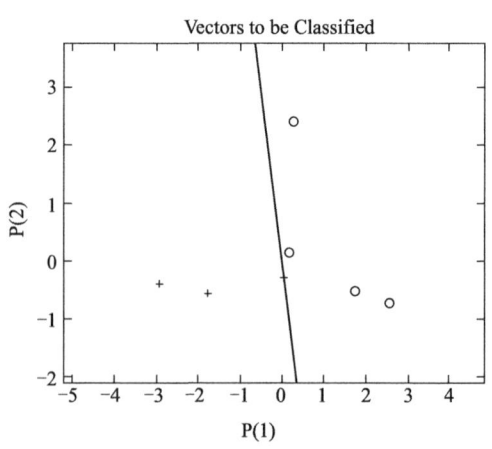

图 16-2-18　基于主成分得分的福冈感知器判别归属图

训练过程迅速收敛,输出结果是 $Y=1$,即福冈判归合肥、武汉类(图 16-2-18)。根据原始数据分析可知,这个结论不太符合实际。问题可能在于,主成分包含的变量结构不够清晰。

进一步借助因子分析进行分类和判别。为了方便起见,不妨借助 SPSS 开展因子分析,首先从相关系数矩阵出发求主因子解,然后进行方差极大正交旋转,并提取特征值大于 1 的两个公因子(图 16-2-19)。根据旋转得分,可以将中国 6 个城市分为如下两类:合肥、武汉、成都属于第一类;长沙、桂林、温州属于第二类。福冈在第二类中。接下来,以这两个旋转后的公因子得分代替主成分得分作为 M-P 网络模型的输入变量以及训练样品信号,目标输出为 $T=[1\ 1\ 0\ 0\ 0\ 1]$(图 16-2-20)。

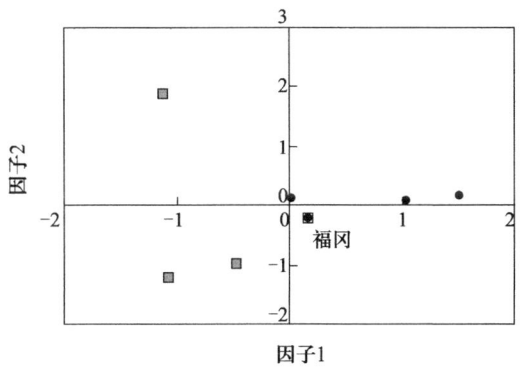

图 16-2-19 方差极大正交旋转因子得分散点图

图 16-2-20 基于旋转后因子得分的网络训练代码

由于样本小,网络训练迅速收敛(图 16-2-21)。待判样品的仿真结果为 $Y=0$,这意味着,福冈与长沙、桂林和温州判为一类(图 16-2-22)。这个结果符合实际情况。

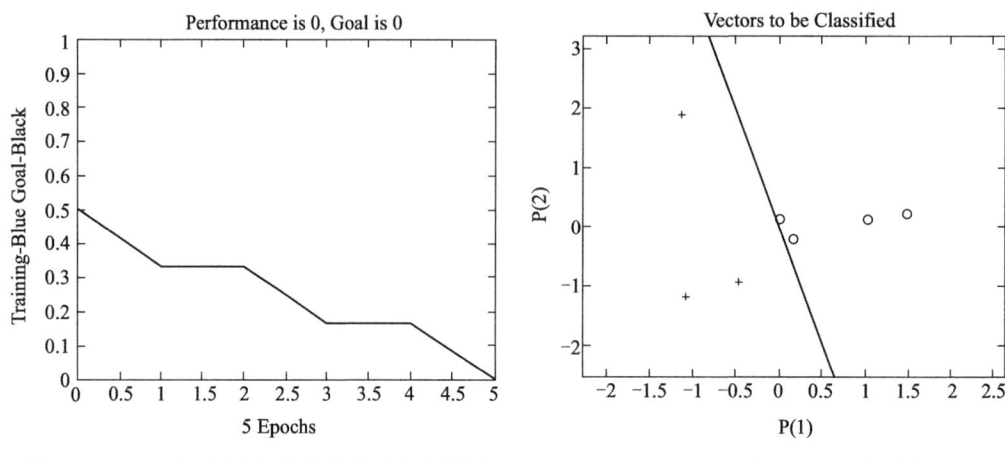

图 16-2-21　基于因子得分的训练过程曲线图　　图 16-2-22　基于方差极大正交旋转因子得分的福冈感知器判别归属图

16.2.5　三分类的感知器判别

只要学会了二分类的感知器判别，就不难掌握三分类以至多分类判别的感知器建模，分析过程与二分类大同小异。对于二分类，采用单输出感知器模型；三分类和四分类采用双输出模型；五分类到八分类采用三输出模型。数值都是 0 和 1，但编码为二进制形式。下面借助实际问题具体讲述。

第三个要解决的问题——三类国家的判别分析。UNDP 给出了全球 174 个国家的高、中等、低三种发展水平的分类。不妨从高人类发展水平的 46 个国家中提取 12 个国家，从中等人类发展水平的 93 个国家中提取 23 个国家，从低人类发展水平的 35 个国家中提取 9 个国家，将这 44 个国家作为三种类别的训练样本。从第一类别的国家中提取 5 个，第二类别中提取 9 个，第三类别中提取 4 个，将这些作为待判样品。待判样本的要素与训练样本的要素不存在重复现象（参阅第 7 章）。然后借助出生时预期寿命、成人识字率、人均地区生产总值（GDP）以及城镇人口比重四个指标，利用神经网络的感知器对待判样品进行判别和归类。

将训练样本的数据分为三组，分别命名为 C1、C2 和 C3；待判样品作为一组，以 S 表示。这些数据以 "UNDP3" 为文件名保存在 work 文件夹中。然后，将二分类代码稍加改变——将其中的单输出改为双输出，就可以进行三分类的感知器判别分析了。具体来说，将单输出的感知器语句"net = newp(minmax(P),1)"改为双输出的感知器语句"net = newp(minmax(P),2)"（图 16-2-23）。但有两点必须强调：第一，目标输出要用（00）、（01）、（10）、（11）之类的信号表示。由于只有三种类型，在这 4 个二进制编码中任意挑选 3 个，然后根据训练样本的类型排成两行。第二，对于原始数据，最好分别除以各自的平均值或者标准差。经验表明，用平均值除各个变量效果更好。如果不改变原始数据的量级，训练过程通常不能收敛到正

图 16-2-23 国家类型三分类判别的感知器代码

确的位置。为此，需要若干程序语句对原始变量进行处理。

至于本例，训练 415 次收敛（图 16-2-24）。训练样本中各个样品的类别预报准确无误。但是，待判样品的判别正确率只有 78% 左右。第一类待判样品完全正确（预期输出为 00，实际输出也是 00）；第二类待判样品有 3 个误判（预期输出为 01，实际输出为 00）；第三类待判样品有 1 个归类失误（预期输出为 10，实际输出是 00）（图 16-2-25）。

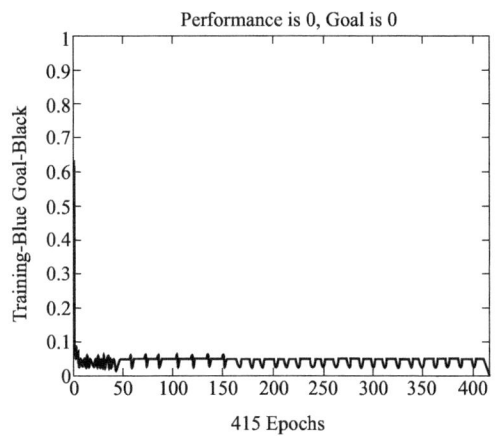

图 16-2-24 国家类型三分类感知器判别的训练过程误差曲线图

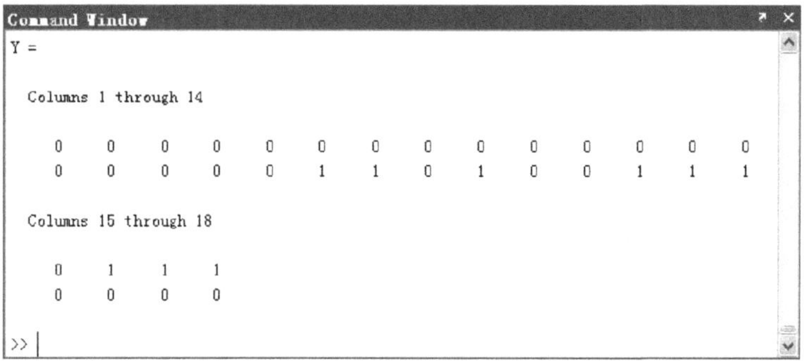

```
Command Window
Y =

  Columns 1 through 14

    0   0   0   0   0   0   0   0   0   0   0   0   0   0
    0   0   0   0   0   1   1   0   1   0   0   1   1   1

  Columns 15 through 18

    0   1   1   1
    0   0   0   0

>>
```

图 16-2-25　国家类型三分类的感知器判别结果

16.3　学习向量量化（LVQ）神经网络

16.3.1　LVQ 神经网络的二分类判别

感知器是非常简单的人工神经网络，其目标输出主要是 0、1 表示的信号。如果输出信号不是 0、1 表示的分类变量，感知器的应用就受到局限。在这种情况下，可以采用其他网络模型，如学习向量量化（learning vector quantization，LVQ）神经网络模型。下面以前述国家类型判别为例予以说明。以已知类别的 14 个国家的 3 个变量为 3 种输入信号，将其类别表示为顺序变量，作为目标输出。借助函数 newlvq 创建一个 LVQ 神经网络，并利用相关的函数进行网络训练（图 16-3-1）。

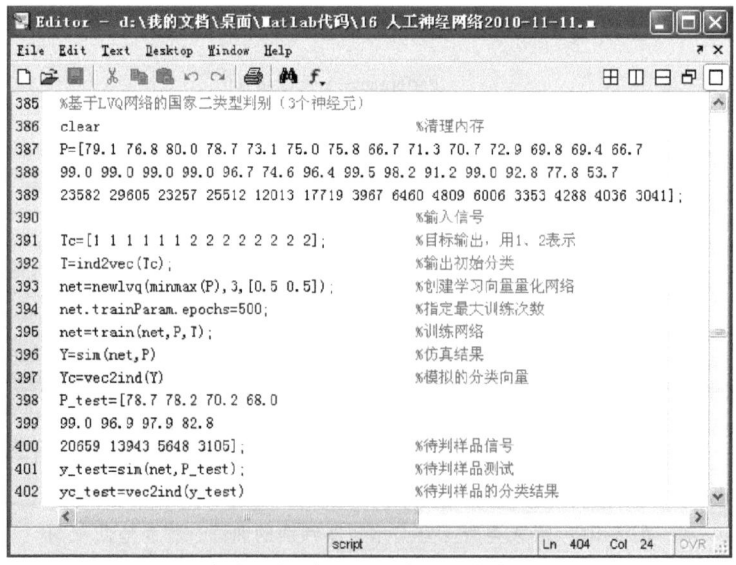

图 16-3-1　国家类型判别的 LVQ 神经网络代码（3 个神经元）

如果神经元数目设为 3 个，则迭代 500 次左右误差变化稳定下来（图 16-3-2）。全部仿真结果的数值如图 16-3-3 所示。待判样品的分类完全正确，但训练样本中有一个样品（阿根廷）预报错误。在这种情况下，无论训练多少次，系统都不会自动停止运算，但它会根据指定的训练次数终止训练。整个计算结果与线性判别分析给出结论的完全一样（参见第 7 章）。

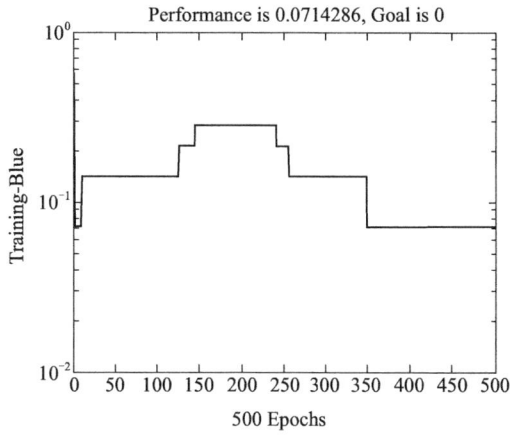

图 16-3-2　二类判别 LVQ 网络训练过程的误差曲线（训练 500 次）

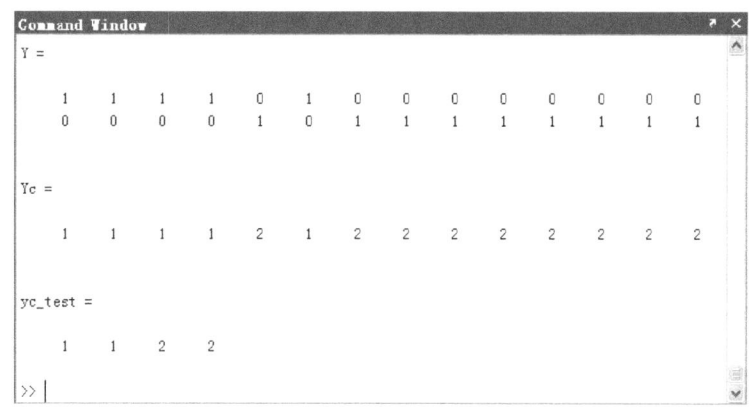

图 16-3-3　基于 3 神经元的 LVQ 神经网络仿真结果

反复试验表明，神经元取 2 个、4 个、6 个都不合适，取 3 个大体可以接受，只是训练样本存在预测误差。对于本问题而言，5 个神经元最为合适（图 16-3-4）。训练 1 200 次左右收敛，然后自动终止运算（图 16-3-5）。由于神经网络迭代的初始值是随机数，故每次训练的次数都不尽相同。但对于同一个问题，每一轮运算的迭代次数大同小异。可以看到，对于 5 个神经元的 LVQ 神经网络，训练样品和待判样品的预报和判别都完全正确（图 16-3-6）。

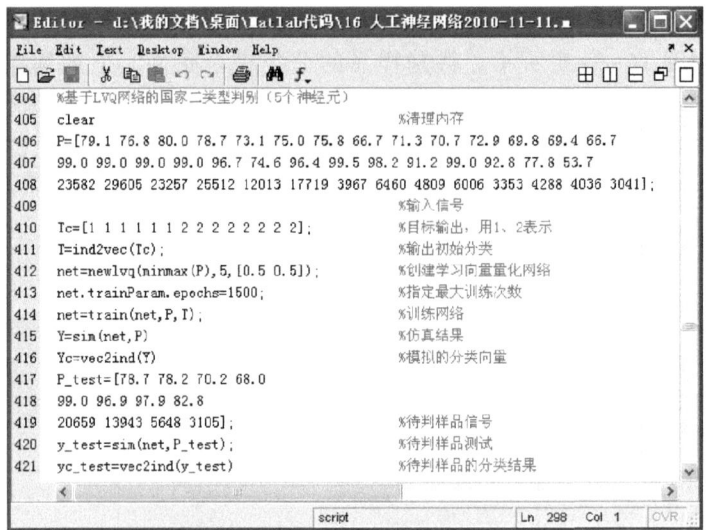

图 16-3-4 二分类国家类型判别的 LVQ 神经网络代码（5 个神经元）

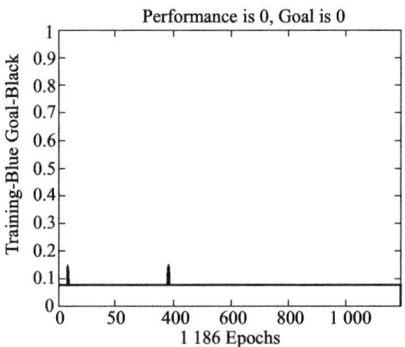

图 16-3-5 二类判别的 LVQ 网络训练过程误差曲线（训练 1 186 次）

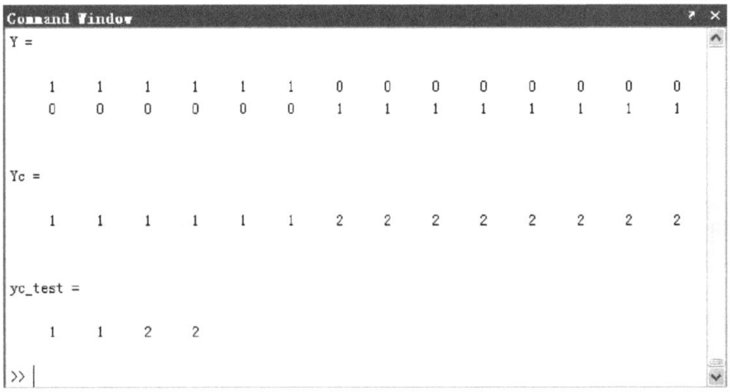

```
Command Window
Y =
    1   1   1   1   1   1   0   0   0   0   0   0   0
    0   0   0   0   0   0   1   1   1   1   1   1   1

Yc =
    1   1   1   1   1   1   2   2   2   2   2   2   2

yc_test =
    1   1   2   2
>>
```

图 16-3-6 基于 5 个神经元的 LVQ 神经网络仿真结果

16.3.2 LVQ 神经网络的三分类判别

LVQ 神经网络的学习和识别功能可以推广到三分类乃至多分类。下面以前述的三类国家类型判别为例作出说明（图16-3-7）。对于三分类，需要进行如下处理。第一，原始数据量级的减小。较好的方法是用变量除以各自的平均值。第二，学习函数的必要改变。采用 learnlv2 较之于默认的 learnlv1 效果稍好。第三，隐层神经元数目取 4 个以上。如果取 3 个，训练过程基本不收敛。

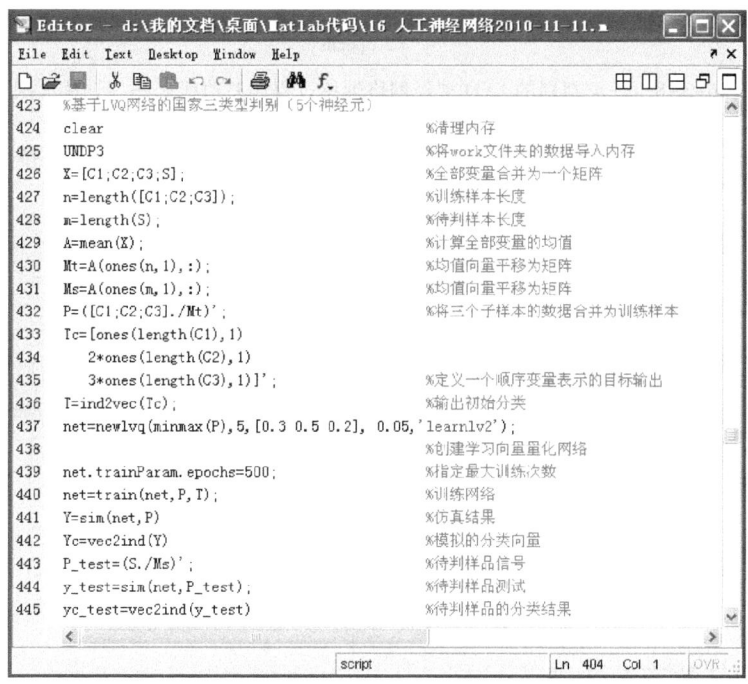

图 16-3-7　三分类国家类型判别的 LVQ 神经网络代码（5 个神经元）

不过，对于三分类的情况，LVQ 神经网络的仿真过程不太稳定，有时可以给出较好的判别结果，有时迭代不收敛，从而不能给出正确的分析结论。仿真过程的误差曲线之一如图 16-3-8 所示；判别结果之一如图 16-3-9 所示。对于这个结果，只有第二类出现一个错误的识别，预报正确率为 89% 以上。由于迭代计算的初始值为随机数，LVQ 神经网络对初始值有依赖。因此，每一次运算的结果都不尽一致。多次试验表明，如果计算过程收敛，判别正确率在 89% 上下波动。

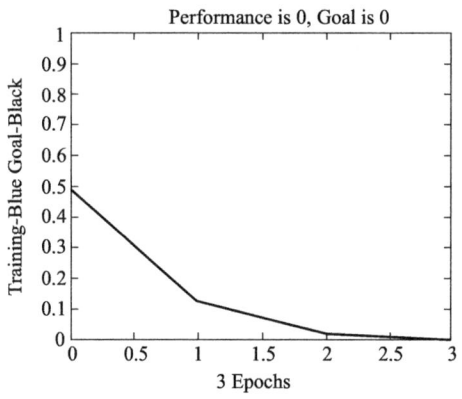

图 16-3-8　三类判别的 LVQ 神经网络训练过程误差曲线之一（训练 3 次）

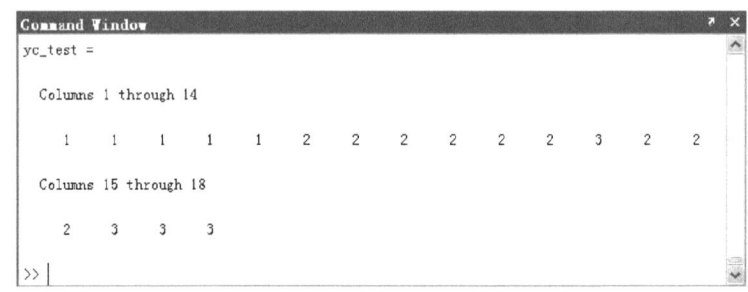

图 16-3-9　基于 5 个神经元的 LVQ 神经网络三类判别仿真结果之一

16.4　多层神经（BP）网络

16.4.1　BP 网络的离散选择

在各种人工神经网络中，研究较多、应用广泛的模型之一是多层神经网络。由于该网络采用是所谓误差逆向传播（error back-propagation，EBP）学习算法，也被称为误差逆传网络，简称 "BP 网络"。其中，以前馈式 BP 网络为常见。其实 BP 网络并不神秘，传统的 logistic 回归模型就等价于一种简单的 BP 模型。为了说明什么是 BP 网络，不妨从实例出发，结合 logistic 回归，逐步阐述。

影响城市居民通勤方式的因素有多种，如年龄、性别、收入状况、家庭住址到工作地点的距离以及天气状况等。表 16-4-1 是一个关于公共交通方式选择的社会调查结果，调查的对象主要是工薪族群体。如果被调查者乘公交车上班，则表示为 $y=1$；如果被调查者骑自行车上班，则表示为 $y=0$。影响因素主要考虑人的自身因素：年龄（x_1）、性别（x_2）和收入状况（x_3）。其中，性别采用分类变量表示：$x_2=1$ 表示男性；$x_2=0$ 表示女性。数据来源于何晓群和

表 16-4-1 城市工薪族群体通勤方式选择的抽样结果

序号	年龄(x_1)	性别(x_2)	月收入(x_3)/元	通勤方式(y)	序号	年龄(x_1)	性别(x_2)	月收入(x_3)/元	通勤方式(y)
1	18	0	850	0	15	20	1	1 000	0
2	21	0	1 200	0	16	25	1	1 200	0
3	23	0	850	1	17	27	1	1 300	0
4	23	0	950	1	18	28	1	1 500	0
5	28	0	1 200	1	19	30	1	950	1
6	31	0	850	0	20	32	1	1 000	0
7	36	0	1 500	1	21	33	1	1 800	0
8	42	0	1 000	1	22	33	1	1 000	0
9	46	0	950	1	23	38	1	1 200	0
10	48	0	1 200	0	24	41	1	1 500	0
11	55	0	1 800	1	25	45	1	1 800	1
12	56	0	2 100	1	26	48	1	1 000	0
13	58	0	1 800	1	27	52	1	1 500	1
14	18	1	850	0	28	56	1	1 800	1

数据来源：何晓群和刘文卿（2001）。

刘文卿（2001）。样本不大，宜作教学案例。

借助 logistic 回归分析，容易建立 BP 神经网络模型。这个过程可以利用 SPSS 等统计分析软件实现。从输入层到中间层（隐含层）的输入 s 和输出 o 分别表示为

$$s^{(k)} = w_1 x_1 + w_2 x_2 + w_3 x_3 - \theta = 0.082\ 2 x_1 - 2.501\ 8 x_2 + 0.001\ 5 x_3 - 3.655\ 0$$

$$o^{(k)} = \frac{1}{1+e^{-s^{(k)}}}$$

式中，w 表示权数；θ 为阈值；k 表示样品（被调查者）编号，$k = 1, 2\cdots, 28$。可见，回归系数就是连接权数，截距为阈值。激发函数为 logistic 函数。从中间层到输出层的输入 u 和输出 y 分别为

$$u^{(k)} = v o^{(k)} - \delta = o^{(k)} - \frac{1}{2}$$

$$y^{(k)} = f(u) = \begin{cases} 1, & u^{(k)} \geqslant 0 \\ 0, & u^{(k)} < 0 \end{cases}$$

式中，$v=1$，表示权数；$\delta=1/2$，为阈值，激发函数为阶跃函数。也可以等价地表示为

$$u^{(k)} = vo^{(k)} - \delta = o^{(k)}$$

$$y^{(k)} = f(u) = \begin{cases} 1, & u^{(k)} \geq 0.5 \\ 0, & u^{(k)} < 0.5 \end{cases}$$

式中，权数和阈值分别为 $v=1$，$\delta=0$。这个模型的预测准确率为 82.142 9%。

将 logistic 模型转换为 BP 网络模型之后，输入-输出关系和结构如图 16-4-1 所示。根据这种结构，写一个 BP 网络的 Matlab 代码，借助函数 newff 调用前馈式 BP 网络子程序（图 16-4-2）。在此网络中，中间层只有一个层次，且中间层和输出层都只有一个神经元，可见非常简单。在 Matlab 中，BP 网络的迭代初始值也是随机数。因此，每一次训练的结果都不尽一致。模型训练结果很不稳定，有时收敛效果较好，有时则收敛于不当的位置。根据三层之间的输入、输出权数和阈值，不难写出相应的数学表达式。下面是多次训练实验的结果之一。中间层的输入 s 和输出 o 分别表示为

$$s^{(k)} = w_1 x_1 + w_2 x_2 + w_3 x_3 - \theta = 18.648\ 4 x_1 - 487.545\ 2 x_2 + 0.083\ 6 x_3 - 495.903\ 6$$

$$o^{(k)} = \frac{1}{1 + e^{-s^{(k)}}}$$

式中，k 表示样品（被调查者）编号。激发函数为 logistic 函数，也可以采用双曲正切函数等。输出层的输入 u 和输出 y 分别为

$$u^{(k)} = vo^{(k)} - \delta = 0.787\ 4 o^{(k)} + 0.070\ 3$$

$$y^{(k)} = f(u) = \begin{cases} 1, & u^{(k)} \geq 0.5 \\ 0, & u^{(k)} < 0.5 \end{cases}$$

输出层的激发函数为阶跃函数。不难看出，这个 BP 网络模型与 logistic 回归模型在数学形式上一致，只不过参数的估计结果不同而已。模型结构的相似性表明宏观层面的同构性，模型参数的差异性暗示微观层面的扰动性。此模型的预测准确率为 89.285 7%，比 logistic 模型的预测正确率要高一些。通过迭代过程的仿真曲线可以大体看出训练效果（图 16-4-3）。

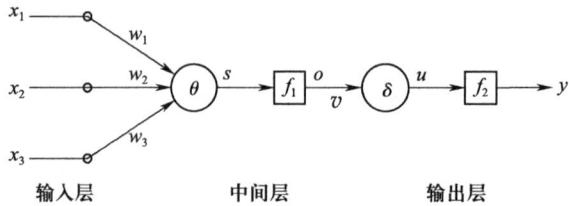

图 16-4-1　基于 logistic 回归模型构建的 BP 神经网络示意图

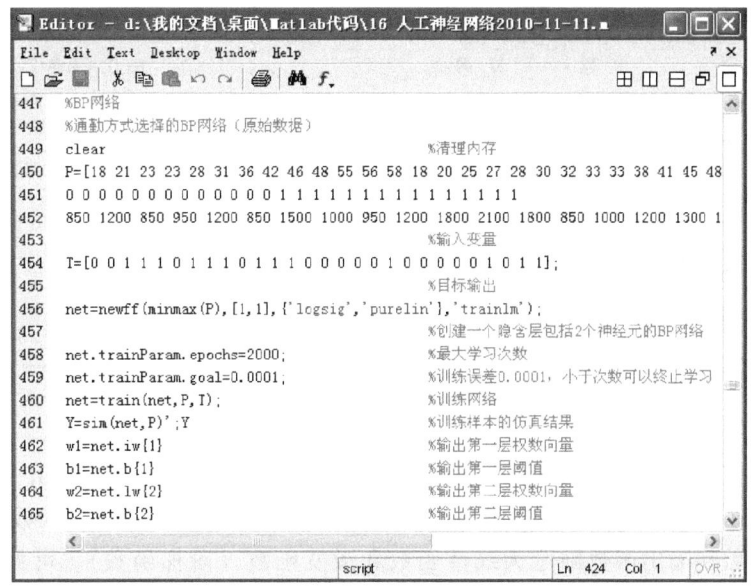

图 16-4-2　基于 logistic 回归的 BP 网络代码

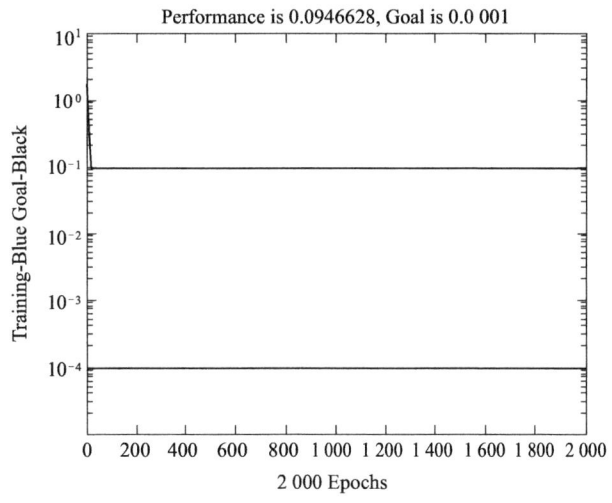

图 16-4-3　城市居民通勤方式选择的二层 BP 网络训练过程曲线（2 000 次）

不过，在 Matlab 中，newff 函数给出的计算过程到输出层的输入函数为止，没有给出输出运算。换言之，BP 网络包括中间层的输入函数和输出函数以及输出层的输入函数，没有采用阶梯函数转换计算结果。这样表示用户可以更好地观察网络训练效果。至于输出函数，可以写一个小程序作为补充（图 16-4-4）。

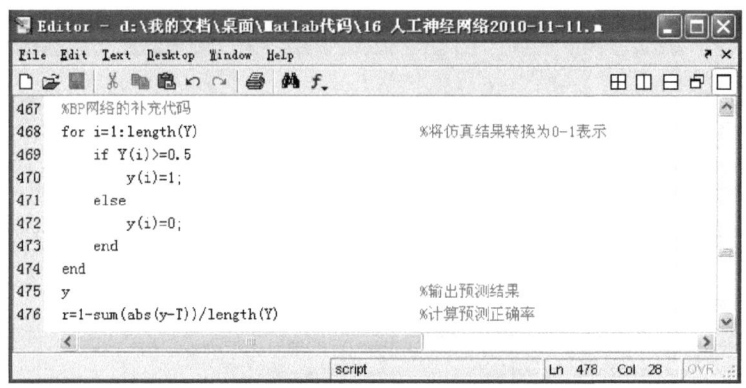

图 16-4-4 基于 logistic 回归 BP 网络的补充代码

通过比较可以看出，对于上面的例子，如果不考虑特殊的输入层，则 BP 网络只有两个层次，每个层次一个神经元，并且中间层的输入函数和输出函数限定为线性函数和 logistic 函数，输出层的输入函数和输出函数限定为线性函数和激发函数（阶梯函数）。可见，BP 网络模型与 logistic 模型在数学结构上完全相同，不同之处在于算法导致的参数差异（图 16-4-1）。对于一个系统，如果一种模型与另一种模型具有完全相同的数学结构，则可以视为同类或者等价。可见，logistic 回归模型是 BP 网络模型的特例之一（表 16-4-2）。

表 16-4-2　Logistic 回归模型与 BP 网络模型的相似性和差异性

比较项目	Logistic 回归模型	BP 网络模型
模型结构	可以转换为 BP 网络	BP 网络表示
层数	3 层	3 层或 3 层以上（含 1 个或者多个中间层）
神经元数目	输入层为 3 个，中间层和输出层均为 1 个	输入层为 3 个，输出层为 1 个，中间层任意
输入函数	确定（线性函数）	可以选择（一般是线性函数）
输出函数	确定（logistic 函数、阶梯函数）	可以选择（logistic 函数、双曲正切函数、阶梯函数等）
计算过程	稳定	不稳定
收敛结果	确定	不确定
检验标准	明确	不明确

BP 网络包括输入层、中间层和输出层 3 个基本层次，但中间层不必是一个层次——在输入与输出之间可以设置一个以上的中间层。输入层和输出层的神经元数目依赖于具体问题而定；中间层的神经元数目原则上可以随意改变。当然，不是中间层越多越好，也不是神经元数

量越大越好。以前述城市居民的通勤问题为例,可以添加若干个中间层,中间层的神经元数目也可以改变。可是,神经网络的模拟能力和稳定性并不会因为系统变得复杂而提高。在效果一定的情况下,还是采用简单的网络更为可取。图 16-4-5 所示是一个 3 层 BP 网络,输入层有 3 个神经元(隐去);中间层包含两个层次,前层有 2 个神经元,后层有 3 个神经元;输出层有且只能有 1 个神经元。计算代码如图 16-4-6 所示。每一次运算的结果不尽相同,图 16-4-7 给出了训练过程的误差曲线之一。根据计算结果显示的权数和阈值可以给出一系列数学表达式。中间前层有 2 个神经元,两个输入函数表示为

$$s_1^{(k)} = w_{11}x_1 + w_{21}x_2 + w_{31}x_3 - \theta_1 = 0.6860x_1 - 12.8385x_2 - 0.0026x_3 - 12.7524$$
$$s_2^{(k)} = w_{12}x_1 + w_{22}x_2 + w_{32}x_3 - \theta_2 = -1.4282x_1 + 14.7871x_2 + 0.0633x_3 - 8.4372$$

相应地,两个输出函数为

$$o_1^{(k)} = \frac{1}{1+e^{-s_1^{(k)}}}, \quad o_2^{(k)} = \frac{1}{1+e^{-s_2^{(k)}}}$$

中间后层有 3 个神经元,3 个输入函数表示为

$$h_1^{(k)} = g_{11}o_1 + g_{21}o_2 - c_1 = 7.3367o_1 - 10.8825o_2 - 3.3075$$
$$h_2^{(k)} = g_{12}o_1 + g_{22}o_2 - c_2 = 0.6839o_1 - 11.2913o_2 + 6.4596$$
$$h_3^{(k)} = g_{13}o_1 + g_{23}o_2 - c_3 = -20.1478o_1 + 9.0738o_2 - 0.0721$$

式中,g 表示权数;c 为阈值;h 为输入。相应的 3 个输出函数为

$$z_1^{(k)} = \frac{e^{h_1} - e^{-h_1}}{e^{h_1} + e^{-h_1}}, \quad z_2^{(k)} = \frac{e^{h_2} - e^{-h_2}}{e^{h_2} + e^{-h_2}}, \quad z_3^{(k)} = \frac{e^{h_3} - e^{-h_3}}{e^{h_3} + e^{-h_3}}$$

式中,z 表示中间后层输出。输出层有 1 个神经元,故只有 1 个输入函数,表示为

$$u^{(k)} = v_1 z_1 + v_2 z_2 + v_3 z_3 - \delta = 6.6794z_1 - 6.6786z_2 - 0.4626z_3 + 0.5412$$

输出函数为阶梯函数

$$y^{(k)} = f(u) = \begin{cases} 1, & u^{(k)} \geq 0.5 \\ 0, & u^{(k)} < 0.5 \end{cases}$$

在上面的方程式中,为简明起见,有些地方省略了右上角标 (k)。这个模型的预测正确率为 96.4286%,即只有一个观测值预报错误。可以看到,由于网络层和神经元增多,表达式多而繁杂。如果继续增加网络层和神经元,公式会更多、更复杂。以下若非必要,不再给出数学表达式。顺便说明,对于本例,改变变量的量纲对计算结果的稳定性和准确率影响不甚明显。

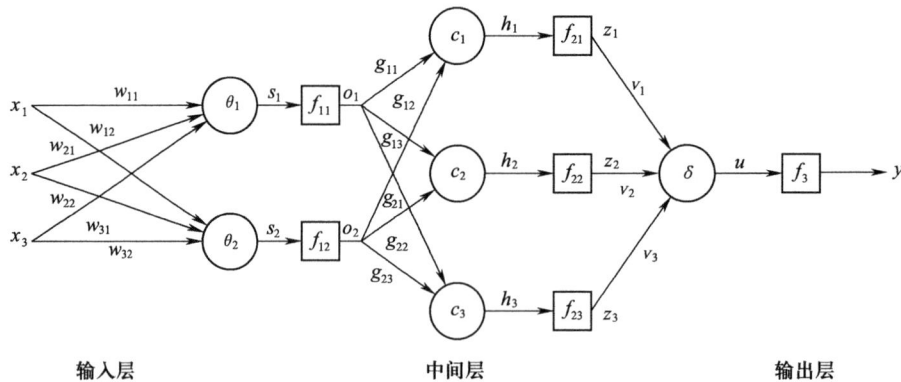

图 16-4-5 3 层、6 个神经元的 BP 网络示意图

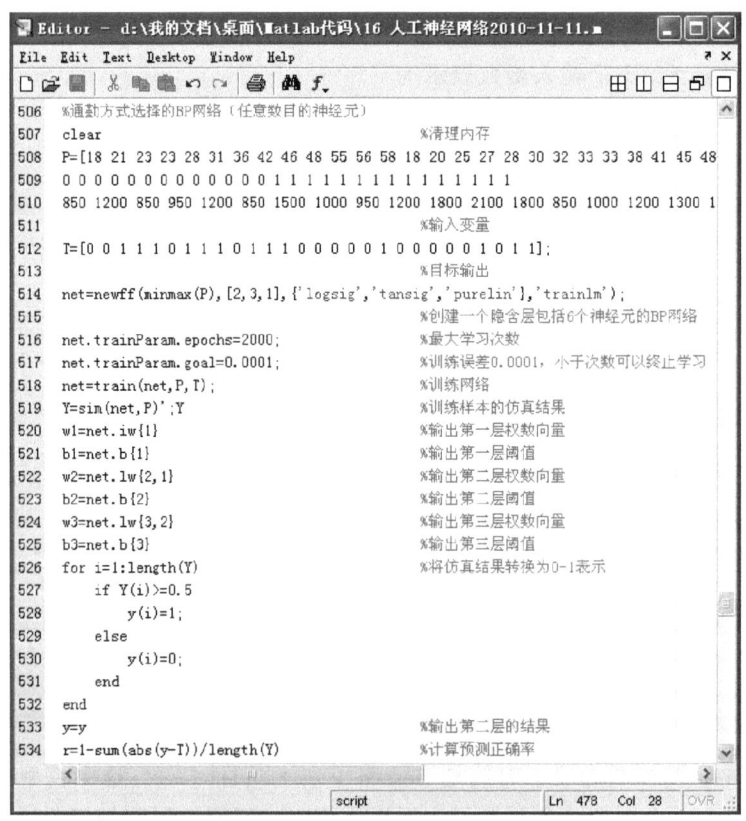

图 16-4-6 3 层、6 个神经元的 BP 网络代码

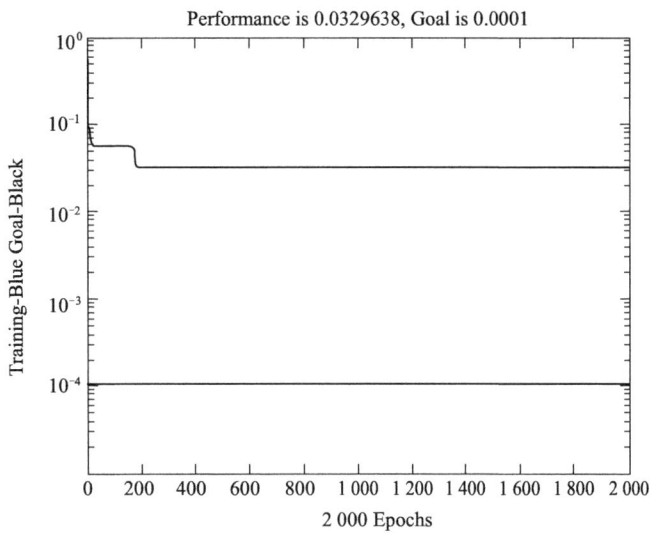

图 16-4-7　城市居民通勤方式选择的 3 层 BP 网络训练过程误差曲线（2 000 次）

16.4.2　BP 网络判别

前面基于神经网络的感知器建立 M-P 模型，该模型可以代替多元统计分析中的判别分析。分类和判别之类的问题求解也可以交给 BP 网络实现。以前述的二分类国家类型判别分析为例，代码之一如图 16-4-8 所示。为了给出 0-1 判别结果，写一个小程序作为补充（图 16-4-9）。训练过程的误差曲线如图 16-4-10 所示。由于问题非常简单，系统中只设计了三个网络层，中间层和输出层各有 1 个神经元。可以想见，这个系统的输入-输出结构与前述基于 logistic 回归的 BP 网络一样（图 16-4-1）；由于中间层激发函数采用 logistic 函数，输出层激发函数采用线性函数，数学表达形式也与基于 logistic 回归的 BP 网络一样。根据前面的代码可知，若想调阅模型权重和阈值，采用如下语句

```
w1=net.iw{1},b1=net.b{1}
w2=net.lw{2},b2=net.b{2}
```

根据权重和阈值可以建立模型表达。第一层的输入 s 和输出 o 分别表示为

$$s^{(k)} = w_1 x_1 + w_2 x_2 + w_3 x_3 - \theta = -0.044\,4 x_1 + 0.091\,1 x_2 - 0.001\,7 x_3 + 10.376\,6$$

$$o^{(k)} = \frac{1}{1+e^{-s^{(k)}}}$$

式中，k 表示国家编号。激发函数也可以采用双曲正切函数等。第二层的输入 u 和输出 y 分别为

第 16 章 人工神经网络

```
%国家类型判别的BP网络（原始数据）
clear                                      %清理内存
P=[79.1 76.8 80.0 78.7 73.1 75.0 75.8 66.7 71.3 70.7 72.9 69.8 69.4 66.7
99.0 99.0 99.0 99.0 96.7 74.6 96.4 99.5 98.2 91.2 99.0 92.8 77.8 53.7
23582 29605 23257 25512 12013 17719 3967 6460 4809 6006 3353 4288 4036 3041];
                                           %输入变量
T=[1 1 1 1 1 1 0 0 0 0 0 0 0 0];           %目标输出
net=newff(minmax(P),[1,1],{'logsig','purelin'},'trainlm');
                                           %创建一个隐含层包括4个神经元的BP网络
net.trainParam.epochs=500;                 %最大学习次数
net.trainParam.goal=0.0001;                %训练误差0.0001，小于次数可以终止学习
net=train(net,P,T);                        %训练网络
Y=sim(net,P);                              %训练样本的仿真结果
P_test=[78.7 78.2 70.2 68.0
99.0 96.9 97.9 82.8
20659 13943 5648 3105];                    %待判样品测试
Yt=sim(net,P_test);                        %待判样品的仿真结果
```

图 16-4-8　二分类国家类型判别的 BP 网络代码

```
%进一步的运算
for i=1:length(Y)                          %将训练样本仿真结果转换为0-1表示
    if Y(i)>=0.5
        y(i)=1;
    else
        y(i)=0;
    end
end
y                                          %输出训练样本的分类
r=1-sum(abs(y-T))/length(Y)                %计算分类正确率
for i=1:length(Yt)                         %将待判样品的仿真结果转换为0-1表示
    if Yt(i)>=0.5
        yt(i)=1;
    else
        yt(i)=0;
    end
end
yt                                         %输出待判样品分类
```

图 16-4-9　二分类国家类型判别 BP 网络的补充代码

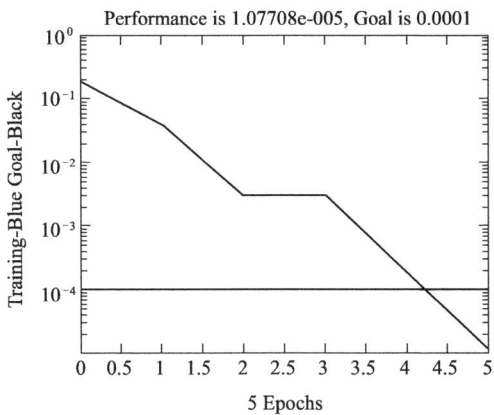

图 16-4-10　二分类国家类型 BP 网络训练过程误差曲线

$$u^{(k)} = vo^{(k)} - \delta = -0.999\,0 o^{(k)} + 1.000\,0$$

$$y^{(k)} = f(u) = \begin{cases} 1, & u^{(k)} \geqslant 0.5 \\ 0, & u^{(k)} < 0.5 \end{cases}$$

BP 网络只采用了这里列举的 4 个函数中的前三个。因此输出的结果都是小数：第一类国家对应的数值大于 0.9；第二类国家的响应信号数值小于 0.1。容易根据第四个函数——阶梯函数——编写一个小程序将计算结果转换为 0、1 分类表示（图 16-4-9）。

几点说明如下。其一，BP 网络分类和判别分析过程不像 M-P 模型那样稳定。虽然一般情况下都会给出正确的结果，但有时迭代运算的收敛位置不适当，从而效果不理想。研究人员可以根据误差曲线显示的训练性能以及预测正确率决定是否采用一种结果。其二，中间层及神经元数目可以适当更改。输入层、输出层的神经元不能随意更改，但可以将中间层的神经元改为 2 个、3 个、4 个乃至更多，还可以在输入与输出层之间设置若干个中间层。但如前所述，系统的稳定性和分类正确率并不一定因为系统复杂化而有所提高。其三，如果改变数值的量纲，则计算速度和效果会有所提高，但不能保证绝对稳定。在图 16-4-11 所示的代码中，数据为原始变量除以各自的平均值的结果，网络层为 3 个，不同层的神经元数目分别为 2 个、3 个、1 个；传递函数分别为 logistic 函数、双曲正切函数和线性函数。

第 16 章 人工神经网络

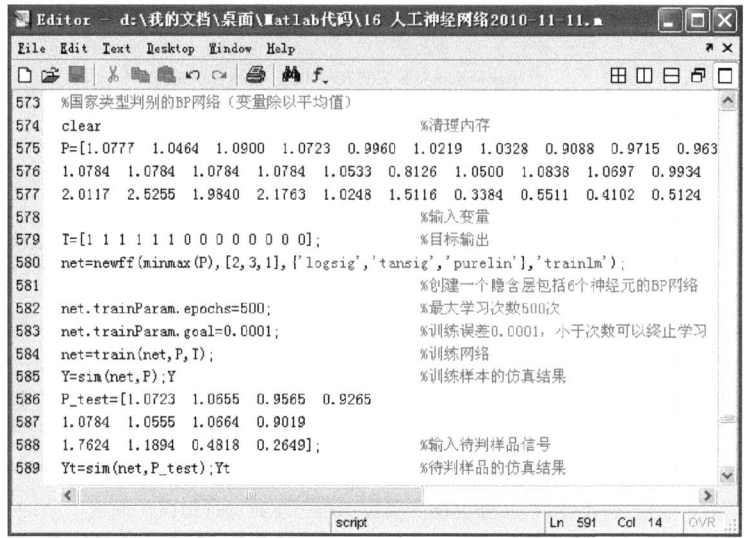

图 16-4-11　二分类国家类型判别 BP 网络的另一代码

16.5　竞争型网络

16.5.1　有目标的先分类后判别

竞争型网络（competitive layer）可以用于快速聚类，基于聚类结果可以开展判别分析。利用竞争型网络对合肥、武汉、长沙、桂林、温州和成都进行分类，然后判断福冈与其中哪些城市属于一类。采用未经标准化数据，Matlab 分析程序如下（图 16-5-1）。有时输出结果是

```
Yc =
    1   1   2   2   2   1
yc_test =
    2
```

这就是说，合肥、武汉、成都属于第一类；长沙、桂林、温州属于第二类。福冈被判为第二类，与长沙、桂林、温州的综合气候条件一致。这个结论与其他方法给出的结果大体一致，也与原始数据反映的信息比较吻合。

有时输出的结果又是

```
Yc =
    2   2   1   1   1   2
```

```
yc_test =
    1
```

这种结果与上面的结果是等价的。总体上有两类，非此即彼。一类用 1 表示，另一类就用 2 代表。

如果 6 个城市聚为三类，则输出结果之一为

```
Yc =
    1   1   2   3   3   2
yc_test =
    3
```

这意味着，合肥、武汉为第一类；长沙、成都为第二类；桂林、温州为第三类。福冈被判为与桂林、温州一类。

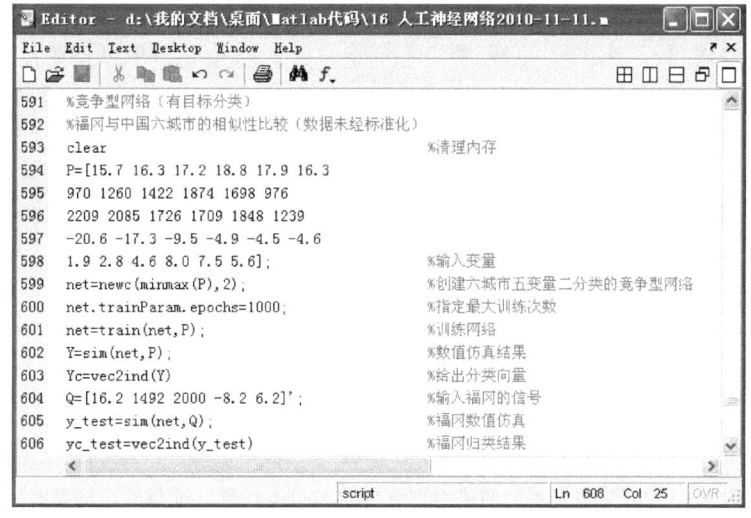

图 16-5-1　竞争型神经网络的聚类与判别分析代码（未经标准化的数据）

可见，上面的输出结果很不稳定。每运行一次，初始值都随机选定，最后的结果也有所不同。虽然多数情况下给出了合理的分析结论，但有时也出现荒谬的结果。

改用标准化数据，情况大同小异——输出结果不稳定，有时出现莫名其妙的结果。将原始变量除以标准差，并将创建网络的语句稍作修改，运行结果变得相对稳定（图 16-5-2）。一般情况下，输出的结果是

```
Yc =
    2   2   1   1   1   2
```

```
yc_test =
     1
```

很少出现其他结果。如果6个城市聚为三类，则输出结果比较稳定地表现为

```
Yc =
     3     3     1     2     2     1
yc_test =
     1
```

这表示，合肥、武汉为第一类；长沙、成都为第二类；桂林、温州为第三类。但福冈被判为与长沙、成都一类。虽然6个城市的分类结果与基于原始变量的结论一致，但福冈的判别结果却不一样。

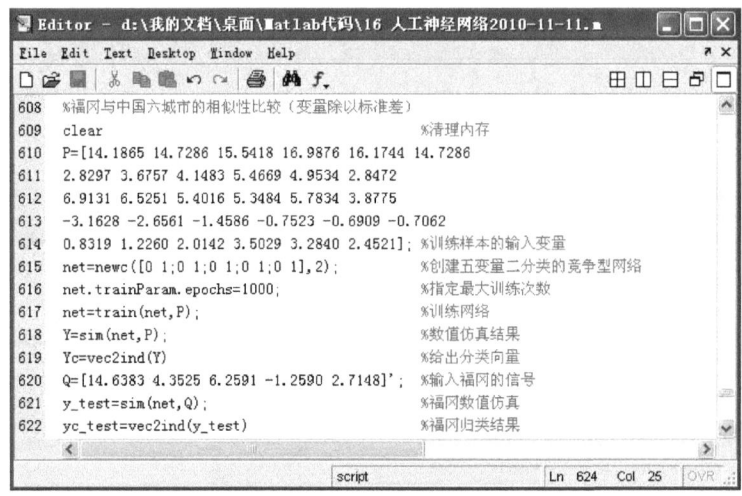

图 16-5-2　竞争型神经网络判别分析的 Matlab 代码（变量除以标准差）

16.5.2　无目标的统一分类

前面的处理方法是先对中国的6个城市进行分类，然后判断福冈属于哪一种气候类型的城市。也可以将福冈与中国的6个城市放在一起，统一分类，看看福冈与哪些城市划分到一起。

采用标准化数据，代码与前面的大同小异（图 16-5-3）。训练 1 000 次以后，得到结果如下

```
Yc =
     2     2     1     1     1     2     1
```

这就是说，长沙、桂林、温州和福冈属于第一类；合肥、武汉、成都属于第二类。结果的表现形式是随机的，有时给出如下结果

Yc =
   1   1   2   2   2   1   2

这个结论与上面的结论等价。但是，有时候的输出结果是

Yc =
   2   2   2   1   1   2   1

长沙的归类不稳定。而且，有时给出非常脱离实际的结果

Yc =
   2   2   1   1   1   1   2

可见，这个神经网络模型存在某种问题。

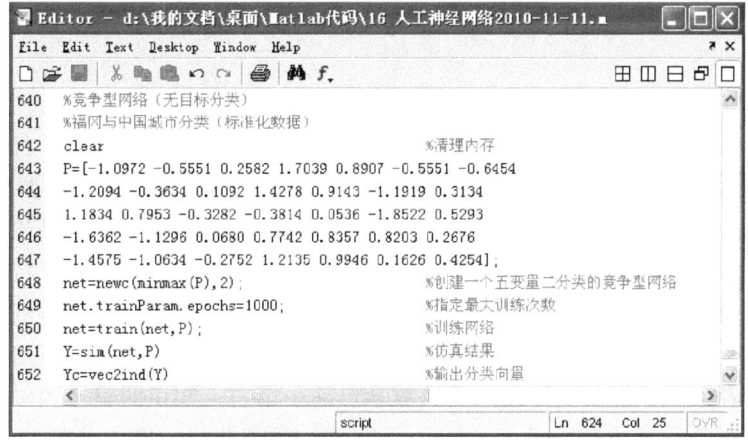

图 16-5-3　竞争型神经网络的聚类分析代码（标准化数据）

如果将原始变量除以标准差，则最好指定训练 300～500 次（图 16-5-4）。这样给出的结果基本稳定并且符合实际

Yc =
   2   2   1   1   1   2   1

如果训练的次数太少（如 200 次），则系统不收敛，有时全部为同一类；如果训练次数太多（如 1 000 次以上），也会出现结果不稳定的现象。可见，这个网络模型存在振荡，并且不能保证收敛到全局误差最小点。

如果采用未经标准化处理的数据，则经过 1 000 次的训练，计算过程不收敛；计算 2 000 次以上，收敛的位置不正确。根据未经标准化的数据，合肥、武汉、长沙、桂林、温州和福冈属于第一类；成都为第二类。这里出现的问题与前面判别分析问题相同。

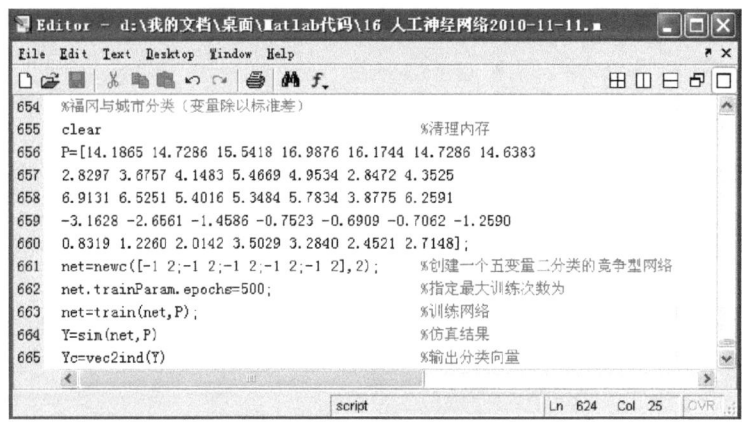

图 16-5-4 竞争型神经网络的聚类分析代码（变量除以标准差）

16.6 小结

人工神经网络是一个庞大的体系，不可能利用一章的内容讲得很清楚。目前，有关神经网络的 Matlab 教程很多，但大多存在如下缺陷：其一，简单地告诉读者如何调用有关函数，较少引导读者完成一系列的计算案例；其二，没有告诉读者如何根据计算结果建立数学模型；其三，没有有效地与其他相关领域的知识联系起来。因此，在写作方面，本章特别突出如下三种特色。第一，知识的系统性。不是简单地告诉读者如何调用某个函数，而是围绕一些案例，从不同的角度，完整地讲述。第二，提供典型的数学模型。根据网络结构，写出有代表性的函数表达式，以便读者深入了解人工神经网络的数学思路。第三，知识的整合和融会贯通。将人工神经网络与前面有关章节的回归分析、logistic 回归、因子分析、聚类分析和判别分析等数学方法联系起来，或者配合使用，或作对比分析。

本章着重讲述的方法包括线性层、竞争层、感知器、LVQ 神经网络模型和前馈式 BP 网络模型。线性网络可以与线性回归分析对照理解；基于感知器的 M-P 网络模型具备判别分析的相同功能；LVQ 神经网络模型可以用于判别分析；BP 网络可以与 logistic 回归形成类比和对照，并且可以用于判别和分类；竞争层可以用于聚类分析和判别分析。上述方法都可以与主成分分析或者因子分析联系起来，采用主成分得分或者因子得分作为输入信号，以主成分或者因子分析的分类结果作为目标输出，建立 M-P 模型或者 LVQ 神经网络模型。传统方法如普通回归分析、logistic 回归、聚类分析和判别分析等方法相对成熟，检验手段全面，计算结果稳定。比较而言，相应的神经网络模型往往缺乏有效的检验途径，计算结果有时也不稳定。神经网络模型的优势在于，能够给出多种训练结果，用户的选择余地更大。神经网络的建设和训练有助于人们对研究对象加深理解。

参考文献

陈彦光. 2011. 地理数学方法:基础和应用. 北京:科学出版社
冯健. 2002. 杭州市人口密度空间分布及其演化的模型研究. 地理研究, 21(5):635-646
何晓群, 刘文卿. 2001. 应用回归分析. 北京:中国人民大学出版社
贺仲雄, 王伟. 1988. 决策科学:从最优到满意. 重庆:重庆出版社
李一智, 向文光, 胡振华. 1991. 经济预测技术. 北京:清华大学出版社
苏宏宇, 莫力. 2001. Mathcad2000 数据处理应用与实例. 北京:国防工业出版社
王新生, 刘纪远, 庄大方, 王黎明. 2005. 中国特大城市空间形态变化的时空特征. 地理学报, 60(3):392-400
周一星. 1982. 城市化与国民生产总值关系的规律性探讨. 人口与经济, (1):246-253
庄大方, 邓祥征, 战金艳, 赵涛. 2002. 北京市土地利用变化的空间分布特征. 地理研究, 21(6):667-674
左忠恕. 1980. 怎样求最佳点. 上海:上海科学技术出版社
Banks R B. 1994. Growth and Diffusion Phenomena:Mathematical Frameworks and Applications. Berlin:Springer-Verlag
Chen Y G. 2010. Exploring the fractal parameters of urban growth and form with wave-spectrum analysis. Discrete Dynamics in Nature and Society, 2010, Article ID 974917
Clark C. 1951. Urban population densities. Journal of Royal Statistical Society, 114(4):490-496
Feder J. 1988. Fractals. New York:Plenum Press
Nations Population Division. 2002. World Urbanization Prospects:The 2001 Revision. New York:United Nations
Newling B E. 1969. The spatial variation of urban population densities. Geographical Review, 59:242-252
Saaty T L. 2008. Relative measurement and its generalization in decision making:Why pairwise comparisons are central in mathematics for the measurement of intangible factors—The Analytic Hierarchy/Network Process. Review of the Royal Spanish Academy of Sciences A:Mathematics, 102(2):251-318
Saaty T L, Alexander J M. 1981. Thinking with Models:Mathematical Models in the Physical, Biological, and Social Sciences. Oxford or New York:Pergamon Press
UNDP. 2001. 2000 年人类发展报告:人权与人类发展. 北京:中国财政经济出版社
Weisberg S. 1998. 应用线性回归. 王静龙, 梁小筠, 李宝慧译. 北京:中国统计出版社

后 记

我在撰写研究生地理数学方法讲义的时候，分别讲解了三套软件在地理数据分析中的应用方法，它们分别是电子表格 Excel、数学计算软件 Mathcad 和统计分析软件 SPSS。其中，Excel 和 Mathcad 的分析应用业已在科学出版社出版，很受学生欢迎。后来，一些学生希望了解大型数学计算软件 Matlab 的应用方法，于是本人先后撰写了三章多内容，分别讲述如何借助 Matlab 开展线性回归分析、主成分分析、聚类分析和功率谱分析。这些讲义放在北京大学城市与环境学院教学服务器上供校内外感兴趣的学生试用，获得较好的效果。

撰写此书所遇到的最大问题，同撰写其他同类书一样，在于软件版本的跟踪困难。刚刚将一个版本的软件使用方法研究明白，新的版本已经问世。一部书稿完成之后，软件可能已经升级几个版本了。显然，数学方法的教科书永远跟不上软件升级的步伐。实际上，这类教程也不必以最新版本的软件为基础，在书中将软件的版本交代清楚就可以了。只要学生掌握了较低版本的软件的使用方法，很快就会通过举一反三将其应用于高一级的系统之中。

2010 年下半年，高等教育出版社陈正雄编辑与我联系，表示有出版地理数学之类图书的选题意图。陈先生在北京大学攻读博士学位期间，了解了一些北京大学学生对我的地理数学方法讲义的反映。经过商量之后，同意将本书列入高等教育出版社出版计划。本书为笔者教学和研究经验的又一总结，涉及 Matlab 的参考文献很少——书中出现的参考文献主要是借用了有关图书或者文章中的数据，在此对文献的作者表示感谢。

写作这类技术性较强的教科书需要一种恬淡的心态，或者说进入一种安静祥和的心理状态。在本书即将完成之际，2010 年冬，我的母亲不幸病故，中断了写作进程。此后很长时间，未能恢复撰写本书的精神"状态"。及至前不久，在陈正雄编辑的催促下，感到交稿期在即，这才加速编写进度，得以顺利完稿。限于时间和精力，书中的疏忽或者失误在所难免。作者诚恳地希望读者发现之后及时指正，以便今后进一步提高本书的质量。最后，对认真编辑此书的关焱女士表示衷心的感谢。

郑重声明

高等教育出版社依法对本书享有专有出版权。任何未经许可的复制、销售行为均违反《中华人民共和国著作权法》,其行为人将承担相应的民事责任和行政责任;构成犯罪的,将被依法追究刑事责任。为了维护市场秩序,保护读者的合法权益,避免读者误用盗版书造成不良后果,我社将配合行政执法部门和司法机关对违法犯罪的单位和个人进行严厉打击。社会各界人士如发现上述侵权行为,希望及时举报,本社将奖励举报有功人员。

反盗版举报电话　(010) 58581999　58582371　58582488
反盗版举报传真　(010) 82086060
反盗版举报邮箱　dd@hep.com.cn
通信地址　北京市西城区德外大街 4 号
　　　　　高等教育出版社法律事务与版权管理部
邮政编码　100120